新型立体化教材

AutoCAD 基础与应用

主　编　覃　伟　李　红　盘钦卿　黄茜蕊
副主编　林元茂　朱朝霞　赵建成

《AutoCAD 基础与应用》教学视频

西南交通大学出版社
·成　都·

图书在版编目（C I P）数据

AutoCAD 基础与应用 / 覃伟等主编. —成都：西南交通大学出版社，2023.7

ISBN 978-7-5643-9368-7

Ⅰ. ①A… Ⅱ. ①覃… Ⅲ. ①AutoCAD 软件 – 高等学校 – 教材 Ⅳ. ①TP391.72

中国国家版本馆 CIP 数据核字（2023）第 118427 号

AutoCAD Jichu yu Yingyong

AutoCAD 基础与应用

主编 覃 伟 李 红 盘钦卿 黄茜蕊

责任编辑 韩洪黎
封面设计 何东琳设计工作室

出版发行 西南交通大学出版社
（四川省成都市金牛区二环路北一段 111 号
西南交通大学创新大厦 21 楼）
邮政编码 610031
发行部电话 028-87600564 028-87600533
网址 http://www.xnjdcbs.com
印刷 四川森林印务有限责任公司

成品尺寸 185 mm × 260 mm
印张 22.5
字数 560 千
版次 2023 年 7 月第 1 版
印次 2023 年 7 月第 1 次
定价 54.90 元
书号 ISBN 978-7-5643-9368-7

课件咨询电话：028-81435775

PREFACE

前 言

AutoCAD（Autodesk Computer Aided Design）是 Autodesk 公司开发的计算机辅助设计软件，可用于二维图形绘制和基本三维设计。AutoCAD 具有良好的用户界面，可通过菜单、工具栏及命令行等方式方便快捷地实现各种操作。目前，AutoCAD 在建筑、地质、测绘、环境、机械、电子等行业得到了广泛使用。

本书基于 AutoCAD 2021 中文版对 AutoCAD 的绘图基础及应用进行介绍。全书分为基础篇和应用篇两大部分，基础篇共 9 章，应用篇共 4 章。基础篇主要介绍了 AutoCAD 的基本绘图操作、图层、二维图形绘制、二维图形编辑、图块与外部参照、文字与表格、标注尺寸、图形输入输出与打印发布等内容；应用篇主要介绍了使用 AutoCAD 绘制地质、测绘、建筑、环境工程等方面图件的方法与技巧。

本书为立体化教材，内容简明易懂，实例丰富，步骤详细，配有教学视频，使读者能更高效地掌握 AutoCAD 的绘图方法及技巧。教材内容涉及地质、测绘、建筑、环境 4 个彼此联系较为密切的行业，既有利于学生掌握本专业所需的 AutoCAD 制图技能，又能拓宽学生的专业知识，促进专业的交叉融合，具有较高的实践应用价值和实用指导意义。

本书适合作为大中专院校相关专业的教材，也可作为从事相关行业工作的工程技术人员及 CAD 爱好者的参考书。

本书由重庆工程职业技术学院覃伟、李红、盘钦卿以及云南国土资源职业学院黄茜蕊任主编，由重庆工程职业技术学院林元茂、朱朝霞以及中国石化胜利油田勘探开发研究院赵建成任副主编。

具体编写分工为：覃伟编写第 1 章、第 2 章、第 4 章、第 10 章 10.1 节至 10.4 节；李红编写第 6 章至第 9 章；盘钦卿编写第 12 章；黄茜蕊编写第 13 章；林元茂编写第 11 章；朱朝霞编写第 3 章、第 5 章；赵建成编写第 10 章 10.5 节。

本书由重庆工程职业技术学院正高级工程师黄治云担任主审。他为本书提出了许多宝贵意见，在此表示衷心的感谢。四川省第九地质大队高级工程师王建新为本书的编写提供了相应素材，在此表示诚挚的感谢。

由于编者水平有限，书中难免有疏漏之处，恳请广大读者和各位教师批评指正。

编 者

2022 年 10 月

CONTENTS 目 录

基础篇

应 用 篇

基础篇

第1章　认识AutoCAD

知识目标

1. 熟悉 AutoCAD 的三种启动方法。
2. 熟悉 AutoCAD 的三种退出方法。
3. 熟悉 AutoCAD 的工作界面。

技能目标

1. 能够正确启动 AutoCAD。
2. 能够正确关闭 AutoCAD。
3. 能够正确识别 AutoCAD 工作界面的组成。

素质目标

1. 培养良好的工作习惯。
2. 培养敏锐的观察力。
3. 培养对知识积极探索的精神。

1.1　AutoCAD 2021 的启动与退出

博观而约取，厚积而薄发。——苏轼

AutoCAD（Computer Aided Design）是由美国 Autodesk 公司开发的一款计算机辅助设计软件，具有强大的图形绘制与编辑功能，在机械设计、地质勘察、工程测绘、土木工程、城市规划、园林设计、装饰装潢等领域具有广泛应用。

1.1.1　启动 AutoCAD 的方法

启动 AutoCAD 2021 主要有以下 3 种方法：

- 双击快捷方式图标。在桌面上通过鼠标左键双击 AutoCAD 2021 快捷方式图标，便可启动 AutoCAD 2021 程序。
- 在“开始”菜单中启动。从“开始”菜单中通过鼠标左键单击 AutoCAD 2021 按钮，即可启动 AutoCAD 2021 程序。
- 双击图形文件（dwg 文件）。通过鼠标左键双击已有的 AutoCAD 图形文件（dwg 文件），即可启动 AutoCAD 2021 程序，并打开该文件。

1.1.2　退出 AutoCAD 的方法

退出 AutoCAD 2021 主要有以下 3 种方法：

- “关闭”按钮退出。单击窗口右上角的“关闭”按钮 ✕。
- “应用程序”中退出。单击窗口左上角的“应用程序”按钮 A，然后单击“退出 Autodesk AutoCAD 2021”按钮。
- 命令退出。在命令行输入命令：QUIT。

1.1.3 练 习

1. 使用 3 种方法启动 AutoCAD 2021。
2. 使用 3 种方法退出 AutoCAD 2021。
3. AutoCAD 图形文件的扩展名是什么？

1.2 AutoCAD 2021 的工作界面

熟能生巧，业精于勤。——《增广贤文》

AutoCAD 2021 提供了“草图与注释”“三维基础”“三维建模”等工作空间。启动 AutoCAD 后，将默认打开“草图与注释”工作空间界面（图 1.2.1）。在界面上方快速访问工具栏中单击“工作空间”下拉列表按钮，可进行工作空间的选择。下面对“草图与注释”工作空间界面进行介绍。

1.2.1 “草图与注释”工作空间界面

“草图与注释”工作空间界面主要由“应用程序”按钮、快速访问工具栏、标题栏、菜单栏、工具栏、功能区、绘图窗口、命令窗口、状态栏等组成（图 1.2.1）。

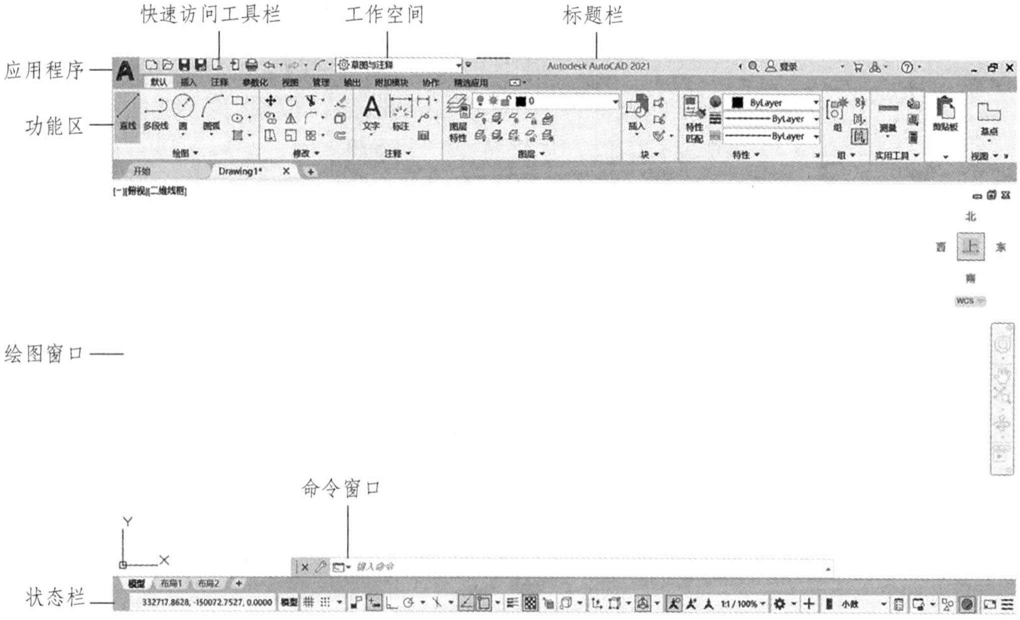

图 1.2.1 “草图与注释”工作空间界面

1.“应用程序”按钮

“应用程序”按钮 A 位于工作界面的左上方，单击该按钮将显示“新建”“打开”“保存”“另存为”“输入”“输出”“发布”“打印”“图形实用工具”“关闭”“选项”“退出 Autodesk AutoCAD 2021”等命令按钮。

2. 快速访问工具栏

快速访问工具栏位于工作界面最上方靠左的区域，主要包含一些常用命令按钮，以方便用户使用。用户也可以单击快速访问工具栏右侧的下拉列表按钮，根据需要对该工具栏的内容进行设置。

3. 标题栏

标题栏位于工作界面最上方中部区域，其内容显示的是当前正在运行的程序名称（Autodesk AutoCAD 2021）和正在编辑的图形文件的路径及名称。

4. 菜单栏

AutoCAD 2021 系统默认情况下，界面中并不显示菜单栏。单击快速访问工具栏“工作空间”右侧的下拉列表按钮，选择“显示菜单栏”后，将在快速访问工具栏下方显示出菜单栏（图 1.2.2）。菜单栏包括“文件”“编辑”“视图”“插入”“格式”“工具”“绘图”“标注”“修改”“参数”“窗口”“帮助”等下拉菜单选项。它们基本包括了 AutoCAD 2021 中的全部命令。

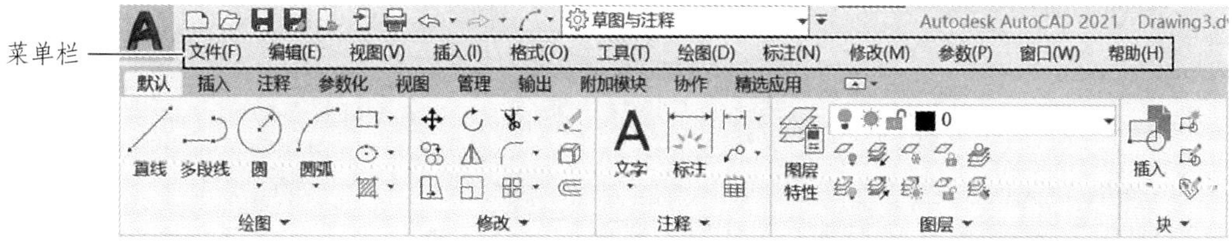

图 1.2.2　菜单栏

5. 工具栏

AutoCAD 2021 系统默认情况下，界面中并不显示工具栏。单击“工具”下拉菜单，选择“工具栏”→“AutoCAD”，可在出现的列表中勾选所需的工具栏，或者在某个工具栏界面上单击鼠标右键，勾选所需的工具栏。

工具栏中包含有若干个工具按钮（图 1.2.3）。鼠标单击相应按钮，即可执行相应命令。工具栏的位置可以根据需要进行调整：将光标放到工具栏边界上，按住鼠标左键不放，然后移动鼠标，即可将工具栏拖至理想位置。

图 1.2.3　绘图工具栏

6. 功能区

功能区位于“应用程序”按钮及标题栏下方区域，其内包含有“默认”“插入”“注释”“参数化”“视图”“管理”“输出”“附加模块”“协作”“精选应用”等选项卡，每个选项卡内包含有不同面板，如“默认”选项卡中就包含有“绘图”“修改”“注释”“图层”“块”“特性”

等面板，各面板内又包含有相应的命令按钮。

7. 绘图窗口

绘图窗口位于工作界面的中心区域，所有的绘图工作均在该区域内进行。绘图窗口没有边界限制，可以无限增大或减小。

8. 命令窗口

命令窗口是用户与AutoCAD进行交互式对话的窗口,用于命令的输入和提示信息的显示，由命令行窗口和命令历史记录窗口两部分组成。在系统默认情况下，命令窗口为浮动窗口，位于绘图区下方中央。习惯上，可将其拖动至命令窗口底部呈固定窗口形式显示。

命令窗口开启与关闭的命令是“Ctrl+9”组合键。

9. 状态栏

状态栏位于工作界面的最下方，主要用于显示当前光标的坐标、辅助绘图工具按钮的开关状态（按钮为高亮状态时，表示开启了该功能）、当前图形单位类型等内容。

1.2.2 练 习

1. 熟悉 AutoCAD 2021 的工作界面。
2. 通过设置“快速访问工具栏”显示“菜单栏”。
3. 通过“工具”下拉菜单调出“图层”工具栏。

本章小结

本章介绍了 AutoCAD 2021 启动与退出的方法，并对工作界面中的“应用程序”按钮、快速访问工具栏、标题栏、菜单栏、工具栏、功能区、绘图窗口、命令窗口、状态栏等内容进行了说明。其中，功能区、命令窗口等内容需要重点掌握、勤加练习，从而为后续模块的学习奠定基础。

第2章　AutoCAD的基本绘图操作

知识目标

1. 熟悉图形文件的新建、打开、保存和关闭方法。
2. 熟悉 AutoCAD 的命令类型及输入方式。
3. 熟悉坐标系的类型及使用方法。
4. 熟悉绘图环境的设置方法。
5. 熟悉控制显示图形的方法。
6. 熟悉精确绘图的设置方法。
7. 熟悉查询图形信息的方法。
8. 熟悉 CAD 的绘图方法及过程。

技能目标

1. 能够正确创建及管理图形文件。
2. 能够正确使用 AutoCAD 的命令。
3. 能够正确使用相对坐标、绝对坐标、直角坐标、极坐标绘制图形。
4. 能够正确修改系统配置、设置图形单位、设置图形界限。
5. 能够正确使用视窗缩放、视窗平移、视图重画、视图重生成命令。
6. 能够正确进行栅格、捕捉、极轴追踪、对象捕捉、对象捕捉追踪、正交、动态输入、线宽显示的设置。
7. 能够正确查询图形的距离、面积、点坐标等信息。

素质目标

1. 培养爱国情怀。
2. 培养敏锐的观察力。
3. 培养良好的工作习惯。
4. 培养精益求精的工匠精神。

2.1　图形文件的创建与管理

自学有一个好处，就是能锻炼、培养独立思考和分析问题的能力。——华罗庚

2.1.1　新建图形文件

启动 AutoCAD 后，系统会自动创建一个文件名为“Drawing1.dwg”的图形文件。当用户需要另外新建图形文件时，可以通过以下几种方式实现：

- 单击窗口左上角的“应用程序”按钮，在打开的菜单中单击“新建”选项。
- 单击快速访问工具栏中的“新建”按钮。
- 单击“文件”下拉菜单，选择“新建”选项。
- 在命令行中输入命令“NEW”，按空格键。
- 按“Ctrl+N”组合键。

执行上述操作后，将打开“选择样板”对话框（图 2.1.1）。“选择样板”对话框中列出了各种样板文件，其中“acadiso.dwt”为默认样板文件。选择需要采用的样板文件后，单击“打开”按钮，便可新建一个图形文件。

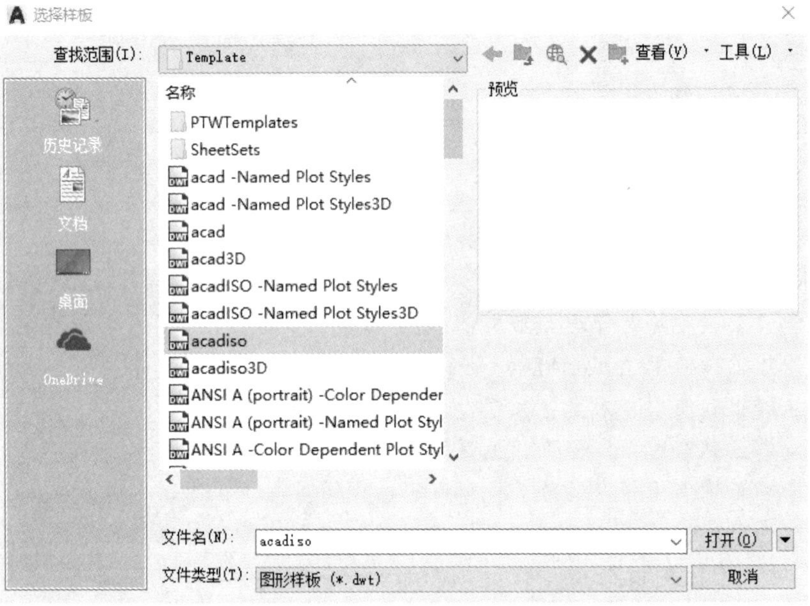

图 2.1.1 “选择样板”对话框

2.1.2 打开图形文件

当需要对已有的 AutoCAD 文件进行编辑时，可以通过下列几种方式打开图形文件：

- 单击窗口左上角的“应用程序”按钮，在打开的菜单中单击“打开”选项。
- 单击快速访问工具栏中的“打开”按钮。
- 单击“文件”下拉菜单，选择“打开”选项。
- 在命令行中输入命令“OPEN”，按空格键。
- 按“Ctrl+O”组合键。

执行上述操作后，将打开“选择文件”对话框（图 2.1.2），在“查找范围”下拉列表框中可选择待打开文件的存放位置，找到待打开文件后，选中文件并单击“打开”按钮，便可打开相应文件。

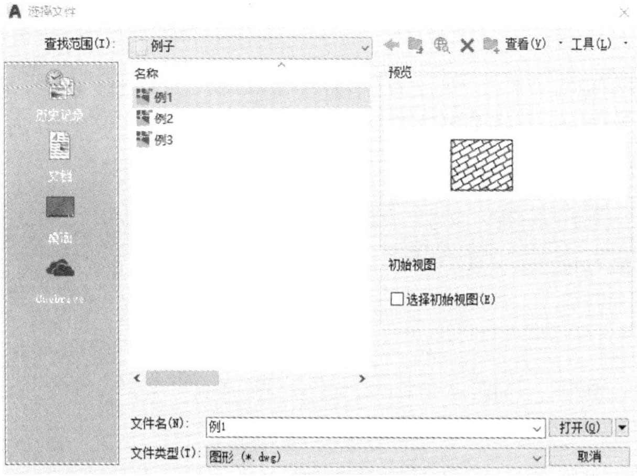

图 2.1.2　“选择文件”对话框

2.1.3　保存图形文件

保存图形文件可以通过下列几种方式实现：

- 单击窗口左上角的“应用程序”按钮，在打开的菜单中单击“保存”选项。
- 单击快速访问工具栏中的“保存”按钮。
- 单击“文件”下拉菜单，选择“保存”选项。
- 在命令行中输入命令“QSAVE”，按空格键。
- 按“Ctrl+S”组合键。

对于从未进行过保存的新建文件，执行上述操作后，将打开“图形另存为”对话框（图 2.1.3），然后在“保存于”下拉列表框中选择文件的保存路径，并在“文件名”下拉列表框中输入待保存文件的文件名称，在“文件类型”下拉列表框中选择要保存的文件类型，最后按“保存”按钮便可将文件按相应设置进行保存。

对于已保存过的文件，执行上述操作后，系统将不会打开“图形另存为”对话框，而是按原存放路径及文件名对文件直接进行保存。

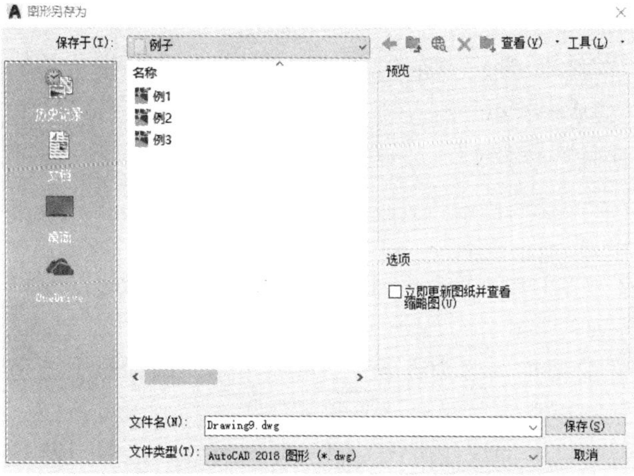

图 2.1.3　“图形另存为”对话框

2.1.4 关闭图形文件

关闭图形文件可以通过下列几种方式实现：

- 单击窗口左上角的“应用程序”按钮，在打开的菜单中单击“关闭”选项。
- 单击绘图区中的“关闭”按钮。
- 单击“文件”下拉菜单，选择“关闭”选项。
- 在命令行中输入命令“CLOSE”，按空格键。

2.1.5 练 习

1. 启动 AutoCAD 2021，新建一个图形文件，将其文件名保存为“CAD 练习 1.dwg”，然后关闭该文件。

2. 样板文件扩展名是什么？

2.2 AutoCAD 的命令

知而不行，只是未知。——王守仁

在 AutoCAD 中，所有操作都是通过命令来实现的。输入命令的方式主要有：命令行输入命令、菜单命令、面板命令、工具栏命令、右键菜单命令等。根据命令执行时的特点，命令可分为普通命令与透明命令。

2.2.1 普通命令的执行

1. 通过键盘输入命令全称或简称

在命令行中输入命令的全称或简称，然后按下空格键或者 Enter 键执行该命令。例如，绘制一个长为 20，宽为 10 的矩形，其命令执行过程如下：

```
命令: REC                                //输入命令简称 REC 或全称 RECTANG，按空格键
指定第一个角点或 [倒角(C)/标高(E)/圆角(F)/厚度(T)/宽度(W)]: 50,100
                                                   //输入第一个角点的坐标，按空格键
指定另一个角点或 [面积(A)/尺寸(D)/旋转(R)]: d                  //输入 d，按空格键
指定矩形的长度 <30.0000>: 20                          //输入矩形的长度 20，按空格键
指定矩形的宽度 <10.0000>:                          //直接按空格键，采用默认宽度 10
指定另一个角点或 [面积(A)/尺寸(D)/旋转(R)]: //在绘图区移动鼠标，并点击鼠标左键确定另一个角点
```

说明：

- AutoCAD 命令的全称或简称均不区分大小写，即“rec”“REC”均为绘制矩形命令的简称。
- “[ ]”中以“/”分隔的内容为各选项，可通过输入圆括号中的字母来选择选项。例如，若按长、宽的尺寸来绘制矩形，就需要输入“d”。
- “< >”中的内容是不进行任何输入时，采用的是默认输入值。
- AutoCAD 的命令执行过程是交互式的，当用户输入命令或参数后，需要按空格键或

Enter 键，系统才执行该命令或进行下一步操作。

2. 通过其他方式输入命令

- 图标命令：鼠标左键单击面板或工具栏图标按钮执行相应命令。
- 菜单命令：鼠标左键单击下拉菜单中的选项执行相应命令。
- 右键菜单命令：单击鼠标右键，从右键菜单中选择要执行的命令。
- 快捷键命令：按下快捷键执行相应命令。
- 调用上一次命令：按空格键或 Enter 键调用上一次执行完毕的命令。

2.2.2　透明命令

透明命令是指在执行某一命令过程中，插入的一条不破坏原来命令功能的命令。透明命令执行完毕后，将继续执行原来的命令。

常用的透明命令一般用于环境设置或辅助绘图，如“ZOOM”“LIMITS”“SNAP”“GRID”“CAL”等。

透明命令可以通过图标命令、菜单命令、键盘输入等方式执行。当通过键盘命令输入透明命令时，其形式是“'命令”，即在命令前加单引号“'”，例如“'ZOOM”。

2.2.3　命令的终止

- 命令全部执行完毕后，命令自动终止。
- 在命令执行过程中，按 Esc 键，终止该命令。
- 在命令执行过程中，调用其他命令（除透明命令外的任何正在执行的命令）都将自动终止。

2.2.4　命令的撤销与恢复

- 撤销最近执行的命令：执行“UNDO”命令，或单击快速访问工具栏中的“放弃”按钮。
- 恢复取消的命令：执行“REDO”命令，或单击快速访问工具栏中的“重做”按钮。

2.2.5　快捷功能键

AutoCAD 为一些命令设置了快捷键，其功能见表 2.2.1。

表 2.2.1　快捷键及其功能

快捷键	功能	快捷键	功能
F1	AutoCAD 帮助	F7	栅格显示开/关
F2	切换文本窗口/绘图窗口	F8	正交开/关
F3	对象捕捉开/关	F9	栅格捕捉开/关
F4	三维对象捕捉开/关	F10	极轴追踪开/关
F5	等轴测平面转换	F11	对象捕捉追踪开/关
F6	坐标转换开/关	F12	动态输入开/关

在 AutoCAD 中，也可以使用 Windows 操作系统的快捷键执行相应命令，如“Ctrl+A”（全部选择）、“Ctrl+C”（复制）、“Ctrl+X”（剪切）、“Ctrl+V”（粘贴）、“Ctrl+Z”（撤销）、“Ctrl+N”（新建文件）、“Ctrl+S”（保存文件）、“Ctrl+O”（打开文件）、“Ctrl+P”（打印）、“Delete”键（删除）等。

2.2.6 练　习

1. 依次练习本任务所述的各项命令。
2. AutoCAD 调用命令的方法有哪些？
3. 什么是透明命令？如何激活透明命令？

2.3 坐标系与输入点的坐标

技无大小，贵在能精。——李渔

2.3.1 世界坐标系与用户自定义坐标系

AutoCAD 采用的是笛卡儿坐标系，该坐标系由彼此相互垂直且交于一点的 *X* 轴、*Y* 轴和 *Z* 轴组成。当绘制二维图形时，用户只需要输入 *X* 坐标和 *Y* 坐标，*Z* 坐标将由系统自动赋值为“0”。

启动 AutoCAD 后，新建图形文件的坐标系位于绘图窗口的左下角，坐标原点位置有一个小方框（图 2.3.1），该坐标系是固定不变的，称为世界坐标系（WCS 坐标系）。

为了绘图方便，有时需要将坐标系指定到某一位置，可以通过设置用户自定义坐标系（UCS 坐标系）来实现。用户自定义坐标系的原点位置没有小方框（图 2.3.2），以区别世界坐标系。

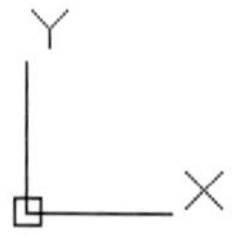

图 2.3.1　世界坐标系

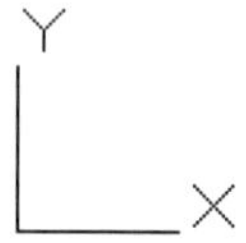

图 2.3.2　用户自定义坐标系

用户自定义坐标系的设置方法：鼠标选中坐标轴原点，可对坐标轴进行移动；鼠标选中坐标轴端点，可调整坐标轴方向。

2.3.2 直角坐标与极坐标

AutoCAD 中绘制图形，主要是在绘图命令执行过程中通过输入点的坐标来实现。点的坐标表示形式有直角坐标与极坐标，它们均是以世界坐标系或用户自定义坐标系的原点为原点。

1. 点的直角坐标

点的三维直角坐标的输入方式是“*X,Y,Z*”，二维直角坐标的输入方式是“*X,Y*”。*X* 表示水平距离，*Y* 表示竖直距离。坐标值的正负号表示方向。

2. 点的极坐标

点的极坐标主要用于二维图形的绘制，其输入方式是“距离<角度”，距离是指原点（或

上一个点）到该点的距离，角度是指该点与原点（或上一个点）的连线与 X 轴（或设置起始方位之间）的角度。距离、角度的正负号表示方向。

2.3.3 绝对坐标与相对坐标

绝对坐标是相对坐标系原点“0,0”的坐标，相对坐标是相对上一个点的坐标。绝对坐标与相对坐标在形式上主要通过坐标前是否有“@”加以区别，坐标前无“@”为绝对坐标，坐标前加“@”为相对坐标。但是，当“动态输入”开启时，相对坐标前的“@”可以省略。

下面通过 3 个例子对绝对坐标与相对坐标的使用进行说明。

【例 2.1】绘制线段 *AB*（图 2.3.3），*A* 点的坐标为“5,10”，使用绝对直角坐标“-10,20”确定 *B* 点位置。

绘制步骤：

```
命令行内输入命令：L                            //输入绘制直线的命令，按空格键
指定第一个点：5,10                              //输入 A 点的坐标，按空格键
指定下一点或[放弃（U）]：-10,20                  //输入 B 点绝对直角坐标，按空格键
指定下一点或[放弃（U）]：                        //按空格键
```

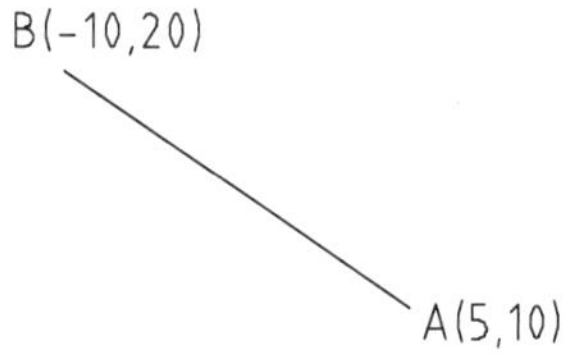

图 2.3.3 使用绝对直角坐标绘制线段

说明：通过命令“ID”可以知道 *B* 点的坐标为“-10,20”，即输入的绝对直角坐标就是 *B* 点的坐标。

【例 2.2】绘制线段 *AB*（图 2.3.4），*A* 点的坐标为“5,10”，使用相对直角坐标“@-10,20”确定 *B* 点位置。

绘制步骤：

```
命令行内输入命令：L                            //输入绘制直线的命令，按空格键
指定第一个点：5,10                              //输入 A 点的坐标，按空格键
指定下一点或[放弃（U）]：@-10,20                 //输入 B 点相对直角坐标，按空格键
指定下一点或[放弃（U）]：                        //按空格键
```

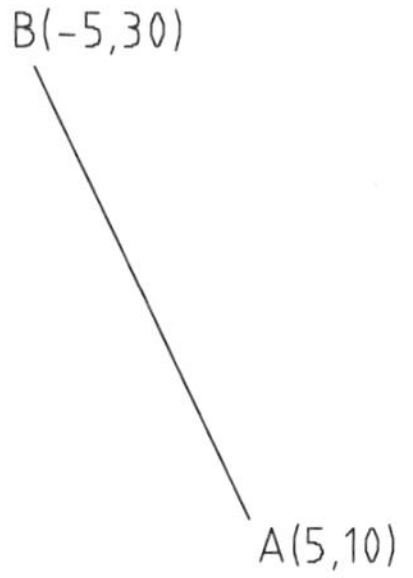

图 2.3.4 使用相对直角坐标绘制线段

说明： 通过命令“ID”可以知道 *B* 点的坐标为“-5,30”，即 *B* 点相对 *A* 点向左平移 10 个单位，向上平移 20 个单位。

【例 2.3】 绘制线段 *AB*（图 2.3.5），*A* 点的坐标为“5,10”，使用相对极坐标“@20<30”确定 *B* 点位置。

绘制步骤：

```
命令行内输入命令：L                                  //输入绘制直线的命令，按空格键
指定第一个点：5,10                                    //输入 A 点的坐标，按空格键
指定下一点或[放弃(U)]：@20<30                        //输入 B 点相对极坐标，按空格键
指定下一点或[放弃(U)]：                                                   //按空格键
```

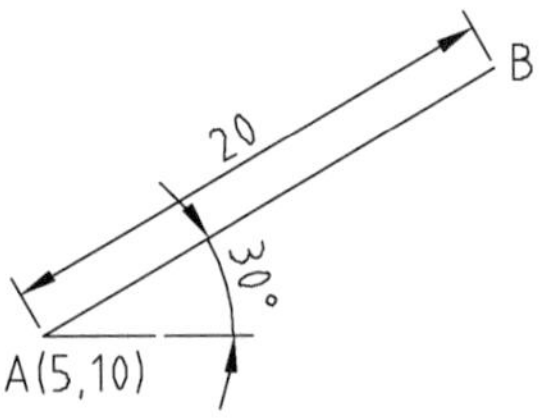

图 2.3.5　使用相对极坐标绘制线段

说明： 通过命令“DI”可知线段 *AB* 的长度为 20，线段 *AB* 与 *X* 轴的正方向成 30°夹角，即输入 *B* 点的相对极坐标，就是根据 *B* 相对 *A* 的距离和角度绘制线段 *AB*。

注意： 角度的基准位置及旋转方向需要使用“UN”命令打开“图形单位”窗口进行设置，这里“图形单位”窗口的角度设置为“逆时针”，方向设置的基准角度设置为“东”。

2.3.4　练　习

1. 按例 2.1 ~ 2.3 所述步骤进行练习。
2. 简述相对直角坐标、绝对直角坐标、相对极坐标、绝对极坐标的格式。
3. 相对于点（2,5），点（10,5）的相对极坐标应怎样表示？

2.4　设置绘图环境

工欲善其事，必先利其器。——《论语》

2.4.1　修改系统配置

AutoCAD 提供了默认的系统配置。绘图时，如果需要修改当前的系统配置，可通过打开“选项”对话框来进行相应设置。

打开“选项”对话框的方式主要有：

- 在命令行中输入命令：OP 或 OPTIONS。
- 在绘图区中单击鼠标右键，选择“选项…”命令。
- 从“工具”下拉菜单中选择“选项…”。
- 单击“应用程序”按钮 A，从弹出的下拉列表中选择“选项”命令。

“选项”对话框中含有 10 个选项卡，分别是文件、显示、打开和保存、打印和发布、系

统、用户系统配置、绘图、三维建模、选择集、配置，见图 2.4.1。

下面对 3 个设置进行介绍。

1. 修改绘图区背景颜色

AutoCAD 绘图区的背景颜色可在“选项”对话框中的“显示”选项卡里进行设置。

设置步骤：

（1）在命令行中输入命令“OP”打开“选项”对话框，然后单击“显示”选项卡，见图 2.4.1。

（2）单击“显示”选项卡内的“窗口元素”区中的“颜色...”按钮，打开“图形窗口颜色”对话框，见图 2.4.2。

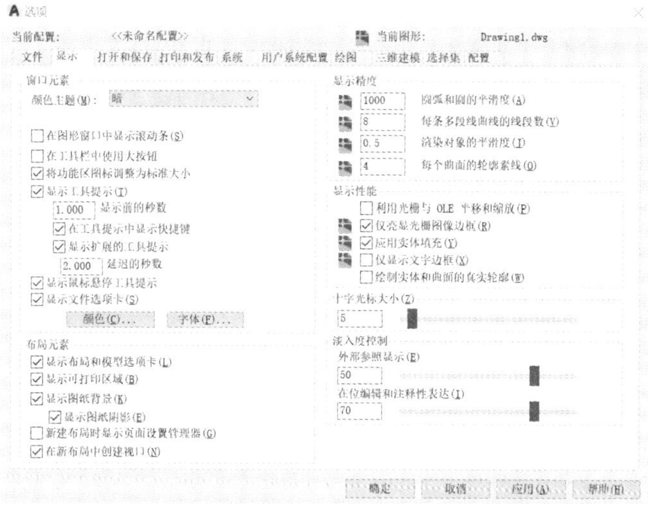

图 2.4.1　“选项”对话框中的“显示”选项卡

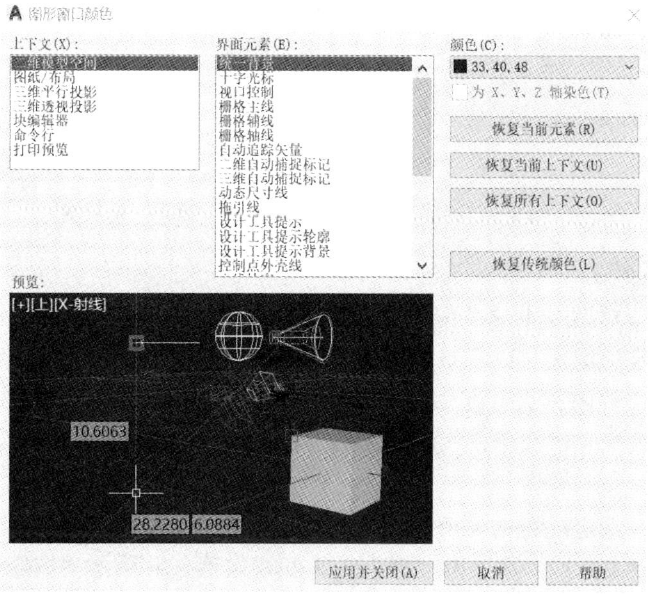

图 2.4.2　“图形窗口颜色”对话框

（3）在“图形窗口颜色”对话框中的“上下文”窗口中选择“二维模型空间”，在“界面元素”窗口中选择“统一背景”，在“颜色”下拉列表中选择需要选择的颜色，然后单击“应用并关闭”按钮，完成绘图区背景颜色的修改。

2. 设置文件的默认保存类型

AutoCAD 2021 保存图形文件时，默认保存类型为“AutoCAD 2018 图形(*.dwg)”。为了能在老版本的 AutoCAD 中打开图形文件，需要将文件保存为老版本的文件。一种方法是通过“选项”对话框直接设置文件的默认保存类型。

设置步骤：

（1）在命令行中输入命令“OP”打开“选项”对话框，然后单击“打开和保存”选项卡，见图 2.4.3。

（2）单击“打开和保存”选项卡内的“文件保存”区中的“另存为”下拉菜单，选择图形文件的默认保存类型。

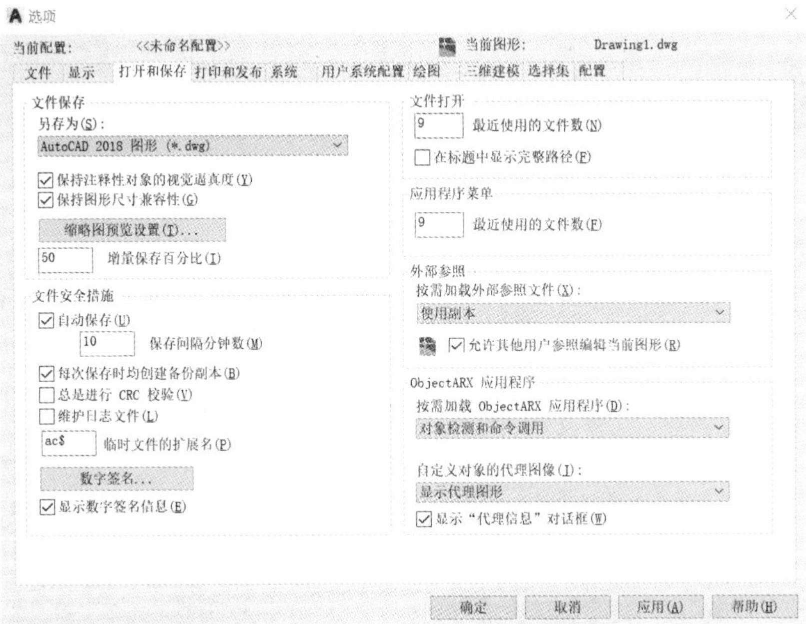

图 2.4.3 “选项”对话框中的“打开和保存”选项卡

3. 使用配置文件

通过对“选项”对话框中的“配置”选项卡的设置，可以选用已有的配置文件，也可以用其他名称保存选定的配置，以及重置配置为系统默认设置等，见图 2.4.4。

选用已有配置文件的方法：在“配置”选项卡中的“可用配置”列表框中选择一个已有的配置文件，双击鼠标左键或单击“置为当前”按钮，即可使当前 AutoCAD 的设置采用该选项的设置内容。

用其他名称保存选定配置的方法：在“配置”选项卡中单击“添加到列表...”，打开“添加配置”对话框（图 2.4.5），在该对话框中输入配置名称，并单击“应用并关闭”按钮即可。

重置配置为系统默认设置的方法：在“配置”选项卡中单击“重置”按钮即可。

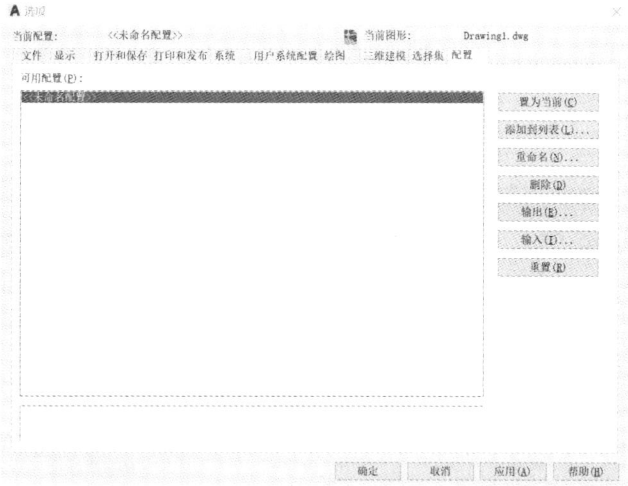

图 2.4.4　“选项”对话框中的“配置”选项卡

图 2.4.5　“添加配置”对话框

2.4.2　设置图形单位

AutoCAD 的图形单位设置主要涉及长度、角度的类型与精度。

1. 命令启动方式

- 在命令行中输入命令：UN 或 UNITS。
- 从“格式”下拉菜单中选择“单位…”。

执行命令后，将会弹出“图形单位”对话框，见图 2.4.6。

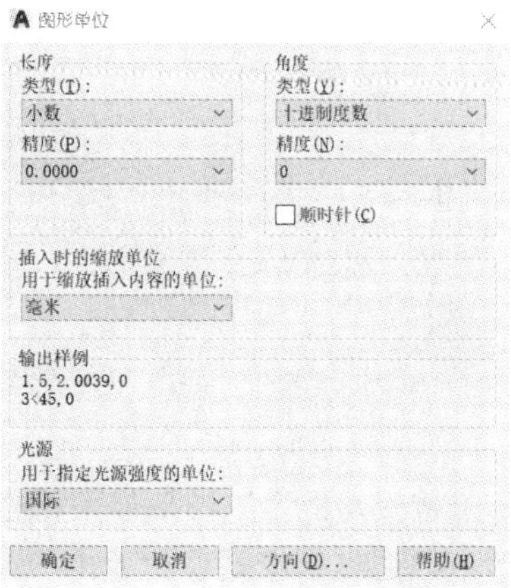

图 2.4.6　“图形单位”对话框

2. 设置内容说明

● “长度”区：设置当前长度单位的类型和精度。“类型”下拉列表框用来设置测量长度单位的类型。该下拉列表中可供选择的类型有：分数、工程、建筑、科学、小数。“精度”下拉列表框用来设置长度单位的精度。

● “角度”区：设置当前角度单位的类型、精度及角度旋转方向。“类型”下拉列表框用来设置测量角度单位的类型。该下拉列表中可供选择的类型有：百分度、度/分/秒、弧度、勘测单位、十进制度数。“精度”下拉列表框用来设置角度单位的精度。“顺时针”复选框用来设置角度的正方向。默认情况下，角度逆时针方向为正角度；当选择“顺时针”复选框后，角度顺时针方向为正角度。

● “插入时的缩放单位”区：用于控制插入当前图形中的块和图形的测量单位。当块或图形创建时使用的单位与该选项指定的单位不同时，将在插入这些块或图形时，对其按比例进行缩放。插入比例为源块或图形使用的单位与当前设置单位之比。如果插入块时不按指定单位进行缩放，则选择下拉列表框中的“无单位”。

● “方向...”按钮：单击该按钮，将弹出“方向控制”对话框（图 2.4.7），在该对话框中可以设置起始角度（0°角）的方向。在默认情况下，正东方向（即 X 轴的正方向）为 0°方向。

图 2.4.7 “方向控制”对话框

2.4.3 设置图形界限

图形界限是用户的绘图区域和图纸边界，图形界限的设置便于用户估计所绘制的图件在屏幕上的大小。

1. 命令启动方式

● 在命令行中输入命令：LIM 或 LIMITS。

● 从“格式”下拉菜单中选择“图形界限”。

2. 命令操作过程

以设置 A3 图幅的图形界限为例，其命令执行过程如下：

```
命令: LIM                                              //输入命令 LIM，按空格键
重新设置模型空间界限:
指定左下角点或 [开(ON)/关(OFF)] <0.0000,0.0000>:
                                              //指定图形界限的左下角点的坐标
指定右上角点 <200.0000,150.0000>: 420,297
                                              //指定图形界限的右上角点的坐标
```

3. 命令选项说明

● 开（ON）：打开图形界限检查功能。当图形界限检查功能打开时，通常用户只能在设置的图形界限范围内绘制图形，但通过指定圆心和半径（直径）绘制圆时，只要圆心在图形界限范围内，也可绘制出超出图形界限范围的圆。

● 关（OFF）：关闭图形界限检查功能。当图形界限检查功能关闭时，用户可以在设置的图形界限范围外绘制图形。

注意：图形界限设置后，在屏幕上的绘图区域不会有任何变化，但可以通过打开状态栏上的“栅格”按钮查看图形界限范围。另外，“复制”“移动”等命令的使用不受图形界限的限制。

2.4.4 练 习

1. 新建文件，将绘图区的背景色设置为白色，将圆弧和圆的平滑度设置为 20 000，将文件的保存方式设置为每隔 5 min 自动保存一次。

2. 试将图形旋转的起始方向设置为正北方向，旋转方向设置为顺时针方向。

3. 如何重置为系统的默认设置？

2.5 控制显示图形

循序而渐进，熟读而精思。——朱熹

2.5.1 视窗缩放

视窗缩放命令可以根据指定的范围显示图形，而不改变图形的实际尺寸。

1. 命令启动方式

● 在命令行中输入命令：Z 或 ZOOM。

● 从“视图”下拉菜单中选择“缩放”。

2. 命令操作过程

以在屏幕上显示全部图形为例，其命令执行过程如下：

```
命令：ZOOM                                          //输入 ZOOM，按空格键
指定窗口的角点，输入比例因子 (nX 或 nXP)，或者[全部(A)/中心(C)/动态(D)/范围(E)/上一个(P)/比例(S)/窗口(W)/对象(O)] <实时>:
```

3. 命令选项说明

● 指定窗口的角点：提示用户在绘图区选取两个点，作为矩形窗口的角点，该矩形窗口内的图形将放大至占满整个屏幕。

● 输入比例因子（nX 或 nXP）：输入缩放比例尺。

● 全部（A）：当图形界限外没有图形时，图形界限将充满显示在当前视窗中；当图形界限外有图形时，全部图形都将充满显示在当前视窗中，即全屏显示图形。

● 中心（C）：按给定的显示中心点和屏高显示图形。在选择该项后，可用鼠标在屏幕上指定一个中心点，然后 AutoCAD 将要求用户输入缩放比例或新视窗的高度。进行数值输入时，如果在输入数值的后面加注一个 *X*，表示输入数值为缩放系数；如果在输入数值的后面不加注 *X*，则输入数值为新视窗的高度。

● 动态（D）：动态地确定缩放图形的大小和位置。该选项先临时显示出全部图形，然

后通过一个可移动、可缩放的视图框来确定下一个视图的显示范围。

- 范围（E）：将全部图形都最大限度地充满显示在屏幕上，与图形界限无关。
- 上一个（P）：返回显示的前一屏。
- 比例（S）：给定缩放系数，按比例缩放显示图形。例如，输入值“0.5”，表示按 0.5 倍对图形界限进行缩放；输入值“0.5*X*”，表示按 0.5 倍对当前屏幕进行缩放。
- 窗口（W）：直接指定窗口大小，把指定窗口内的图形充满绘图区显示。
- 对象（O）：选择一个或多个实体，将所选择的实体充满绘图区显示。
- <实时>：进行实时缩放。单击空格键或回车键，然后按住鼠标左键向上或向下移动鼠标进行实时缩放；按 Esc 键或回车键，则退出缩放命令。

4. 使用鼠标进行缩放的快捷操作方式

- 转动鼠标滚轮进行实时缩放。
- 双击鼠标滚轮进行全屏显示。

2.5.2 视窗平移

视窗平移是指移动视窗来观察图形。

1. 命令启动方式

- 在命令行中输入命令：P 或 PAN。
- 从“视图”下拉菜单中选择“平移”。
- 单击鼠标右键，在右键菜单中选择“平移”按钮。

2. 命令操作说明

执行平移命令“P”后，屏幕上的光标变为手形，此时可以通过移动鼠标实现平移操作；按 Esc 键或回车键可退出命令。

3. 使用鼠标进行平移的快捷操作方式

按住鼠标滚轮不放，移动鼠标实现平移操作。

2.5.3 视图重画

视图重画命令可以对当前视图中的图形进行刷新，使屏幕图形清晰。

命令启动方式：

- 在命令行中输入命令：R 或 REDRAW。
- 从“视图”下拉菜单中选择“重画”。

2.5.4 视图重生成

重生成命令是将图形实体的原始数据重新进行计算，然后重新绘制在视窗中，因此重生成命令也具有重画命令的功能，但其执行速度相对较慢。

命令启动方式：

- 在命令行中输入命令：RE 或 REGEN。
- 从“视图”下拉菜单中选择“重生成”。

2.5.5　练　习

1. 使用“ZOOM”命令、“PAN”命令进行图形的观察。
2. “REDRAW”命令与“REGEN”命令，哪一个执行时间在理论上较长，为什么？

2.6　精确绘图的基本设置

凡是真正有价值的东西，不付出艰苦的劳动是得不到的。——爱迪生

为了提高绘图的精度与速度，AutoCAD 提供了正交、极轴、栅格、捕捉、对象捕捉、对象追踪等绘图辅助工具，帮助用户实现精确绘图。实现精确绘图的设置主要在“草图设置”对话框（图 2.6.1）中进行。

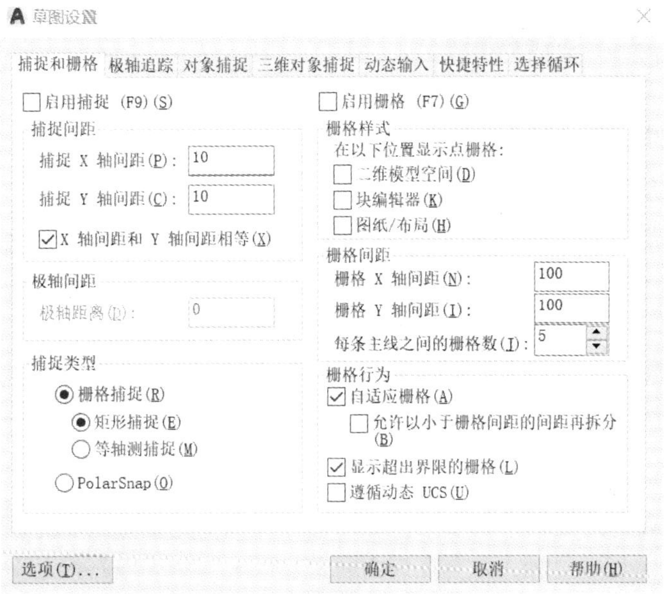

图 2.6.1　“草图设置”对话框

“草图设置”对话框的打开方式：

- 在命令行中输入命令：DS 或 DSETTINGS。
- 从“工具”下拉菜单中选择“绘图设置”。

2.6.1　栅　格

栅格是显示在屏幕上的矩形网格或点阵，其功能是提供直观的距离及位置的参照作用。打印时，栅格将不会被打印。

1. 命令执行方式

- 快捷键：F7，开启或关闭栅格。
- 在状态栏，单击栅格按钮 #，可开启或关闭栅格。
- 在命令行中输入命令：GRID。

2. 在“草图设置”对话框中设置栅格

通过执行命令“DS”，打开“草图设置”对话框；或鼠标右键单击状态栏中的按钮 ，然后选择“网格设置...”，打开“草图设置”对话框，并在弹出的“草图设置”对话框中选择“捕捉和栅格”选项卡（图 2.6.1）。

在“捕捉和栅格”选项卡中，可通过勾选“启用栅格”复选框，开启栅格功能；在“栅格样式”栏中，可确定是否在相应位置显示点栅格；在“栅格间距”栏中，可设置“栅格 *X* 轴间距”“栅格 *Y* 轴间距”等。

2.6.2 捕　捉

捕捉是设定绘图时光标的移动按设置的捕捉间距进行。

1. 命令执行方式

- 快捷键：F9，开启或关闭捕捉。
- 在状态栏，单击捕捉按钮 ，可开启或关闭捕捉。
- 在命令行中输入命令：SNAP。

2. 在“草图设置”对话框中设置捕捉

通过执行命令“ds”，打开“草图设置”对话框；或鼠标右键单击状态栏中的按钮 ，然后选择“捕捉设置...”，打开“草图设置”对话框，并在弹出的“草图设置”对话框中选择“捕捉和栅格”选项卡（图 2.6.1）。

在“捕捉和栅格”选项卡中，可通过勾选“启用捕捉”复选框，开启捕捉功能；在“捕捉间距”栏中，可设置“捕捉 *X* 轴间距”“捕捉 *Y* 轴间距”等。

2.6.3 极轴追踪

极轴追踪是按设定的极轴角增量来追踪相应角度线上的任意点。打开极轴追踪后，当光标移动到设定的极轴角方向时，将会在该方向上显示出一条无限延伸的虚线，这时就可以沿着该虚线方向追踪指定点。

1. 命令执行方式

- 快捷键：F10，开启或关闭极轴追踪。
- 在状态栏，单击极轴追踪按钮 ，可开启或关闭极轴追踪。

2. 在“草图设置”对话框中设置极轴追踪

通过执行命令“DS”，打开“草图设置”对话框；或鼠标右键单击状态栏中的按钮 ，然后选择“正在追踪设置...”，打开“草图设置”对话框，并在弹出的“草图设置”对话框中选择“极轴追踪”选项卡（图 2.6.2）。

在“极轴追踪”选项卡中，可通过勾选“启用极轴追踪”复选框，开启极轴追踪功能。在“极轴角设置”栏中的“增量角”下拉菜单中，预设了 90、45、30、22.5、18、15、10、5 等 8 个极轴追踪的角度，用户可以选择预设的增量角，也可以在文本框中输入自己设定的增量角，系统将按照设置的增量角的倍数进行追踪。勾选“附加角”复选框，可通过点击“新建”按钮设置附加角度，系统将会追踪该附加角度，但不会追踪附加角度的倍数。

图 2.6.2　“草图设置”对话框中的“极轴追踪”选项卡

2.6.4　对象捕捉

对象捕捉可以将点强制性地定位到可见图形中的某个特征点上，从而提高绘图效率和保证绘图精度。对象捕捉分为自动对象捕捉和临时对象捕捉两种方式。

自动对象捕捉是在“草图设置”对话框的“对象捕捉”选项卡中勾选了所需的对象捕捉模式后，如果开启对象捕捉按钮□，在绘图过程中，需要指定一个点时，系统会自动捕捉到相应的特征点上。

临时对象捕捉是在绘图过程中，根据需要人为选定对象捕捉模式，且捕捉到一个点后，临时对象捕捉将自动关闭。

1. 命令执行方式

- 快捷键：F3，开启或关闭自动对象捕捉。
- 在状态栏，单击对象捕捉按钮□，可开启或关闭自动对象捕捉。
- 在绘图过程中，系统提示指定下一个点时，单击鼠标右键，在弹出的右键菜单中选择“捕捉替代”选项里所需的捕捉模式（图 2.6.3），进行临时对象捕捉。
- 按下 Shift 或 Ctrl 键不放，单击鼠标右键，将弹出光标菜单，可在其中选择所需的捕捉模式，进行临时对象捕捉。

2. 在“草图设置”对话框中设置自动对象捕捉

通过执行命令“DS”，打开“草图设置”对话框；或鼠标右键单击状态栏中的按钮□，然后选择“对象捕捉设置...”，打开“草图设置”对话框，并在弹出的“草图设置”对话框中选择“对象捕捉”选项卡（图 2.6.4）。

在“对象捕捉”选项卡中，可通过勾选“启用对象捕捉”复选框，开启对象捕捉功能。在“对象捕捉模式”栏中，可勾选所需要的多种捕捉模式。

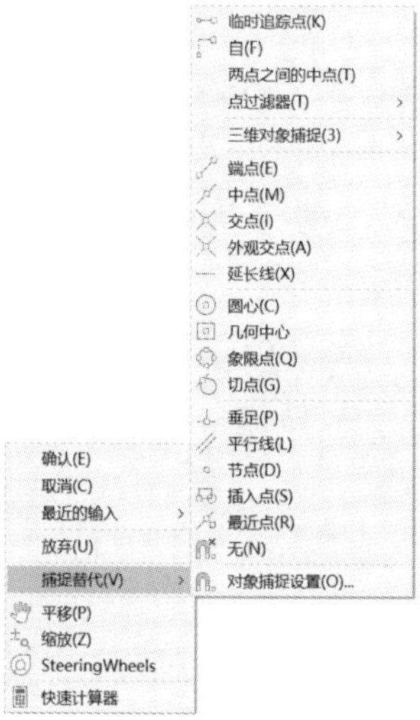

图 2.6.3　使用右键菜单中的“捕捉替代”进行临时捕捉

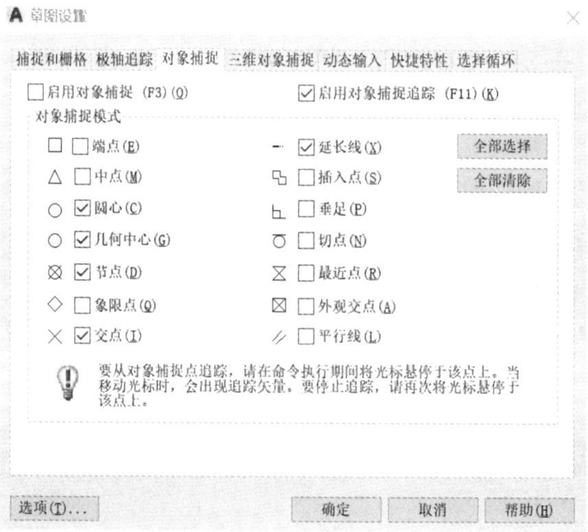

图 2.6.4　“草图设置”对话框中的“对象捕捉”选项卡

2.6.5　对象捕捉追踪

对象捕捉追踪是以某些对象捕捉点来追踪点，将沿着基于对象捕捉点的极轴辅助线方向进行追踪。

1. 命令执行方式

- 快捷键：F11，开启或关闭对象捕捉追踪。
- 在状态栏，单击对象捕捉追踪按钮 ∠，可开启或关闭对象捕捉追踪。

2. 在“草图设置”对话框中设置对象捕捉追踪

通过执行命令“DS”，打开“草图设置”对话框。在“对象捕捉”选项卡中（图 2.6.4），可通过勾选“启用对象捕捉追踪”复选框，开启对象捕捉追踪功能。在“极轴追踪”选项卡的“对象捕捉追踪设置”栏中（图 2.6.2），可设置对象捕捉追踪的方式：“仅正交追踪”或“用所有极轴角设置追踪”。

3. 对象捕捉追踪的使用方法

下面通过 2 个例子来说明对象捕捉追踪的使用方法。

【例 2.4】已知一个长为 10，宽为 3 的矩形，现需在该矩形上方绘制一个半径为 1.5 的圆，且该圆的圆心为矩形底边两个直角平分线的交点（图 2.6.5）。

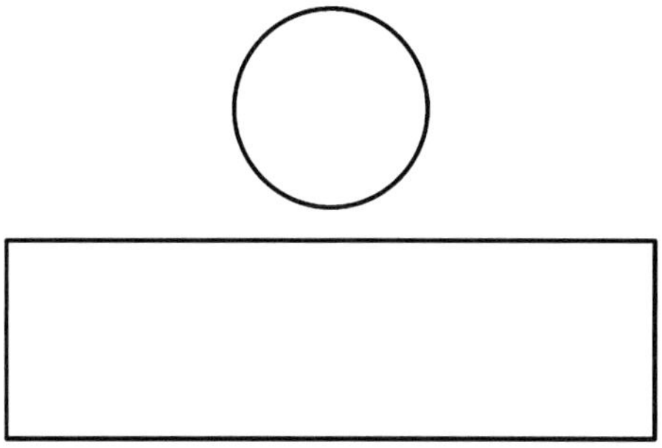

图 2.6.5 拟绘制圆的位置

绘制步骤如下：

（1）打开对象捕捉追踪与对象捕捉；

（2）在“草图设置”对话框的“对象捕捉”选项卡中勾选“端点”复选框；

（3）在“草图设置”对话框的“极轴追踪”选项卡中，选择“增量角”下拉菜单中“45”选项，选择“对象捕捉追踪设置”栏中的“用所有极轴角设置追踪”；

（4）在命令行输入圆的绘制命令“C”，按空格键；

（5）移动光标至矩形底边的一个直角端点，然后使光标移开该点，该点将显示出一个绿色的“+”符号；

（6）移动光标至矩形底边的另一个直角端点，然后使光标移开该点，该点也将显示出一个绿色的“+”符号；

（7）移动光标至拟画圆圆心附近，此时将出现分别过矩形底边的两个直角端点的极轴辅助线，如图 2.6.6 所示，然后单击鼠标左键，在命令行中输入“1.5”，按空格键，即完成该圆的绘制。

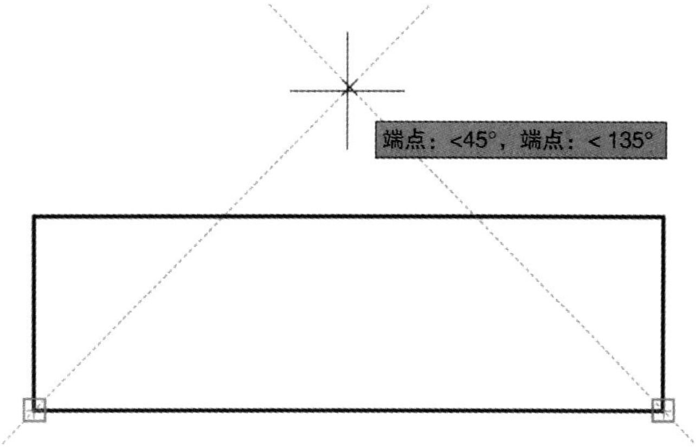

图 2.6.6 使用对象捕捉追踪确定圆心

注意：使用对象捕捉追踪时，应将对象捕捉追踪与对象捕捉同时打开，并应先捕捉一个点作为追踪参考点。

【例 2.5】已知一个边长为 10 的正方形，现需在该正方形的右侧绘制一个半径为 6 的圆，且该圆的圆心位于正方形底边向右的延长线上，距离正方形右下角端点的距离为 10（图 2.6.7）。

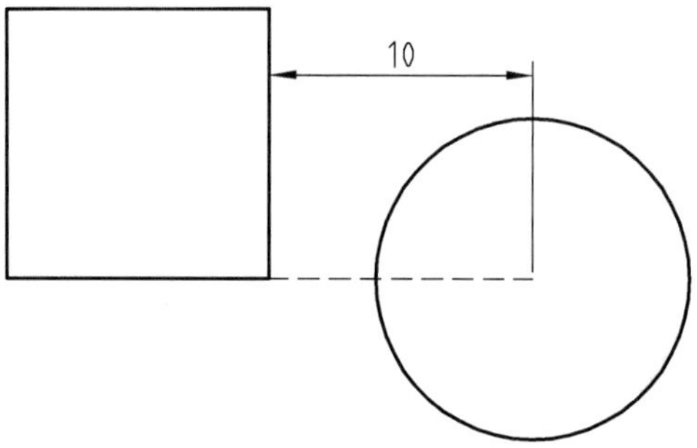

图 2.6.7　拟绘制圆的位置

绘制步骤如下：

（1）打开对象捕捉追踪与对象捕捉；

（2）在“草图设置”对话框的“对象捕捉”选项卡中勾选“端点”复选框；

（3）在“草图设置”对话框的“极轴追踪”选项卡中，选择“增量角”下拉菜单中“90”选项，选择“对象捕捉追踪设置”栏中的“仅正交追踪”；

（4）在命令行输入圆的绘制命令“C”，按空格键；

（5）移动光标至正方形右下角端点，然后使光标近于水平向右移开该点，该点将会出现一个绿色的“+”符号；同时，也将出现一条过正方形右下角端点的水平辅助线，如图 2.6.8 所示；

（6）然后在命令行中输入 10，按空格键，即确定出圆心的位置；

（7）最后在命令行中输入圆的半径 6，按空格键，即完成圆的绘制。

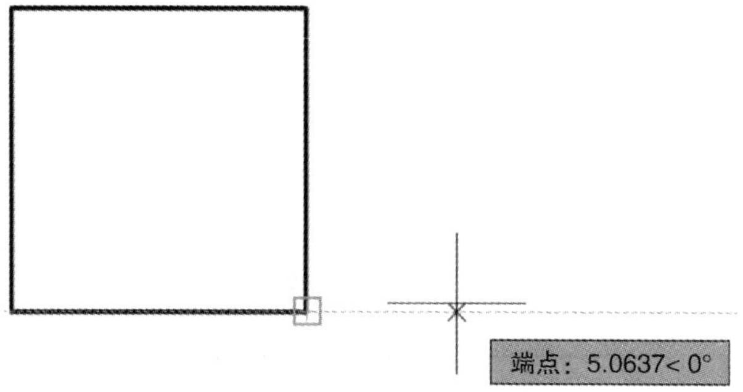

图 2.6.8　使用对象捕捉追踪确定圆心

2.6.6　正　交

正交是限定光标只能在水平方向或竖直方向移动。

正交命令的执行方式：

- 快捷键：F8，开启或关闭正交。
- 在状态栏，单击正交限制光标按钮，可开启或关闭正交。
- 在命令行中输入命令：ORTHO。
- 在绘图过程中，系统提示指定下一个点时，按住 Shift 键，将临时开启或关闭正交。

注意：正交功能与极轴追踪功能不能同时打开；当开启正交后，不会影响通过键盘输入坐标值来确定点的结果。

2.6.7　动态输入

动态输入是在光标附近提供一个命令界面，以提高用户的绘图效率。

1. 命令执行方式

- 快捷键：F12，开启或关闭动态输入。
- 在状态栏，单击动态输入按钮，可开启或关闭动态输入。

2. 动态输入的设置

动态输入包括 3 个部分，分别是指针输入、标注输入、动态提示。

在状态栏，鼠标右键单击动态输入按钮，然后选择“动态输入设置...”，打开“草图设置”对话框中的“动态输入”选项卡（图 2.6.9），可进行“指针输入”“标注输入”“动态提示”等内容的设置。

图 2.6.9　“草图设置”对话框中的“动态输入”选项卡

3. 指针输入

在启用“指针输入”的情况下，当执行命令时，系统若要求指定第一个点，则在光标附近的文本框中将显示光标所在位置的坐标，此时在文本框中输入第一个点的坐标，即可确定第一个点；对于第二个点或后续的点，默认设置为相对极坐标，输入相对坐标时可以不输入“@”符号作为前缀；若要输入绝对坐标，需要使用“#”符号作为前缀。

4. 标注输入

在启用“标注输入”的情况下，当执行命令时，若系统提示指定下一点，则将出现标注字段，且其值随光标的移动而改变。按 Tab 键可以在不标注字段间切换，以便输入值。

5. 动态提示

在启用“动态提示”的情况下，当执行命令时，光标附近将显示提示标签。

2.6.8　线宽显示

AutoCAD 默认的系统配置不显示线宽，为了观察图形的实际效果，就需要开启线宽显示。

1. 命令执行方式

- 在命令行中输入命令：LWDISPLAY。
- 在状态栏，单击线宽显示按钮，可开启或关闭线宽显示。

2. 按实际情况设置线宽显示

AutoCAD 是按一定比例显示线宽的，默认情况下，线宽的显示比例很大，可通过“线宽设置”对话框设置线宽的显示比例，使其与实际情况一致。

在命令行中执行命令“LW”；或在状态栏，鼠标右键单击线宽显示按钮，选择“线宽设置...”，将弹出“线宽设置”对话框（图 2.6.10）。

在“线宽设置”对话框中，勾选“显示线宽”复选框，拖动“调整显示比例”滑块到与“最小”相距一格的位置，则线宽将按实际比例显示（图 2.6.10）。

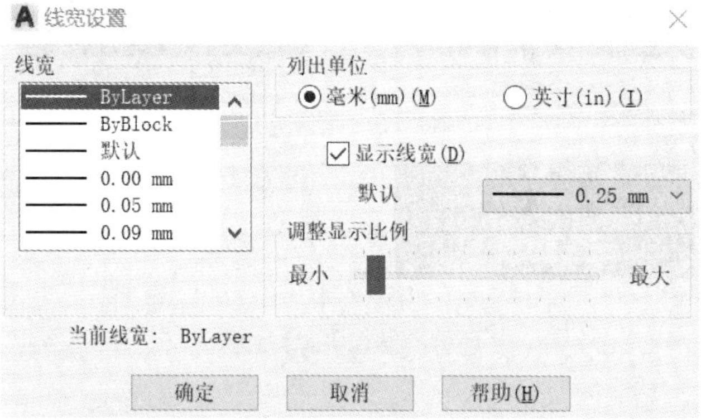

图 2.6.10　“线宽设置”对话框

2.6.9　练　习

1. 按例 2.4、例 2.5 所述步骤进行练习。
2. 在栅格和捕捉都打开时，可以绘制斜线吗？

2.7　图形信息查询

点水穿石，业精于勤。——郭沫若

AutoCAD 提供了图形信息的查询功能，可以方便查询两点的距离、面积、周长、角度、点坐标等图形信息。

2.7.1　距　离

距离命令可以方便地查询两点之间的直线距离、倾角、沿坐标轴的增量等信息。

距离命令的执行方式：

- 在命令行中输入命令：DI 或 DIST。
- 单击“默认”选项卡“实用工具”面板中的“测量”下拉菜单，选择“距离”。
- 从“工具”下拉菜单中选择“查询”选项中的“距离”。

2.7.2　面　积

面积命令可以查询几何图形的面积与周长。

面积命令的执行方式：

- 在命令行中输入命令：AREA。
- 单击“默认”选项卡“实用工具”面板中的“测量”下拉菜单，选择“面积”。
- 从“工具”下拉菜单中选择“查询”选项中的“面积”。

2.7.3　点坐标

点坐标命令可以查询指定点的坐标。

点坐标命令的执行方式：

- 在命令行中输入命令：ID。
- 单击“默认”选项卡“实用工具”面板中的“实用工具”下拉菜单，选择“点坐标”。
- 从“工具”下拉菜单中选择“查询”选项中的“点坐标”。

2.7.4　几何查询

几何查询命令可以查询图形的距离、半径、角度、面积、体积等信息。

几何查询命令的执行方式：

- 在命令行中输入命令：MEA 或 MEASUREGEOM。
- 单击“默认”选项卡“实用工具”面板中的“测量”下拉菜单，根据需要选择相应选项。
- 从“工具”下拉菜单中选择“查询”选项中的所需选项。

2.7.5　练　习

1. 使用直线命令，绘制一个三角形，试查询该三角形的面积与周长。
2. 使用直线命令，绘制一条直线，试查询该直线的长度和两个端点的坐标。

本章小结

本章介绍了在 AutoCAD 2021 中的基本绘图操作，包括图形文件的创建与管理、AutoCAD 的命令、坐标系与输入点的坐标、绘图环境设置、控制显示图形、精确绘图的基本设置、图形信息查询等内容，这些内容是 AutoCAD 绘图的基础，需要重点掌握，勤加练习。

第 2 章教学视频

第3章 图 层

知识目标

1. 熟悉图层的概念与创建。
2. 熟悉线型、线宽的设置。
3. 熟悉颜色的设置。

技能目标

1. 能够自主创建图层。
2. 能够设置线型、线宽。
3. 能够设置颜色。

素质目标

培养学生熟练设置绘图所需图层的良好作图习惯。

3.1 认识图层

形成天才的决定因素应该是勤奋。——郭沫若

3.1.1 图层的概念

图层就是用叠加的方法来存放图形的各种相关信息，如图 3.1.1 所示把相关的一组对象创建并命名在一个图层中，这样图形中的对象将分类放到各自的图层中，再把它们叠合在一起就形成了一幅完整的图形。这样可使视图层次分明，可以更方便地对图形进行编辑和管理。

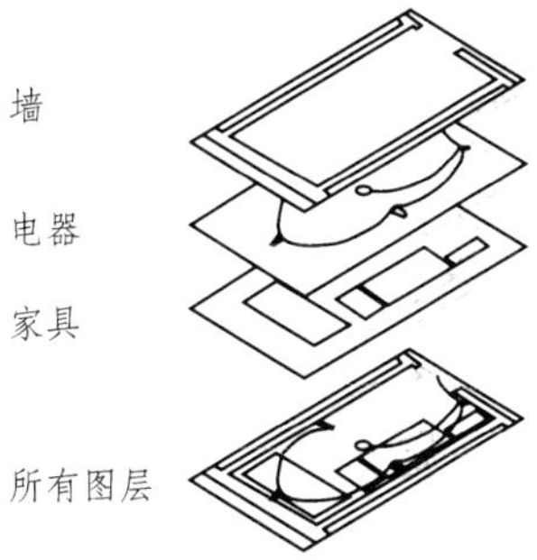

图 3.1.1 图层效果

3.1.2 图层的创建和管理

1. 图层特性管理器

AutoCAD 提供了一个功能丰富的 “图层特性管理器” 选项板，可以通过对该选项板中的各种选项进行设置，从而实现创建新图层、设置图层颜色及线型的各种操作。具体执行方式有以下几种：

- 命令行：LAYER。
- 菜单：“格式” → “图层” 或 “工具” → “选项板” → “图层”。
- 工具栏：“图层” → “图层特性管理器” 。

执行该命令后将打开“图层特性管理器”对话框（图 3.1.2），可以对图层进行各种操作。

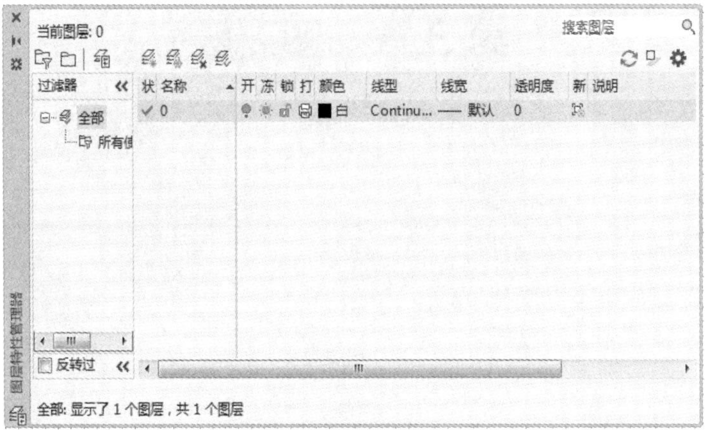

图 3.1.2　“图层特性管理器”对话框

2. 选项说明

● “新建图层”按钮：单击按钮可创建新图层。新图层的默认名为“图层 n”，此时可以重新命名。新图层将继承 0 层的特性或继承已选择的某一图层特性。

● “在所有视口中都被冻结的新图层视口”按钮：单击按钮将创建新图层且在所有现有布局视口中将其冻结。可在“模型”选项卡或“布局”选项卡中访问此按钮。

● “删除图层”按钮：在图层列表中选中某一图层，然后单击该按钮，即可删除该图层。注意：系统创建的 0 层和当前层均不能删除。

● “置为当前”按钮：在图层列表中选中某一图层，单击该按钮则把该图层设置为当前图层，另外双击图层名也可以把其设为当前图层。只能在当前层中绘制图形。

● “图层状态管理器”按钮：对已保存的图层状态进行编辑操作，如图 3.1.3 所示。

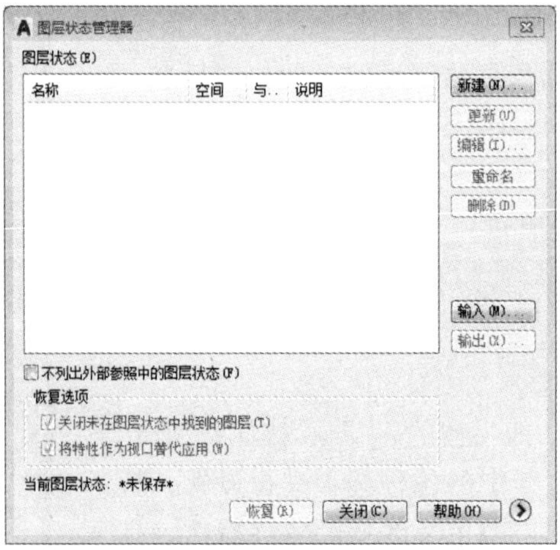

图 3.1.3　“图层状态管理器”对话框

● “新建组过滤器”按钮：单击该按钮，可以创建一个“组过滤器”，其中包含用户选定并添加到该过滤器的图层。

● “新建特性过滤器”按钮：单击该按钮将打开“图层过滤器特性”对话框（图 3.1.4），该列表框中列出了用户指定范围的所有图层及其状态和特性设置。

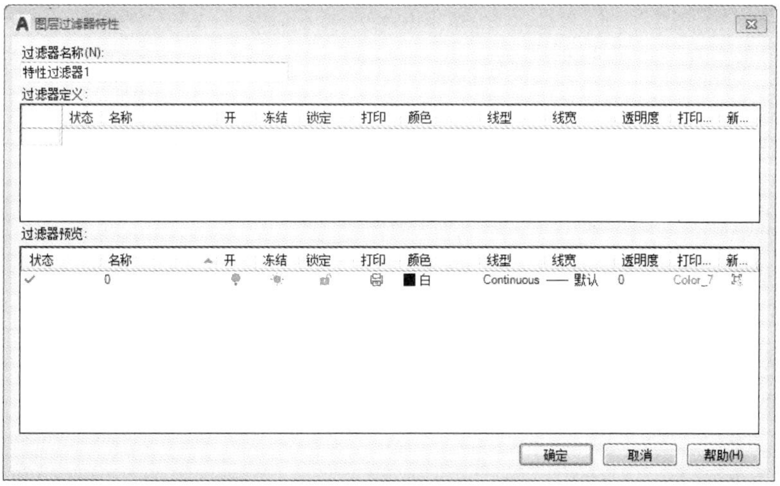

图 3.1.4　“图层过滤器特性”对话框

- 列表框说明：

（1）状态：显示图层的状态。如正在使用的图层、空图层或当前图层。

（2）名称：显示图层的名称。按 F2 键可输入新名称。

（3）状态转换图标：在“图层特性管理器”对话框的图层列表中有一列图标，单击这些图标，可以打开或关闭相关功能，各图标功能说明如表 3.1.1 所示。

表 3.1.1　图标功能

图标	名称	功能说明
	打开/关闭	将图层设定为打开或关闭状态，当呈现关闭状态时，该图层上所有对象将隐藏不显示，只有打开状态的图层会在绘图区上显示或由打印机打印出来。图 3.1.5（a）（b）分别表示尺寸标注图层打开和关闭的情形
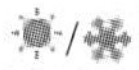	解冻/冻结	将图层设定为解冻或冻结状态。当图层呈现冻结状态时，该图层上的对象均不会显示在绘图区上，也不能由打印机打印出，且不会执行重生、缩放等命令操作。因此将图形中不编辑的图层暂时冻结，可加快执行绘图编辑的速度。而关闭功能只是单纯地将对象隐藏，并不会加快执行速度
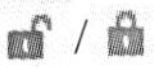	解锁/锁定	将图层设定为解锁或锁定状态。被锁定的图层仍然显示在绘图区，但不能编辑修改，只能绘制新的图形，这样可以防止重要的图形被修改
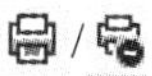	打印/不打印	设置该图层是否可以打印

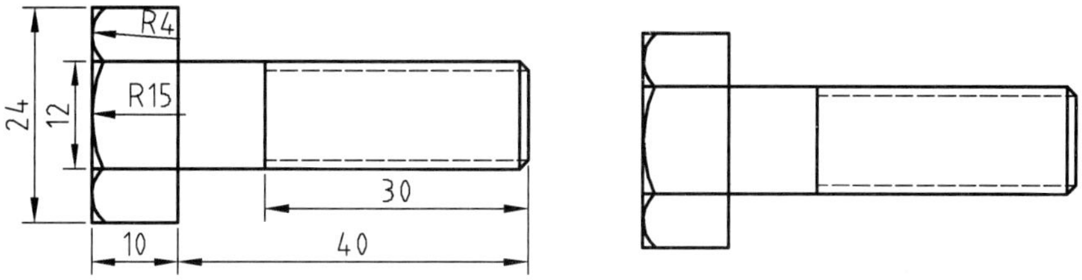

（a）打开　　　　（b）关闭

图 3.1.5　打开或关闭尺寸并标注图层

（4）颜色■：显示和改变图层的颜色，单击该色块图标，将弹出如图 3.1.6 所示的“选择颜色”对话框，可从中选择需要的颜色。

（5）线型：显示和修改图层的线型，单击线型名，将弹出如图 3.1.7 所示的“选择线型”对话框，用户可以从已加载的线型中选择一种代替该图层的线型，如果对话框中的所列出的线型不够，则单击其上的“加载”按钮，弹出如图 3.1.8 所示的“加载或重载线型”对话框，用户可以从“acadiso.lin”线型文件中加载所需的线型。

（6）线宽：显示和修改图形的线宽。单击线宽名可以显示“线宽”对话框，如图 3.1.9 所示。

（7）打印：控制是否打印选定图层。以打印图标表示图层的打印特性，打印机上有一红色球时表示该层不可被打印，否则可被打印。

（8）新视口冻结：在新布局视口中冻结选定图层。

（9）说明：描述图层或图层过滤器。

在开始绘制图形时，可预先设置一些基本图层。每个图层锁定专门的用途，这样只需要绘制一份图形文件，就可以组合出许多需要的图纸，需要修改也可以针对各个图层进行修改。

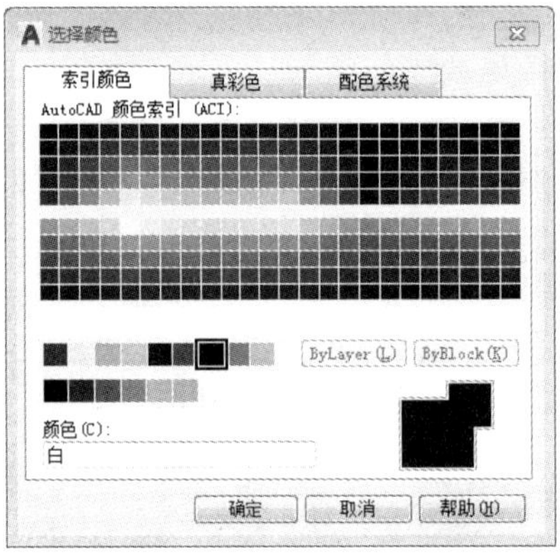

图 3.1.6　“选择颜色”对话框

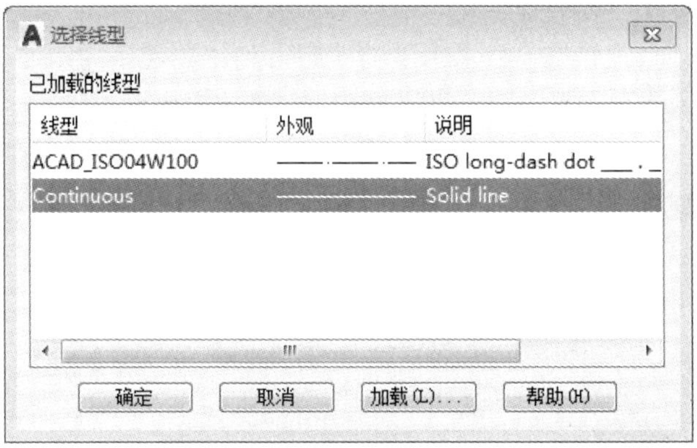

图 3.1.7　“选择线型”对话框

图 3.1.8　“加载或重载线型”对话框

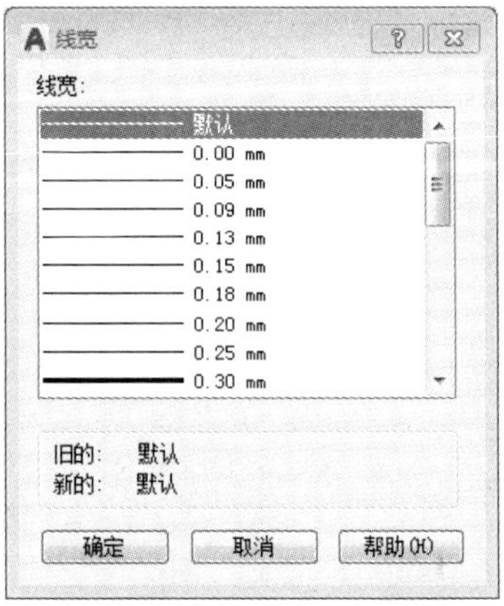

图 3.1.9　“线宽”对话框

3.1.3　练　习

参照图 3.1.10 所示的图层效果，创建其中的图层并设置相关属性。

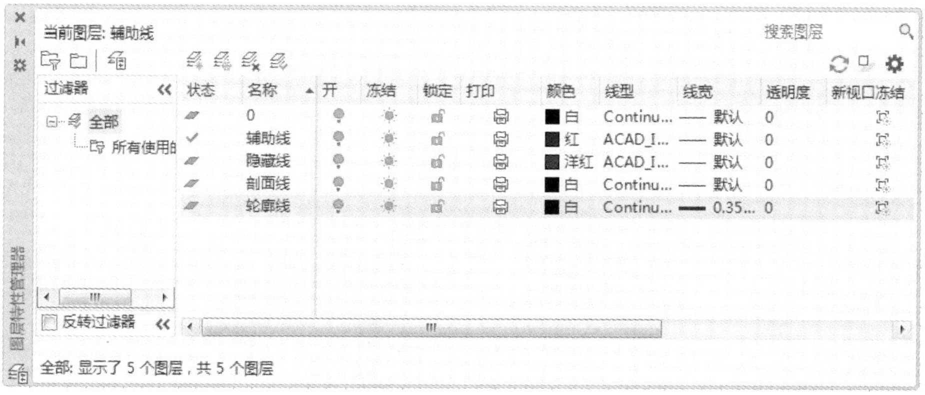

图 3.1.10 创建图层

3.2 颜色、线型和线宽的设置

学到很多东西的诀窍，就是一下子不要学很多。——洛克

3.2.1 颜色的设置

CAD 绘制的图形对象都具有一定的颜色，为了更清晰地表达绘制的图形可把同一类的图形对象用相同的颜色绘制，不同类的对象具有不同的颜色。CAD 允许用户设置图层颜色，可以随图层指定对象的颜色，也可以明确指定对象的颜色。

1. 命令输入方式

具体设置颜色的方式有以下几种：

- 命令行：COLOR。
- 菜单："格式" → "颜色"。
- 功能区：单击"默认"选项卡→"特性匹配"面板→"对象颜色"下拉菜单中的"更多颜色"按钮，如图 3.2.1 所示。

执行以上命令后，系统会弹出如图 3.2.2 所示"选择颜色"对话框。

图 3.2.1 "特性匹配"面板

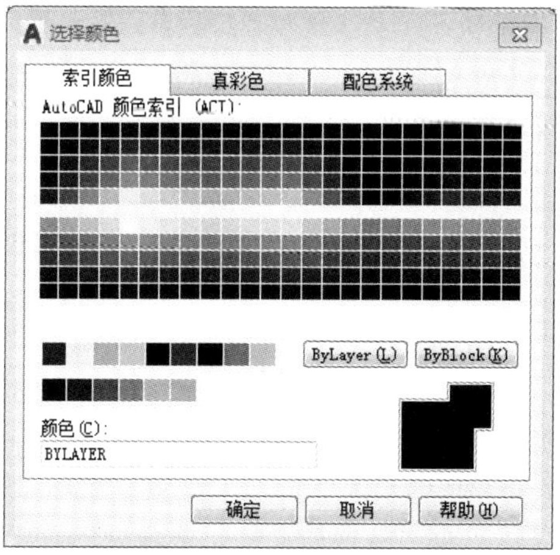

图 3.2.2 "选择颜色"对话框

2. 选项说明

● 恢复索引颜色：AutoCAD 颜色索引提供了 222 种索引色，每种颜色均通过 ACI 编号（1 到 255 之间的整数）标识。

● 真彩色：使用 24 颜色定义显示 1 600 多万种颜色，指定真彩色时，可以使用 RGB（图 3.2.3）或 HSL 颜色模式（图 3.2.4）。

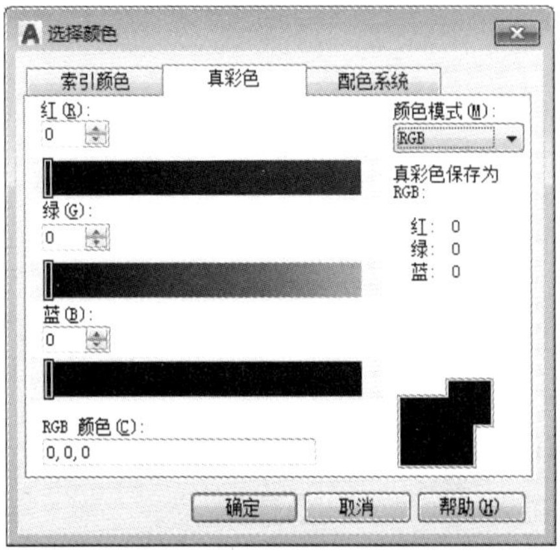

图 3.2.3　RGB 颜色模式

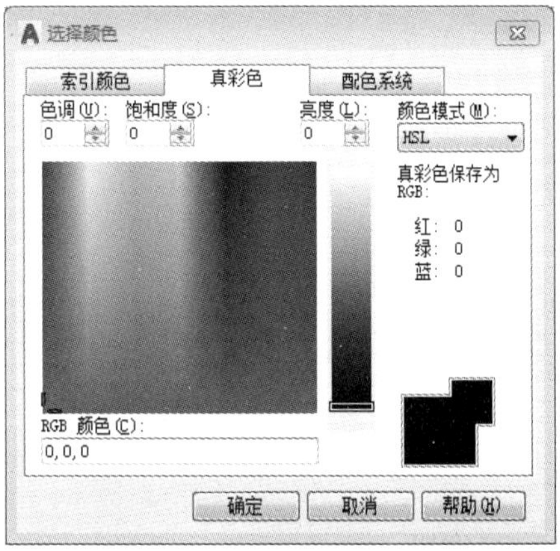

图 3.2.4　HSL 颜色模式

● 配色系统：包括几个标准 Pantone 配色系统，也可以输入其他配色系统（图 3.2.5）。

● "随层（ByLayer）"是图形对象的颜色使用其所在图层的颜色。

● "随块（ByBlock）"是定义到块中的图形对象在插入到图形中时，仍保持在块中使用的颜色。

图 3.2.5　配色系统

3.2.2　线型的设置

线型是 AutoCAD 图形对象的一个重要特性，一幅图样往往由不同的线型构成，不同图层上的线型可设置成相同或不同，同一图层上的实体对象也可用不同的线型绘制，这就要用到线型设置。线型设置后所绘制的实体对象为该线型，即使改变当前层也不会改变所画实体的线型。

1. 命令输入方式

线型设置有如下几种方式：

- 命令行：LINETYPE。
- 菜单："格式"→"线型"。

执行以上命令后，系统会弹出如图 3.2.6 所示的"线型管理器"对话框。

图 3.2.6 "线型管理器"对话框

2. 选项说明

- 线型过滤器：用于设置过滤条件，以确定在线型列表框中显示哪些线型。
- 反转过滤器：根据与选定的过滤条件相反的条件显示线型。
- 加载：显示"加载或重载线型"对话框，从中可以将从"acad.lin"文件中选定的线型加载到图形并将它们添加到线型列表。
- 当前：将选定线型设定为当前线型，将当前线型设定为"ByLayer"，则对象采用特定图层的线型。将线型设定为"ByBlock"，意味着对象采用"Continuous"线型，直到它被编组为块。不论何时插入块，全部对象都继承该块的线型。
- 删除：从图形中删除选定的线型。只能删除未使用的线型，不能删除"ByLayer""ByBlock"和"Continuous"线型。

3.2.3 线宽的设置

线宽是指定给图形对象以及某些类型的文字的宽度值。

1. 命令输入方式

设置线宽的方式有以下几种：

- 命令行：LWEIGHT。
- 菜单："格式"→"线宽"。
- 功能区：单击"默认"选项卡"特性匹配"面板中"线宽"下拉菜单中的"线宽设置"按钮，如图 3.2.7 所示。

执行以上命令后，系统会弹出"线宽设置"对话框，如图 3.2.8 所示。

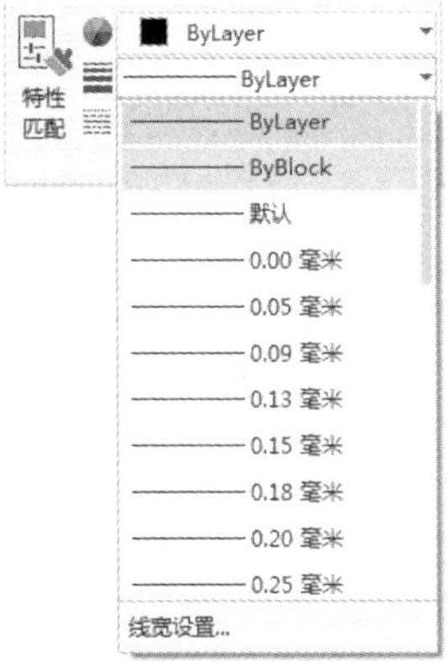

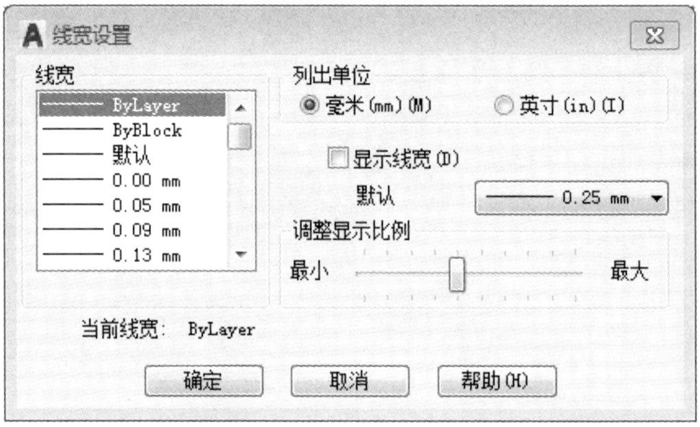

图 3.2.7 “线宽”下拉菜单　　　　图 3.2.8 “线宽设置”对话框

2. 设置说明

对话框说明如下：

- 线宽列表框：显示可用线宽值。“默认”值由“LWDEFAULT”系统变量进行设置，初始值为 0.01 in 或 0.25 mm。所有新图层中的线宽都使用默认设置。
- 当前线宽：要设置当前线宽，从线宽列表中选择一种线宽然后选择“确定”。
- 列出单位：指定线宽是以毫米显示还是以英寸显示。
- 显示线宽复选框：控制线宽是否在当前图形中显示，通过单击状态栏上的“线宽”按钮也可以进行显示与不显示的切换。AutoCAD 只能显示 0.3 mm 以上的线宽宽度。
- 调整显示比例：控制“模型”选项卡上线宽的显示比例。
- 默认设置框：控制图层的默认线宽。

3.2.4 练　习

1. 如果不通过图层，在绘制图形时，如何使绘制的图形显示红色？
2. 为什么设置好图层的线宽和线型后，在绘图区中的图形还是没显示出来？

本章小结

本章主要介绍了设置图层、线型、线宽和颜色的基本操作，使用户可以建立和选用不同的图层来进行绘图，以便更加清楚、方便、准确地管理图形。

第4章　绘制二维图形

知识目标

1. 熟悉 AutoCAD 绘制线状图形的命令。
2. 熟悉 AutoCAD 绘制多边形的命令。
3. 熟悉 AutoCAD 绘制曲线的命令。
4. 熟悉 AutoCAD 绘制点的命令。
5. 熟悉 AutoCAD 进行图案填充的命令。

技能目标

1. 能够正确使用直线、构造线、多段线、多线命令绘制线状图形。
2. 能够正确使用矩形、正多边形命令绘制多边形。
3. 能够正确使用圆、圆弧、椭圆、样条曲线、修订云线命令绘制曲线。
4. 能够正确使用点、定数等分、定距等分命令绘制点。
5. 能够正确使用图案填充命令对指定区域进行图案填充。

素质目标

1. 培养规矩意识。
2. 培养持之以恒的毅力。
3. 培养精益求精的工匠精神。

4.1　绘制线状图形

有志者，事竟成。——《后汉书》

4.1.1　绘制直线

1. 命令输入方式

- 命令行内输入命令：L 或 LINE。
- 从“默认”选项卡的“绘图”面板中点击“直线”按钮。
- 从“绘图”下拉菜单中选择“直线”。

2. 命令行提示

```
指定第一个点:
指定下一点或 [放弃(U)]:
指定下一点或 [放弃(U)]:
指定下一点或 [闭合(C)/放弃(U)]:
```

3. 选项说明

- 指定第一个点：指定直线的起点。
- 指定下一点：指定直线的下一个端点。
- 闭合（C）：当连续绘制了两条以上的直线时，选择该项，将自动生成一条直线把最后一条直线的端点与第一条直线的起点连接起来。
- 放弃（U）：取消上一步绘制的直线。

4. 绘图操作

【例 4.1】通过输入绝对直角坐标，用直线绘制顶点分别为（20,0）、（100,0）、（100,60）的三角形（图 4.1.1）。

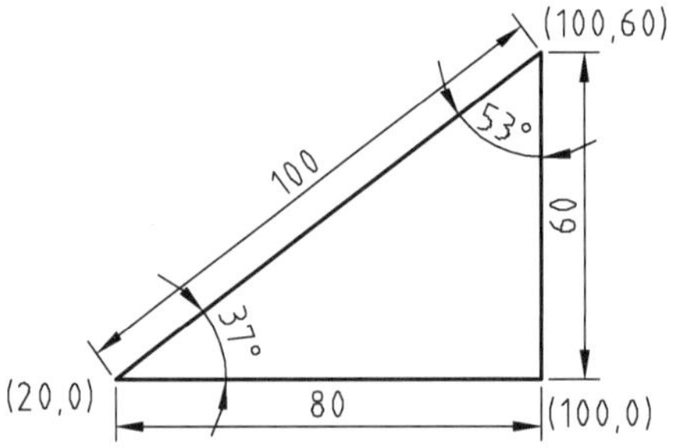

图 4.1.1　用直线绘制三角形

方法：通过输入直角坐标绘制直线。

绘制步骤：

```
命令行内输入命令：L                        //输入绘制直线的命令，按空格键
指定第一个点：20,0                         //输入顶点绝对直角坐标，按空格键
指定下一点或[放弃（U）]：100,0             //输入顶点绝对直角坐标，按空格键
指定下一点或[放弃（U）]：100,60            //输入顶点绝对直角坐标，按空格键
指定下一点或[闭合（C）放弃（U）]：c         //输入 c，按空格键
```

【例 4.2】通过输入相对直角坐标，用直线绘制图 4.1.1 所示三角形。

方法：通过输入相对直角坐标绘制直线。

绘制步骤：

```
命令行内输入命令：L                        //输入绘制直线的命令，按空格键
指定第一个点：20,0                         //输入顶点绝对直角坐标，按空格键
指定下一点或[放弃（U）]：@80,0             //输入顶点相对直角坐标，按空格键
指定下一点或[放弃（U）]：@0,60             //输入顶点相对直角坐标，按空格键
指定下一点或[闭合（C） 放弃（U）]：c        //输入 c，按空格键
```

说明：坐标前加“@”表示采用相对坐标，当“动态输入”打开时，省略“@”仍表示采用相对坐标。

【例 4.3】通过输入相对极坐标，用直线绘制图 4.1.1 所示三角形。

方法：通过输入相对极坐标绘制直线。

绘制步骤：

```
命令行内输入命令：UN                //输入命令 UN，按空格键，打开图形单位窗口
```

在图形单位窗口内，设置基准角度为东，角度逆时针方向增加，步骤为：将“角度”栏中“顺时针（C）”前的“√”去掉，鼠标左键单击“方向（D）...”按钮，打开方向控制窗口，在“基准角度（B）”栏中，选中“东（E）”选项，单击“确定”按钮。

```
命令行内输入命令：L                              //输入绘制直线的命令，按空格键
指定第一个点：20,0                               //输入顶点绝对直角坐标，按空格键
指定下一点或[放弃（U）]：@100<37                  //输入顶点相对极坐标，按空格键
指定下一点或[放弃（U）]：@60<-90                  //输入顶点相对极坐标，按空格键
指定下一点或[闭合（C） 放弃（U）]：c                           //输入 c，按空格键
```

【例 4.4】通过沿指定方向输入直线长度，用直线绘制图 4.1.1 所示三角形。

方法：通过沿指定方向输入长度绘制直线。

绘制步骤：

```
命令行内输入命令：UN                  //输入命令 UN，按空格键，打开图形单位窗口
```

在图形单位窗口内，设置基准角度为东，角度逆时针方向增加，步骤见例 4.3。

在“草图设置”窗口内进行极轴角设置，步骤为：鼠标右键单击“极轴追踪”按钮，选择“正在追踪设置...”选项，打开“草图设置”窗口，在“极轴追踪”选项卡中的“极轴角设置”栏内，“增量角”设置为 90，然后点击“新建（N）”按钮，输入 37，点击“确定”按钮。

打开“极轴追踪”开关。

```
命令行内输入命令：L                              //输入绘制直线的命令，按空格键
指定第一个点：20,0                               //输入顶点绝对直角坐标，按空格键
指定下一点或[放弃（U）]：100
                              //移动鼠标至极轴为 37°方向，输入 100，按空格键
指定下一点或[放弃（U）]：60
                              //移动鼠标至极轴为 270°方向，输入 60，按空格键
指定下一点或[闭合（C） 放弃（U）]：c                           //输入 c，按空格键
```

4.1.2　绘制构造线

构造线是无穷长的直线，可以通过构造线来绘制参考线，或作为修剪边界。

1. 命令输入方式

- 命令行内输入命令：XL 或 XLINE。
- 从“默认”选项卡中点击“绘图”面板的下拉菜单，单击构造线按钮。
- 从“绘图”下拉菜单选择“构造线”。

2. 命令行提示

```
指定点或 [水平(H)/垂直(V)/角度(A)/二等分(B)/偏移(O)]：
指定通过点：
```

3. 选项说明

- 指定点：指定构造线通过的第一个点。
- 水平（H）：绘制水平的构造线。

- 垂直（V）：绘制垂直的构造线。
- 角度（A）：根据角度绘制构造线。
- 二等分（B）：绘制平分构造线。
- 偏移（O）：绘制偏移的构造线。
- 指定通过点：指定构造线通过的第二个点。

4. 绘图操作

【例 4.5】绘制通过点（50,25）、点（100,50）的构造线（图 4.1.2）。

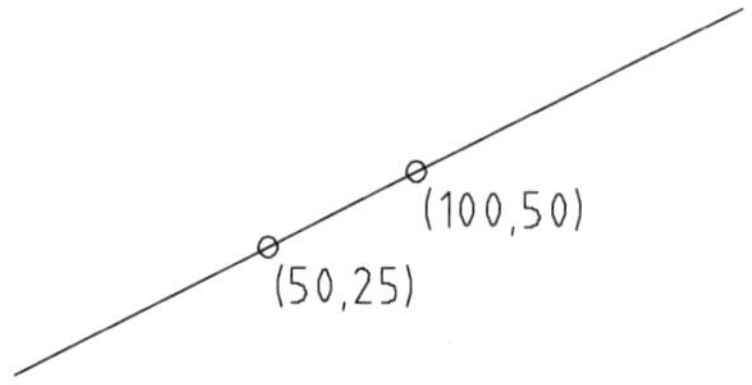

图 4.1.2　通过指定点的构造线

方法：通过指定点绘制构造线。

绘制步骤：

```
命令行内输入命令：XL                              //输入绘制构造线的命令，按空格键
指定点或 [水平(H)/垂直(V)/角度(A)/二等分(B)/偏移(O)]：50,25
                                                  //输入点坐标，按空格键
指定通过点：100,50                                //输入通过点的坐标，按空格键
指定通过点：                                      //按空格键
```

【例 4.6】绘制与已知直线夹角为 35°的构造线（图 4.1.3）。

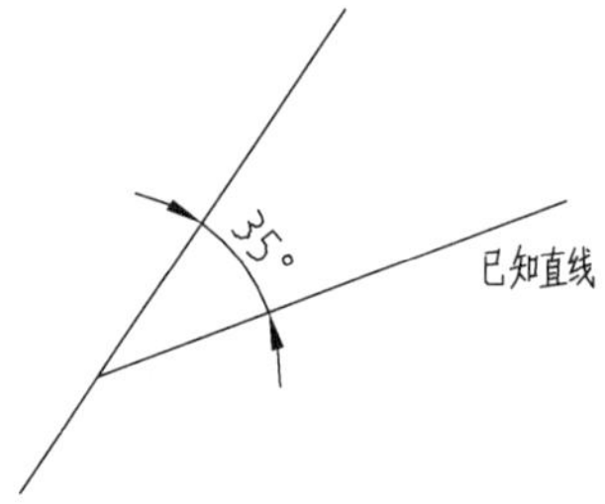

图 4.1.3　与已知直线夹角为 35°的构造线

方法：通过“角度（A）”绘制构造线。

绘制步骤：

```
命令行内输入命令：XL                              //输入绘制构造线的命令，按空格键
指定点或 [水平(H)/垂直(V)/角度(A)/二等分(B)/偏移(O)]：a
                                                  //输入 a，按空格键
输入构造线的角度（0）或[参照（R）]：r              //输入 r，按空格键
选择直线对象：                                    //鼠标左键单击已知直线
输入构造线的角度 <0>：35                          //输入 35，按空格键
指定通过点：                                      //鼠标左键单击通过点
指定通过点：                                      //按空格键
```

【例 4.7】绘制 ∠*ABC* 的平分线（图 4.1.4）。

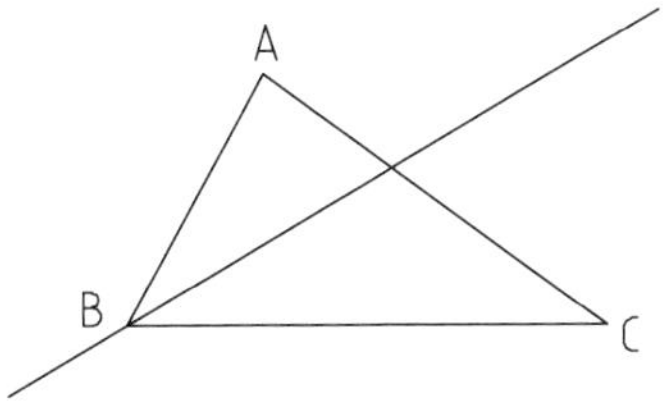

图 4.1.4　构造线平分角 ∠*ABC*

方法： 通过“二等分（B）”绘制构造线。

绘制步骤：

```
命令行内输入命令：XL                          //输入绘制构造线的命令，按空格键
指定点或 [水平(H)/垂直(V)/角度(A)/二等分(B)/偏移(O)]：b
                                                  //输入 b，按空格键
指定角的顶点：                                    //鼠标左键单击 B 点
指定角的起点：                                    //鼠标左键单击 C 点
指定角的端点：                                    //鼠标左键单击 A 点
指定角的端点：                                    //按空格键
```

4.1.3　绘制多段线

使用多段线命令可以绘制直线、折线、圆弧、直线与圆弧、圆弧与圆弧的组合线，并且该命令可以绘制具有一定宽度或宽度不等的线条。在执行同一次多段线命令时所画的图形为一个实体。

1. 命令输入方式

- 命令行内输入命令：PL 或 PLINE。
- 从“默认”选项卡的“绘图”面板中点击“多段线”按钮。
- 从“绘图”下拉菜单中选择“多段线”。

2. 命令行提示

```
指定起点：
当前线宽为 0.0000                                 //信息提示行
指定下一个点或 [圆弧(A)/半宽(H)/长度(L)/放弃(U)/宽度(W)]：
指定下一点或 [圆弧(A)/闭合(C)/半宽(H)/长度(L)/放弃(U)/宽度(W)]：
```

3. 选项说明

- 指定起点：指定多段线的起点。
- 指定下一个点：指定多段线的下一个端点。
- 圆弧（A）：绘制圆弧。选择该项后，命令行将出现以下提示：“指定圆弧的端点（按住“Ctrl”键以切换方向）或[角度（A）/圆心（CE）/方向（D）/半宽（H）/直线（L）/半径（R）/第二个点（S）/放弃（U）/宽度（W）]:”，按上面提示可继续操作，直至结束命令。

- 闭合（C）：用直线闭合多段线，并结束该命令。
- 半宽（H）：设置多段线固定宽度一半的尺寸。
- 长度（L）：设置下一段多段线的长度，该线的延伸方向与前一段直线的方向相同。
- 放弃（U）：取消上一步操作。
- 宽度（W）：设置多段线的固定宽度。

4. 绘图操作

【例 4.8】绘制图 4.1.5 中的图形，其中图形左侧直线段宽度为 2，长度为 50，右侧三角形箭头的左端宽为 12，右端宽为 0，长度为 20。

图 4.1.5　多段线绘制图形 1

方法：通过“宽度（W）”绘制构造线。

绘制步骤：

打开“正交”开关。

```
命令行内输入命令：PL                              //输入绘制多段线的命令，按空格键
指定起点：                                        //鼠标在绘图区指定一点为起点
当前线宽为 0.0000                                  //信息提示行显示默认线宽
指定下一个点或 [圆弧(A)/半宽(H)/长度(L)/放弃(U)/宽度(W)]：w
                                                  //输入 w，按空格键
指定起点宽度 <0.0000>：2                //输入左侧直线段的起点宽度 2，按空格键
指定端点宽度 <2.0000>：       //按空格键，左侧直线段的端点宽度采用默认值 2
指定下一个点或 [圆弧(A)/半宽(H)/长度(L)/放弃(U)/宽度(W)]：50
                                   //向右移动鼠标，输入线段长度 50，按空格键
指定下一点或 [圆弧(A)/闭合(C)/半宽(H)/长度(L)/放弃(U)/宽度(W)]：w
                                                  //输入 w，按空格键
指定起点宽度 <2.0000>：12
                                 //输入三角形箭头的左端起点宽度 12，按空格键
指定端点宽度 <12.0000>：0              //输入三角形箭头的右端宽度 0，按空格键
指定下一点或 [圆弧(A)/闭合(C)/半宽(H)/长度(L)/放弃(U)/宽度(W)]：20
                                   //向右移动鼠标，输入线段长度 20，按空格键
指定下一点或 [圆弧(A)/闭合(C)/半宽(H)/长度(L)/放弃(U)/宽度(W)]：
                                                  //按空格键，结束绘制
```

【例 4.9】绘制图 4.1.6 中的图形，其中线宽为 1，其他尺寸如图所示，不需要进行标注。

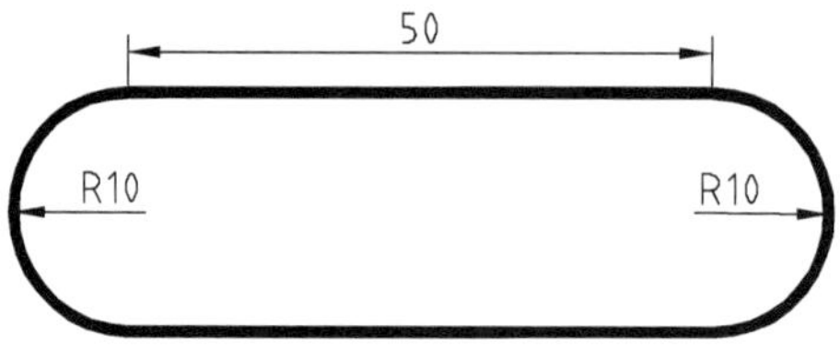

图 4.1.6　多段线绘制图形 2

方法： 通过“宽度（W）”“圆弧（A）”绘制构造线。

绘制步骤：

打开“极轴追踪”开关。

```
命令行内输入命令：PL                              //输入绘制多段线的命令，按空格键
指定起点：100,100                                 //输入起点坐标，按空格键
当前线宽为 0.0000                                 //信息提示行显示默认线宽
指定下一个点或 [圆弧(A)/半宽(H)/长度(L)/放弃(U)/宽度(W)]：w
                                                  //输入 w，按空格键
指定起点宽度 <0.0000>：1                          //输入起点线宽
指定端点宽度 <1.0000>：                           //按空格键，端点线宽采用默认值
指定下一个点或 [圆弧(A)/半宽(H)/长度(L)/放弃(U)/宽度(W)]：50
                                  //移动鼠标至极轴为 0°方向，输入 50，按空格键
指定下一点或 [圆弧(A)/闭合(C)/半宽(H)/长度(L)/放弃(U)/宽度(W)]：a
                                                  //输入 a，按空格键
指定圆弧的端点(按住 Ctrl 键以切换方向)或[角度(A)/圆心(CE)/闭合(CL)/方向
(D)/半宽(H)/直线(L)/半径(R)/第二个点(S)/放弃(U)/宽度(W)]：@0,-20
                                                  //输入圆弧的端点坐标
指定圆弧的端点(按住 Ctrl 键以切换方向)或[角度(A)/圆心(CE)/闭合(CL)/方向
(D)/半宽(H)/直线(L)/半径(R)/第二个点(S)/放弃(U)/宽度(W)]：L
                                                  //输入 L，按空格键
指定下一点或 [圆弧(A)/闭合(C)/半宽(H)/长度(L)/放弃(U)/宽度(W)]：50
                                //移动鼠标至极轴为 180°方向，输入 50，按空格键
指定下一点或 [圆弧(A)/闭合(C)/半宽(H)/长度(L)/放弃(U)/宽度(W)]：a
                                                  //输入 a，按空格键
指定圆弧的端点(按住 Ctrl 键以切换方向)或[角度(A)/圆心(CE)/闭合(CL)/方向
(D)/半宽(H)/直线(L)/半径(R)/第二个点(S)/放弃(U)/宽度(W)]：CL
                                                  //输入 CL，按空格键
```

4.1.4　绘制多线

多线由数条平行线组成，默认情况下，平行线为两条。

1. 命令输入方式

- 命令行内输入命令：ML 或 MLINE。
- 从“绘图”下拉菜单选择“多线”。

2. 命令行提示

```
当前设置：对正 = 上，比例 = 20.00，样式 = STANDARD          //信息提示行
指定起点或 [对正(J)/比例(S)/样式(ST)]：
指定下一点：
```

```
指定下一点或 [放弃(U)]:
指定下一点或 [闭合(C)/放弃(U)]:
```

3. 选项说明

- 指定起点：指定多线的起点。
- 对正（J）：指定多线的对正类型。系统提供了“上（T）”“无（Z）”“下（B）”三种对正类型。“上（T）”是指夹点位于最上方的一条线内；“无（Z）”是指夹点位于偏移量为 0 的位置，默认设置下就是位于多线的中心线上；“下（B）”是指夹点位于最下方的一条线内。
- 比例（S）：指定多线的偏移比例。
- 样式（ST）：通过输入多线样式名指定采用的多线样式。
- 指定下一点：指定多线的下一个端点。
- 闭合（C）：闭合多线。
- 放弃（U）：取消上一步操作。

4. 多线样式的设置

多线样式的设置可以通过打开“多线样式”对话框（图 4.1.7）进行。

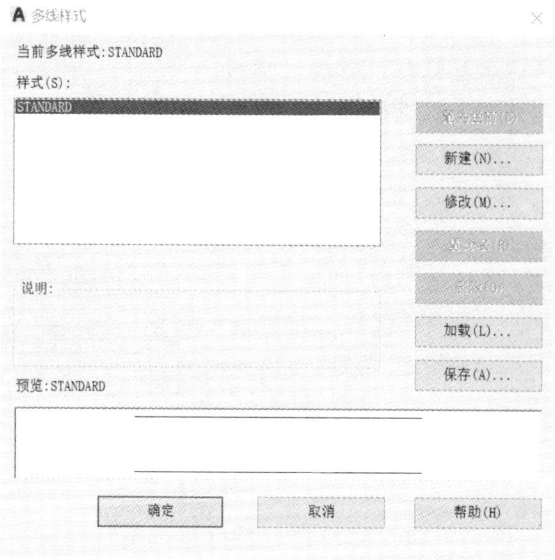

图 4.1.7　“多线样式”对话框

（1）打开“多线样式”对话框。

- 命令行内输入命令：MLSTYLE。
- 从“格式”下拉菜单选择“多线样式”。

（2）新建多线样式。

单击“多线样式”对话框中的“新建...”按钮，打开“创建新的多线样式”对话框，在该对话框里输入新样式名后，单击“继续”按钮可打开“新建多线样式”对话框（图 4.1.8）。

在“新建多线样式”对话框中，可以设置多线的封口类型、填充颜色、多线的线条数量、偏移距离、颜色及线型等。新建多线样式的效果可以在“多线样式”对话框的预览框内进行观察。

在“多线样式”对话框的“样式”文本框中，选择新建的多线样式名，单击“置为当前”按钮，便可以使用相应多线样式。

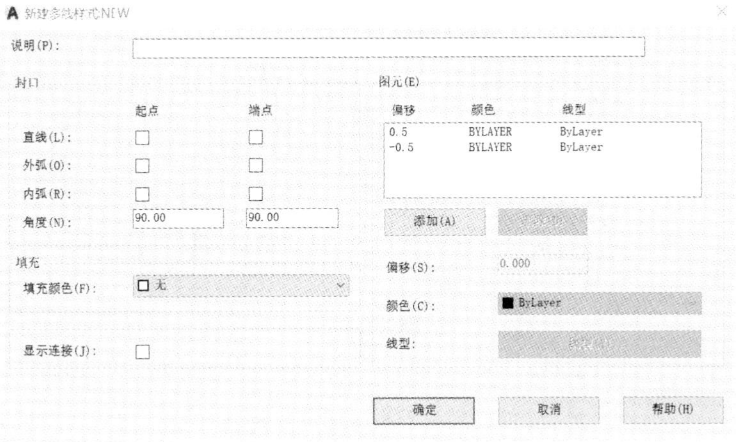

图 4.1.8　“新建多线样式”对话框

（3）修改多线样式。

当多线样式没有使用时，可以对其进行修改。在“多线样式”对话框的“样式”文本框中，选择待修改的多线样式名，单击“修改...”按钮，将弹出“修改多线样式”对话框，该对话框的界面与“新建多线样式”对话框一样，在该对话框中进行所需的修改即可。

（4）删除多线样式。

当多线样式没有使用，且不是当前样式时，可以对其进行删除。在“多线样式”对话框的“样式”文本框中，选择待删除的多线样式名，单击“删除...”按钮，即可删除该多线样式。

5. 多线样式的编辑

在命令行输入“MLEDIT”，或双击多线图形对象，均可以打开“多线编辑工具”对话框（图 4.1.9）。

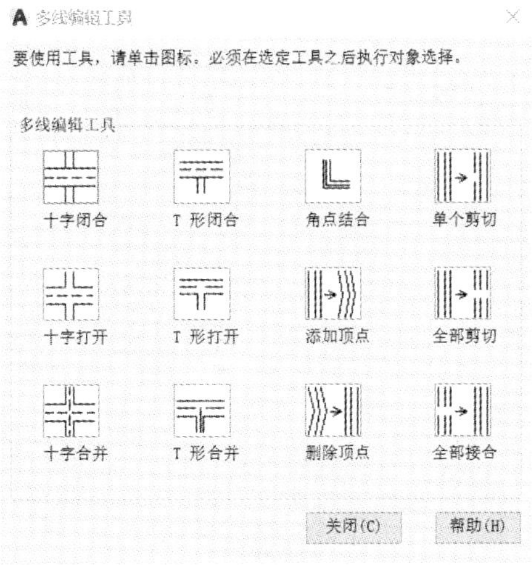

图 4.1.9　“多线编辑工具”对话框

在“多线编辑工具”对话框中，提供了“十字闭合”“T 形闭合”“角点结合”等 12 个多线编辑工具，单击多线编辑工具按钮，可实现相应的多线编辑功能。例如，对于两条相互交叉的多线［图 4.1.10（a）］，在“多线编辑工具”对话框中单击“T 形打开”按钮，然后单击多线 *AB* 的 *B* 端，再单击多线 *CD*，将得到图 4.1.10（b）中的多线编辑后的效果。

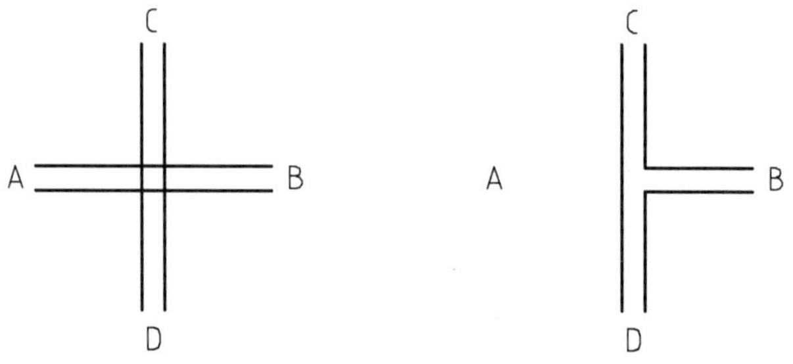

（a）多线编辑前　　（b）多线编辑后

图 4.1.10　“T 形闭合”功能

4.1.5　练　习

1. 按例 4.1 ~ 4.9 所述步骤进行练习。
2. 绘制下列图形（图 4.1.11），不标注尺寸。

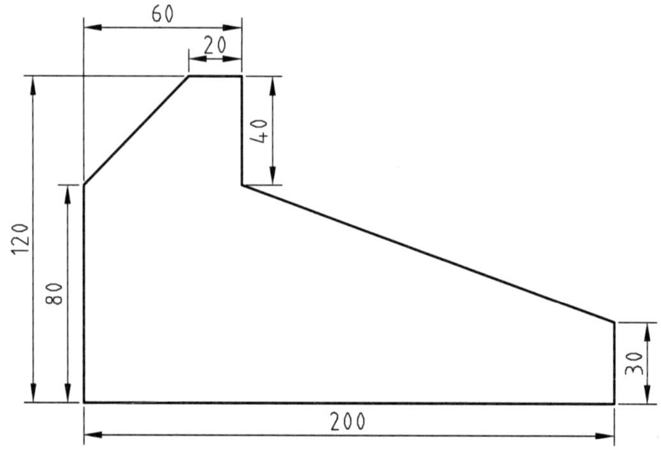

图 4.1.11　练习题

4.2　绘制多边形

光有知识是不够的，我们还必须应用知识；光有意志是不够的，我们还必须见诸行动。

——歌德

4.2.1　绘制矩形

1. 命令输入方式

- 命令行内输入命令：REC。

- 从“默认”选项卡的“绘图”面板中点击“矩形”按钮 。
- 从“绘图”下拉菜单中选择“矩形”。

2. 命令行提示

```
指定第一个角点或 [倒角(C)/标高(E)/圆角(F)/厚度(T)/宽度(W)]:
指定另一个角点或 [面积(A)/尺寸(D)/旋转(R)]:
```

3. 选项说明

- 指定第一个角点：指定矩形的第一个角点。
- 倒角（C）：通过设置倒角距离绘制具有直线倒角的矩形。
- 标高（E）：指定矩形在三维空间中的标高。
- 圆角（F）：通过设置圆角半径绘制具有圆角的矩形。
- 厚度（T）：指定矩形的厚度。
- 宽度（W）：指定构成矩形的多段线的固定宽度。
- 指定另一个角点：指定矩形的另一个角点。
- 面积（A）：通过输入矩形的面积绘制矩形。
- 尺寸（D）：通过输入矩形的尺寸（即长、宽）绘制矩形。
- 旋转（R）：通过输入旋转角度绘制矩形。

4. 绘图操作

【例 4.10】绘制角点坐标分别为（100,100）、（900,600）的矩形（图 4.2.1）。

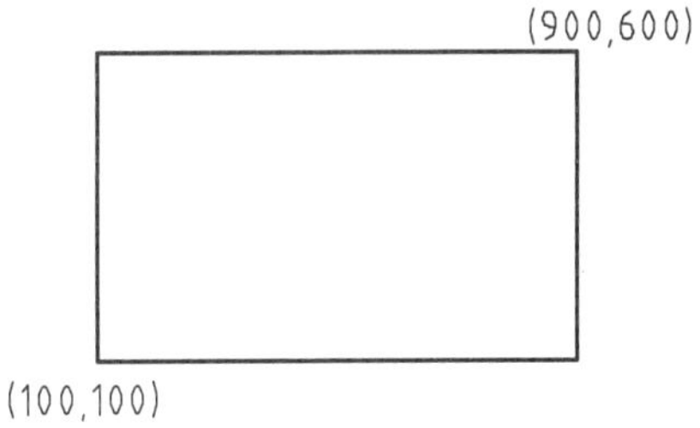

图 4.2.1　根据角点坐标绘制矩形

方法：通过“指定角点”绘制矩形。

绘制步骤：

```
命令行内输入命令：REC                          //输入绘制矩形的命令，按空格键
指定第一个角点或 [倒角(C)/标高(E)/圆角(F)/厚度(T)/宽度(W)]：100,100
//输入矩形角点坐标，按空格键
指定另一个角点或 [面积(A)/尺寸(D)/旋转(R)]：900,600 //输入矩形角点坐标，按
空格键
```

【例 4.11】绘制面积为 60 000，长为 300，线宽为 5 的矩形（图 4.2.2）。

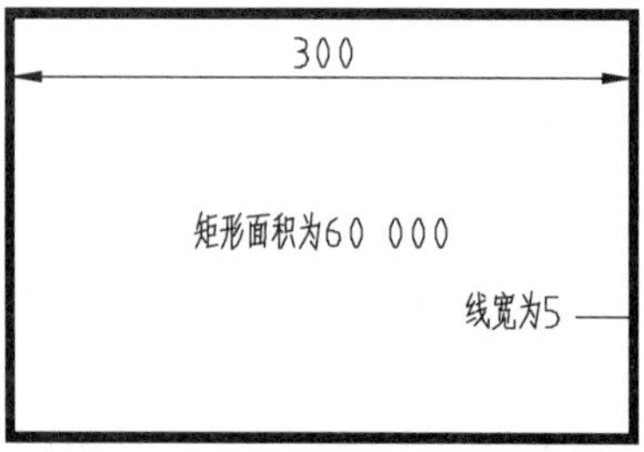

图 4.2.2　根据矩形面积和长度绘制矩形

方法：通过“宽度（W）”“面积（A）”绘制矩形。

绘制步骤：

```
命令行内输入命令：REC                                   //输入绘制矩形的命令，按空格键
指定第一个角点或 [倒角(C)/标高(E)/圆角(F)/厚度(T)/宽度(W)]：w
                                                              //输入 w，按空格键
指定矩形的线宽<0.0000>：5                                   //输入线宽，按空格键
指定第一个角点或 [倒角(C)/标高(E)/圆角(F)/厚度(T)/宽度(W)]：
                                                  //鼠标左键单击指定矩形的第一个角点
指定另一个角点或 [面积(A)/尺寸(D)/旋转(R)]：a                  //输入 a，按空格键
输入以当前单位计算的矩形面积<200.0000>：60000
                                                          //输入矩形面积，按空格键
计算矩形标注时依据[长度(L) 宽度(W)]<长度>：
                                                    //按空格键,采用默认选项 L 计算
输入矩形长度<400.0000>：300                             //输入矩形长度，按空格键
```

【例 4.12】绘制长为 200，宽为 150，且圆角半径为 20 的矩形（图 4.2.3）。

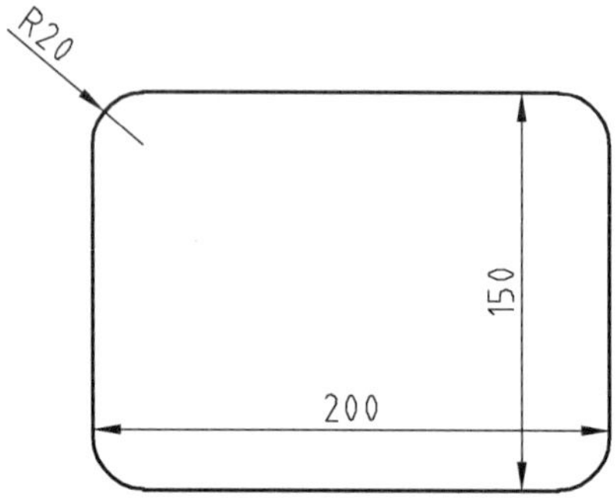

图 4.2.3　根据矩形长、宽绘制矩形

方法：通过“圆角（F）”“尺寸（D）”绘制矩形。

绘制步骤：

```
命令行内输入命令：REC                                  //输入绘制矩形的命令，按空格键
指定第一个角点或 [倒角(C)/标高(E)/圆角(F)/厚度(T)/宽度(W)]：f
                                                              //输入 f，按空格键
指定矩形的圆角半径<0.0000>：20                           //输入圆角半径，按空格键
指定第一个角点或 [倒角(C)/标高(E)/圆角(F)/厚度(T)/宽度(W)]：
```

```
                                         //鼠标左键单击指定矩形的第一个角点
指定另一个角点或 [面积(A)/尺寸(D)/旋转(R)]: d               //输入 d，按空格键
指定矩形的长度<10.0000>: 200                         //输入矩形的长度，按空格键
指定矩形的宽度<5.0000>: 150                          //输入矩形的宽度，按空格键
指定另一个角点或 [面积(A)/尺寸(D)/旋转(R)]:
                                 //移动鼠标确定另一个角点的位置，单击鼠标左键
```

【例 4.13】绘制倒角距离分别为 30、60 的矩形（图 4.2.4）。

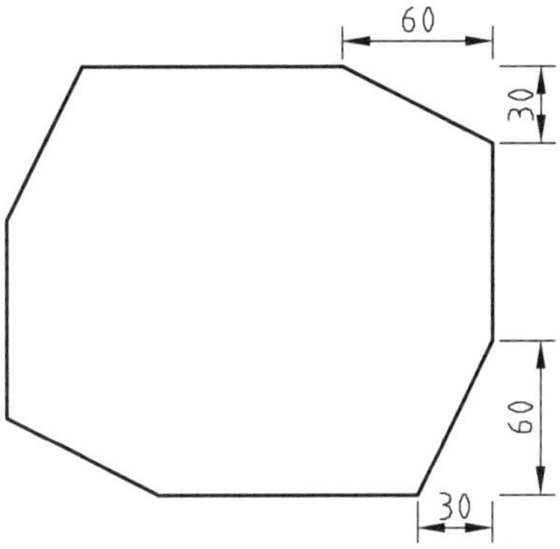

图 4.2.4　根据倒角距离绘制矩形

方法：通过“倒角（C）”“指定角点”绘制矩形。

绘制步骤：

```
命令行内输入命令: REC                           //输入绘制矩形的命令，按空格键
指定第一个角点或 [倒角(C)/标高(E)/圆角(F)/厚度(T)/宽度(W)]: c
                                                         //输入 c，按空格键
指定矩形的第一个倒角距离<20.0000>: 30
                                            //输入第一个倒角距离，按空格键
指定矩形的第二个倒角距离<20.0000>: 60
                                            //输入第二个倒角距离，按空格键
指定第一个角点或 [倒角(C)/标高(E)/圆角(F)/厚度(T)/宽度(W)]:
                                         //鼠标左键单击指定矩形的第一个角点
指定另一个角点或 [面积(A)/尺寸(D)/旋转(R)]:
                                         //鼠标左键单击指定矩形的另一个角点
```

说明：

- 第一个倒角距离是指矩形（未发生旋转）水平边上的倒角距离，第二个倒角距离是指矩形（未发生旋转）竖直边上的倒角距离。
- 当矩形边长小于两个倒角距离之和时，将不进行倒角。

4.2.2　正多边形

1. 命令输入方式

- 命令行内输入命令：POL 或 POLYGON。

- 从“默认”选项卡的“绘图”面板中点击“多边形”按钮。
- 从“绘图”下拉菜单中选择“多边形”。

2. 命令行提示

```
输入侧面数 <4>:
指定正多边形的中心点或 [边(E)]:
输入选项 [内接于圆(I)/外切于圆(C)] <I>:
```

3. 选项说明

- 输入侧面数：指定正多边形的边数。
- 指定正多边形的中心点：通过指定中心点绘制正多边形。
- 边（E）：通过指定一条边的两个端点绘制正多边形。
- 内接于圆（I）：绘制接于圆的正多边形。
- 外切于圆（C）：绘制外切于圆的正多边形。

4. 绘图操作

【例 4.14】绘制边长为 20 的正六边形（图 4.2.5）。

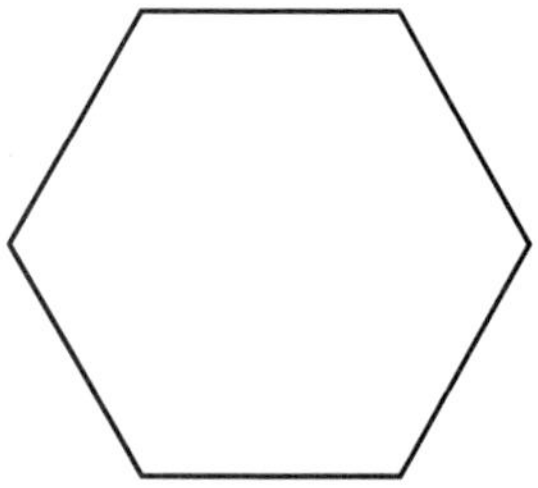

图 4.2.5　正六边形

方法：通过“边（E）”绘制正六边形。

绘制步骤：

打开“极轴追踪”开关。

```
命令行内输入命令：POL                    //输入绘制正多边形的命令，按空格键
输入侧面数 <4>： 6                       //输入边数 6，按空格键
指定正多边形的中心点或 [边(E)]：e         //输入边数 e，按空格键
指定边的第一个端点：                      //鼠标指定一点
指定边的第二个端点：20     //移动鼠标至极轴为 0°方向，输入 20，按空格键
```

4.2.3　练　习

1. 按例 4.10 ~ 4.14 所述步骤进行练习。
2. 绘制半径为 20 的圆的内接正五边形，并绘制五角星，如图 4.2.6 所示。

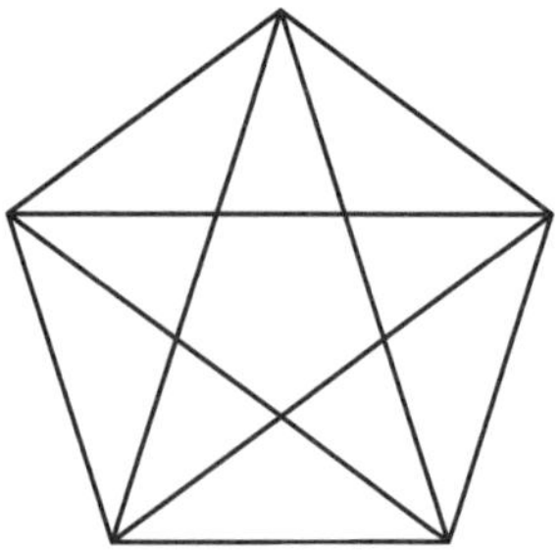

图 4.2.6　练习题

4.3　绘制曲线

就是有九十九个困难，只要有一个坚强的意志就不困难。——杨根思

4.3.1　绘制圆

1. 命令输入方式

- 命令行内输入命令：C 或 CIRCLE。
- 从“默认”选项卡的“绘图”面板中点击“圆”按钮。
- 从“绘图”下拉菜单的“圆”选项中选择一种绘制圆的方法（共 6 种方法）。

2. 命令行提示

```
指定圆的圆心或 [三点(3P)/两点(2P)/切点、切点、半径(T)]:
```

3. 选项说明

- 指定圆的圆心：通过键盘输入圆心坐标或鼠标左键在绘图区指定圆心位置。
- 三点（3P）：指定圆周上的 3 个点绘制圆。
- 通过该选项也可以绘制与 3 个已知图元相切的圆。当系统提示指定圆上的第一（二、三）个点时，均先输入“tan”，按空格键，然后再单击与圆相切的图元即可。
- 两点（2P）切点：指定圆直径的 2 个端点绘制圆。
- 切点、切点、半径（T）：指定对象与圆的 2 个切点及圆的半径绘制圆。

4. 绘图操作

【例 4.15】绘制圆心坐标为 x =50，y =100，半径 R=200 的圆（图 4.3.1）。

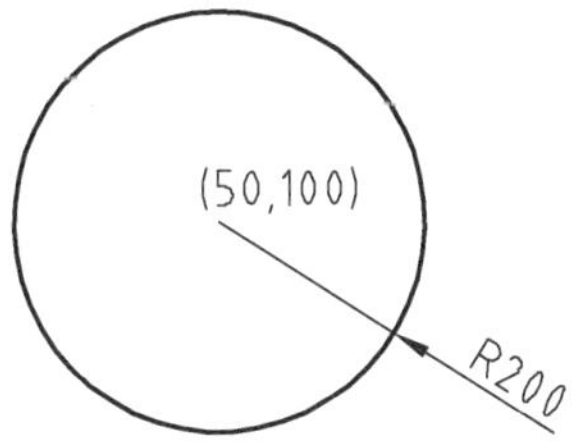

图 4.3.1　根据圆心坐标和半径绘制圆

方法：通过“指定圆的圆心”绘制圆。

绘制步骤：

```
命令行内输入命令：C                                      //输入绘制圆的命令，按空格键
指定圆的圆心或 [三点(3P)/两点(2P)/切点、切点、半径(T)]：50,100
                                                          //输入圆心坐标，按空格键
指定圆的半径或 [直径(D)]：200                             //输入圆的半径，按空格键
```

【例 4.16】绘制圆周经过点（25,30）、点（35,-10）、点（100,0）的圆（图 4.3.2）。

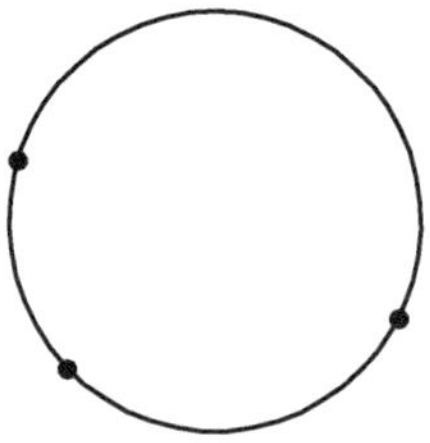

图 4.3.2　通过圆上已知三个点绘制圆

方法：通过“三点（3P）”绘制圆。

绘制步骤：

```
命令行内输入命令：C                                    //输入绘制圆的命令，按空格键
指定圆的圆心或 [三点(3P)/两点(2P)/切点、切点、半径(T)]：3p
                                                       //输入 3p，按空格键
指定圆上的第一个点：25,30                              //输入点坐标，按空格键
指定圆上的第二个点：35,-10                             //输入点坐标，按空格键
指定圆上的第三个点：100,0                              //输入点坐标，按空格键
```

【例 4.17】绘制直径两端点分别为点（2,5）、点（10,10）的圆（图 4.3.3）。

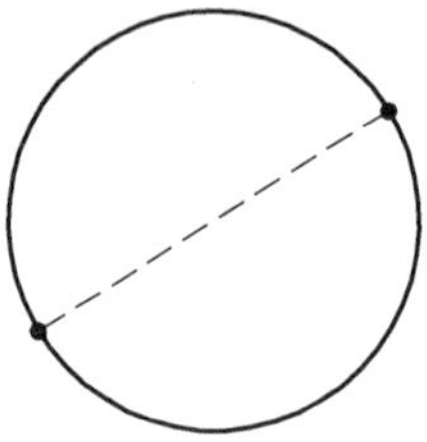

图 4.3.3　通过圆的直径两端点绘制圆

方法：通过“两点（2P）切点”绘制圆。

绘制步骤：

```
命令行内输入命令：C                                    //输入绘制圆的命令，按空格键
指定圆的圆心或 [三点(3P)/两点(2P)/切点、切点、半径(T)]：2p
                                                       //输入 2p，按空格键
指定圆直径的第一个端点：2,5                            //输入点坐标，按空格键
指定圆直径的第二个端点：10,10                          //输入点坐标，按空格键
```

【例 4.18】绘制与已知圆、直线相切的圆，且待画圆的半径为 500（图 4.3.4）。

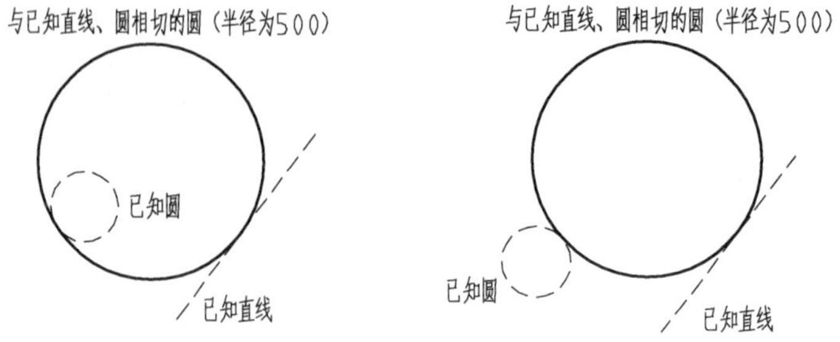

图 4.3.4　绘制与已知圆、直线相切的圆

方法： 通过“切点、切点、半径（T）”绘制圆。

绘制步骤：

```
命令行内输入命令：C                                      //输入绘制圆的命令，按空格键
指定圆的圆心或 [三点(3P)/两点(2P)/切点、切点、半径(T)]：t
                                                           //输入 t，按空格键
指定对象与圆的第一个切点：                          //鼠标左键单击指定对象与圆的切点
指定对象与圆的第二个切点：                          //鼠标左键单击指定对象与圆的切点
指定圆的半径<110.6267>：200                                   //输入半径，按空格键
```

说明：

- 指定对象与圆的切点时，指定的点的位置不同，画出的圆的位置可能不同。
- 指定圆的半径不合理时，无法绘制圆。

4.3.2　绘制圆弧

1. 命令输入方式

- 命令行内输入命令：A 或 ARC。
- 从“默认”选项卡的“绘图”面板中点击“圆弧”按钮。
- 从“绘图”下拉菜单的“圆弧”选项中选择 1 种绘制圆弧的方式（共 11 种方法）。

2. 绘制方法

圆弧是圆的一部分，AutoCAD 提供了下列 11 种绘制圆弧的方法。绘制圆弧时，下列“三点”和“继续”两种方法是由用户控制绘制圆弧方向，其他方法均是以逆时针方向进行绘制。

- 三点：通过指定 3 个点绘制圆弧。
- 起点、圆心、端点：依次指定圆弧的起点、圆心及端点绘制圆弧。
- 起点、圆心、角度：依次指定圆弧的起点、圆心及圆弧对应的圆心角绘制圆弧。
- 起点、圆心、长度：依次指定圆弧的起点、圆心及圆弧对应的弦长绘制圆弧。
- 起点、端点、角度：依次指定圆弧的起点、端点及圆弧对应的圆心角绘制圆弧。
- 起点、端点、方向：依次指定圆弧的起点、端点及圆弧在起点的切线方向绘制圆弧。
- 起点、端点、半径：依次指定圆弧的起点、端点及半径绘制圆弧。
- 圆心、起点、端点：依次指定圆弧的圆心、起点及端点绘制圆弧。
- 圆心、起点、角度：依次指定圆弧的圆心、起点及圆弧对应的圆心角绘制圆弧。
- 圆心、起点、长度：依次指定圆弧的圆心、起点及圆弧对应的弦长绘制圆弧。
- 继续：以上次结束的图元的端点为起点绘制圆弧，且圆弧与上次结束的图元在该端点相切。

3. 绘图操作

【例 4.19】 绘制经过已知直线两端点的圆弧，且圆弧的圆心角为 150°（图 4.3.5）。

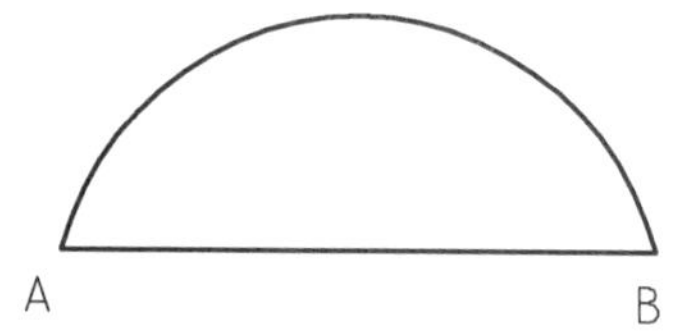

图 4.3.5　绘制过直线两端点的圆弧

方法：使用“起点、端点、角度”方法绘制圆弧。

绘制步骤：

```
命令行内输入命令：a                                  //输入绘制圆弧的命令，按空格键
指定圆弧的起点或 [圆心(C)]：                                        //鼠标指定 B 点
指定圆弧的第二个点或 [圆心(C)/端点(E)]：e                       //输入 e，按空格键
指定圆弧的端点：                                                    //鼠标指定 A 点
指定圆弧的中心点(按住 Ctrl 键以切换方向)或 [角度(A)/方向(D)/半径(R)]：a
                                                                 //输入 a，按空格键
指定夹角(按住 Ctrl 键以切换方向)：150                          //输入 150，按空格键
```

【**例 4.20**】绘制雨伞（图 4.3.6），不进行标注。

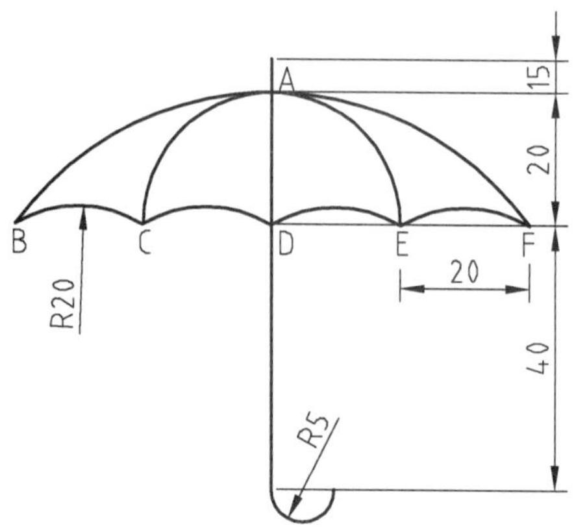

图 4.3.6　雨伞

方法：使用圆弧、多段线命令绘制图形。

打开“极轴追踪”开关。

```
命令行内输入命令：PL                             //输入绘制多段线的命令，按空格键
指定起点：                                //在绘图区，单击鼠标左键指定任意一点
指定下一个点或 [圆弧(A)/半宽(H)/长度(L)/放弃(U)/宽度(W)]：5
                                   //将鼠标移至起点的正下方，输入 5，按空格键
指定下一点或 [圆弧(A)/闭合(C)/半宽(H)/长度(L)/放弃(U)/宽度(W)]：20
                                 //保持鼠标位于起点的正下方，输入 20，按空格键
指定下一点或 [圆弧(A)/闭合(C)/半宽(H)/长度(L)/放弃(U)/宽度(W)]：40
                                 //保持鼠标位于起点的正下方，输入 40，按空格键
指定下一点或 [圆弧(A)/闭合(C)/半宽(H)/长度(L)/放弃(U)/宽度(W)]：a
                                                           //输入 a，按空格键
```

```
指定圆弧的端点(按住 Ctrl 键以切换方向)或[角度(A)/圆心(CE)/闭合(CL)/方向(D)/半宽(H)/直线(L)/半径(R)/第二个点(S)/放弃(U)/宽度(W)]: @10,0
                                                    //输入相对坐标，按空格键
指定圆弧的端点(按住 Ctrl 键以切换方向)或[角度(A)/圆心(CE)/闭合(CL)/方向(D)/半宽(H)/直线(L)/半径(R)/第二个点(S)/放弃(U)/宽度(W)]:    //按空格键
命令行内输入命令: ARC                          //输入绘制圆弧的命令，按空格键
指定圆弧的起点或 [圆心(C)]:                    //移动鼠标至 D 点，单击鼠标左键
指定圆弧的第二个点或 [圆心(C)/端点(E)]: e               //输入 e，按空格键
指定圆弧的端点: @20,0                              //输入相对坐标，按空格键
指定圆弧的中心点(按住 Ctrl 键以切换方向)或 [角度(A)/方向(D)/半(R)]:a
                                                        //输入 a，按空格键
指定夹角(按住 Ctrl 键以切换方向): -60
                                   //移动鼠标出现圆弧时，输入-60，按空格键
命令行内输入命令:  ARC
指定圆弧的起点或 [圆心(C)]:                    //移动鼠标至 E 点,单击鼠标左键
指定圆弧的第二个点或 [圆心(C)/端点(E)]: e
指定圆弧的端点: @20,0
指定圆弧的中心点(按住 Ctrl 键以切换方向)或 [角度(A)/方向(D)/半径(R)]:a
指定夹角(按住 Ctrl 键以切换方向): -60
命令行内输入命令:  ARC
指定圆弧的起点或 [圆心(C)]:                    //移动鼠标至 D 点,单击鼠标左键
指定圆弧的第二个点或 [圆心(C)/端点(E)]: e
指定圆弧的端点: @-20,0
指定圆弧的中心点(按住 Ctrl 键以切换方向)或 [角度(A)/方向(D)/半径(R)]:a
指定夹角(按住 Ctrl 键以切换方向): 60
命令行内输入命令:  ARC
指定圆弧的起点或 [圆心(C)]:                    //移动鼠标至 C 点,单击鼠标左键
指定圆弧的第二个点或 [圆心(C)/端点(E)]: e
指定圆弧的端点: @-20,0
指定圆弧的中心点(按住 Ctrl 键以切换方向)或 [角度(A)/方向(D)/半径(R)]:a
指定夹角(按住 Ctrl 键以切换方向): 60
命令行内输入命令:  ARC
指定圆弧的起点或 [圆心(C)]:                    //移动鼠标至 B 点,单击鼠标左键
指定圆弧的第二个点或 [圆心(C)/端点(E)]:        //移动鼠标至 A 点,单击鼠标左键
指定圆弧的端点:                                //移动鼠标至 F 点,单击鼠标左键
命令行内输入命令:  ARC
指定圆弧的起点或 [圆心(C)]:                    //移动鼠标至 C 点,单击鼠标左键
指定圆弧的第二个点或 [圆心(C)/端点(E)]:        //移动鼠标至 A 点,单击鼠标左键
指定圆弧的端点:                                //移动鼠标至 E 点,单击鼠标左键
```

4.3.3 绘制椭圆与椭圆弧

1. 命令输入方式

- 命令行内输入命令：EL 或 ELLIPSE。
- 从“默认”选项卡的“绘图”面板中点击“椭圆”按钮。
- 从“绘图”下拉菜单的“椭圆”选项中选择一种绘制椭圆的方法。

2. 命令行提示

```
指定椭圆的轴端点或 [圆弧(A)/中心点(C)]:
指定轴的另一个端点:
指定另一条半轴长度或 [旋转(R)]:
```

3. 选项说明

- 指定椭圆的轴端点：通过先后指定椭圆的一条轴的两个端点，及另一条半轴长度（或以“旋转”的方式）绘制椭圆。
- 中心点（C）：选择该选项，将通过先后指定椭圆中心点，一条轴的一个端点，以及另一条半轴长度（或以“旋转”的方式）绘制椭圆。
- 圆弧（A）：选择该选项，将绘制椭圆弧。
- 旋转（R）：以一条椭圆轴作为直径的圆，绕该轴旋转指定角度后生成椭圆。选择该项后，若在随后的系统提示“指定绕长轴旋转的角度：”后输入 0，则将绘制圆。

4. 绘图操作

【例 4.21】绘制一个长轴在水平方向上，且长为 100，短轴长为 60 的椭圆（图 4.3.7）。

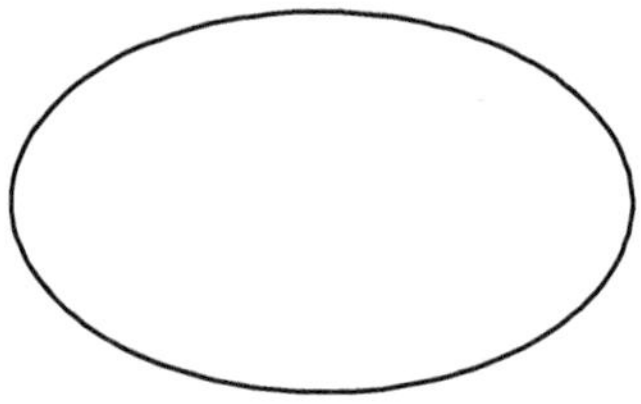

图 4.3.7　椭圆

方法：使用“轴、端点”方法绘制椭圆。

绘制步骤：

```
命令行内输入命令：el                              //输入绘制椭圆的命令，按空格键
指定椭圆的轴端点或 [圆弧(A)/中心点(C)]：100,50
                                                  //输入轴端点坐标，按空格键
指定轴的另一个端点：200,50                        //输入轴的另一个端点坐标，按空格键
指定另一条半轴长度或 [旋转(R)]：30                //输入另一条半轴长度，按空格键
```

4.3.4 绘制样条曲线

样条曲线是经过或接近一系列给定点的光滑曲线，可用于绘制波浪线、地形线等。

1. 命令输入方式

- 命令行内输入命令：SPL 或 SPLINE。
- 从“默认”选项卡中点击“绘图”面板下拉菜单，单击按钮或。
- 从“绘图”下拉菜单的“样条曲线”选项中选择一种绘制样条曲线的方式。

2. 绘制方法

（1）“拟合”方式绘制样条曲线的命令行提示。

```
指定第一个点或 [方式(M)/节点(K)/对象(O)]:
输入下一个点或 [起点切向(T)/公差(L)]:
输入下一个点或 [端点相切(T)/公差(L)/放弃(U)]:
输入下一个点或 [端点相切(T)/公差(L)/放弃(U)/闭合(C)]:
```

（2）“控制点”方式绘制样条曲线的命令行提示。

```
指定第一个点或 [方式(M)/阶数(D)/对象(O)]:
输入下一个点:
输入下一个点或 [放弃(U)]:
输入下一个点或 [闭合(C)/放弃(U)]:
```

3. 选项说明

- 方式（M）：提供了“拟合”和“控制点”两种创建样条曲线的方式。
- 对象（O）：将样条曲线化的多段线转换为真正的样条曲线。
- 起点切向（T）：指定样条曲线起点的切线方向。
- 公差（L）：指定拟合公差。拟合公差越大，样条曲线距离给定点越远；若拟合公差为 0，则样条曲线将经过给定点。
- 端点相切（T）：指定样条曲线终点的切线方向。

4. 绘图操作

【例 4.22】图 4.3.8 中竖线已知，用样条曲线依次连接图中竖线的上端点，绘制地形线。

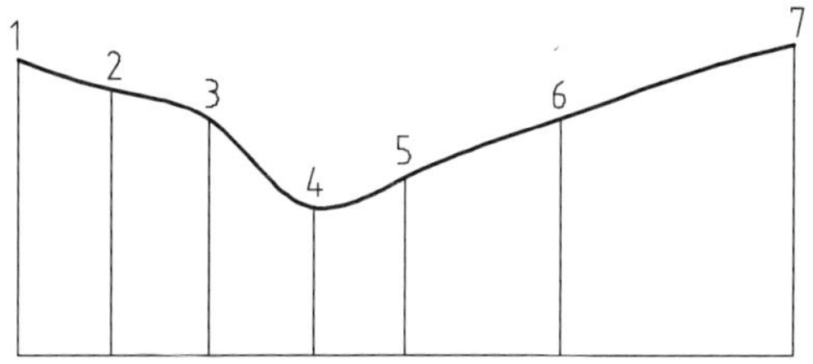

图 4.3.8　用样条曲线绘制地形线

方法：使用“轴、端点”方法绘制椭圆。

绘制步骤：

设置“对象捕捉模式”为“端点”，并开启“对象捕捉”。

```
命令行内输入命令：spl                        //输入绘制样条曲线的命令，按空格键
当前设置：方式=拟合    节点=弦                          //信息提示行
指定第一个点或 [方式(M)/节点(K)/对象(O)]：               //光标指定端点 1
```

```
输入下一个点或 [起点切向(T)/公差(L)]:                               //光标指定端点 2
输入下一个点或 [端点相切(T)/公差(L)/放弃(U)]:                        //光标指定端点 3
输入下一个点或 [端点相切(T)/公差(L)/放弃(U)/闭合(C)]:                //光标指定端点 4
输入下一个点或 [端点相切(T)/公差(L)/放弃(U)/闭合(C)]:                //光标指定端点 5
输入下一个点或 [端点相切(T)/公差(L)/放弃(U)/闭合(C)]:                //光标指定端点 6
输入下一个点或 [端点相切(T)/公差(L)/放弃(U)/闭合(C)]:                //光标指定端点 7
输入下一个点或 [端点相切(T)/公差(L)/放弃(U)/闭合(C)]: t
                                                                  //输入 t，按空格键
指定端点切向:                          //移动光标使曲线处于理想形态，单击鼠标左键
```

4.3.5 修订云线

修订云线用于绘制由连续圆弧构成的多段线（图 4.3.9）。

图 4.3.9 云线

1. 命令输入方式

- 命令行内输入命令：REVCLOUD。
- 从“默认”选项卡中点击“绘图”面板下拉菜单，单击按钮。
- 从“绘图”下拉菜单中，选择“修订云线”。

2. 命令行提示

```
指定第一个点或 [弧长(A)/对象(O)/矩形(R)/多边形(P)/徒手画(F)/样式(S)/修改(M)] <对象>:
```

3. 选项说明

- 弧长（A）：指定圆弧的大致弧长。
- 对象（O）：选择多段线、样条曲线或圆，将其修改为云线。
- 矩形（R）：绘制矩形云线。
- 多边形（P）：绘制多边形云线。
- 徒手画（F）：徒手绘制云线。
- 样式（S）：提供了“普通”和“手绘”两种云线样式。
- 修改（M）：修改云线。

4.3.6 练　习

1. 按例 4.15 ~ 4.22 所述步骤进行练习。

2. 已知圆的半径为 30，绘制内接于该圆的矩形，该矩形的长宽比为 2∶1，如图 4.3.10 所示。

3. 使用圆弧命令绘制图 4.3.11。
4. 使用圆的相切命令绘制图 4.3.12。

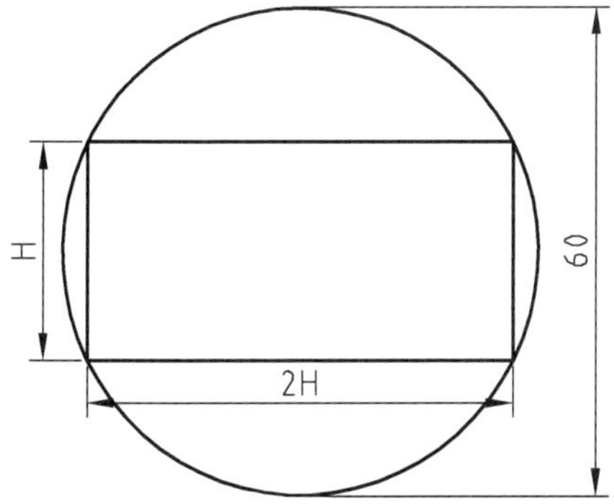

图 4.3.10　练习题 2

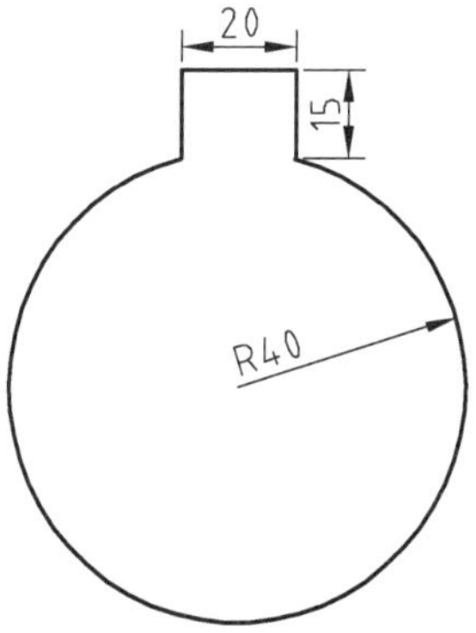

图 4.3.11　练习题 3

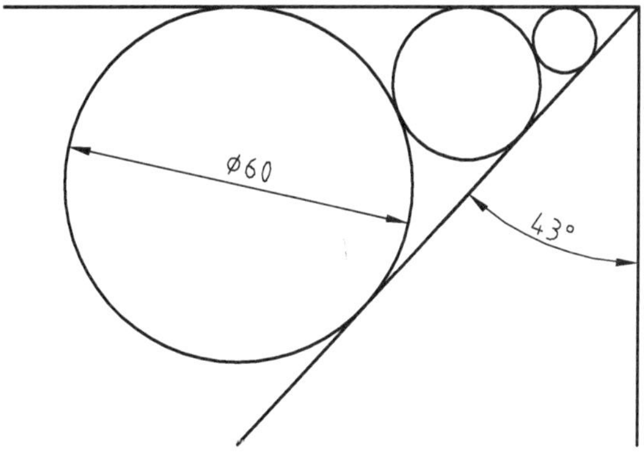

图 4.3.12　练习题 4

4.4　绘制点

知识是集无数思想与经验之大成的东西。——爱默生

在 AutoCAD 中可以绘制单个点、多个点，也可以在指定对象上绘制点对该对象进行定数等分和定距等分。

4.4.1　绘制点

1. 点样式的设置

系统默认情况下，点的图形很小，当其与其他图形重合时，难以有效显现。为了使点更好地显示出来，如果需要修改当前的点样式，可通过打开“点样式”对话框（图 4.4.1）来进行相应设置。

打开“点样式”对话框的方式主要有：

- 命令行内输入命令：PTYPE 或 DDPTYPE。
- 从“格式”下拉菜单中，选择“点样式”。
- 从“默认”选项卡中点击“实用工具”面板下拉菜单，选择“点样式”。

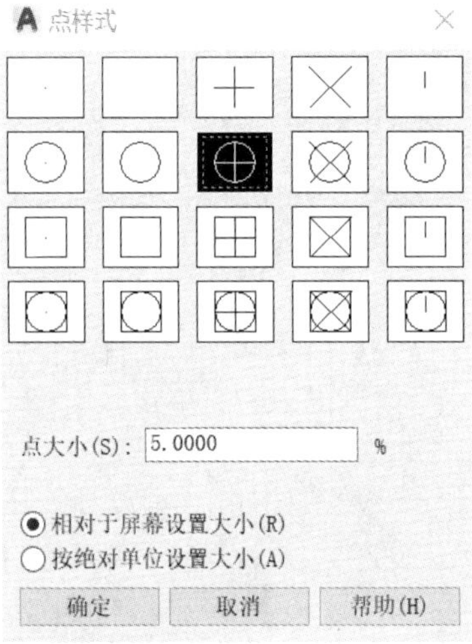

图 4.4.1 “点样式”对话框

“点样式”对话框中提供了 20 种点的样式。当鼠标点击某样式时，该样式所在的矩形框呈黑色填充状态，则该样式被选中。“点大小”文本框用于设置点的尺寸。点的大小可按相对于屏幕大小进行设置，也可按绝对单位进行设置。

2. 绘制点的命令输入方式

- 命令行内输入命令：PO 或 POINT。
- 从“默认”选项卡中点击“绘图”面板下拉菜单，单击按钮。
- 从“绘图”下拉菜单的“点”选项中选择一种绘制点的方式。

4.4.2 定数等分

定数等分是指用点将图形对象等分为指定段数，如图 4.4.2 所示。

图 4.4.2 定数等分直线

1. 命令输入方式

- 命令行内输入命令：DIV 或 DIVIDE。
- 从“默认”选项卡中点击“绘图”面板下拉菜单，单击按钮。
- 从“绘图”下拉菜单的“点”选项中选择“定数等分”。

2. 命令行提示

选择要定数等分的对象：
输入线段数目或 [块(B)]：

3. 选项说明

- 输入线段数目：根据输入数值，用点将图形对象等分为相应段数。
- 块（B）：用块等分图形对象。

4. 绘图操作

【例 4.23】图 4.4.3 中，用块 c 将半径为 30 的圆的圆周平均分为 6 段。

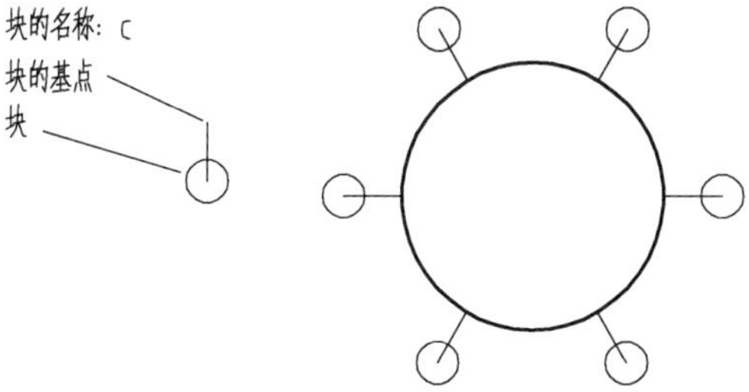

图 4.4.3　用块将圆周平均分为 6 段

方法： 使用"块（B）"进行定数等分。

绘制步骤：

```
命令行内输入命令：div                              //输入定距等分命令，按空格键
选择要定数等分的对象：                              //用光标单击大圆圆周
输入线段数目或 [块(B)]：b                          //输入 b，按空格键
输入要插入的块名：c                                //输入 c，按回车键
是否对齐块和对象？[是(Y)/否(N)] <Y>：              //按空格键，默认选择对齐
输入线段数目：6                                    //输入 6，按空格键
```

4.4.3　定距等分

定距等分是指按给定距离对图形对象进行等分，如图 4.4.4 所示。

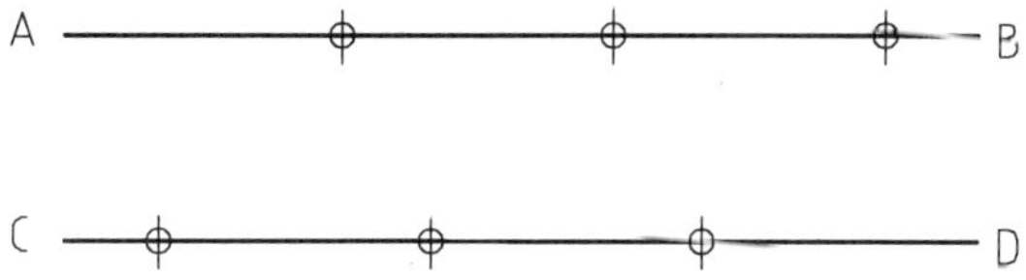

图 4.4.4　定距等分直线

1. 命令输入方式

- 命令行内输入命令：ME 或 MEASURE。
- 从"默认"选项卡中点击"绘图"面板下拉菜单，单击按钮 。
- 从"绘图"下拉菜单的"点"选项中选择"定距等分"。

2. 命令行提示

```
选择要定距等分的对象：
指定线段长度或 [块(B)]：
```

3. 选项说明

- 指定线段长度：按输入长度，用点等分图形对象。
- 块（B）：用块等分图形对象。

注意：

● 只能对直线、多段线、圆、圆弧、椭圆、椭圆弧、样条曲线等进行定距等分及定数等分。

● 选择要定距等分的对象时，光标指定处距离哪一端近，就从哪一端开始等分。如图 4.4.4 所示，对线段 *AB* 进行定距等分，光标指定处距离 *A* 端近，就从 *A* 端开始等分；对线段 *CD* 进行定距等分，光标指定处距离 *D* 端近，就从 *D* 端开始等分。

4.4.4 练 习

1. 按例 4.23 所述步骤进行练习。
2. 使用定数等分及多段线命令绘制图 4.4.5。
3. 使用定数等分、正多边形及圆弧命令绘制图 4.4.6。

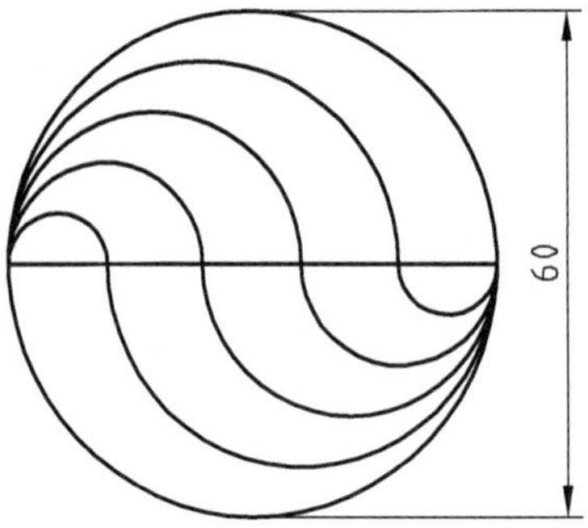

图 4.4.5 练习题 2

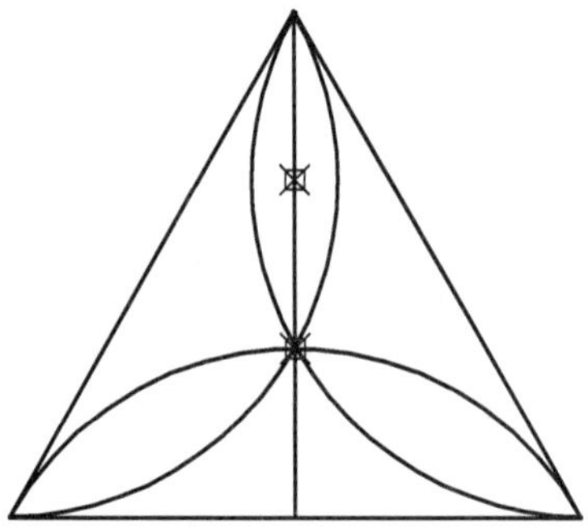

图 4.4.6 练习题 3

4.5 图案填充

昨天唤不回来，明天还不确定，你能确有把握的就是今天。——李大钊

4.5.1 图案填充

图案填充是指用某种图案（花纹、颜色）对指定区域进行填充。在地形地质图、地质剖面图、地层柱状图等绘制中均需要使用图案填充。

1. 命令输入方式

● 命令行内输入命令：H 或 HATCH。

● 从“默认”选项卡“绘图”面板中，单击图案填充按钮▨。

● 从“绘图”下拉菜单中，选择“图案填充”。

2. “图案填充创建”选项卡的设置

当执行图案填充命令后，命令行将提示：“选择对象或[拾取内部点(K)/放弃(U)/设置(T)]：”，如果此时选择“设置(T)”，将弹出“图案填充和渐变色”对话框（图 4.5.1）。

执行图案填充命令后，除了会在命令行出现上述提示外，还会在绘图区上方的面板区域中出现“图案填充创建”选项卡（图 4.5.2）。另外，当光标选定图案填充对象时，也会在绘图区上方的面板区域中出现“图案填充创建”选项卡。

图 4.5.1 “图案填充和渐变色”对话框

图 4.5.2 “图案填充创建”选项卡

由于“图案填充和渐变色”对话框与“图案填充创建”选项卡的功能相同，这里就仅对“图案填充创建”选项卡进行介绍。在“图案填充创建”选项卡中，包含了“边界”“图案”“特性”“原点”“选项”及“关闭”6 个面板。

（1）“边界”面板。

“边界”面板中主要涉及图案填充对象的选择方式和填充边界类型的设置。

- “拾取点”按钮：通过指定图形对象内部的一点，实现对该对象的图案填充。
- “选择”按钮：通过选择封闭图形对象的边界，实现对该对象的图案填充。
- “边界”下拉列表：该列表中主要提供了“不保留边界”“保留边界-多段线”“保留边界-面域”3 种边界类型。

（2）“图案”面板。

“图案”面板中提供了各种图案填充样式。单击右侧的下拉按钮，将显示出更多的填充样式供选择。其中，如果将进行纯色填充，需选择图案为“SOLID”。

（3）“特性”面板。

“特性”面板中主要包括“图案填充类型”“图案填充颜色”“背景色”“透明度值”“图案填充角度”“填充图案比例”等内容的设置。

- “图案填充类型”：包括“实体”“渐变色”“图案”“用户定义”4 个选项，可分别实现纯色填充、渐变色填充、图案花纹填充、用户定义图案填充。
- “图案填充颜色”：设置填充图案的颜色。
- “背景色”：设置背景颜色。
- “透明度值”：设置填充图案的透明度，该值的范围为 0 ~ 90，数值越大，透明度越高，默认值为 0。
- “图案填充角度”：设置填充图案的旋转角度（图 4.5.3），默认值为 0。注意：该角度的起始方向及旋转方向，在“单位”对话框中设置。
- “填充图案比例”：设置填充图案的比例（图 4.5.3），默认值为 1。

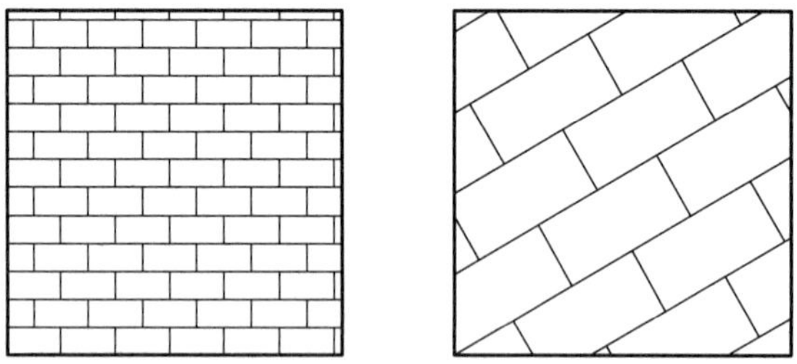

角度为0°，比例为0.02　　角度为30°，比例为0.05

图 4.5.3　不同填充比例及角度的填充效果对比

（4）“原点”面板。

“原点”面板提供了指定填充图案原点位置的功能。

- “设定原点”按钮：可以用光标指定原点位置。
- “原点”下拉列表：该列表中主要提供了“左下”“右下”“左上”“右上”“中心”“使用当前原点”等原点设置选项。

（5）“选项”面板。

“选项”面板中包含了“关联”“注释性”“特性匹配”和“选项”下拉列表。其中，在“选项”下拉列表中还包括“允许的间隙”“创建独立的图案填充”“孤岛检测”“绘图次序”等内容的设置。

- “关联”：开启该选项，修改填充边界时，将自动跟随边界更新填充，即填充图案与边界关联（图 4.5.4）。
- “注释性”：根据视口比例，自动调整图案填充比例。该选项应用于布局。
- “特性匹配”：采用选定图案填充对象的特性，来对其他图形对象进行图案填充。
- “允许的间隙”：填充时允许的间隙大小，当间隙超过该值就不能进行填充。其默认值为 0，即默认情况下，只能对完全封闭的边界进行填充。
- “创建独立的图案填充”：打开该选项时，同时对多个待填充区域进行图案填充，每个填充区域内都将生成一个独立的图案填充对象；关闭该选项时，同时对多个待填充区域进行图案填充，将得到一个独立的图案填充对象（图 4.5.5）。
- “孤岛检测”：当填充边界内还存在封闭边界时，可通过该功能来确定内部边界之内的区域是否进行填充及填充方式。包含了“普通孤岛检测”“外部孤岛检测”“忽略孤岛检测”等选项（图 4.5.6）。

● “绘图次序”：设置图案填充对象之间，以及图案填充对象与边界之间的绘图次序，包括“不更改”“后置”“前置”“置于边界之后”“置于边界之前”5 个选项。

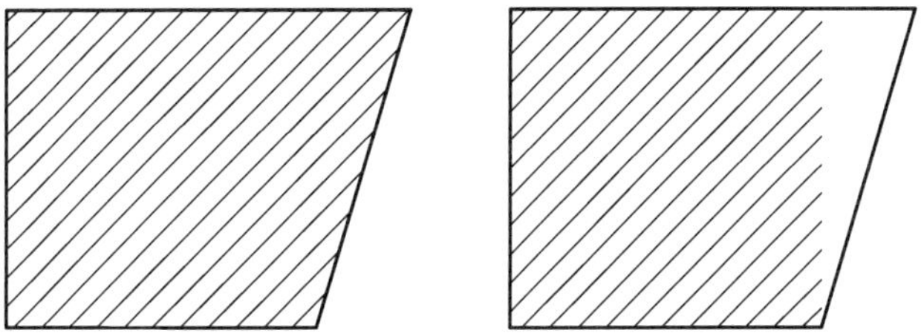

图 4.5.4　“关联”的打开与关闭效果对比

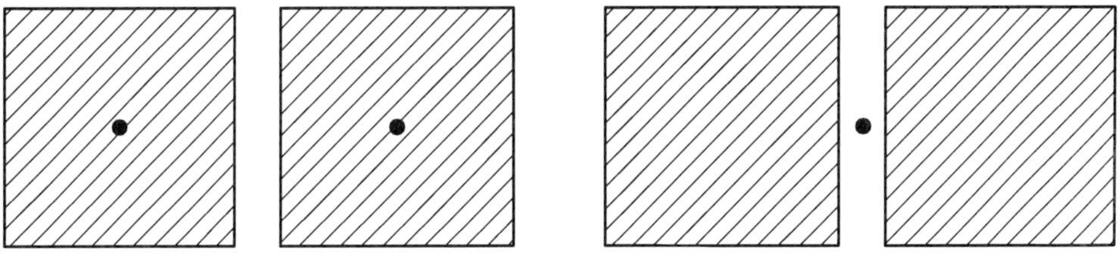

图 4.5.5　“创建独立的图案填充”的打开与关闭效果对比

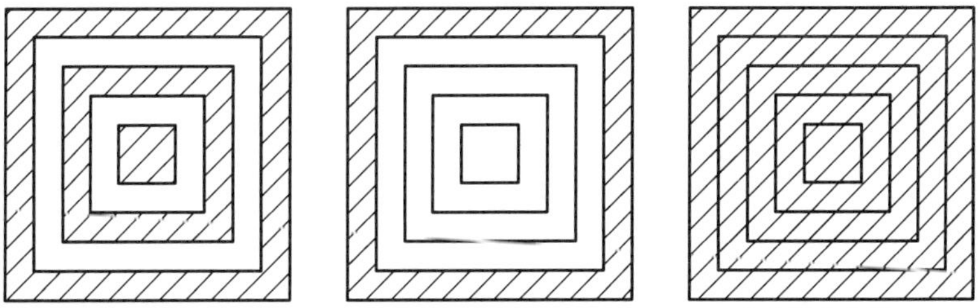

图 4.5.6　孤岛检测类型

4.5.2 练　习

1. 使用填充命令绘制图 4.5.7，自上而下的填充设置为：填充图案 TRANS，角度 45°，比例 0.25；填充图案 LINE，角度 315°，比例 0.5；填充图案 AR-SAND，角度 0°，比例 0.05。

2. 使用填充命令绘制图 4.5.8，填充图案为 AR-B816，比例为 0.02。

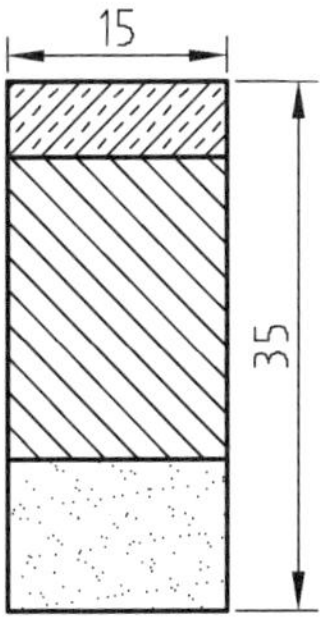

图 4.5.7　练习题 1

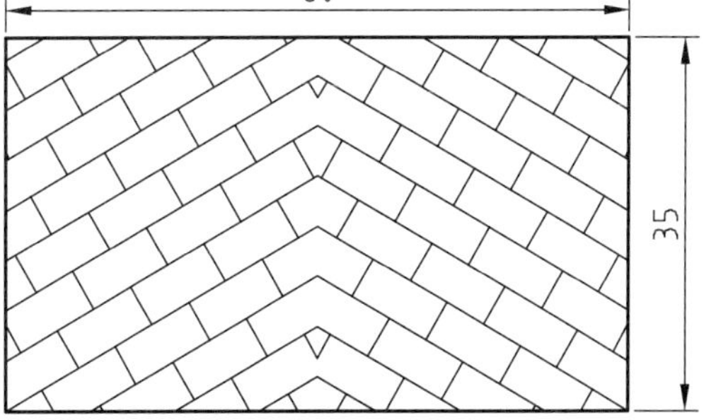

图 4.5.8　练习题 2

本章小结

绘制二维图形是 AutoCAD 2021 提供的一类重要的绘图功能集合。本章介绍了在 AutoCAD 2021 中绘制直线、构造线、多段线、多线、矩形、正多边形、圆、圆弧、椭圆、样条曲线、修订云线、点、定数等分、定距等分、图案填充等命令及方法。复杂的二维图形可以由这些命令绘制的简单图形复合实现。在绘图过程中，直线、构造线、多段线、矩形、正多边形、圆、圆弧、点、定数等分、定距等分、图案填充等命令是常用的命令，需要重点掌握，勤加练习。

第 4 章教学视频

第 5 章　二维图形编辑

知识目标

1. 掌握选择对象的途径。
2. 掌握删除图形的几种方法。
3. 掌握恢复已删除图形的方法。
4. 掌握复制、镜像、偏移、阵列等复制类操作方法并了解其区别。
5. 掌握图形移动、旋转、缩放的方法。
6. 掌握修改与延伸、倒角与圆角、拉伸与拉长、打断与打断于点、分解与合并的方法。

技能目标

1. 能够准确熟练地选择要编辑的对象。
2. 能够准确地删除、恢复相关图形。
3. 能够利用复制、镜像、偏移、阵列等不同方法来实现各种图像的复制。
4. 能够用移动、旋转、缩放等命令来编辑图形。
5. 能够利用修改与延伸、倒角与圆角、拉伸与拉长、打断与打断于点、分解与合并等不同方法来改变图形的形状。

素质目标

1. 培养学生熟练设置绘图所需图层的良好作图习惯。
2. 培养学生合理利用各种编辑手段来完成图件的作图能力。

5.1　选择对象

书籍是青年人不可分离的生活伴侣和导师。——高尔基

在对图形进行编辑操作之前，首先需要选择要编辑的对象。AutoCAD 用虚线亮显所选的对象，这些对象就构成选择集。AutoCAD 2021 提供两种编辑对象的途径：

（1）先执行编辑命令，然后选择要编辑的对象。

（2）先选择要编辑的对象，然后执行编辑命令。

这两种途径的执行效果是相同的，但选择对象是进行编辑的前提。AutoCAD 可以编辑单个选择对象，也可以把选择的多个对象组成整体，进行整体编辑与修改。

5.1.1　SELECT 命令

下面结合“SELECT”命令说明选择对象的方法。

1. 操作方法

“SELECT”命令可以单独使用，也可以在执行其他编辑命令时自动调用，调用命令后按回车键确认，可以通过输入“？”查看 AutoCAD 2021 提供的多种选择方式（图 5.1.1），然后输入所需选项后按 Enter 键就可以执行相应选择操作。

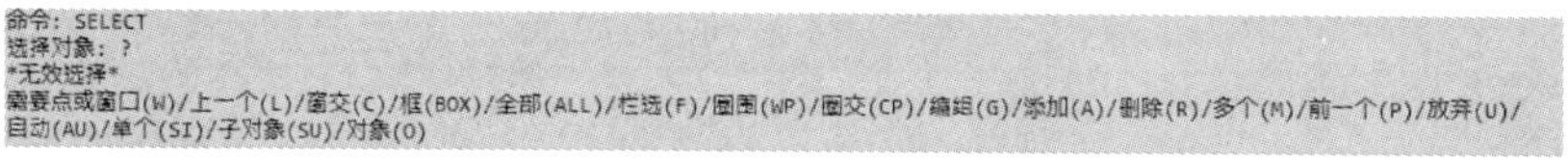
命令：SELECT
选择对象：？
无效选择
需要点或窗口(W)/上一个(L)/窗交(C)/框(BOX)/全部(ALL)/栏选(F)/圈围(WP)/圈交(CP)/编组(G)/添加(A)/删除(R)/多个(M)/前一个(P)/放弃(U)/自动(AU)/单个(SI)/子对象(SU)/对象(O)

图 5.1.1　AutoCAD 2021 的多种选择方式

2. 常用选项说明

● 点：直接通过点取的方式选择对象。单击图形对象即可选中对象，依次单击多个图形对象可选择多个对象，如图 5.1.2 所示。

● 窗口（W）：由两个对角顶点确定的矩形窗口选取其范围内的所有图形，与边界相交的对象不会被选中。在指定对角顶点时应按照从左向右的顺序，如图 5.1.3 所示。

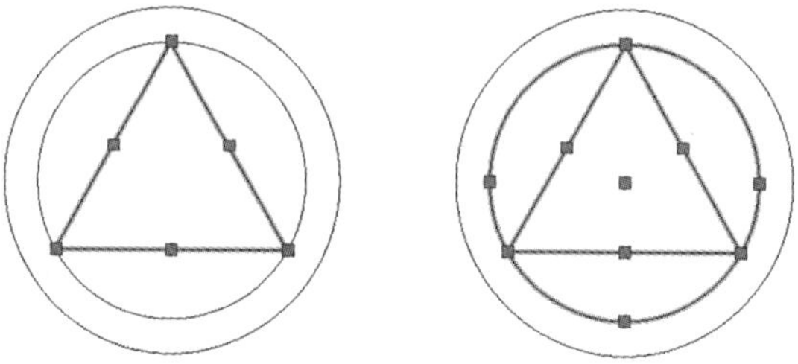

图 5.1.2　点取选择对象

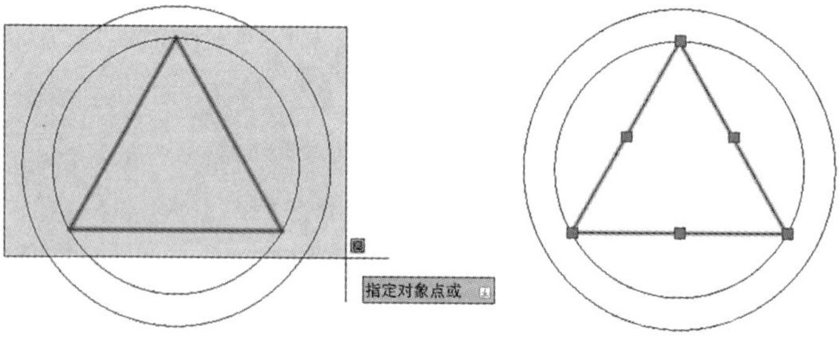

图 5.1.3　窗口选择对象

● 上一个（L）：输入“L”后按回车键，系统会自动选取最后绘出的一个对象。

● 窗交（C）：该方式与窗口方式类似，区别在于它同时也选中与矩形窗口相交的对象，如图 5.1.4 所示。

● 全部（ALL）：选取图面上所有对象。

● 栏选（F）：用户临时绘制一些直线，这些直线不必构成封闭图形，凡是与这些直线相交的对象均被选中，如图 5.1.5 所示。

● 圈围（WP）：用一个不规则的多边形来选择对象。根据提示，用户顺次输入构成多边形顶点的坐标，最后按 Enter 键结束操作，系统将自动连接第一个顶点到最后一个顶点形成封闭的多边形。凡是被多边形围住的对象均被选中，如图 5.1.6 所示。

● 圈交（CP）：类似“圈围”方式，区别在于多边形边界相交的对象也被选中，如图 5.1.7 所示。

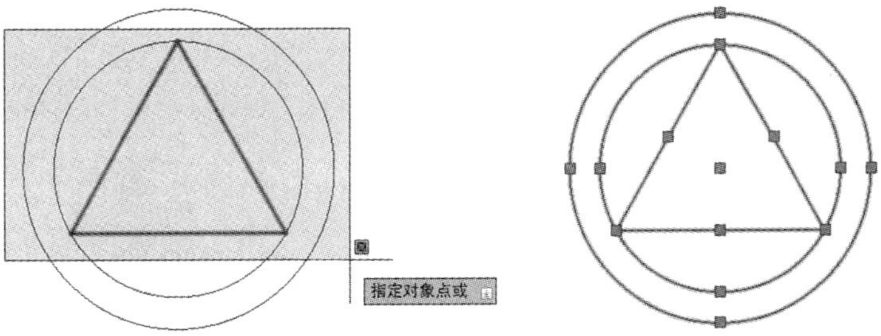

图 5.1.4　窗交选择对象

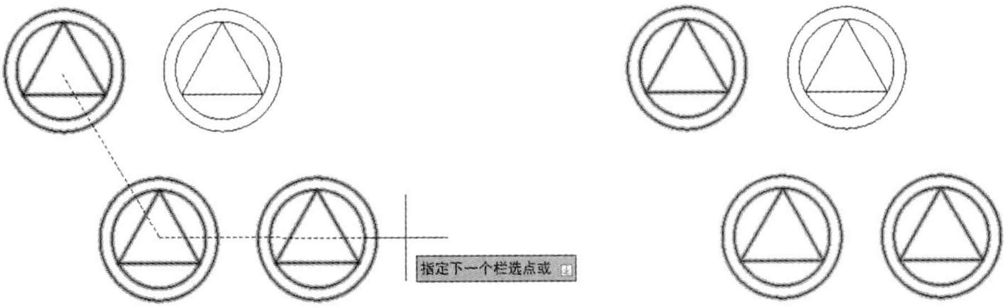

图 5.1.5　选择栏选择对象

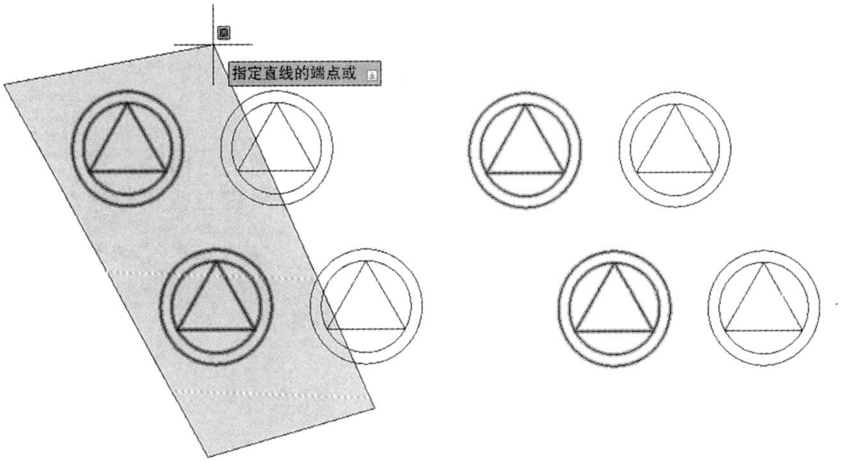

图 5.1.6　圈围选择对象

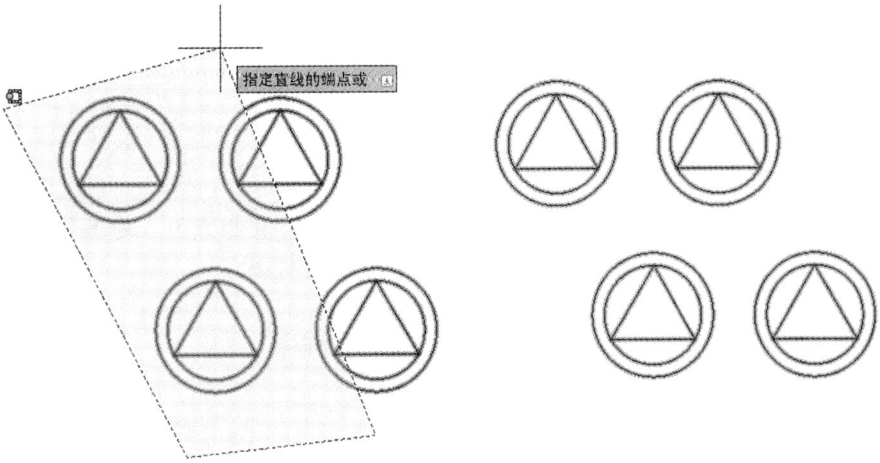

图 5.1.7　圈交选择对象

5.1.2　练　习

1. 练习用不同的方法来选择图形。
2. 简述窗口选择方式和窗交选择方式有何异同。

5.2　删除及恢复图形

聪明在于勤奋，天才在于积累。——华罗庚

删除及恢复类命令主要用于删除图形的某部分或对已被删除的部分进行恢复，包括“删除”“回退”“重做”“清除”等命令。

5.2.1　删除图形

删除图形的实现方法有以下几种：

- 命令行：ERASE。
- 菜单栏：选择菜单栏中的“修改”→“删除”按钮。
- 工具栏：单击“修改”工具栏中的“删除”按钮。
- 功能区：单击“默认”选项卡“修改”面板中的“删除”按钮。
- 快捷菜单：选择要删除的对象，在绘图区右击，在弹出的快捷菜单中选择“删除”命令。

可以先选择对象，然后调用“删除”命令，也可以先调用“删除”命令，再选择对象，最后按“Enter”键即可。在选中对象条件下，也可按 Delete 键直接删除该对象。

5.2.2　恢复图形

若误删图形，可用“恢复”命令恢复误删对象，具体方法有以下几种：

- 命令行：OOPS 或 U。
- 工具栏：单击“标准”工具栏中的“放弃”按钮。
- 快捷键：Ctrl+Z。

5.2.3　练　习

练习删除及恢复命令。

5.3　复制图形

千里之行，始于足下。——老子

5.3.1　命令调用方式

常用复制类命令的名称、功能和调用方式如表 5.3.1 所示。

表 5.3.1　复制类命令及其调用方式

名称	功能	调用方式		
		命令	菜单	工具栏（图标按钮）
复制	一次或多次复制对象到指定位置	COPY	“修改”→“复制”	复制
镜像	镜像复制，相对于指定镜像线复制对象	MIRROR	“修改”→“镜像”	镜像
偏移	偏移复制，在不同的位置、以不同的尺寸大小新建一个对象	OFFSET	“修改”→“偏移”	
阵列	阵列复制，在矩形或圆周上均匀复制对象	ARRAY	“修改”→“阵列”	阵列

5.3.2　复制图形

1. 命令行提示

调入“COPY”命令并选择对象后命令行提示如下：

```
命令：COPY
选择对象：？
*无效选择*
需要点或窗口(W)/上一个(L)/窗交(C)/框(BOX)/全部(ALL)/栏选(F)/圈围(WP)/圈交(CP)/编组(G)/添加(A)/删除(R)/多个(M)/前一个(P)/放弃(U)/自动(AU)/单个(SI)/子对象(SU)/对象(O)
```

2. 选项说明

- 指定基点：指定一个坐标点后，把该点作为复制对象的基点。指定第二点后，系统将根据这两点的位移矢量把选择的对象复制到第二点处。如果此时直接按 Enter 键，则选择默认的“使用第一点作为位移”，则第一个点被当作 x，y 的位移。
- 位移（D）：直接输入位移值，表示以选择对象时的拾取点为基准，以拾取点坐标为移动方向，按纵横比移动指定位移后所确定的点为基点。
- 模式（O）：控制是否自动重复该命令。确定复制模式是多个还是单个。
- 阵列：指定在线型阵列中排列的副本数量。

3. 绘图操作

【例 5.1】将图 5.3.1 中的圆复制到水平距离为 100 的位置。

绘制步骤：

```
命令行内输入命令：COPY                               //输入绘复制命令，按 Enter 键
选择对象：                                           //选择对象圆，按 Enter 键
当前设置：复制模式=多个
指定基点或[位移 D/模式（o）]：<位移>D                 //输入 D，Enter 键
指定第二点或[阵列（A）]<使用第一点作为位移>：100，0
                                                     //输入 100,0，按 Enter 键
```

【例 5.2】以五角星最高点作为基点进行复制（图 5.3.2）。

绘制步骤：

```
命令：COPY                                          //输入命令 COPY，按 Enter 键
选择对象：                                           //选择五角星，按 Enter 键
当前设置：复制模式=多个
指定基点或 [位移(D)/模式(O)] <位移>:          //拾取五角星最高点做基点，按 Enter
指定第二个点或 [阵列(A)]
<使用第一个点作为位移>: @100,100                            //输第二点 100,100
指定第二个点或 [阵列(A)/退出(E)/放弃(U)] <退出>:      //键入 Enter，结束命令。
```

如果不输入相对位移量，而是直接将五角星最高点拖动到复制点也可以，其移动结果从图 5.3.2 中可以看出。

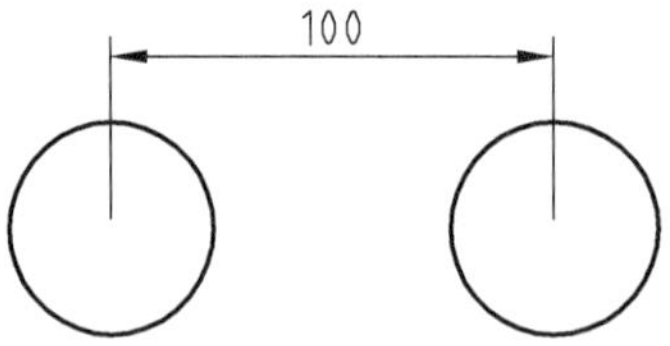

图 5.3.1　复制

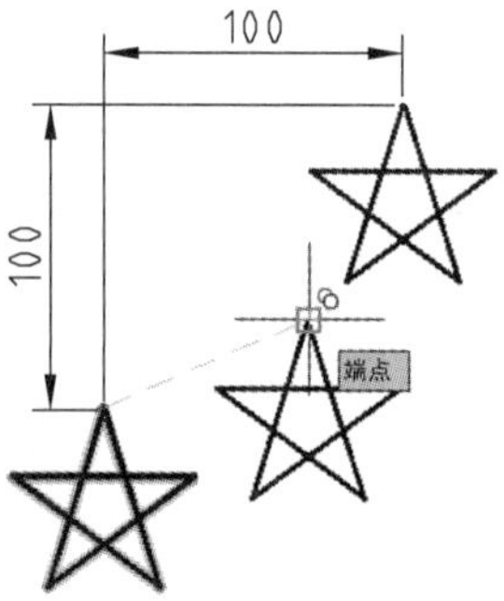

图 5.3.2　基点复制

【例 5.3】水平复制一排五角星，间距为 100（图 5.3.3）。

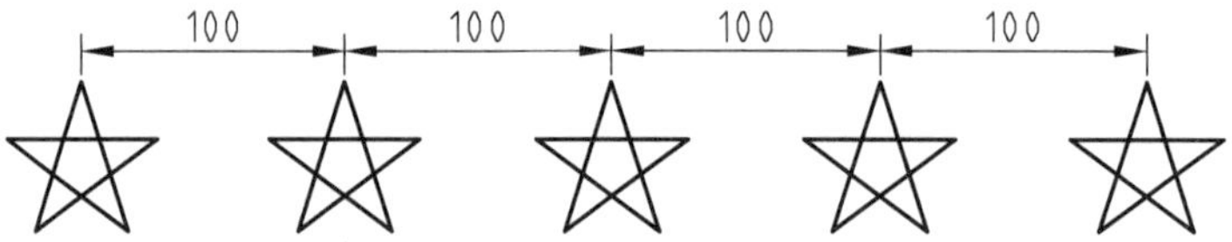

图 5.3.3　阵列复制五角星

绘制步骤：

```
命令: COPY                                          //输入命令 COPY，按 Enter 键
选择对象: 找到 1 个                                      //选择五角星，按 Enter
选择对象:
当前设置:  复制模式 = 多个
指定基点或 [位移(D)/模式(O)] <位移>:          //拾取五角星最高点做基点，按 Enter
指定第二个点或 [阵列(A)]
<使用第一个点作为位移>: a                              //键入 a，将五角星进行阵列
输入要进行阵列的项目数: 5                         //键入 a，阵列后将得到五个五角星
指定第二个点或 [布满(F)]: @100,0                      //键入五角星的相对位移 100,0
指定第二个点或 [阵列(A)/退出(E)/放弃(U)] <退出>:          //按 Enter，结束命令
```

如果选择“F”，则阵列后的 5 个五角星将布满在基点和指定第二点之间。

5.3.3　镜像图形

1. 命令行提示

调入“MIRROR”命令，并选择对象后命令行提示如下：

```
命令: MIRROR
选择对象:找到 1 个
选择对象:
指定镜像线的第一点:
指定镜像线的第二点:
要删除源对象吗? [是(Y)/否(N)] <否>:
```

2. 选项说明

- 是（Y）：选择“Y”将删除原对象。
- 否（N）：选择“N”将保留原对象。

3. 绘图操作

【例 5.4】将三角形在直线的另外一侧对称复制一个三角形（图 5.3.4）。

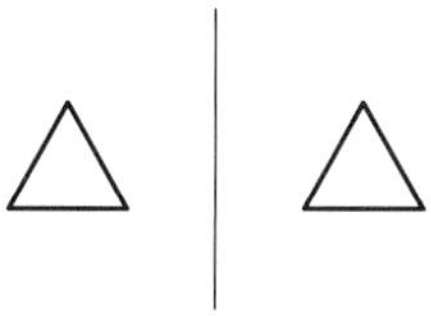

图 5.3.4　镜像复制三角形

操作步骤：

```
命令: MIRROR                                   //键入 MIRROR，调入镜像命令
选择对象: 找到 1 个                             //选择三角形，按 Enter 结束选择
选择对象:
指定镜像线的第一点:                             //拾取直线的 1 个端点
指定镜像线的第二点:                             //拾取直线的另外 1 个端点
要删除源对象吗? [是(Y)/否(N)] <否>: n
                              //键入 n 保留原对象，不保留原对象则键入 y
```

5.3.4　偏移操作

1. 操作方法

调入“OFFSET”命令，并选择对象后命令行提示如下：

```
命令: OFFSET
当前设置: 删除源=否   图层=源   OFFSETGAPTYPE=0
指定偏移距离或 [通过(T)/删除(E)/图层(L)] <通过>:   指定第二点:
选择要偏移的对象, 或 [退出(E)/放弃(U)] <退出>:
指定要偏移的那一侧上的点, 或 [退出(E)/多个(M)/放弃(U)] <退出>:
```

2. 选项说明

- 指定偏移距离：输入一个距离值，或按 Enter 键使用当前的距离值，系统把该距离值作为偏移距离。
- 通过（T）：指定偏移对象的通过点。
- 删除（E）：偏移后将原对象删除。

3. 绘图操作

【例 5.5】将直线向上偏移 100 复制，成为两条平行线（图 5.3.5）。

操作步骤：

```
命令：OFFSET                                                    //调入偏移命令
当前设置：删除源=否   图层=源   OFFSETGAPTYPE=0
指定偏移距离或 [通过(T)/删除(E)/图层(L)] <100.0000>:  100
                                                          //键入偏移距离 100
选择要偏移的对象，或 [退出(E)/放弃(U)] <退出>:                        //选择直线
指定要偏移的那一侧上的点，或[退出(E)/多个(M)/放弃(U)] <退出>:
                                   //在直线上方任选一点，后按 Enter 键结束命令
```

【例 5.6】绘制已知圆的同心圆（图 5.3.6）。

操作步骤：

```
命令：OFFSET                                                    //调入偏移命令
当前设置：删除源=否   图层=源   OFFSETGAPTYPE=0
指定偏移距离或 [通过(T)/删除(E)/图层(L)] <100.0000>:  t
                                                     //键入 t，按 Enter 键确认
选择要偏移的对象，或 [退出(E)/放弃(U)] <退出>:                          //选择圆
指定通过点或 [退出(E)/多个(M)/放弃(U)] <退出>:              //指定一点作为通过点
选择要偏移的对象，或 [退出(E)/放弃(U)] <退出>:
                                       //可继续进行偏移复制或按 Enter 结束命令
```

图 5.3.5　偏移

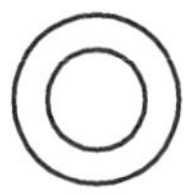

图 5.3.6　同心圆

5.3.5　阵列操作

1. 命令行提示

调入“ARRAY”命令，并选择对象后命令行提示如下：

```
命令:ARRAY
选择对象：找到 1 个
选择对象：
输入阵列类型 [矩形(R)/路径(PA)/极轴(PO)] <矩形>:
```

2. 选项说明

- 矩形（R）：将选定对象的副本分布到行数、列数和层数的任意组合。通过夹点调整阵列间距、行数、列数和层数，也可分别选择各项输入数值。
- 路径（PA）：沿路径或部分路径均匀分布选定对象的副本。

3. 绘图操作

【例 5.7】绘制下列图形（图 5.3.7）。

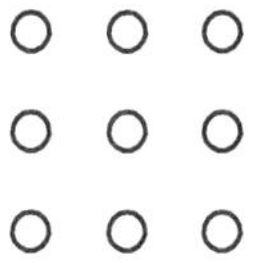

图 5.3.7　矩形阵列

操作步骤：

```
命令: ARRAY
选择对象: 找到 1 个
选择对象:
输入阵列类型 [矩形(R)/路径(PA)/极轴(PO)] <矩形>: r
类型 = 矩形  关联 = 是
选择夹点以编辑阵列或 [关联(AS)/基点(B)/计数(COU)/间距(S)/列数(COL)/行数(R)/层数(L)/退出(X)] <退出>: col
输入列数数或 [表达式(E)] <4>: 3
指定列数之间的距离或 [总计(T)/表达式(E)] <59.9887>: 100
选择夹点以编辑阵列或 [关联(AS)/基点(B)/计数(COU)/间距(S)/列数(COL)/行数(R)/层数(L)/退出(X)] <退出>: r
输入行数数或 [表达式(E)] <3>: 3
指定行数之间的距离或 [总计(T)/表达式(E)] <59.9887>: 100
指定行数之间的标高增量或 [表达式(E)] <0>:
选择夹点以编辑阵列或 [关联(AS)/基点(B)/计数(COU)/间距(S)/列数(COL)/行数(R)/层数(L)/退出(X)] <退出>:
```

根据命令行提示可输入列数、行数等所需数值，也可通过调用命令后打开的阵列窗口来设置相应数值（图 5.3.8）。

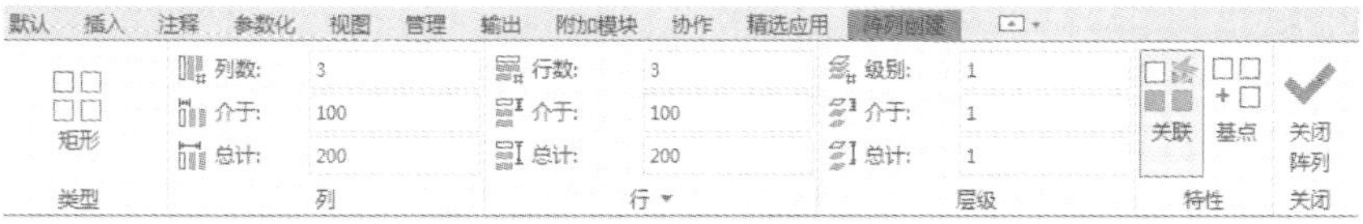

图 5.3.8　矩形阵列

5.3.6　练　习

1. 利用偏移、镜像命令来绘制下面的图形（图 5.3.9）。
2. 利用阵列绘制下面图形（图 5.3.10）。

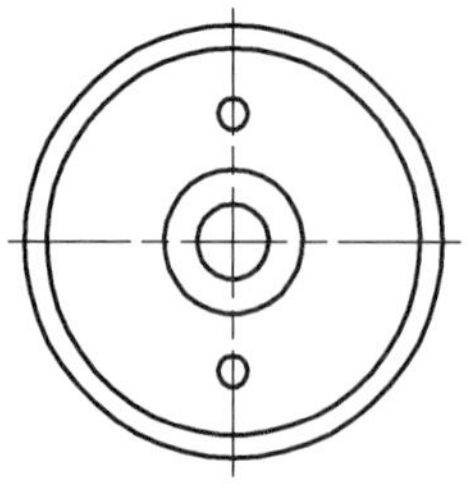

图 5.3.9　偏移镜像图形

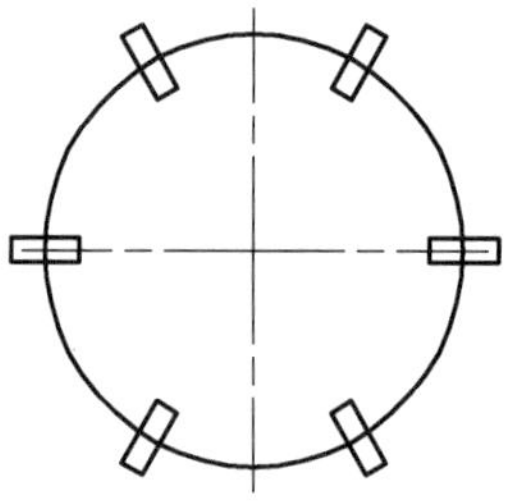

图 5.3.10　阵列图形

5.4　图形基本变换

工欲善其事，必先利其器。——孔子

5.4.1　命令调用方式

图形基本变换命令主要包括移动、旋转、和缩放。其功能和调用方式如表 5.4.1 所示。

表 5.4.1　图形变换类命令及其调用方式

名称	功能	调用方式		
		命令	菜单	工具栏（图标按钮）
移动	移动（平移）对象的位置	MOVE	“修改”→“移动”	移动
旋转	将对象绕指定基点旋转指定角度	ROTATE	“修改”→“旋转”	旋转
缩放	以指定基点为基准，按比例缩放对象	SCALE	“修改”→“缩放”	缩放

5.4.2　移　动

1. 命令行提示

调入“MOVE”命令，并选择对象后命令行提示如下：

```
命令：move
选择对象：找到 1 个
选择对象：
指定基点或 [位移(D)] <位移>:
指定第二个点或 <使用第一个点作为位移>:
```

2. 绘图操作

【例 5.8】将图 5.4.1 中的三角形移出圆外。

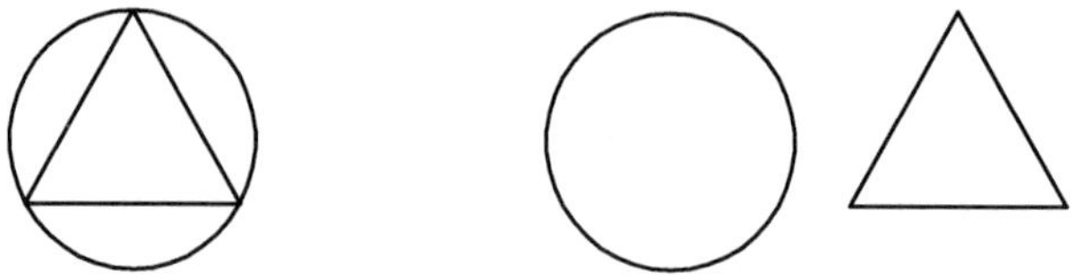

（a）移动前　　（b）移动后

图 5.4.1　移动图例

操作步骤：

```
命令：move
选择对象：找到 1 个                                    //选择三角形
选择对象：                                            //按 Enter 结束选择
指定基点或 [位移(D)] <位移>:  d                        //选择 d 即指定位移作方式
指定位移 <100.0000, 0.0000, 0.0000>:  @100,0
                                      //输入相对坐标 100,0 作为移动距离
```

选项指定基点或[位移 D]的选项与复制命令中相关选项是一样的。

5.4.3　旋　转

1. 命令行提示

调入“ROTATE”命令，并选择对象后命令行提示如下：

```
命令：rotate
UCS 当前的正角方向：  ANGDIR=逆时针   ANGBASE=0
选择对象：找到 1 个
选择对象：
指定基点：
指定旋转角度，或 [复制(C)/参照(R)] <0>:
```

2. 选项说明

- 复制（C）：选择该选项，旋转对象的同时，保留源对象。
- 参照（R）：采用参照的方式旋转对象，输入参照角度数值后，则被旋转对象将先按参照角度顺时针旋转，再继续后续操作。命令行提示如下：

```
指定旋转角度，或 [复制(C)/参照(R)] <0>:  r
指定参照角 <0>:
指定新角度或 [点(P)] <0>:
```

3. 绘图操作

【例 5.9】将图 5.4.2（a）所示三角形旋转为图 5.4.2（b）所示形式。

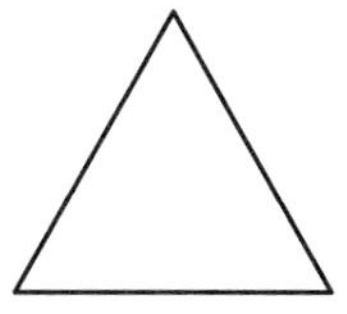

（a）旋转前

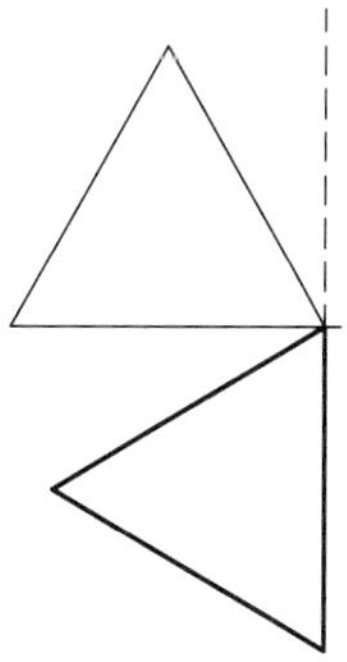

（b）旋转后

图 5.4.2　旋转图例

操作步骤：

```
命令: rotate
UCS 当前的正角方向:  ANGDIR=逆时针  ANGBASE=0
                                          //默认正角方向为逆时针
选择对象: 找到 1 个                              //选择三角形
选择对象:                                  //按 Enter 结束选择
指定基点:                                  //拾取三角形右侧顶点
指定旋转角度, 或 [复制(C)/参照(R)] <0>:  90          //逆时针旋转 90 度
```

可以用拖动鼠标的方法旋转对象。选择对象并指定基点后，从基点到当前光标位置会出现一条连接线，选择对象会动态地随着该连线与水平方向的夹角变化而旋转，单击鼠标或按 Enter 键，确认旋转操作，如图 5.4.3 所示。

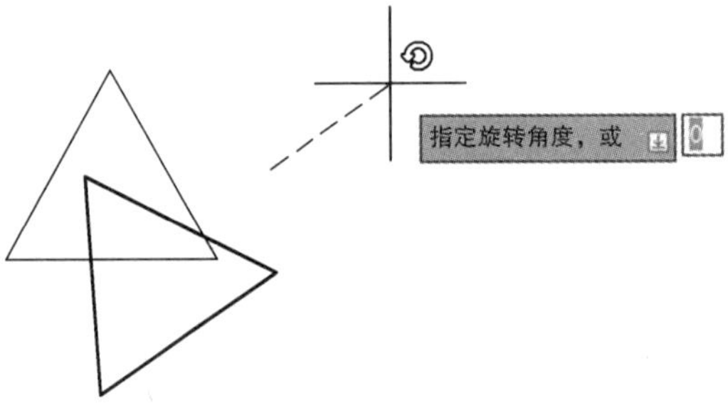

图 5.4.3　拖动鼠标旋转对象

5.4.4　缩　放

1. 命令行提示

调入“SCALE”命令，并选择对象后命令行提示如下：

```
命令: scale
选择对象: 找到 1 个
选择对象:
指定基点:
指定比例因子或 [复制(C)/参照(R)]:
```

2. 选项说明

- 指定比例因子：选择对象并指定基点后，基点到当前光标位置会出现一条线段，其长度即为比例因子。选择对象随该连线长度变化而缩放，按 Enter 键确认缩放操作。
- 复制（C）：可以复制选择对象，即缩放对象时，保留原对象。
- 参照（R）：采用参考方向缩放对象，命令行提示如下：

```
指定比例因子或 [复制(C)/参照(R)]: r
指定参照长度 <1.0000>:
指定新的长度或 [点(P)] <1.0000>:
```

若新长度值大于参考长度值，则放大对象；否则缩小对象。操作完毕后，系统以指定基点按指定的比例因子缩放对象。如果选择“点（P）”选项，则指定两点来定义新的长度。

3. 绘图操作

【例 5.10】在三角形内部绘制一个相似三角形（图 5.4.4）。

（a）绘制前　　（b）绘制后

图 5.4.4　绘制相似三角形

操作步骤：

```
命令: scale
选择对象: 找到 1 个                                  //选择三角形
选择对象:                                      //按 Enter 结束选择
指定基点:                                        //拾取圆心为基点
指定比例因子或 [复制(C)/参照(R)]: c
                          //选择复制缩放，即保留原对象缩放 1 组选定对象
指定比例因子或 [复制(C)/参照(R)]: 0.8
                             //输入缩放因子 0.8，即缩小为原来的 0.8 倍
```

5.4.5　练　习

1. 利用缩放和旋转的方式完成图 5.4.5 中的图形。
2. 完成图 5.4.6 中图形的绘制。

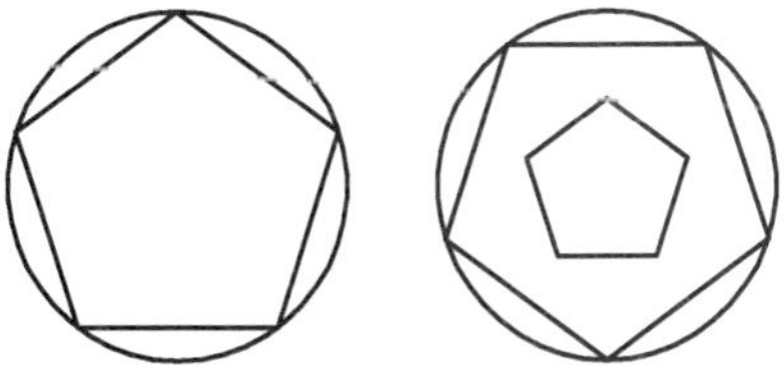

（a）编辑前　　（b）编辑后

图 5.4.5　旋转缩放图例 1

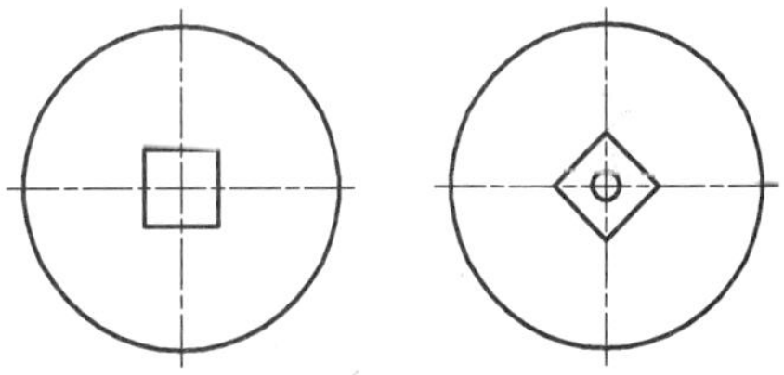

（a）编辑前　　（b）编辑后

图 5.4.6　旋转缩放图例 2

5.5　图形形状改变

合理安排时间，就等于节约时间。——培根

5.5.1　命令调用

常见改变图形形状类命令及其功能和调用方式如表 5.5.1 所示。

表 5.5.1　改变图形状类命令及其调用方式

名称	功能	调用方式		
		命令	菜单	工具栏
修剪	剪除在剪切边中间所夹的直线、圆弧等对象	TRIM	“修改”→“修剪”	
延伸	将直线或弧延长到与另一对象相交为止	EXTEND	“修改”→“延伸”	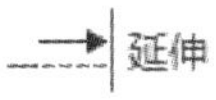
拉伸	将相交窗口中的目标对象进行伸展，但对窗口中的圆只作平移	STRETCH	“修改”→“拉伸”	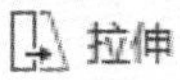
打断	将直线、多边形、圆、圆弧、样条曲线等单个对象中的部分线段删除	BREAK	“修改”→“打断”	
打断于点	将直线、圆弧、样条曲线等单个对象在指定点处断开，使其成为两部分	BREAKATPOINT		
倒角	用指定的直线段连接两条不平行的直线	CHAMFER	“修改”→“倒角”	
圆角	用已知半径的圆弧光滑连接两个选定对象	FILLET	“修改”→“圆角”	
合并	将多个相似的对象合并成一个对象	JOIN	“修改”→“合并”	
分解	分解尺寸标注、矩形及区域填充等组合对象成为单个对象，以便单独修改	EXPLODE	“修改”→“分解”	

5.5.2　修　剪

1. 命令行提示

调入“TRIM”命令后命令行提示如下：

```
命令: trim
当前设置: 投影=UCS,边=无,模式=快速
选择要修剪的对象, 或按住 Shift 键选择要延伸的对象或
[剪切边(T)/窗交(C)/模式(O)/投影(P)/删除(R)]:
```

2. 选项说明

- 按 Shift 键：如按 Shift 键，系统自动将“修剪”命令转换成“延伸”命令（见 5.5.3）。
- 剪切边（T）：使用其他对象来定义对象修剪到的边界。
- 窗交（C）：选择矩形区域内部与之相交的对象。某些要修剪对象的窗交选择不确定。执行“TRIM”命令将沿着矩形窗交窗口从第一个点以顺时针方向选择遇到的第一个对象。
- 模式（O）：用于设置剪切边为“快速”或“标准”，默认的修剪模式为“快速”。快速修剪模式使用所有对象为潜在修剪边。如果选择“标准”，则要先选择修剪边界并按 Enter 键，接着再选择要修剪的对象。

- 投影（P）：指定修剪对象时使用的投影方式。
- 删除（R）：删除选定对象。用来删除不需要的对象而无须退出“TRIM”命令。

3. 绘图操作

【例 5.11】将五角星内部线段修剪掉（图 5.5.1）。

（a）修剪前　　（b）修剪示意图　　（c）修剪后

图 5.5.1　绘制五角星

操作步骤：

```
命令：TRIM
当前设置：投影=UCS,边=无,模式=快速
选择要修剪的对象，或按住 Shift 键选择要延伸的对象或
[剪切边(T)/窗交(C)/模式(O)/投影(P)/删除(R)]:        //拾取要修剪的第一条线段
选择要修剪的对象，或按住 Shift 键选择要延伸的对象或
[剪切边(T)/窗交(C)/模式(O)/投影(P)/删除(R)/放弃(U)]:
                                                    //拾取要修剪的第二条线段
选择要修剪的对象，或按住 Shift 键选择要延伸的对象或
[剪切边(T)/窗交(C)/模式(O)/投影(P)/删除(R)/放弃(U)]:
                                                    //拾取要修剪的第三条线段
选择要修剪的对象，或按住 Shift 键选择要延伸的对象或
[剪切边(T)/窗交(C)/模式(O)/投影(P)/删除(R)/放弃(U)]:
                                                    //拾取要修剪的第四条线段
选择要修剪的对象，或按住 Shift 键选择要延伸的对象或
[剪切边(T)/窗交(C)/模式(O)/投影(P)/删除(R)/放弃(U)]:
                            //拾取要修剪的第五条线段同时按 Enter 键结束命令
```

5.5.3　延　伸

1. 命令行提示

调入“EXTEND”命令后提示与操作如下：

```
命令：extend
当前设置：投影=UCS,边=无,模式=快速
选择要延伸的对象，或按住 Shift 键选择要修剪的对象或
[边界边(B)/窗交(C)/模式(O)/投影(P)]:
```

2. 绘图操作

【例 5.12】绘制图 5.5.2 所示图形。

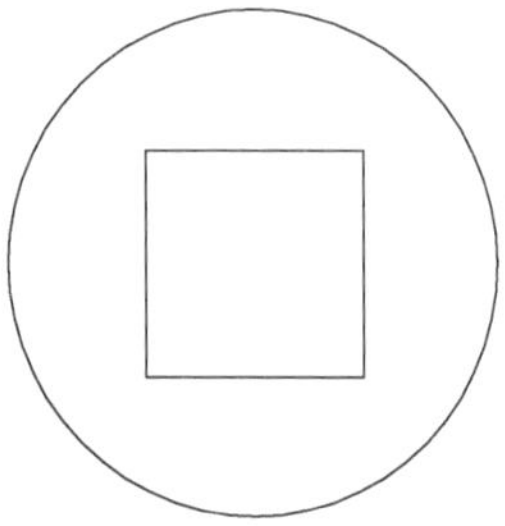

（a）延伸前

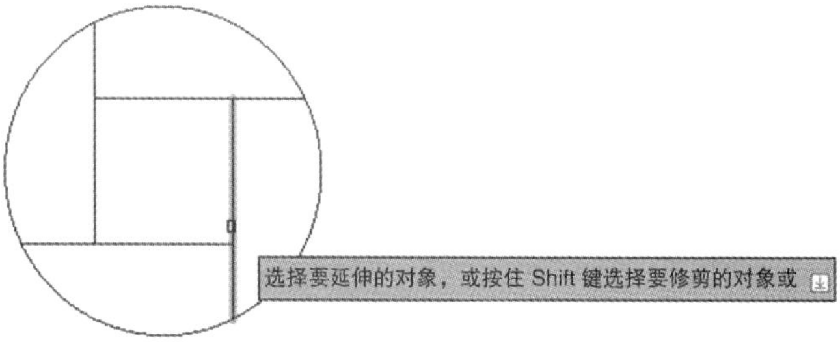

（b）延伸后

图 5.5.2 延伸图例

操作步骤：

```
命令：EXTEND
当前设置：投影=UCS,边=无,模式=快速
选择要延伸的对象，或按住 Shift 键选择要修剪的对象或
[边界边(B)/窗交(C)/模式(O)/投影(P)]:
                              //拾取要延伸的第一个边的右侧部位
选择要延伸的对象，或按住 Shift 键选择要修剪的对象或
[边界边(B)/窗交(C)/模式(O)/投影(P)/放弃(U)]:
                              //拾取要延伸的第二个边的靠下部位
选择要延伸的对象，或按住 Shift 键选择要修剪的对象或
[边界边(B)/窗交(C)/模式(O)/投影(P)/放弃(U)]:
                              //拾取要延伸的第三个边的左侧部位
选择要延伸的对象，或按住 Shift 键选择要修剪的对象或
[边界边(B)/窗交(C)/模式(O)/投影(P)/放弃(U)]:
                //拾取要延伸的第四个边的靠上部位，同时按 Enter 键结束命令
```

5.5.4 拉　伸

1. 命令行提示

调入“STRETCH”命令后提示如下：

```
命令：stretch
以交叉窗口或交叉多边形选择要拉伸的对象…
选择对象：找到 1 个
选择对象：
指定基点或 [位移(D)] <位移>:
指定第二个点或 <使用第一个点作为位移>:
```

2. 选项说明

- 必须采用窗交方式选择拉伸对象。

● 拉伸选择对象时，指定一个点后，若指定第二个点，系统将根据这两个点决定的矢量拉伸对象。若直接按 Enter 键，系统会把第一个点作为 *X* 轴和 *Y* 轴的分量值。

3. 绘图操作

【例 5.13】拉伸图 5.5.3 所示图形。

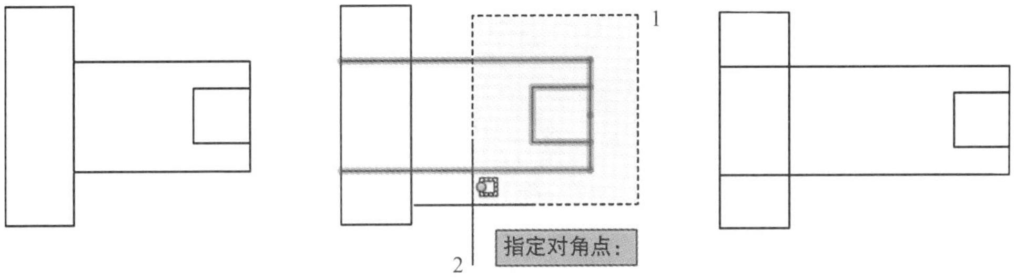

（a）拉伸前　（b）选择工程　（c）拉伸后

图 5.5.3　窗交选择对象

操作步骤：

```
命令： STRETCH
以交叉窗口或交叉多边形选择要拉伸的对象...
选择对象： 指定对角点： 找到 5 个
                          //从右到左指定角点 1 和角点 2 窗交选择对象
选择对象：                                   //按 Enter 键结束选择
指定基点或 [位移(D)] <位移>:  D       //选择指定位移的方式来进行拉伸
指定位移 <0.0000, 0.0000, 0.0000>:  50,0
                                     //输入拉伸数值，按 Enter 键结束命令
```

拉伸命令用于重定位穿过或在窗交选择窗口内的对象的端点，将拉伸部分包含在窗选内的对象，移动（非拉伸）完全包含在窗选内的对象或单独选定的对象，且无法拉伸某些对象类型，如圆、椭圆和块等。

5.5.5　打　断

1. 命令行提示

调入“BREAK”命令后提示如下：

```
命令： BREAK
选择对象：
指定第二个打断点 或 [第一点(F)]:
```

2. 选项说明

● 指定第二个点：系统默认将选择点视为第一个打断点，再指定第二个点，则两点之间的对象部分将被删除。如果第二个点不在对象上，将选择对象上与该点最近的点。

● 第一点（F）：系统将丢弃前面第一个选择点，重新提示用户指定两个打断点。

需要注意的是，如果打断的对象是圆，那么程序将按照逆时针方向删除圆上第一个打断

点到第二个打断点之间的部分，从而将圆打断成圆弧。

3. 绘图操作

【例 5.14】将图 5.5.4 两个圆中多余的部分删掉，绘制成花瓣形状。

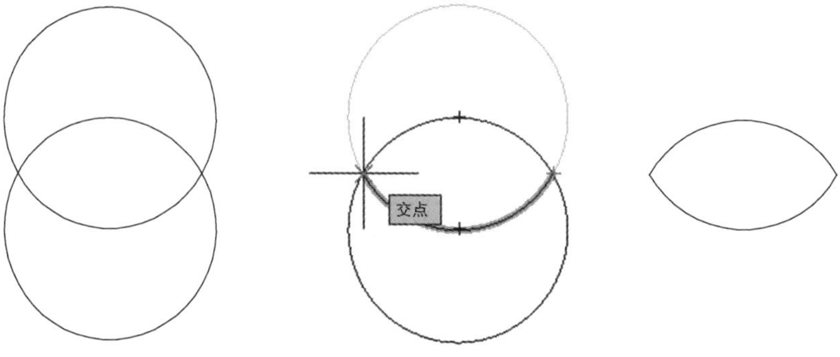

（a）打断前　（b）打断过程　（c）打断后

图 5.5.4　绘制花瓣

操作步骤：

```
命令：BREAK
选择对象：                                        //选择上面的圆
指定第二个打断点 或 [第一点(F)]：f                //重新选择第一个打断点
指定第一个打断点：                                //拾取两圆的右侧交点为第一个打断点
指定第二个打断点：                                //拾取两圆的左侧交点为第二个打断点
命令：                                            //按 Enter 可继续执行打断命令
BREAK
选择对象：                                        //选择下面的圆
指定第二个打断点 或 [第一点(F)]：f
指定第一个打断点：                                //拾取两圆的左侧交点为第一个打断点
指定第二个打断点：                                //拾取两圆的右侧交点为第二个打断点
```

5.5.6　打断于点

打断于点是指在一点打断选定对象，将其一分为二。但不能是闭合对象，如圆、椭圆等。命令行提示如下：

```
命令：breakatpoint
选择对象：（选择要打断的对象）
指定打断点：(选择打断点)
```

5.5.7　圆　角

1. 命令行提示

调入“FILLET”命令后提示如下：

```
命令：fillet
当前设置：模式 = 修剪，半径 = 0.0000
选择第一个对象或[放弃(U)/多段线(P)/半径(R)/修剪(T)/多个(M)]：
选择第二个对象，或按住 Shift 键选择对象以应用角点或[半径(R)]：
```

2. 选项说明

- 在多段线（P）：在一条二维多段线的两段直线段的节点处插入圆滑的弧。
- 修剪（T）：决定在圆角连接两条边时，是否修剪这两条边，如图 5.5.5 所示。

（a）修剪模式　　（b）不修剪模式

图 5.5.5　圆角连接

- 多个（M）：可同时对多个对象进行圆角编辑，而不必重新启用命令。
- 按住 Shift 键并选择两条直线，可以快速创建零距离倒角或零半径圆角。

3. 绘图操作

【例 5.15】绘制长 140、宽 100 的矩形，并对四角进行直径为 10 的圆角绘制，如图 5.5.6 所示。

图 5.5.6　圆角图例

操作步骤：

```
命令：rectang
指定第一个角点或 [倒角(C)/标高(E)/圆角(F)/厚度(T)/宽度(W)]: 20,20
指定另一个角点或 [面积(A)/尺寸(D)/旋转(R)]: d
指定矩形的长度 <140.0000>: 140
指定矩形的宽度 <100.0000>: 100
指定另一个角点或 [面积(A)/尺寸(D)/旋转(R)]:
命令：fillet
当前设置：模式 = 修剪，半径 = 10.0000
选择第一个对象或 [放弃(U)/多段线(P)/半径(R)/修剪(T)/多个(M)]: p
选择二维多段线或 [半径(R)]: r
指定圆角半径 <10.0000>: 10
选择二维多段线或 [半径(R)]:
```

4 条直线已被圆角。

5.5.8 倒 角

1. 命令行提示

调入“CHAMFER”命令后提示如下：

```
命令: chamfer
(“修剪”模式) 当前倒角距离 1 = 1.0000, 距离 2 = 2.0000
选择第一条直线或 [放弃(U)/多段线(P)/距离(D)/角度(A)/修剪(T)/方式(E)/多个(M)]:
选择第二条直线，或按住 Shift 键选择直线以应用角点或[距离(D)/角度(A)/方法(M)]:
```

2. 选项说明

- 距离（D）：选择倒角的两个斜线距离。斜线距离是指从被连接的对象与斜线的交点到被连接的两个对象的可能的交点之间的距离，如图 5.5.7 所示。
- 角度（A）：选择第一条直线的斜线距离和角度。采用这种方法斜线连接对象时，需要输入 2 个参数——斜线与第一个对象的斜线距离和斜线与该对象的夹角，如图 5.5.8 所示。

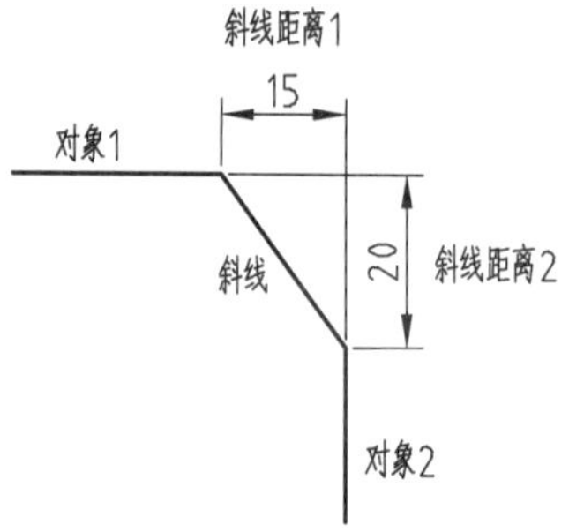

图 5.5.7 斜线距离示意图

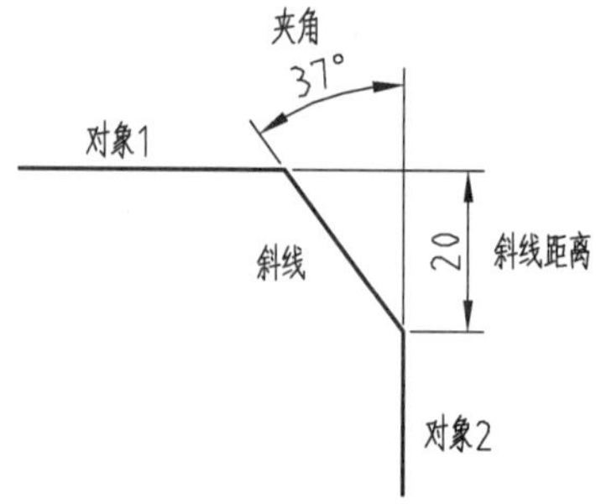

图 5.5.8 角度示意图

- 多段线（P）：对多段线的各个交叉点进行倒角编辑。一般设置斜线为相等的值。
- 修剪（T）：该选项决定连接对象后，是否剪切原对象。
- 方式（E）：决定采用“距离”方式还是“角度”方式来倒角。
- 多个（M）：同时对多个对象进行倒角编辑。

3. 绘图操作

【例 5.16】将图 5.5.9 的矩形进行 45°倒角处理。

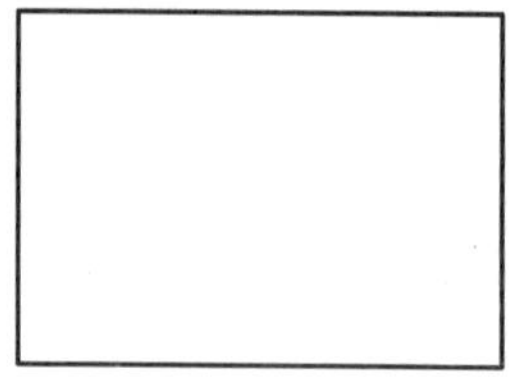

（a）倒角前

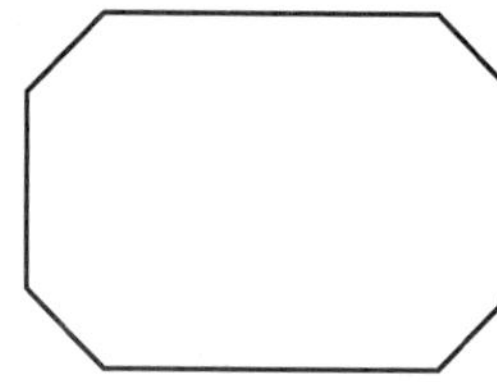

（b）倒角后

图 5.5.9 倒角图例

操作步骤：

```
命令：chamfer
（“修剪”模式）当前倒角距离 1 = 1.0000，距离 2 = 2.0000
选择第一条直线或[放弃(U)/多段线(P)/距离(D)/角度(A)/修剪(T)/方式(E)/多个(M)]：p    //选择多段线为执行对象
选择二维多段线或 [距离(D)/角度(A)/方法(M)]：a
                                   //选择“角度”方式来设置倒角
指定第一条直线的倒角长度 <45.0000>：15                   //设置倒角长度
指定第一条直线的倒角角度 <45>：                          //设置倒角角度
选择二维多段线或 [距离(D)/角度(A)/方法(M)]：                //选择矩形
```

4 条直线已被倒角。

对于在长度和角度模式下的“倒角”操作，在指定倒角长度时，还可以利用“对象捕捉”捕捉两点的距离指定倒角长度。此法对于不可测量或事先不知道倒角距离的情况特别适用。

5.5.9　合并与分解

1. 合　并

可将直线、圆弧、椭圆弧和样条曲线等独立的对象合并为一个对象。

操作方法：

```
命令：JOIN
选择源对象或要一次合并的多个对象：            //鼠标左键选择一个对象
选择要合并的对象：                          //鼠标左键选择另一个对象
选择要合并的对象：                          //按 Enter 实现合并
```

2 个对象已转换为 1 条多段线。

2. 分　解

分解可将选择对象分解为多个对象。

操作方法：

命令：EXPLODE。

选择对象：####选择要分解的对象，按 Enter 键实现分解。

5.5.10　练　习

1. 绘制图 5.5.10 中的花朵形状。
2. 绘制图 5.5.11 中的沙发轮廓。外轮廓圆角半径 10，内轮廓圆角半径 6。
3. 绘制图 5.5.12 所示螺栓，尺寸可参照图例。
4. 绘制图 5.5.13 所示沙发图形，尺寸可参照图例。

图 5.5.10　花朵图形

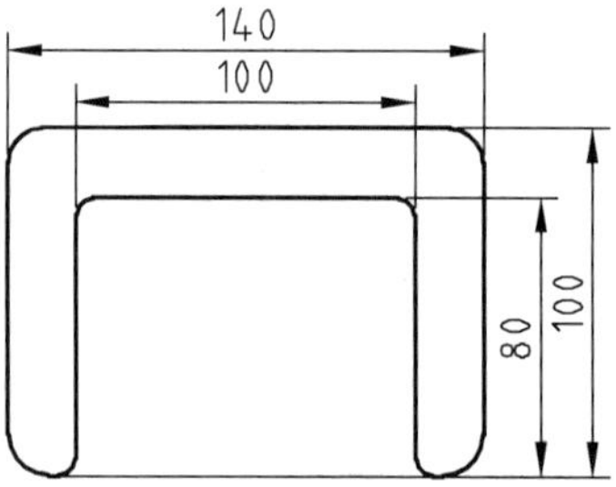

图 5.5.11　沙发轮廓

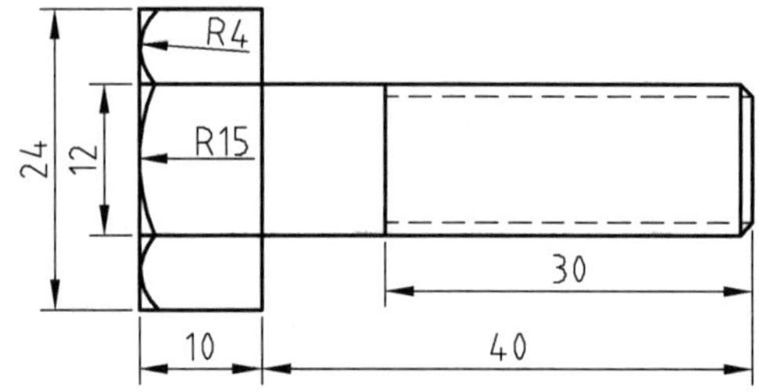

图 5.5.12　螺栓

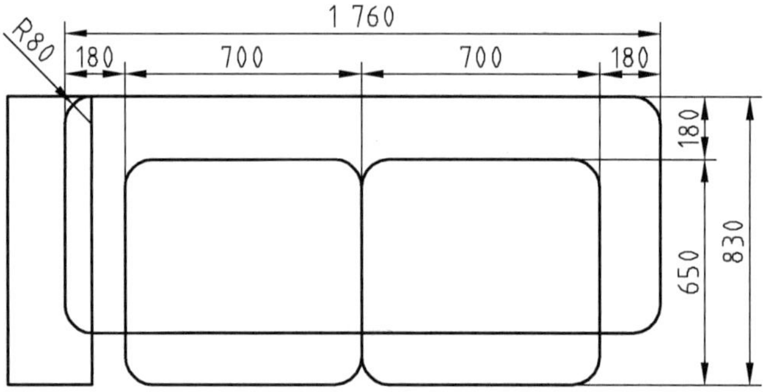

图 5.5.13　沙发

本章小结

本章详细介绍了 AutoCAD 2021 中有关选择对象、删除对象、复制、移动、修改等各种编辑对象的基本功能、相关命令及基本操作方法。通过本章的学习，用户能够快速、准确地利用相关命令对基本二维图形进行编辑修改，并绘制复杂图形。

第 5 章教学视频

第 6 章　图块与外部参照

知识目标

1. 熟悉图块的定义。
2. 熟悉图块的插入、编辑与分解的方法。
3. 熟悉图块的属性。

技能目标

1. 能够正确定义内部图块、外部图块。
2. 能够正确插入图块。
3. 能够正确进行图块的分解等基本操作。

素质目标

1. 培养规范操作意识。
2. 培养严谨仔细的工作习惯。
3. 培养锲而不舍、精益求精的工匠精神。

6.1　图块的定义

锲而舍之，朽木不折；锲而不舍，金石可镂。——荀子《劝学》

图块是一个或多个图形对象组成的对象集合，常用于绘制复杂、重复的图形，并作为一个单独的图形对象被反复调用。组成图块的图形元素可以分别处于不同的图层，具有不同的颜色、线型、线宽。

定义图块就是将已有图形对象定义为图块，可以将一个或多个图形对象定义为一个图块。定义图块分为定义内部图块和定义外部图块。

6.1.1　定义内部图块

1. 命令启动方式

内部图块的定义可以通过以下几种方式实现：

- 在命令行中输入“BLOCK”，或快捷命令“B”，按空格键。
- 在工具栏中调用“绘图”工具条，调用方法：单击“工具”菜单→“工具栏”→“AutoCAD”→“绘图”。单击“绘图”工具栏中的“创建块”按钮。
- 在功能区选择“插入”选项卡→“块定义”→“创建块”按钮。
- 在菜单栏选择“绘图”→“块”→“创建”子菜单。

执行上述操作后，将打开图 6.1.1 所示的“定义块”对话框。

图 6.1.1　“定义块”对话框

2. 对话框参数说明

● 名称：在“名称”下拉列表框中输入要定义的图块名称。

● 拾取点：单击“拾取点”按钮切到绘图区域，指定一点作为图块的基点。指定基点后，自动返回“块定义”对话框，并在“基点”栏的 *X*、*Y*、*Z* 文本框中显示基点的坐标。

● 选择对象：单击“对象”栏中的“选择对象”按钮返回绘图区，选择需要定义块的图形对象。选择完成后，按 Enter 键回到“块定义”对话框。若选中“对象”中的“保留”单选按钮，则被定义为图块的源对象仍以原格式保留在绘图区中，若选中“转换为块”单选按钮，则在定义内部块后，绘图区中被定义为图块的源对象同时被转换为图块；若选中“删除”单选按钮，则在定义内部块后，将删除绘图区中被定义为图块的源对象。

● 块单位：在“块单位”下拉列表中选择通过设计中心拖放到绘图区的缩放单位，一般保持默认“毫米”选项。

● 说明：在“说明”文本区中输入该图块的说明文字，也可不输入。

6.1.2　创建外部图块

1. 命令启动方式

创建外部图块可以通过下列几种方式实现：

● 在命令行中输入命令“WBLOCK”，或快捷命令“W”，按空格键。

● 在功能区选择“插入”选项卡→“块定义”→“写块”按钮
。

执行上述操作后将打开图 6.1.2 所示的“写块”对话框。

2. 对话框参数说明

● 源：在“源”栏中指定要定义为外部图块的对象。选中“整个图形”单选按钮，表示将当前绘图区中的所有图形都作为图块输出到计算机中；选中“对象”单选按钮，则可在绘图区中选择要定义为外部图块的对象。

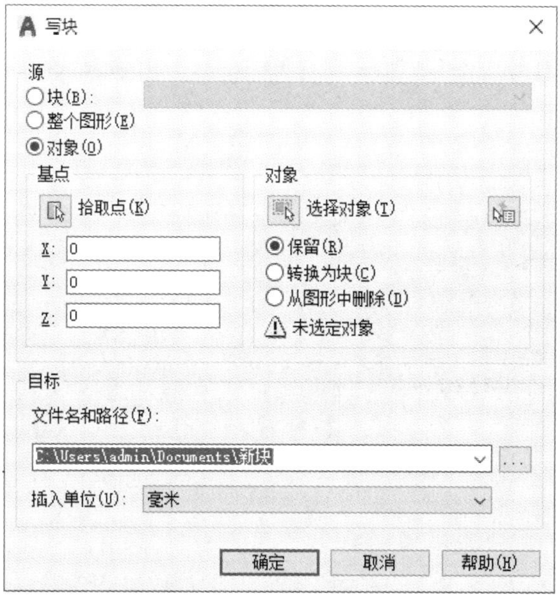

图 6.1.2　“写块”对话框

- 拾取点：单击“拾取点”按钮切到绘图区域，指定一点作为图块的基点。指定基点后，自动返回“写块”对话框，并在“基点”栏的 *X*、*Y*、*Z* 文本框中显示基点的坐标。
- 选择对象：单击“对象”栏中的“选择对象”按钮返回绘图区，选择需要定义块的图形对象。选择完成后，按 Enter 键回到“写块”对话框。若选中“对象”中的“保留”单选按钮，则被定义为图块的源对象仍以原格式保留在绘图区中，若选中“转换为块”单选按钮，则在定义内部块后，绘图区中被定义为图块的源对象同时被转换为图块；若选中“从图形中删除”单选按钮，则在定义内部块后，将删除绘图区中被定义为图块的源对象。
- 文件名和路径：在“目标”栏中的“文件名和路径”下拉列表框中指定外部块需要保存到计算机中的名称及位置。
- 插入单位：在“插入单位”下拉列表框中指定外部图块插入到图形中的单位，一般保持默认设置。

6.1.3　创建带属性的图块

图块的属性是 AutoCAD 为我们提供的一种特殊形式的图块。图块属性的实质就是由构成图块的图形和图块的属性两种元素共同形成的一种特殊形式的图块。

图块的属性简单来讲就是为图块附加的文字信息，图块属性从表现形式上看是文字，但它与前面所讲述的单行文字和多行文字是两种不同的图形元素。图块属性是包含文字信息的特殊实体，它不能独立存在和使用，只有与图块相结合才具有实用价值。

1. 命令启动方式

属性定义可以通过以下几种方式实现：

- 在命令行中输入命令“ATTDEF”，或快捷命令“ATT”，按空格键。
- 在功能区选择“插入”选项卡→“块定义”→“定义属性”按钮 定义属性 。

● 选择“绘图”菜单→“块”→“定义属性”子菜单。

执行上述操作后将打开图 6.1.3 所示的“属性定义”对话框。

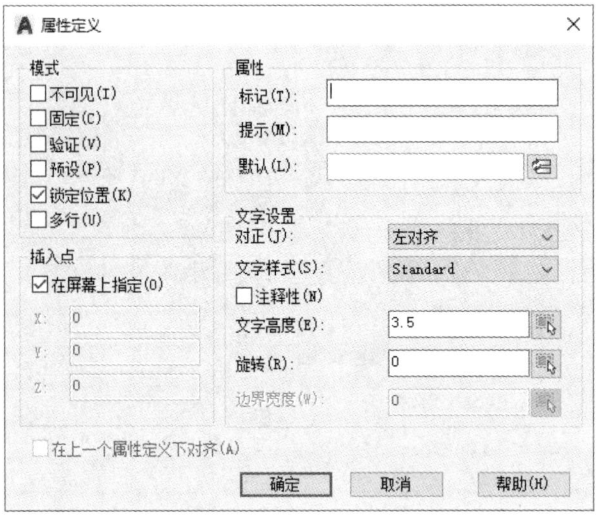

图 6.1.3 “属性定义”对话框

2. 对话框参数说明

● “模式”栏：属性模式控制块中属性的行为。

● “不可见”：可以控制属性在图形中是否可见，不可见属性不能显示或打印，但其属性信息存储在图形文件中，并且可以写入提取文件以供数据库程序使用。

● “固定”：定义的属性值将是常量，在插入图块时，属性值保持不变，常量属性在插入块时不提示输入值。

● “验证”：插入块时提示验证属性值是否正确。

● “预设”：在插入图块时将直接以图块默认的属性值插入。

● “锁定位置”：用来控制属性是否可以相对于块的其余部分移动。可以使用夹点更改属性的位置，无须重新定义块。要防止发生这种移动，可以锁定属性相对于块中其他对象的位置。

● “多行”：指定属性可以包含多行文字。与单行文字属性（限制为 255 个字符）不同，多行文字属性提供增强的格式选项。注：当图形保存为传统的基于 AutoCAD 的产品（2007 及早期版本）时，多行文字属性将转换为若干单行文字属性。如果在更高的版本中重新打开图形文件，将恢复多行文字属性。

● “属性”栏：“属性”中的“标记”用来标识图形中每次出现的属性，使用任何字符组合（空格除外）输入属性标记。“提示”用来指定在插入包含此属性的块时的提示信息，如果不指定提示内容，则属性“标记”将用作提示信息，如果在“模式”栏中选择“固定”模式，则“提示”框不能用。“默认”用来指定默认属性值。

3. 创建带属性的图块

属性定义好之后，在命令行输入“B”，执行定义内部块命令，打开“块定义”对话框，将属性与图块重新定义为一个新的图块，即可创建出包含属性的图块。

6.1.4　练　习

新建一个“地层产状.dwg”文件，创建一个名为“地层产状”的内部图块，并将产状倾角定义为块的变量属性，提示信息自定义。完成后的效果如图 6.1.4 所示。

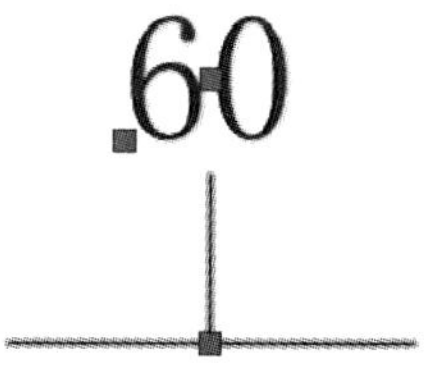

图 6.1.4　带倾角属性的“地层产状”

6.2　图块的插入与编辑

一个能思想的人，才真是一个力量无边的人。——巴尔扎克

6.2.1　插入单个图块

创建成功的图块，可以在实际绘图时根据需要被用户插入到图形中，在 AutoCAD 2021 中可依次插入单个图块，还可连续插入多个相同的图块。

1. *命令启动方式*

插入单个内部图块与外部图块的方法完全一样，调用插入命令的方法主要有以下几种：

- 在命令行中输入“INSERT”命令，或快捷命令“I”，按空格键。
- 在工具栏中调用“绘图”工具条，调用方法：单击“工具”菜单→“工具栏”→“AutoCAD”→“绘图”，单击“绘图”工具栏中的“插入块”按钮 。
- 在功能区选择“插入”选项板→“块”→“插入” 
。
- 在菜单栏中选择“插入”菜单下的“块选项板”。

执行上述操作后，弹出“块选项板”对话框（图 6.2.1），可直接拖动对话框中的块至绘图区域。

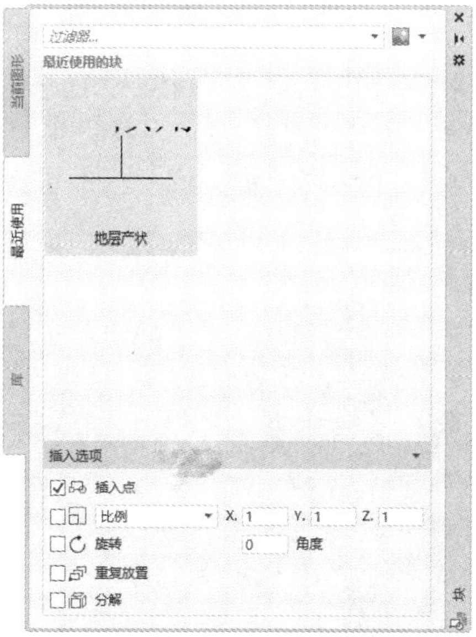

图 6.2.1　“块选项板”对话框

2. 对话框参数说明

● 插入点：用来显示指定块的插入点的提示。如果勾选“插入点”，则表示在屏幕上指定插入点的位置，如果不勾选，可直接在后面的 *X*、*Y*、*Z* 文本框中输入插入位置的坐标（图 6.2.2）。

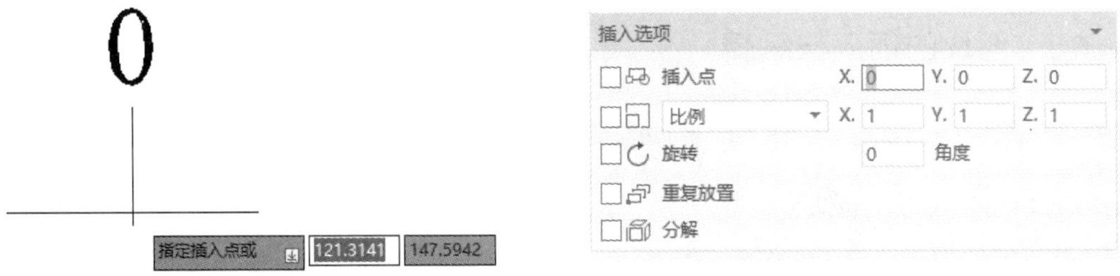

（a）勾选“插入点”　　（b）未勾选“插入点”

图 6.2.2　指定图块插入点

● 比例：输入图块的缩放比例，若勾选“比例”，则在屏幕上指定缩放比例，若未勾选，则可直接在后面的 *X*、*Y*、*Z* 文本框中输入缩放比例。

● 旋转：指定图块的旋转角度，若勾选“旋转”，则在输入时直接在屏幕上提示指定旋转角度，若未勾选，则可直接在后面的“角度”文本框中输入旋转比例。

● 分解：可将插入的图块直接分解，便于对其进行编辑。

● 完成设置后，选中要插入的图块，移动到绘图区域，如果勾选插入点、比例等复选框，则系统会依次提示指定插入点、比例等内容，随后弹出“编辑属性”对话框，在该对话框中输入对应的属性值即可完成图块的插入操作。

6.2.2　阵列方式插入图块

1. 命令启动方式

在命令行中执行“MINSERT”命令可进行阵列插入图块操作，该命令是结合插入图块命令“INSERT”和阵列命令“ARRY”而形成的。需要插入多个相同图块时，就可使用“MINSERT”命令进行操作，这样不仅能节省绘图时间，还可以减少占用的磁盘空间。但该命令只能以矩形阵列方式插入图块。

2. 命令行提示

```
命令: MINSERT
输入块名或 [?] <地层产状>:
单位: 毫米   转换:    1.0000
指定插入点或 [基点(B)/比例(S)/X/Y/Z/旋转(R)]:
输入 X 比例因子，指定对角点，或 [角点(C)/xyz(XYZ)] <1>:
输入 Y 比例因子或 <使用 X 比例因子>:
指定旋转角度 <0>: 30
输入行数 (---) <1>: 3
```

```
输入列数 (|||) <1>: 2
输入行间距或指定单位单元 (---): 10
指定列间距 (|||): 20
```

3. 选项说明

输入块名或 [?] <地层产状>: 输入要插入的块名，如果输入“?”，则系统提示“输入要列出的块 <*>:”，输入“*”，则将列出全部已定义的图块名称。

指定插入点或[基点(B)/比例(S)/X/Y/Z/旋转(R)]：指定图块的插入点，基点(B)指定图块插入的基地位置，比例(S)指定图块的缩放比例，旋转(R)指定图块的旋转角度，如果在该命令行直接指定插入点位置，未指定比例、旋转等参数，则系统下一步将提示输入 *X* 比例因子等。

输入 X 比例因子，指定对角点，或[角点(C)/xyz(XYZ)] <1>：输入 *X* 比例因子。

输入 Y 比例因子或<使用 X 比例因子>：输入 *Y* 比例因子，或直接利用 *X* 比例因子。

指定旋转角度<0>：指定旋转角度，如 30°。

输入行数(---) <1>：输入阵列的行数，如 3。

输入列数(|||) <1>：输入阵列的列数，如 2。

输入行间距或指定单位单元(---)：输入行间距，如 10。

指定列间距(|||)：输入列间距，如 20。

6.2.3　图块的分解

在绘图过程中，有时只需要图块中一部分对象，或者需要修改图块中的部分图形对象，但是插入的图块是一个整体，因此必须对其进行分解，这样才能使用各种编辑命令对其进行编辑，调用分解命令的方法主要有如下几种：

- 在命令行中输入“EXPLODE”命令，或快捷命令“X”，按空格键。
- 在工具栏中调用“修改”工具条中的“分解”按钮。工具条调用方法：单击“工具”菜单→“工具栏”→“AutoCAD”→“修改”。
- 在功能区中选择“默认”选项卡→“修改”选项组中的“分解”按钮。
- 在菜单中选择“修改”菜单→“分解”子菜单。

执行上述操作后，选择要分解的图块，按 Enter 键或 Space 键即可实现分解。此外，也可以在插入图块时进行分解，操作方法：按照插入内部图块的方式插入图块，插入时，勾选“分解”前的复选框或单击鼠标右键选择“插入并分解”选项，即可在插入图块的同时也将图块分解成单个的图形对象（图 6.2.3）。

图块被分解后，它的各个组成元素将变为单独的对象，之后便可以单独对各个组成元素进行编辑。矩形、多边形和填充图案等对象也可以使用“EXPLODE”命令进行分解，但直线、样条曲线、圆、圆弧和单行文字等对象不能被分解，使用阵列命令插入的块也不能被分解。

6.2.4　编辑图块

除了将图块进行分解操作外，还可以利用块编辑命令直接更改图块的内容，如更改图块的大小、拉伸图块以及修改图块的线条等。

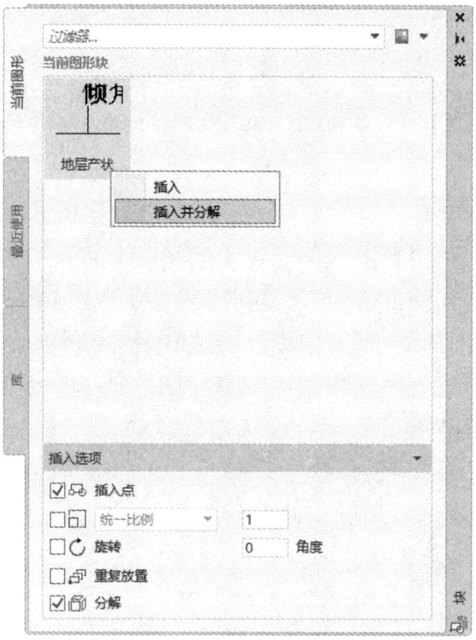

图 6.2.3 “图块分解”操作

1. 命令启动方式

- 在命令行中输入“BEDIT”命令，或快捷命令“BE”，按空格键。
- 在功能区选择“插入”选项卡→“块定义”选项组中的“块编辑器”按钮。

执行上述操作后将打开图 6.2.4 所示的“编辑块定义”对话框。

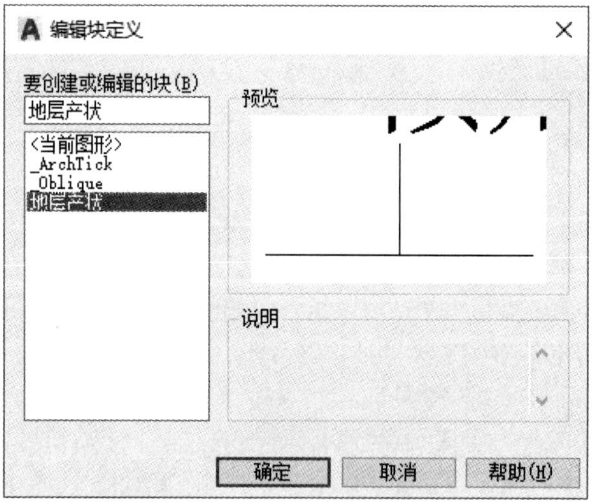

图 6.2.4 “编辑块定义”对话框

2. 对话框参数说明

- 在“要创建或编辑的块”的列表中选择需要进行编辑的图块，单击“确定”，在打开的窗口的“块编辑器”选项卡中修改图块的图形对象（图 6.2.5）。

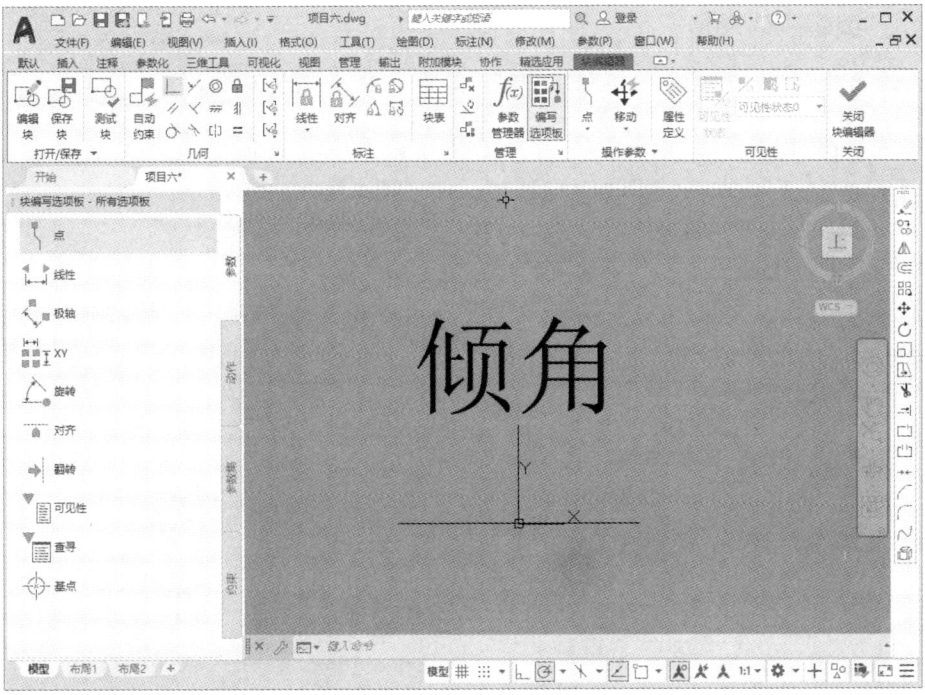

图 6.2.5　“块编辑器”窗口

● 双击图块的属性标记（如图 6.2.5 中的“倾角”），可弹出“编辑属性定义”对话框对图块的属性进行修改，包括修改属性的标记、提示信息和默认值（图 6.2.6）。

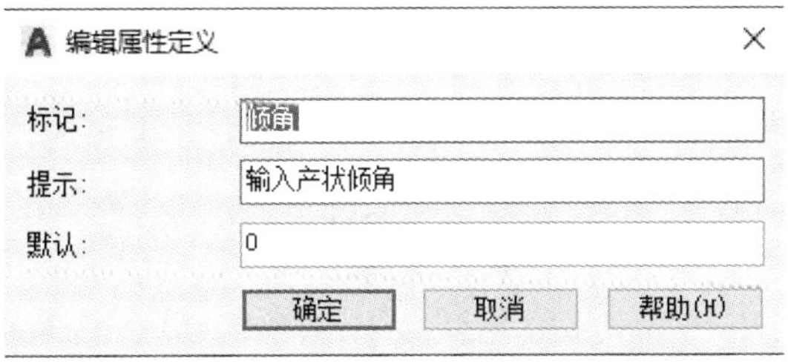

图 6.2.6　“编辑属性定义”对话框

● 修改完成后单击“块编辑器”选项卡中的“打开/保存”选项组中的“保存块”按钮进行保存，然后单击“关闭块编辑器”按钮退出“块编辑器”窗口，回到绘图窗口，如果未进行块保存操作，则在退出时系统会弹出“块-未保存更改”提示框（图 6.2.7），选择是否保存对图块的修改选项后即可完成图块的编辑操作。

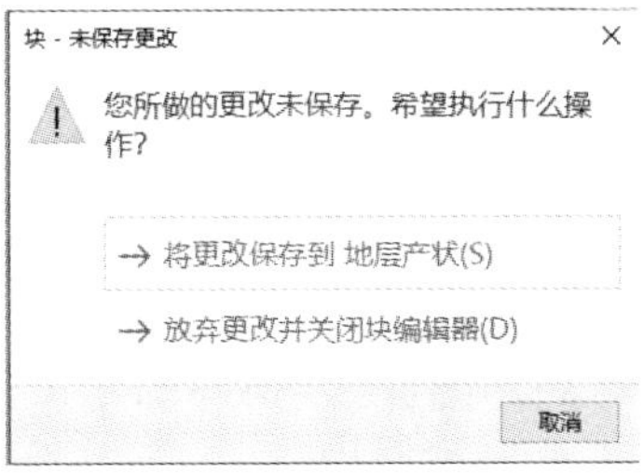

图 6.2.7　“块-未保存更改”提示框

6.2.5 编辑图块属性

对已输入的带属性的图块，可利用“编辑属性”命令修改其属性值。

命令执行方式

- 在命令行中输入“EATTEDIT”命令，按空格键。
- 在功能区选择“插入”选项卡→“块”选项组中的“编辑属性”按钮。
- 在菜单栏选择“修改”菜单下的“对象”→“属性”→“单个”子菜单。

此外，也可以直接鼠标双击需要修改的图块，调出命令后将打开“增强属性编辑器”对话框（图 6.2.8），可利用属性、文字选项、特性三个选项组对图块的属性值、文字样式和图层、颜色等特性进行修改。

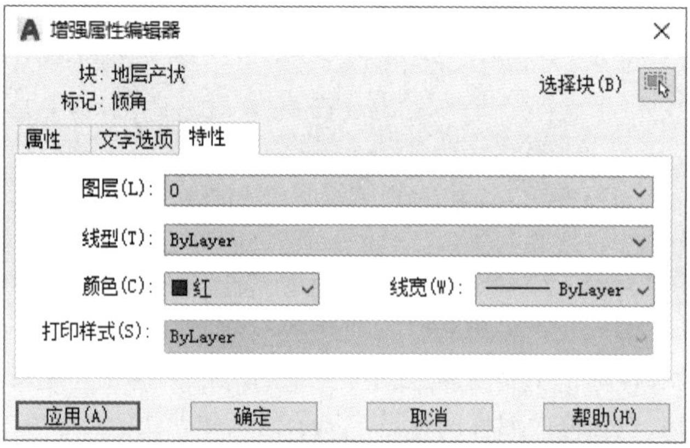

图 6.2.8 “增强属性编辑器”对话框

6.2.6 练 习

新建一个“地层产状.dwg”文件，并在该文件中插入 6.1.4 节练习中创建的“地层产状”内部图块，插入时要求缩放比例为 2，旋转角度为 300°，插入点坐标为（0，0，0），倾角属性值为 60，并将插入后的属性值文字大小改为 2，颜色为红色，完成后的效果如图 6.2.9 所示。

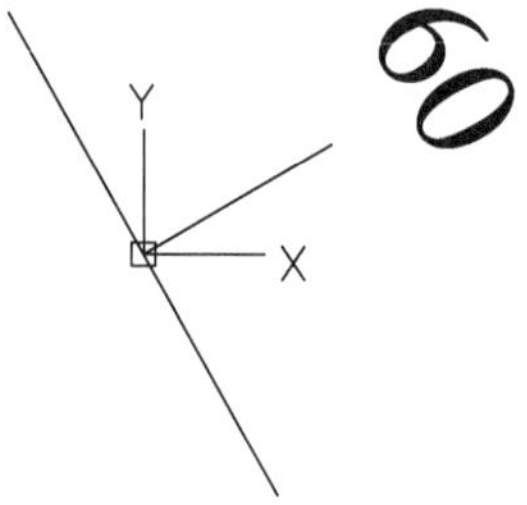

图 6.2.9 插入“地层产状”图块效果

6.3 外部参照

人不光是靠他生来就拥有的一切，而是靠他从学习中所得到的一切来造就自己。

——歌德

6.3.1　附着外部参照

在 AutoCAD 2021 中，除了可以插入图块外，还可以通过外部参照的方式来绘制图，更改源图形，进行外部参照的图形同时也会被更改。

外部参照可以是图形文件、图像、PDF，也可以是其他几种文件类型之一。附着的外部参照将链接到所指定图形文件的模型空间。当打开参照图形或者重新加载外部参照时，对该图形所做的更改将自动反映在当前图形中。附着的外部参照不会显著增加当前图形的大小。

1. 命令执行方式

- 在命令行中输入“XATTACH”或“EXTERNALREFERENCES”命令，按空格键。
- 在工具栏中调用“参照”工具条，调用方法：单击“工具”菜单→“工具栏”→“AutoCAD”→“参照”，单击“参照”工具栏中的“外部参照”按钮。
- 在功能区：单击“视图”选项卡→“选项板”功能面板→“外部参照选项板”，或者单击“插入”选项卡→“参照”选项面板中的“附着”按钮。
- 在菜单栏中依次单击“工具”菜单→“选项板”→“外部参照”。

2. 对话框参数说明

- 调用命令之后，系统弹出“外部参照”选项板（“XATTACH”命令和“参照”选项面板中的“附着”按钮除外，调用它们会直接弹出“选择参照文件”对话框），选择左上角的三角形下拉菜单，选择附着的文件类型，如“附着 DWG”，系统弹出“选择参照文件”对话框（图 6.3.1）。
- 打开参照文件后，系统弹出“附着外部参照”对话框（图 6.3.2），在该对话框中，参照类型选择“附着型”，在“比例”栏里面输入 X，Y，Z 缩放比例，在“插入点”栏中勾选“在屏幕上指定”的方式来指定图形的插入点位置，“旋转”栏中可设置旋转角度，设置完成后，单击“确定”按钮即可完成附着外部参照操作。

图 6.3.1　“外部参照”选项板和“选择参照文件”对话框

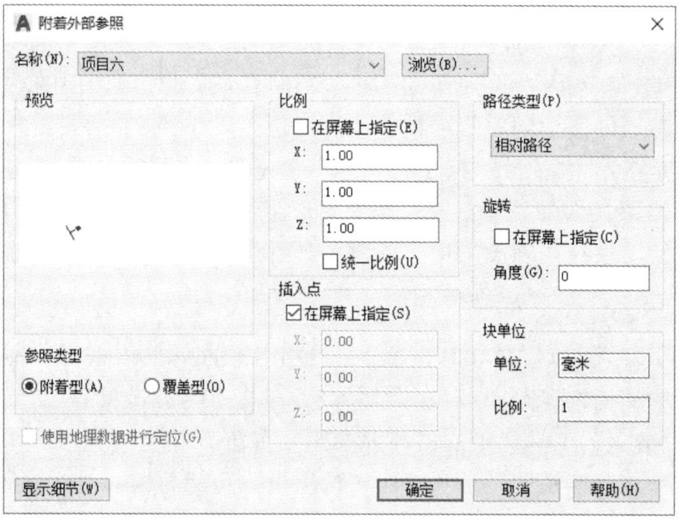

图 6.3.2　“附着外部参照”对话框

6.3.2　剪裁外部参照

外部参照被插入到当前图形后，虽然不能对其组成元素进行编辑，但可对外部参照进行剪裁。

1. 命令执行方式

- 在命令行中输入“XCLIP”命令，按空格键。
- 在功能区中单击“插入”选项卡→“参照”选项组中的“剪裁”按钮。
- 在菜单栏中选择“修改”菜单→“剪裁”→“外部参照”。

2. 命令行提示

调用“剪裁”命令后，其命令行提示如下：

```
命令：XCLIP
选择对象：
选择对象：
输入剪裁选项
[开(ON)/关(OFF)/剪裁深度(C)/删除(D)/生成多段线(P)/新建边界(N)] <新建边界>:N
外部模式 - 边界外的对象将被隐藏。
指定剪裁边界或选择反向选项：
[选择多段线(S)/多边形(P)/矩形(R)/反向剪裁(I)] <矩形>:R
指定第一个角点：
指定对角点：
```

3. 选项说明

- 选择对象：选择需要剪裁的整个外部参照图形，按 Enter 键确定选择对象。
- 输入剪裁选项[开(ON)/关(OFF)/剪裁深度(C)/删除(D)/生成多段线(P)/新建边界(N)] <

新建边界>：按 Enter 键或输入“N”新建剪裁边界。

- 指定剪裁边界或选择反向选项：[选择多段线(S)/多边形(P)/矩形(R)/反向剪裁(I)] <矩形>：按 Enter 键或输入“R”选择矩形。
- 指定第一个角点：指定矩形裁剪框的第一个角点。
- 指定对角点：指定矩形裁剪框的对角点。

6.3.3　练　习

新建一个“外部参照.dwg”文件，并将 6.2.6 节练习中插入“地层产状”图块的“地层产状.dwg”文件附着到该文件中，并进行剪裁（剪裁框自定义）。

本章小结

在绘图中，经常会遇到许多相似的图形，如控制点、亭等等，为了提高绘图效率，AutoCAD 引入了图块。在 AutoCAD 2021 中只绘制一次，将其制作成图块或图块文件，建立图形库进行保存；在保存时，仅保存该图块的参数特征，而不用保存每个图块实体，这样就可以节省存储空间；在修改图形时，若使用了图块的方法绘制，则可以通过对图块的再定义，即可进行一次性的修改；许多图块要求有文字信息以进一步解释其用途。AutoCAD 允许用户为图块创建文字属性，对图块进行进一步解释，并可设置插入的图块是否显示属性。本章详细介绍了 AutoCAD 2021 中图块的操作，包括图块的定义、插入、属性的编辑等内容，并介绍了通过外部参照的方式来绘制图形的方法。

第 6 章教学视频

第 7 章　文字与表格

知识目标

1. 熟悉文字样式、表格样式的设置方法。
2. 熟悉文字的标注与编辑方法。
3. 熟悉表格样式的设置。
4. 熟悉表格的制作和编辑方法。

技能目标

1. 能够掌握文字的标注与编辑方法。
2. 能够掌握表格的制作和编辑方法。

素质目标

1. 培养学生认真细致的工作作风。
2. 培养精益求精的工匠精神。

7.1　文字样式设置

世界上有一个伟大的国家，她的每个字，都是一首优美的诗，一幅美丽的画。

这个国家就是中国。——尼赫鲁

文字样式用于设置文字的外观，包括字体、字号、行距、倾斜角度、颜色和其他文字特征。如果在输入文字之前，用户不做任何文字样式设置，则输入的文字使用系统默认的文字样式。

7.1.1　设置文字样式

1. 命令启动方式

- 在命令行中输入“STYLE”或“ST”命令，按空格键。
- 在工具栏中依次单击“默认”选项卡→“注释”面板→“文字样式”按钮 。
- 在菜单栏中选择“格式”→“文字样式”子菜单。

执行上述操作后，将打开图 7.1.1 所示的“文字样式”对话框。

2. 对话框参数说明

（1）设置样式名。

- 新建样式：单击“新建”按钮→弹出“新建文字样式”对话框，在样式名中输入名称→单击“确定”按钮（图 7.1.2）。

注：文字样式名称最长可达 255 个字符。名称中可包含字母、数字和特殊字符，如美元

符号($)、下划线(_)和连字符(-)。

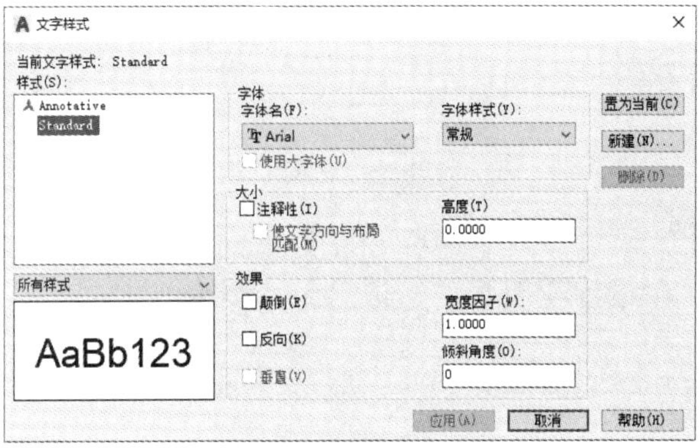

图 7.1.1　“文字样式”对话框

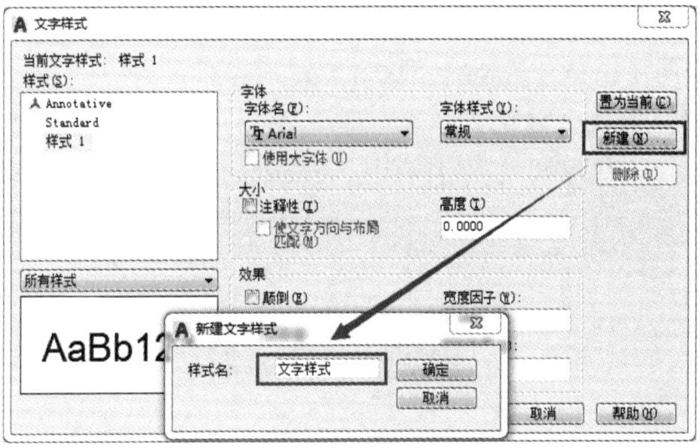

图 7.1.2　新建文字样式

● 重命名样式名：从列表中选择一个样式名，单击鼠标右键，在弹出的菜单中，选择重命名，即可重新输入样式名（图 7.1.3）。

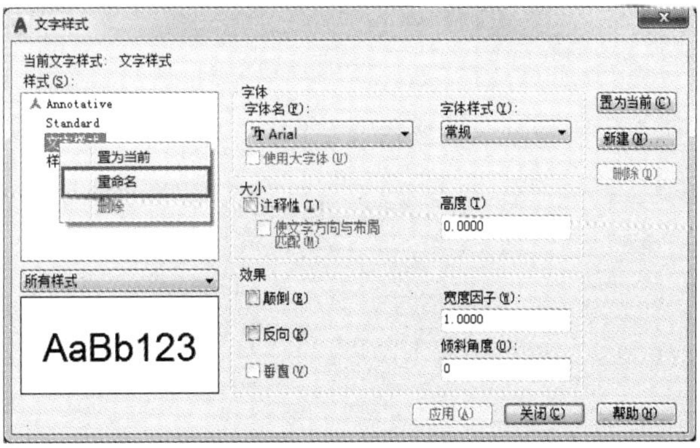

图 7.1.3　重命名文字样式

● 删除样式：从列表中选择要删除样式外的样式将其置为当前→选择需要删除的样式→单击“删除”按钮（图 7.1.4）。

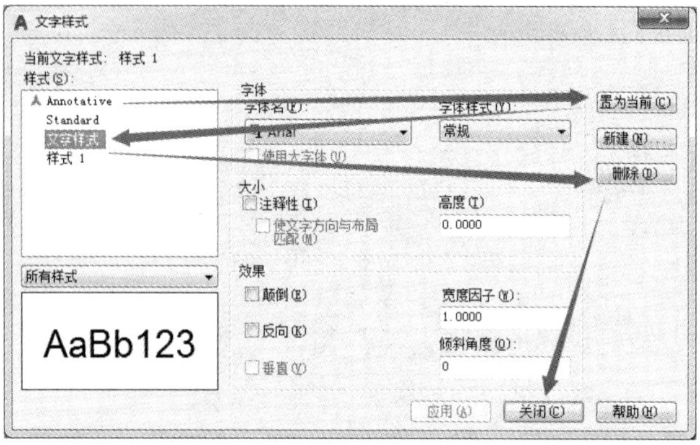

图 7.1.4　删除文字样式

（2）设置字体。

● 在“字体名”下拉列表框中列出了操作系统中自带的“TTP”字体与 AutoCAD 本身的源（SHP）和编译的形（SHX）字体（图 7.1.5）。

● 使用大字体时，勾选“使用大字体”复选框后可以使用“.shx”文件字体。标注直体使用“gbenor.shx”，标注斜体字母和数字使用“gbeitc.shx”，标注中文使用“gbcbig.shx”。

图 7.1.5　“字体名”列表

● “字体样式”列表用于设置字体的格式（图 7.1.6）。

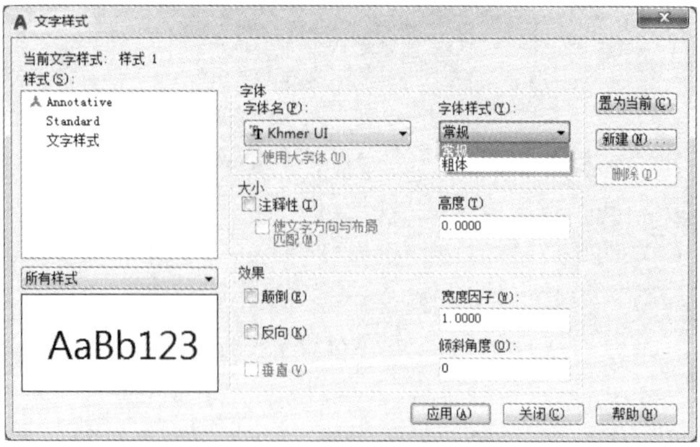

图 7.1.6　“字体样式”列表

● “高度”用于设置文字的高度，如果设置为零，在每次使用这个字型标注图形时，AutoCAD 都会要求输入文字高度（图 7.1.7）。

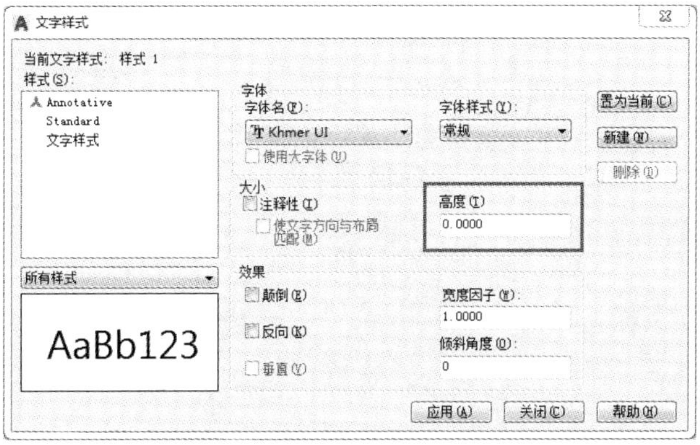

图 7.1.7　“字体高度”设置

（3）设置文字效果。

● “效果”组框用于设置字体的特征，如：颠倒、反向、垂直、宽度因子、倾斜角度等（图 7.1.8）。

● 缺省的宽度因子为 1，若大于 1，则文字变宽；若输入小于 1 的数值，则文字将变窄。

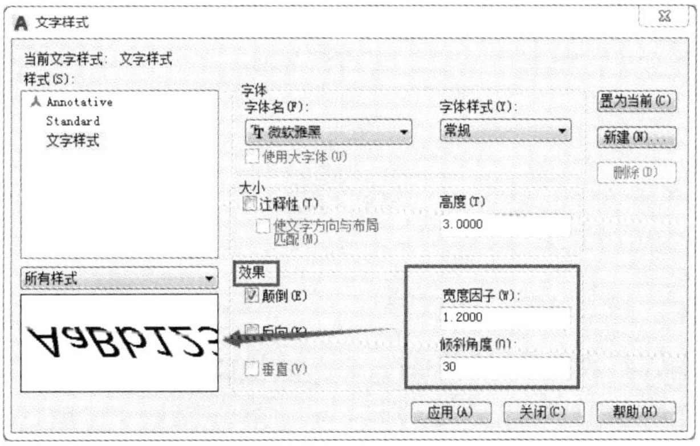

图 7.1.8　“字体效果”设置

3. 操作实例

下面通过 1 个例子对文字样式创建方法进行说明。

【例 7.1】创建文字样式“制图”，要求使用“txt.shx”大字体，向右倾角为 15°。

操作步骤：

（1）在菜单栏中选择“格式”→“文字样式”，打开“文字样式”对话框。

（2）在“样式名”选项组中单击“新建”按钮，打开“新建文字样式”对话框，在“样式名”文本框中输入“制图”，然后单击“确定”按钮。

（3）在“字体”选项组中，选中“使用大字体”，在“字体名”下拉列表框中，选择“txt.shx”，“大字体”下拉列表框中选择“chineset.shx”，高度为默认。

（4）在“效果”选项组中，设置“宽度因子”为 0.8，“倾斜角度”为 15，如图 7.1.9 所示。

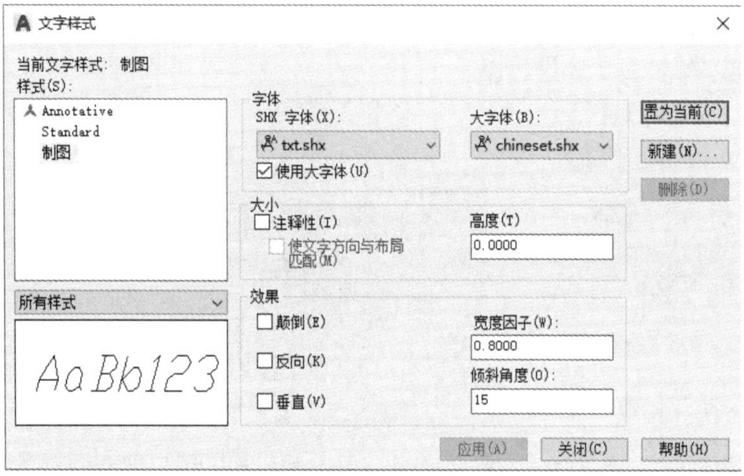

图 7.1.9　新创建的文字样式

7.1.2　练　习

在 AutoCAD 2021 中，创建文字样式“图廓”，要求其字体为仿宋，倾角为 0，宽高比为 1。

7.2　文字标注

夫尺有所短，寸有所长，物有所不足。智有所不明，数有所不逮，神有所不通。——屈原

7.2.1　单行文字标注

AutoCAD 绘图中单行文字标注可以创建一行或多行文字，其中创建的多行文字中的每行都是一个独立的实体。

1. *命令启动方式*

- 在命令行中输入“TEXT”或“DTEXT”或快捷命令“DT”，按空格键。
- 在工具栏中依次单击“默认”选项卡→“注释”面板→“单行文字”按钮 A。
- 在菜单栏中选择“绘图”→“文字”→“单行文字”子菜单。

2. *命令行提示*

```
当前文字样式： “制图”  文字高度： 2.5000  注释性： 否  对正： 左
指定文字的起点 或 [对正(J)/样式(S)]:
指定高度 <2.5000>:
指定文字的旋转角度 <0>:
```

3. *选项说明*

● 指定文字的起点：用鼠标拾取任意一点，AutoCAD 会将该点作为新行的起点，如果另起一行，则键入回车键，系统会将新行放在前一行的下面。文字的起点用来确定文本行基线的起点。AutoCAD 定义了顶线（Top line）、中线（Middle line ）、基线（Base line）、底线（Bottom line）4 条参考线（图 7.2.1）。

图 7.2.1　文字标注参考线定义

对正（J）：该选项用于调整文本的排列方式，在命令行输入“J”进入该选项后，系统提示“输入选项[左(L)/居中(C)/右(R)/对齐(A)/中间(M)/布满(F)/左上(TL)/中上(TC)/右上(TR)/左中(ML)/正中(MC)/右中(MR)/左下(BL)/中下(BC)/右下(BR)]:”。

该提示中各选项含义如表 7.2.1 所示。

表 7.2.1　对正（J）选项确定的各种排列方式的含义

名称	命令	选项意义
对齐	A	通过指定基线的两个端点来标注文字。文字方向与两点连线方向一致，文字的高度将自动调整，以使文字布满两点之间的部分，但文字的宽度比例保持不变
调整	F	通过指定基线的两个端点来标注文字。文字方向与两点连线方向一致。文字的高度由用户指定，系统将自动调整文字的宽度比例，以使文字布满两点之间的部分，但文字的高度保持不变
中心	C	指定基线的水平中点为文本对齐点
中间	M	指定底线与顶线之间距离的两个方向的中间点为对齐点
右	R	指定文字行最后一个字符右下角的基线位置为对齐点
左上	TL	指定文本行顶线的左端点为对齐点
中上	TC	指定文本行顶线的中点为对齐点
右上	TR	指定文本行顶线的右端点为对齐点
左中	ML	指定文本行中线的左端点为对齐点
正中	MC	指定文本行中线的中点为对齐点
右中	MR	指定文本行中线的右端点为对齐点
左下	BL	指定文本行底线的左端点为对齐点
中下	BC	指定文本行底线的中点为对齐点
右下	BR	指定文本行底线的右端点为对齐点

- 样式(S)：用于设置当前使用的文字样式。在命令行输入“S”后，AutoCAD 命令行提示如下：

```
输入样式名或[?]<Standard>:          //输入当前的文字样式的名称即可，或者输入?
输入要列出的文字样式<*>:                        //按下 Enter 键
```

直接回车后，命令行中列出当前图形中已有文字样式，并以文本窗口形式显示出来，显示内容如图 7.2.2 所示。

```
AutoCAD 文本窗口 - Drawing1.dwg
编辑(E)

命令: DT
TEXT
当前文字样式: "制图"  文字高度:  3.5000  注释性:  否  对正:  左
指定文字的起点 或 [对正(J)/样式(S)]: s

输入样式名或 [?] <制图>: ?

输入要列出的文字样式 <*>: *

文字样式:
样式名: "Annotative"   字体: Arial
   高度:  0.0000  宽度因子:  1.0000  倾斜角度: 0
   生成方式: 常规

样式名: "Standard"     字体: Arial
   高度:  0.0000  宽度因子:  1.0000  倾斜角度: 0
   生成方式: 常规


样式名: "制图"          字体文件: txt.shx,chineset.shx
   高度:  0.0000  宽度因子:  0.8000  倾斜角度: 15
   生成方式: 常规


当前文字样式: 制图

当前文字样式: "制图"  文字高度:  3.5000  注释性:  否  对正:  左
指定文字的起点 或 [对正(J)/样式(S)]:
```

图 7.2.2　文本窗口显示图形中包含的文字样式

- 指定高度 <2.5000>: 输入文字的高度。
- 指定文字的旋转角度 <0>:输入文字的旋转角度。

4. 绘图操作

下面将通过 1 个例子对单行文字注释的使用进行说明。

【例 7.2】先用“Spline”命令绘制一条曲线，再使用例 7.1 中创建的文字式样，创建如图 7.2.3 所示的单行文字注释。

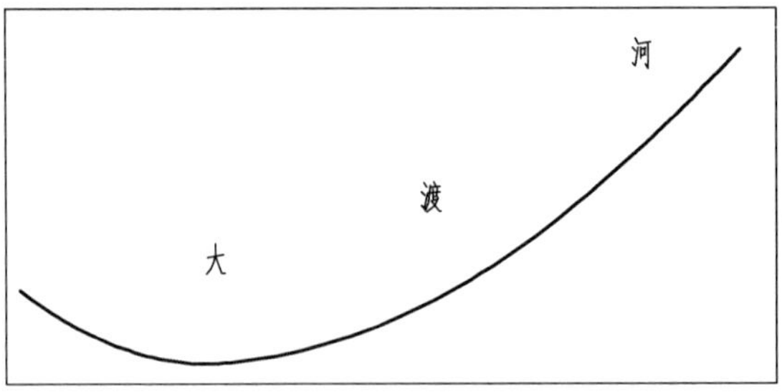

图 7.2.3　创建单行文字

样条曲线（命令：SPL）绘制方法略。

绘制步骤：

```
命令行内输入命令：DT                    //输入单行文字的命令，按空格键
当前文字样式： “制图”  文字高度： 5.0000  注释性： 否  对正： 左
指定文字的起点 或 [对正(J)/样式(S)]: 用鼠标定位到“大”字的起点位置
```

```
指定高度 <5.0000>: 10                    //输入文字高度 10，按空格键
指定文字的旋转角度 <0>: 0                //输入旋转角度，按空格键
```

开始在屏幕上输入文字　“大渡河”。

说明：为了达到图中的效果，可以在输入完“大”字后，重新定位到下一个字所在的位置开始输入，文字的起点选在河流沿线的适当位置。依次标注好所有文字。

7.2.2　多行文字标注

“多行文字”是由任意数目的文字行或段落组成的，布满指定的宽度，是一种更易于管理的文字对象，可以由两行以上的文字组成，而且各行文字都是作为一个整体处理。对于较长、较为复杂的内容，可以使用多行文字的方式创建。“多行文字”命令允许指定文本边界框，并在该框内标注任意多行段落文本、表格文本和下划线文本，还可以设置多行文字对象中单个字或字符的格式。

与单行文字不同的是，一个多行文字任务所创建的所有文字都被当作同一个对象。可以移动、旋转、删除、复制、镜像、拉伸或缩放多行文字对象。

1. 命令启动方式

- 在命令行中输入“MTEXT”或“T”命令，按空格键。
- 在工具栏中依次单击“默认”选项卡→“注释”面板→“多行文字”按钮 A。
- 在菜单栏中选择“绘图”→“文字”→“多行文字”子菜单。

2. 命令行提示

```
当前文字样式: "制图"  文字高度:  10  注释性:  否
指定第一角点:
指定对角点或 [高度(H)/对正(J)/行距(L)/旋转(R)/样式(S)/宽度(W)/栏(C)]:
```

3. 选项说明

● 指定第一角点：单击鼠标拾取任某一点或者输入坐标确定多行文本框的一个角点位置。

● 指定对角点或[高度(H)/对正(J)/行距(L)/旋转(R)/样式(S)/宽度(W)/栏(C)]：该提示项下可以直接指定多行文字对角点，也可以输入各选项执行相应的功能，各选项的含义如表 7.2.2 所示。

表 7.2.2　多行文字命令各选项的含义

名称	命令	选项的含义
对角点	缺省	直接指定一点后，AutoCAD 以指定的两点形成的矩形区域的宽度作为文字行的宽度，以左上角作为文字行顶点的起始点
高度	H	设置文字的高度。如果使用默认高度 0.000，则使用存储在“Textsize”系统变量中的高度值
对正	J	设置多行文字的排列形式，其含义与创建单行文字命令相应的提示相同
行距	L	设置多行文字的行间距

续表

名称	命令	选项的含义
旋转	R	设置文字行的旋转角度
样式	S	设置多行文字的文字样式
宽度	W	设置文字行的宽度
栏	C	用来设置文本框的分栏（列）数。总宽度是指文本框的总宽度，栏数指分列数，栏间距宽度是指列与列之间的间距，栏高指每一栏的高度

在上述各项设置后，直接指定对角点，系统会弹出多行文字编辑器（图 7.2.4），从中可以进行文字设置、字符串的输入和编辑操作。

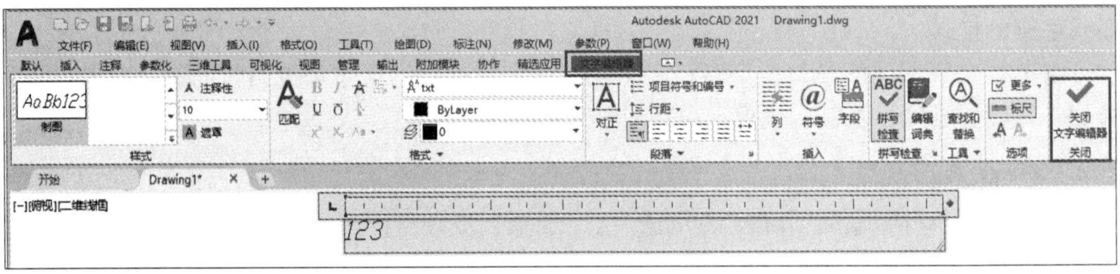

图 7.2.4　多行文字编辑器

7.2.3　练　习

用 7.1.2 练习中创建的“图廓”文字样式，创建多行文字，输入以下内容：

图廓是地形图的边界，矩形图幅只有内、外图廓之分。内图廓就是坐标格网线，也是图幅的边界线。在内图廓外四角处注有坐标值，并在内廓线内侧，每隔 10 cm 绘有 5 mm 线，表示坐标格网线的位置。在图幅内绘有每隔 10 cm 标格网交叉点，外图廓是最外边的粗线。在城市规划以及给排水线路等设计工作中，有时需用 1∶10 000 或 1∶25 000 的地形图。这种图的图廓有内图廓、分图廓和外图廓之分。

7.3　编辑文字

志坚者，功名之柱也。登山不以艰险而止，则必臻乎峻岭。——葛洪

7.3.1　编辑文字内容

1. 命令启动方式

- 在命令行输入“DDEDIT”命令，按空格键。
- 在工具栏中选择“文字”工具栏→“编辑文字”按钮 。
- 在菜单栏中选择“修改”→“对象”→“文字”→“编辑”子菜单。

注：也可直接用鼠标双击需要修改的文字，即可进入文本编辑状态。

2. 命令行提示

```
TEXTEDIT
当前设置：编辑模式 = Multiple
选择注释对象或 [放弃(U)/模式(M)]:
```

3. 选项说明

- 选择注释对象或[放弃(U)/模式(M)]:用鼠标点击要修改的单行文字对象。选中的文字对象处于可编辑状态。直接输入新内容，原有的内容自动消失。然后按 Enter 键，系统继续提示选择注释对象或[放弃(U)/模式(M)]，选择要编辑的另一个文字对象，或者按 Enter 键结束命令。
- 选择注释对象或[放弃(U)/模式(M)]:用鼠标点击要修改的多行文字对象。弹出“文字编辑器”→可设置字体、字高、样式等内容（图 7.2.4）；若需标注特殊字符，可选择“符号”，从下拉菜单中选择需要输入的特殊字符（图 7.3.1）。选择“其他”，可从“字符映射表”对话框中添加字符。

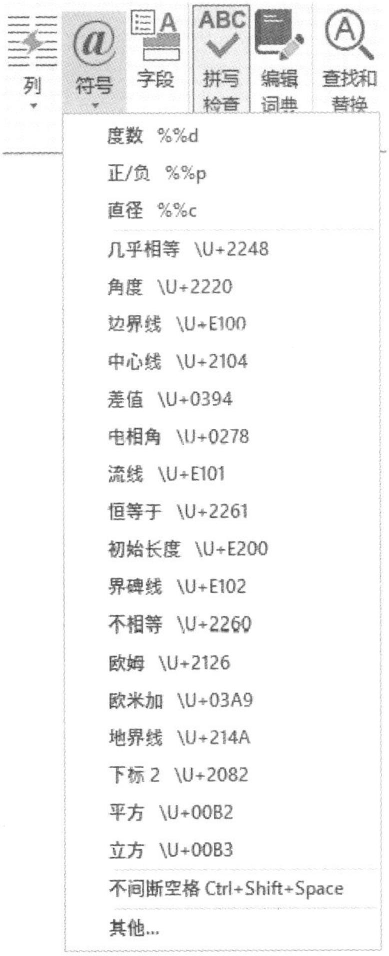

图 7.3.1　添加特殊字符

7.3.2 编辑文本比例

1. 命令启动方式

- 在菜单栏中选择“修改”→“对象”→“文字”→“比例”。
- 在工具栏选择“文字”工具栏→“比例”按钮 。
- 在命令栏中输入编辑文本比例命令“Scaletext”，按回车键。

2. 命令行提示

激活该命令后，命令行有如下提示：

```
命令: SCALETEXT
选择对象: 找到 1 个
选择对象:
输入缩放的基点选项
[现有(E)/左对齐(L)/居中(C)/中间(M)/右对齐(R)/左上(TL)/中上(TC)/右上(TR)/左中(ML)/正中(MC)/右中(MR)/左下(BL)/中下(BC)/右下(BR)] <现有>:
指定新模型高度或 [图纸高度(P)/匹配对象(M)/比例因子(S)] <197.6345>:
```

3. 选项说明

- 选择对象：选择要修改文本比例的文字对象（当只缩放一个单行文字对象时用鼠标直接点击要编辑的单行文字对象，若要同时缩放多个文字对象时，可使用窗口选择集，或按着 Shift 键用鼠标逐个点击选中，然后按回车键系统提示选择对象的个数）。
- 选择对象：系统提示继续选择要缩放的对象，按 Enter 键，停止继续选择。
- 输入缩放的基点选项[现有(E) / 左(L) / 中心(C) / 中间(M) / 右(R) / 左上(TL) / 中上(TC) / 右上(TR) / 左中(ML) / 正中(MC) / 右中(MR) / 左下(BL) / 中下(BC) / 右下(BR)]<现有>：此时需要输入缩放的基点，如输入中上(TC)选项。
- 指定新高度或[匹配对象(M) / 缩放比例(S)]<2.5>：3.0（输入文字新高度后按回车键，要编辑的文字以新高度重新生成，退出编辑命令）。
- 指定新高度或[匹配对象(M) / 缩放比例(S)]<2.5>：M（此处不是输入文字新高度而是要与图形中某个现有的文字（参照文字)高度一样，则输入 M）。
- 选择具有所需高度的文字对象：用鼠标直接点击参照文字，要编辑的文字立即变为与参照文字一样大小。
- 指定新高度或[匹配对象(M) / 缩放比例(s)]<2.5>：S（若想将文字缩放一定的比例，则在此输入 S）。
- 指定缩放比例或[参照(R)]<2>：5（输入要缩放的比例 5）。

7.3.3 编辑文本对正方式

1. 命令启动方式

- 在菜单栏中选择“修改”→“对象”→“文字”→“对正”。
- 在工具栏选择“文字”工具栏→“对正”按钮 。
- 在命令栏输入编辑文本对正方式命令“JUSTIFYTEXT”，按回车键。

2. 命令行提示及选项说明

激活该命令后，命令行提示如下：

```
命令：JUSTIFYTEXT
选择对象：                    //用鼠标点击重新对正的文字，可同时选取多个对象
选择对象：                    //按 Enter 键
输入对正选项：[左(L) / 对齐(A) / 调整(F) / 中心(C) / 中间(M) / 右(R) / 左上(TL) / 中上(TC) / 右上(TR) / 左中(ML) / 正中(MC) / 右中(MR) / 左下(BL) / 中下(BC) / 右下(BR)]<右下>：A                    //设置文字对齐方式
```

7.3.4　练　习

1. 先创建名为“绘图基准”的文字样式，字体为宋体，文字高度 5，向右倾角为 0°，其他为系统默认。

2. 创建如图 7.3.2 所示的文字。

3. 将文字对齐方式修改为居中对齐（图 7.3.3）。

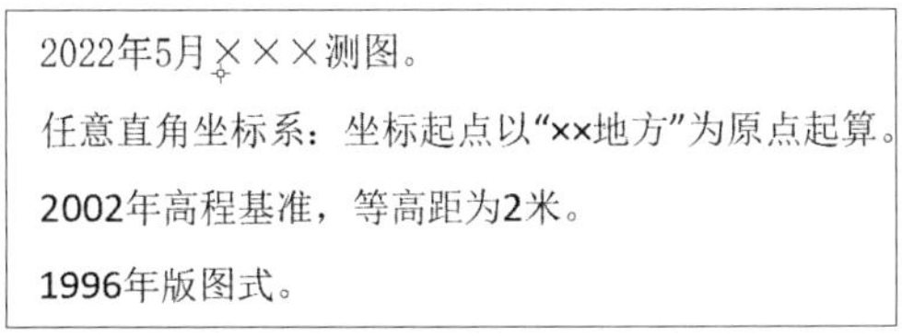

图 7.3.2　创建文字示例

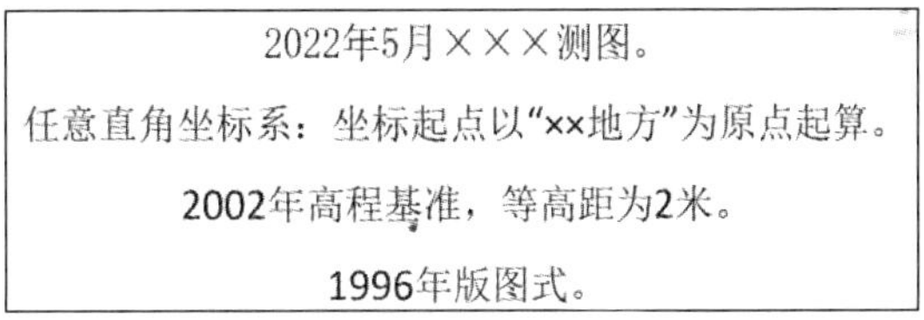

图 7.3.3　文字居中对齐效果

7.4　创建表样式和表

古之立大事者，不惟有超世之才，亦必有坚忍不拔之志。——苏轼

在 AutoCAD 2021 中文版中，用户可以使用创建表命令来创建数据表或标题块。还可以从 Microsoft Excel 中直接复制表格，并将其作为 AutoCAD 表格对象粘贴到图形中。此外，用户还可以输出来自 AutoCAD 的表格数据，以供在 Microsoft Excel 或其他应用程序中使用。

7.4.1　新建表样式

1. 命令启动方式

在 AutoCAD 2021 中，创建表样式可通过下列途径：

- 在菜单栏中选择“格式”→“表样式”。
- 在工具栏中单击“样式”工具栏→“标样式”按钮。
- 在命令栏输入创建表样式命令“Tablestyle”，按回车键。

执行上述操作后，打开“表格样式”对话框，如图 7.4.1 所示。在“表格样式”对话框中，用户可以单击“新建”按钮，使用打开的“创建新的表样式”对话框，创建新表样式，如图 7.4.2 所示。

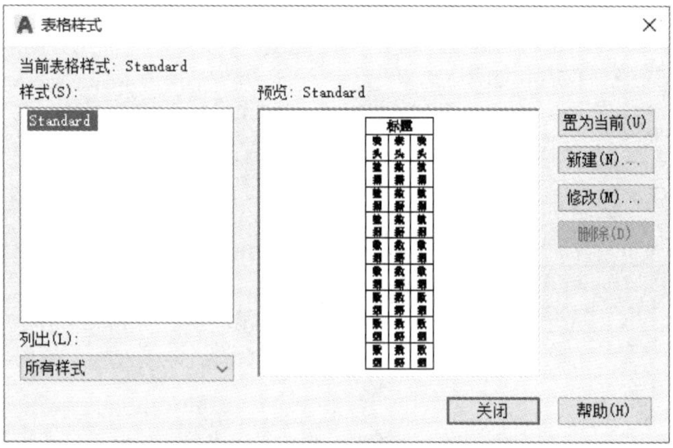

图 7.4.1 “表格样式”对话框

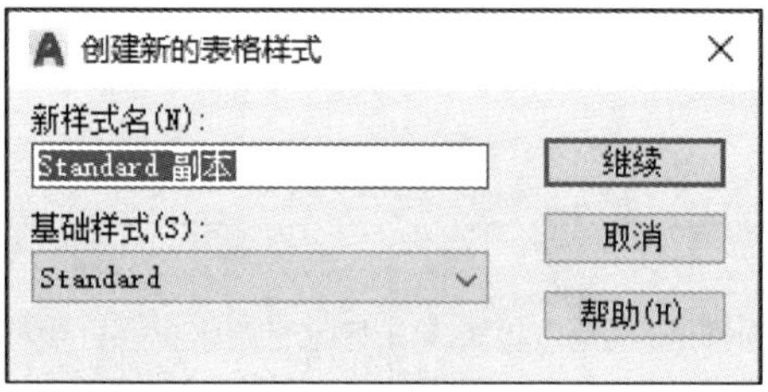

图 7.4.2 “创建新的表格样式”对话框

在“新样式名”文本框中输入新的表样式名，在“基础样式”下拉列表中选择一种基础样式，新样式将在该样式的基础上进行修改。然后单击“继续”按钮，将打开“新建表格样式”对话框，用户可以设置数据、列标题和标题的样式。

2. 对话框参数说明

（1）设置表的数据、列标题和标题样式。

在“新建表样式”对话框中，单元样式里可以使用“标题”“表头”和“数据”选项，分别设置标题、表头、数据的样式，如图 7.4.3 所示。

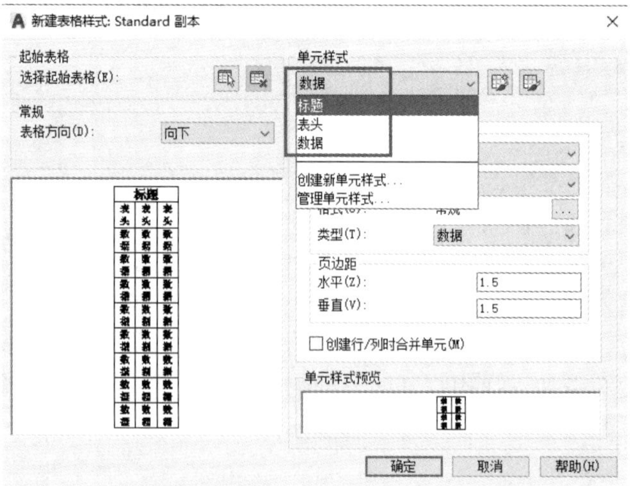

图 7.4.3 单元样式设置

（2）设置常规特性。

在该对话框的“单元样式”的“常规”选项组中，可以设置填充颜色、对齐、格式、页边距等特性，如图 7.4.4 所示。

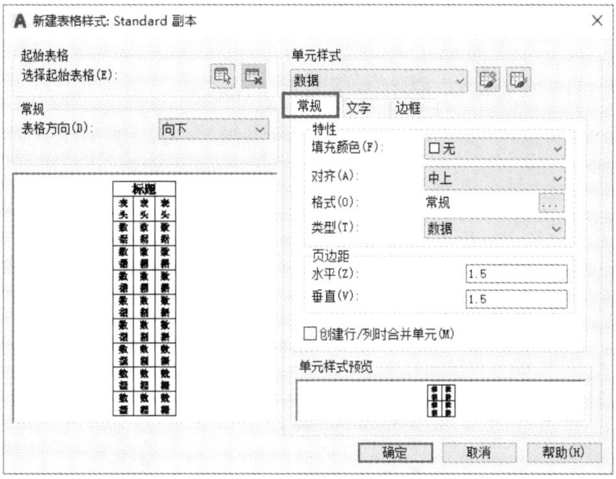

图 7.4.4 “常规”选项卡

各选项功能如下：

- “填充颜色”下拉列表框：用于设置表的背景填充颜色。
- “对齐”下拉列表框：用于设置表单元中的文字对齐方式，如左上、中上、右上等。
- “格式”是设置文字格式的，如小数点的位数、日期的表示格式、角度的表示格式等，点击后面的按钮...，打开“表格单元格式”对话框，从中设置数据的显示格式。
- “页边距”选项组的“水平”和“垂直”文本框中，可设置表单元内容距边线的水平和垂直距离。

（3）设置文字特性。

- 在该对话框的“单元样式”的“文字”选项组中，可以设置文字样式、高度、颜色等特性，如图 7.4.5 所示。

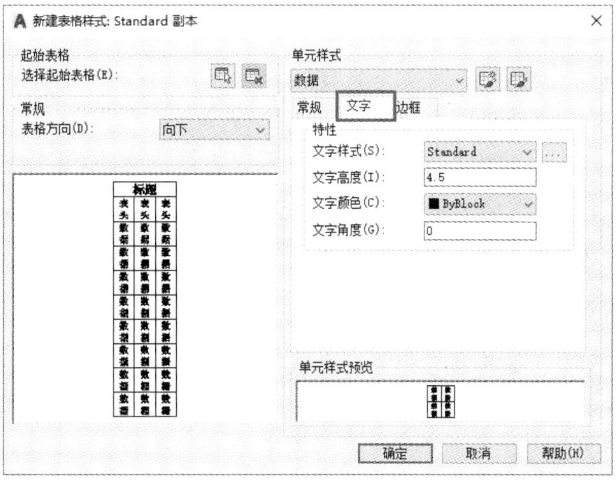

图 7.4.5 “文字”选项卡

各选项功能如下：

- “文字样式”下拉列表框：用于选择可以使用的文字样式。用户也可以单击其后的按钮[...]，打开“文字样式”对话框，并设置文字样式。
- “文字高度”文本框：用于设置表单元中的文字高度，默认情况下，数据和表头的文字高度为 4.5，标题文字的高度为 6。
- “文字颜色”下拉列表框：用于设置文字的颜色。
- “文字角度”文本框用于设置文字的倾斜角度。可以输入-359° ~ +359°。

（4）设置边框特性。

在该对话框的“边框特性”选项组中，单击 8 个边框设置按钮，可以设置表的边框是否存在，如图 7.4.6 所示。当表具有边框时，还可以在“特性”选项组中选择表的边线宽度、线型、颜色等。

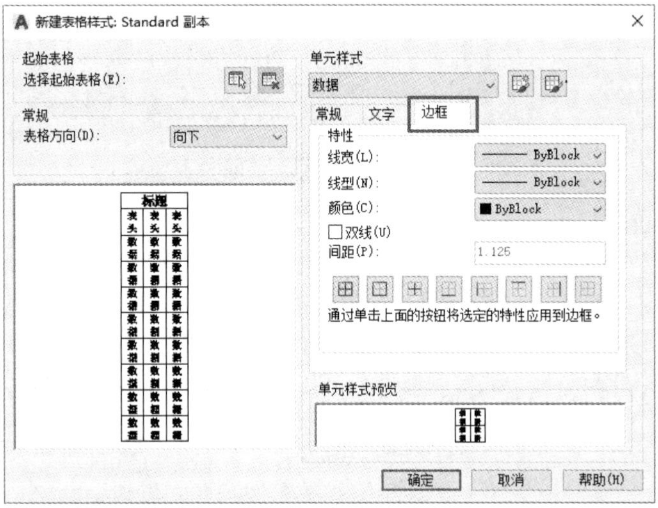

图 7.4.6 “边框”选项卡

7.4.2 创建表

1. 命令启动方式

在中文版 AutoCAD 2021 中，创建表格有如下 3 种方法：

- 在菜单栏中单击“绘图”→“表格”菜单。
- 在工具栏中选择“绘图”→“工具栏”→“表格”按钮▦。
- 在命令栏输入创建表格命令“Table”，按回车键。

执行上述操作后，将打开“插入表格”对话框，如图 7.4.7 所示。

2. 对话框参数说明

- 在“表样式设置”选项组中，用户可以从“表样式名称”下拉列表框中选择表样式，或单击其后的按钮，打开“表样式”对话框，创建新的表样式。下面的预览窗口中将显示表的预览效果（图 7.4.7）。
- 在“插入方式”选项组中，选择“指定插入点”单选按钮，可以在绘图窗口中的某点插入固定大小的表格；选择“指定窗口”单选按钮，可以在绘图窗口中通过拖动表格边框来创建任意大小的表格。

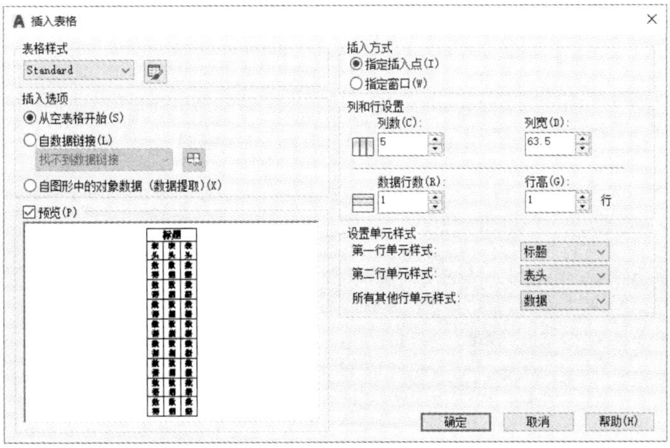

图 7.4.7　“插入表格”对话框

● 在“列和行设置”选项组中，可以通过改变“列”“列宽”“数据行”和“行高”文本框中的数值来调整表格的外观大小。

7.4.3　编辑表和表单元

在 AutoCAD 2021 中，直接插入的表格样式可能不能满足要求，用户可以使用表格的快捷菜单来编辑表格。当选中整个表时和选中表单元时右击弹出的快捷菜单有所不同。

1. 编辑表

从右键快捷菜单中可以看到（图 7.4.8），用户可以对表进行剪切、复制、删除、移动、缩放、旋转等简单操作，还可以均匀调整表的行、列大小，删除所有特性替代。当选择“输出”命令时，还可以打开“输出数据”对话框，以“.csv”格式输出表中的数据。

当选中表后，在表的四周、标题行上将显示许多夹点，用户也可以通过拖动这些夹点来编辑表，调整表格的尺寸。

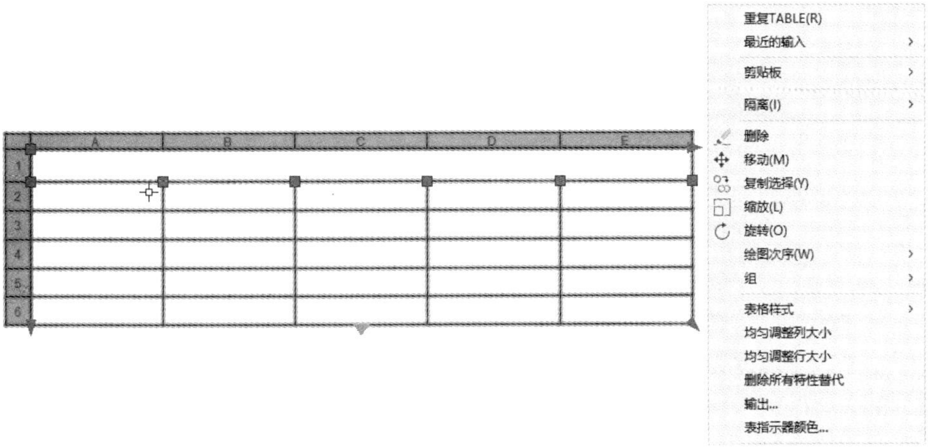

图 7.4.8　表格右键快捷菜单

2. 编辑表单元

当选择某个表单元时，会出现编辑表单元菜单如图 7.4.9 所示，使用表单元快捷菜单可以编辑单元对齐方式、单元边框特性、合并单元格等。其主要选项的功能说明如下：

“行”“列”：表单元的插入行或列方式有上、下、左、右等。

“合并”：当选中多个连续的表单元格后，可以全部、按列或按行合并表单元。

“单元样式”：可以设置边框的线宽、颜色等特性。匹配单元是用当前选中的表单元格式(源对象)匹配其他表单元(目标对象)，此时鼠标指针变为刷子形状，单击目标对象即可进行匹配。

“单元格式”：可以锁定单元的内容、格式，可以修改单元数据的格式。

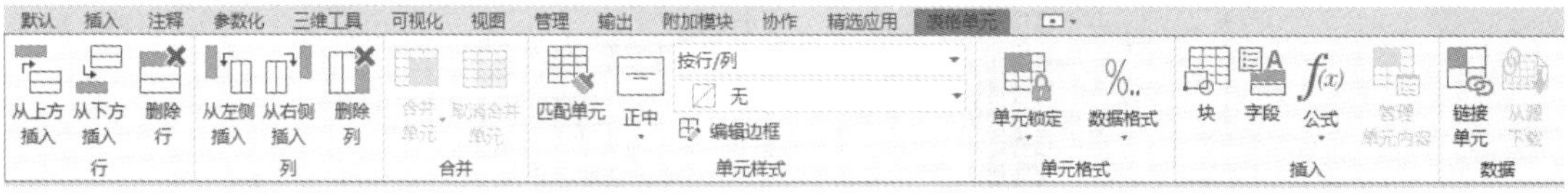

图 7.4.9　编辑表单元快捷菜单

下面通过 1 个例子对创建表格的使用进行说明。

【例 7.3】创建表 7.4.1 所示的表格内容。

表 7.4.1　平曲线几何要素

平曲线几何要素							
N0	α		R	L_s	T	L	E
	Z	Y					
JD1	37°42′		1 200	200	510	989	69
JD2		26°21′	700	160	244	482	20

绘制步骤：

（1）在菜单栏中选择“绘图”→“表格”菜单，或在命令栏输入“Table”命令，打开“插入表”对话框。

（2）在“表样式设置”选项组中单击“表样式名称”下拉列表框后面的[...]按钮，打开“表样式”对话框，并在“样式”列表中选择样式“Standard”。

（3）单击“修改”按钮，打开“修改表样式”对话框，在“数据”选项卡的“单元特性”选项组中，文字样式设置为“Standard”，设置对齐方式为“正中”，填充方式为“无”，格式为“常规”；文字高度为 2.5，文字颜色为“黑”，选中“标题”选项卡，设置文字高度为 2.5，单击“文字样式”下拉列表框后面的[...]按钮，打开“文字样式”对话框，创建一个新的文字样式，并设置字体名称为“宋体”然后单击“关闭”按钮，返回“修改表样式”对话框，在“文字样式”下拉列表中，选中新创建的文字样式，依次按“确定”和“关闭”按钮，返回到“插入表”对话框。

（4）在“插入方式”选项组中选择“指定插入点”单选按钮；在“列和行设置”选项组中分别设置 8 列，列宽 20 和“数据行”为 2，行高为 1。

（5）单击“确定”按钮，在绘图区可以看到鼠标右下方拖着一个表格，用鼠标点击要插入表格的位置，表格插在绘图区，此时表格的最上面一行处于文字编辑状态。用鼠标点击表格以外的绘图区，关闭文字编辑插入的表格，如图 7.4.10 所示。先编辑表格，待表格形式符合要求后，再输入文字。

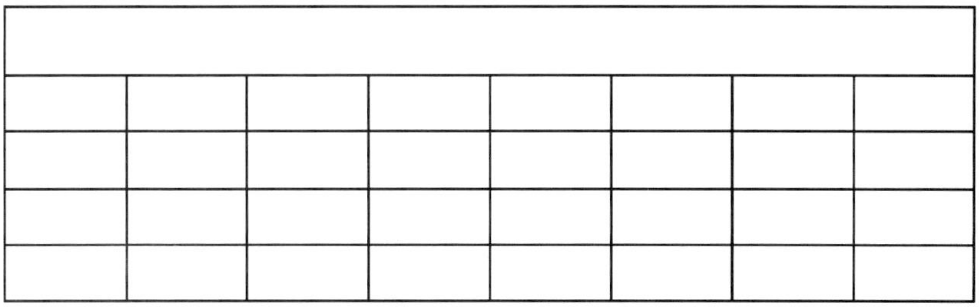

图 7.4.10　插入表

（6）因为“列标题”中的第 2 和第 3 列的特殊形式，所以需要对表格进行编辑。选择“列标题”的第 2 和第 3 个单元格，右击，在弹出的快捷菜单中，选择“合并单元”→“按行”；执行命令后，这两个单元格合并为一个单元格，右击该单元格，在弹出的快捷菜单中选择“插入行”→“下方”；选中第一列“标题行”的前两行，单击鼠标右键，从弹出的快捷菜单中选择“合并单元”→“按列”命令，将其合并为一个单元格；再依次将“标题行”的第 4 ~ 8 列的两个单元“按列”合并。编辑好的表格如图 7.4.11 所示。

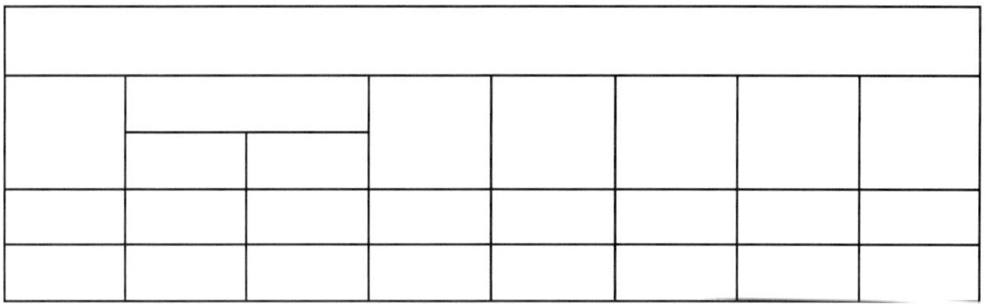

图 7.4.11　编辑后的表格

（7）双击表的第 1 行，即“标题行”单元格，或选中该单元格后右击，在快捷菜单中，选择“编辑单元文字”，该单元格处于“文字编辑状态”，输入文字“平曲线几何要素”。

（8）使用同样方法，在其他表单元中输入文字。

说明：AutoCAD 2021 中表格的文字的输入功能和计算功能都较强，可输入公式，可插入字段。对一些特殊字符如度、分、秒的符号可使“符号”→“其他”，从中选择合适的符号，复制后粘贴到表单元中。对 | 进制数据的精度，可通过表单元右击，在弹出的快捷菜单中，选择“格式”，在该对话框中，选择合适格式。最终效果如图 7.4.12 所示。

平曲线几何要素							
NO	α		R	L_s	J	L	E
	Z	Y					
JD1	37°42′	JD1	1 200	200	510	989	69
JD2		26°21′	700	160	244	482	20

图 7.4.12　完成文字编辑的表格

7.4.4 练 习

1. 按要求设置表格样式（标题字体：宋体、6 号、黑色；表格中数据的字体：宋体、3 号、黑色），并直接在 AutoCAD 软件中完成如图 7.4.13 所示表格的绘制。

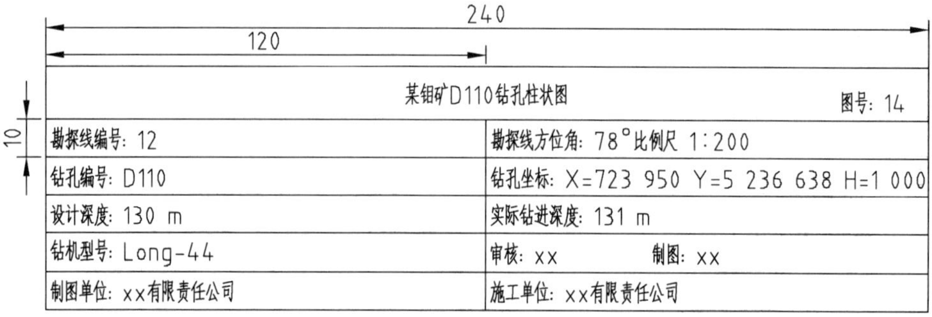

图 7.4.13 钻孔柱状图表格

2. 先在 EXCEL 软件中编制图 7.4.13 所示表格，并将表格复制到 AutoCAD 软件中，按练习 1 中的表格样式要求修改表格中的内容和样式。

本章小结

本章讲述了在 AutoCAD 2021 中创建文字样式、单行文字标注和多行文字标注以及文字编辑，继而又介绍了在 AutoCAD 2021 中设置表格样式，创建表格，编辑表格，在表单元中编辑文字。创建单行文字和多行文字及文字编辑，创建表格及编辑表格是本章的重点，也是绘图过程中使用较多的技术，需要多练习。

第 7 章教学视频

第 8 章　标注尺寸

知识目标

1. 熟悉尺寸的组成。
2. 熟悉尺寸标注格式的基本规则。
3. 熟悉常见的尺寸标注步骤。
4. 熟悉尺寸标注的编辑与修改方法。

技能目标

1. 能够正确设置尺寸标注的格式。
2. 能够正确进行线性标注、半径标注、角度标注、坐标标注、弧长标注。
3. 能够通过编辑命令和夹点编辑操作来修改标注。

素质目标

1. 培养学生规范标注的职业素养。
2. 培养学生认真仔细的工作态度。
3. 培养学生精益求精的工匠精神。

8.1　尺寸标注基础

旧书不厌百回读，熟读深思子自知。——苏轼

尺寸标注是工程制图的主要内容之一。通常一个设计过程可分为 4 个阶段：绘图、注释、查看和打印。在注释阶段，设计者要添加一些文字、数字和设计符号以表达有关设计元素的尺寸和设计信息。在设计过程中，绘制图形的根本目的是反映对象的形状，而图形中各个对象的真实大小和相互位置只有经过尺寸标注后才能确定。利用 AutoCAD 2021 提供的尺寸标注和编辑功能，可以方便、准确地标注图样上各种尺寸。

8.1.1　尺寸标注的组成

工程图样中一个完整的尺寸标注包括 4 个部分：尺寸界线、尺寸线、尺寸起止符号和尺寸数字，如图 8.1.1 所示。这 4 个部分在 AutoCAD 2021 系统中，一般是以块的形式作为一个实体存储在图形文件中的。

（1）尺寸界线：用来表示被标注对象的边界，可以是轮廓线、中心线，也可以是它们的延长线（延长线应用细实线代替），一般应与被注长度垂直，其一端应离开图样轮廓线不小于 2 mm，另一端宜超出尺寸线 2 ~ 3 mm。

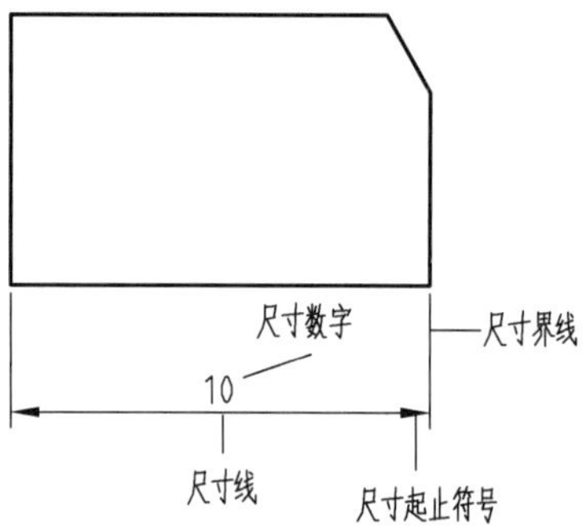

图 8.1.1 尺寸标注的组成

（2）尺寸线：位于两条尺寸界线之间，对于线性标注、半径标注和直径标注，尺寸线是一条直线，角度标注的尺寸线是一段圆弧。尺寸线应用细实线绘制，与被注长度平行。图样本身的任何图线均不得用作尺寸线。

（3）尺寸起止符号：包括箭头、短斜线、小圆点等几种形式。一般用中粗斜短线绘制，其倾斜方向应该与尺寸界线成顺时针 45°角，长度宜为 2 ~ 3 mm，半径、直径、角度与弧长的尺寸起止符号宜用箭头表示。

（4）尺寸数字：是实物的实际尺寸，建筑图形中，除标高单位为米以外，其余的尺寸单位均为毫米，标注尺寸时不注明单位，只标注数字。尺寸数字不得与任何图线交叉重叠，必要时打断图线，以保证数字清晰。

8.1.2 尺寸标注的类型

AutoCAD 提供了多种尺寸标注类型，包括线性尺寸标注、角度尺寸标注、直径尺寸标注、半径尺寸标注、弧长尺寸标注、引线标注、坐标尺寸标注、圆心标注、快速标注等类型。

（1）线性尺寸标注：用于标注长度型尺寸，又分为水平标注、垂直标注、旋转标注、对齐标注、基线标注、连续标注。

（2）角度尺寸标注：用于标注角度尺寸，在角度尺寸标注中也可采用基线标注和连续标注两种形式。

（3）直径尺寸标注：用于标注圆或圆弧的直径尺寸，分为直径标注和折弯标注。

（4）半径尺寸标注：用于标注圆或圆弧的半径尺寸，分为半径标注和折弯标注。

（5）弧长尺寸标注：用于标注弧线段或多段线弧线段的弧长尺寸。

（6）引线标注：用于标注多行文字或块等。

（7）坐标尺寸标注：用于标注相对于坐标原点的坐标。

（8）圆心标注：用于标注圆或圆弧的中心标记或中心线。

（9）快速标注尺寸：用于成批快速标注尺寸。

8.1.3 尺寸标注的执行方式

尺寸标注可以通过以下几种方式实现：

- 在命令行中直接键入尺寸标注命令，如“DIM”，按空格键。
- 调用“标注”工具栏，调用方法：依次单击“工具”菜单→“工具栏”→“AutoCAD”→“标注”。单击“标注”工具栏中的相应图标按钮可进行尺寸标注，如图 8.1.2 所示。

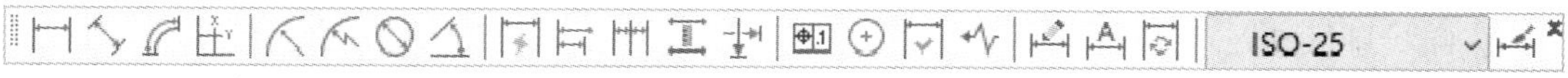

图 8.1.2 “标注”工具栏

- 选择“标注”下拉菜单，选用相应选项可进行尺寸标注，如图 8.1.3 所示。

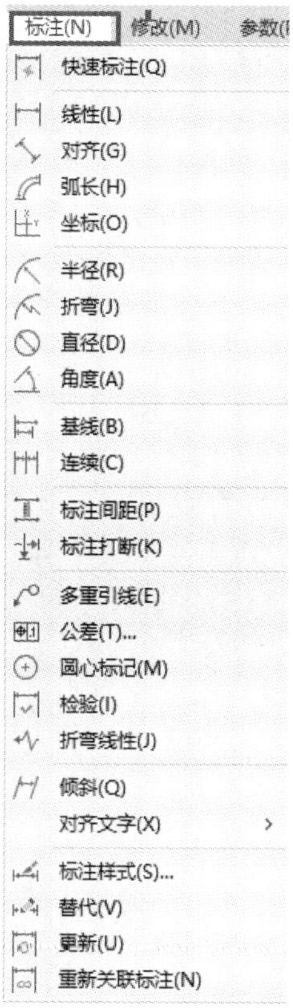

图 8.1.3 “标注”下拉菜单

8.1.4 尺寸标注的步骤

（1）建立尺寸标注图层，这对于编辑修改复杂图形是有利的，可根据需要采用图层管理当中的关闭、冻结、锁定功能对标注所在图层进行控制，这样，在编辑修改图形时，就可以不受标注尺寸的干扰，加快绘图速度。

（2）创建标注样式，对标注所采用的样式根据需要进行相关参数的设置，才能使标注符合相关行业绘图的标准。

（3）根据图形需要选择相应的标注命令进行尺寸标注。

8.2 设置标注样式

对任何事情都一知半解就等于一无所知。——狄更斯

8.2.1 创建标注样式

对于不同领域的图样，对尺寸标注的要求也有所不同。因此在进行尺寸标注之前，先要对标注样式进行设置。其中包括标注文字字体、文字位置、文字高度、箭头样式和大小、延伸线的起点偏移距离、尺寸公差等，控制标注的格式和外观，建立强制执行的绘图标准，并且有利于对标注格式及用途进行修改。

1. 命令执行方式

- 在命令行中输入命令："DIMSTYLE"，按空格键。
- 单击标注工具栏中的按钮。
- 选择"格式"或"样式"→"标注样式"子菜单。

执行上述命令后，将打开如图 8.2.1 所示的"标注样式管理器"对话框。

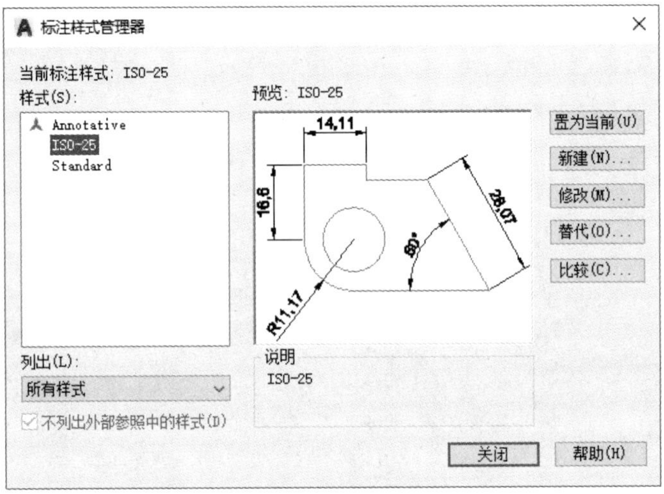

图 8.2.1 "标注样式管理器"对话框

2. 创建新标注样式

在"标注样式管理器"对话框中，单击"新建"按钮，弹出"创建新标注样式"对话框，其中在新样式名一栏用户可以输入新建样式的名称（图 8.2.2）。在"基础样式"下拉列表中选择一种基础样式，新样式就以该样式为基础进行修改。在"用于"下拉列表中，设置该标注样式使用的范围。单击"继续"按钮，将弹出"新建标注样式"对话框。

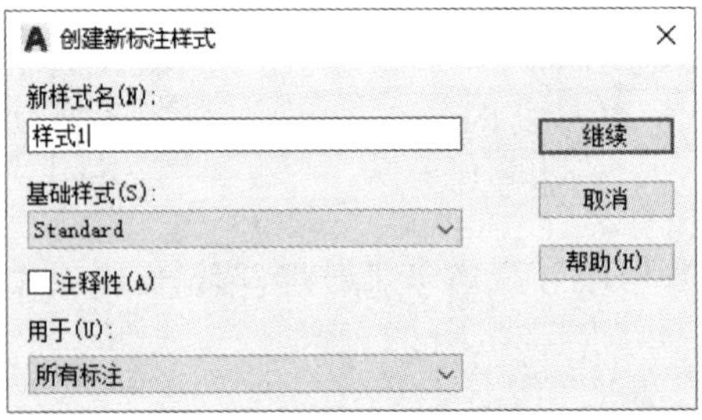

图 8.2.2 "创建新标注样式"对话框

3. 设置标注样式选项卡

（1）线。

- 在"新建标注样式"的对话框中（图 8.2.3），"线"选项卡包括"尺寸线""尺寸界线"

两个选项组，用于设置尺寸线、尺寸界线的形式和特性等，并在右上角的预览框中实时显示各选项的效果。

● 在“尺寸线”选项部分中，可以设置尺寸线的颜色、线宽、超出标记以及基线间距等属性。其中“超出标记”微调按钮用来设置当箭头使用倾斜、建筑标记、积分和无标记时尺寸线超过尺寸界线的距离。“基线间距”用于设定基线标注的尺寸线之间的距离。“隐藏”复选框：CAD 中认为标注文字将尺寸线分为左右两段（或上下两段），该部分的两个复选框分别用于确定是否隐藏第一段和第二段尺寸线，如图 8.2.4 所示。

● 在“尺寸界线”选项卡中，可以设置延伸线的颜色、线宽、超出尺寸线的尺寸和起点的偏移量。如果需要隐藏尺寸线和延伸线，可以在选项前打钩。

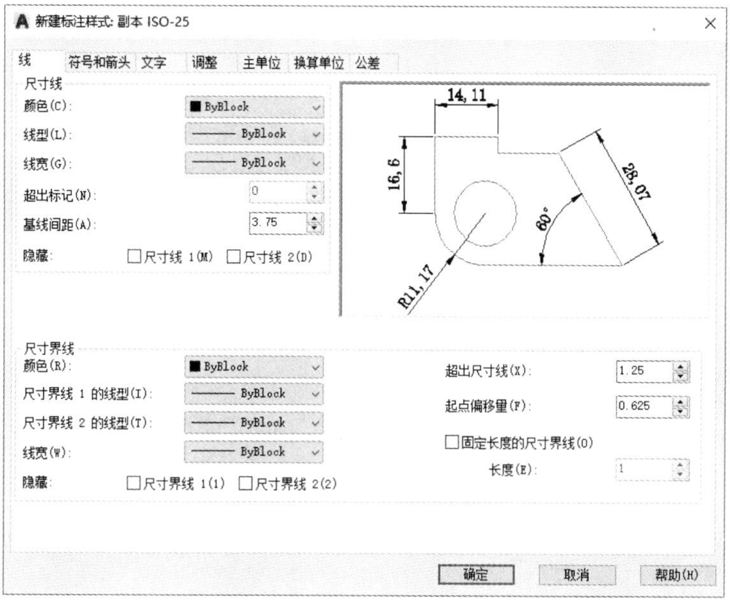

图 8.2.3　“线”选项卡

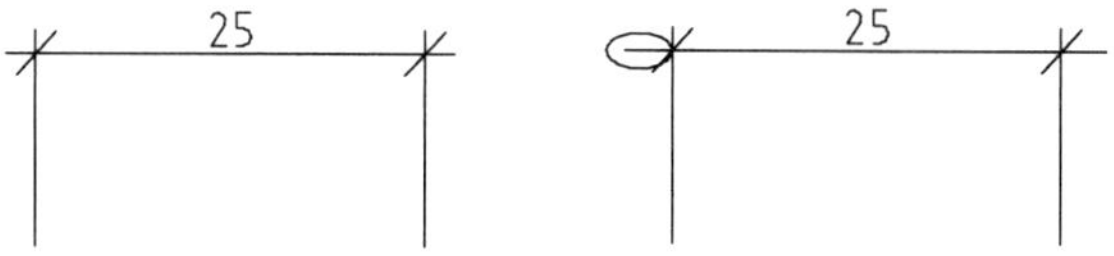

（a）超出标记

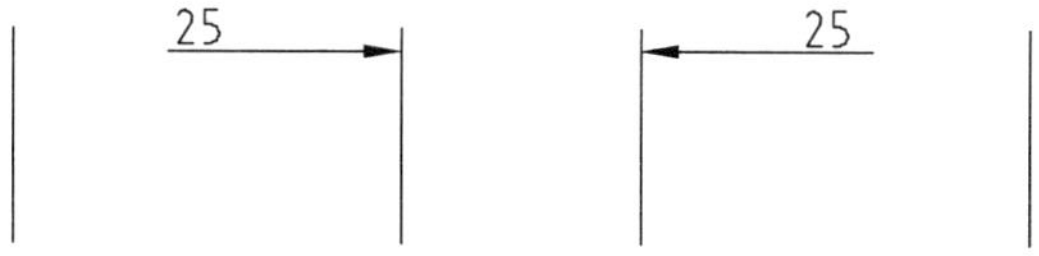

（b）隐藏第一条尺寸线　　（c）隐藏第二条尺寸线

图 8.2.4　“超出标记”和“隐藏”尺寸线示例

（2）符号和箭头。

● 在“新建标注样式”的对话框中，“符号和箭头”选项卡可以设置箭头、圆心标记、弧长符号和半径标注折弯的样式等，可根据需要进行相应参数设置（图 8.2.5）。

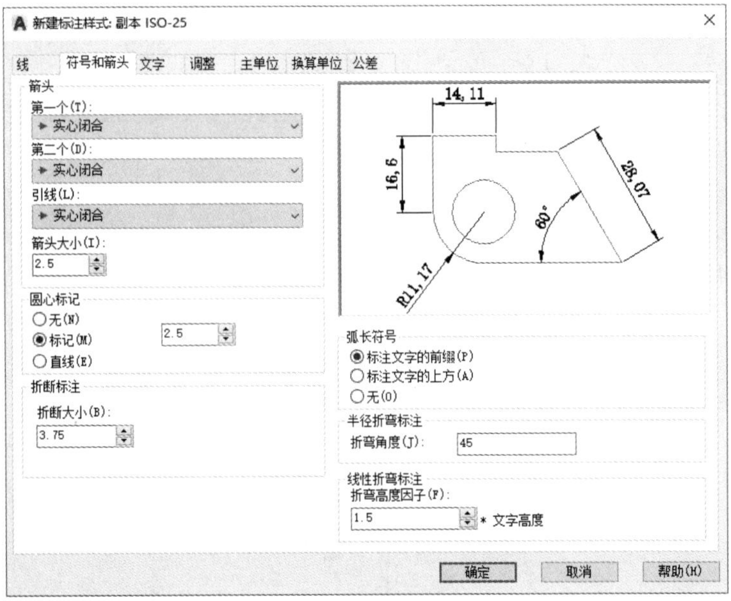

图 8.2.5　“符号和箭头”选项卡

（3）文字。

● “新建标注样式”的对话框中，文字选项卡可以设置标注文字的文字样式、颜色、文字高度、文字位置和对齐方式等（图 8.2.6）。

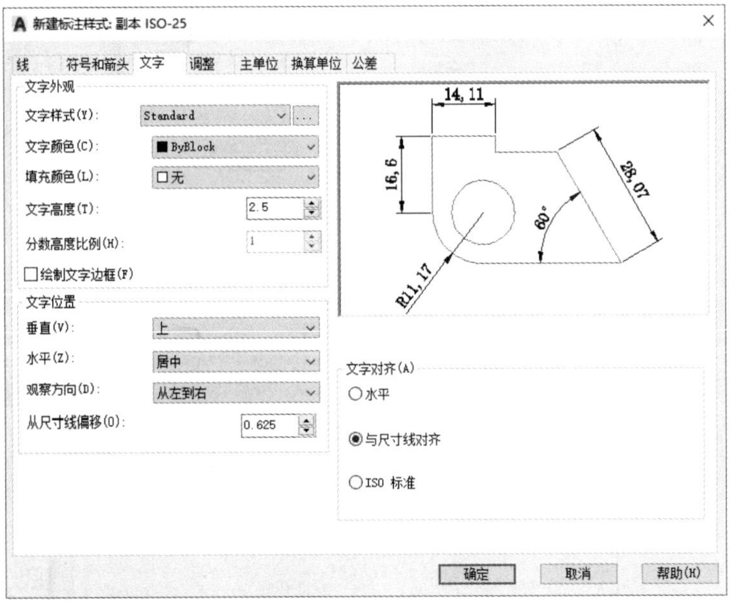

图 8.2.6　“文字”选项卡

（4）调整。

● 在“新建标注样式”的对话框中，“调整”选项卡可以设置标注文字、箭头、引线和尺寸线的放置（图 8.2.7）。

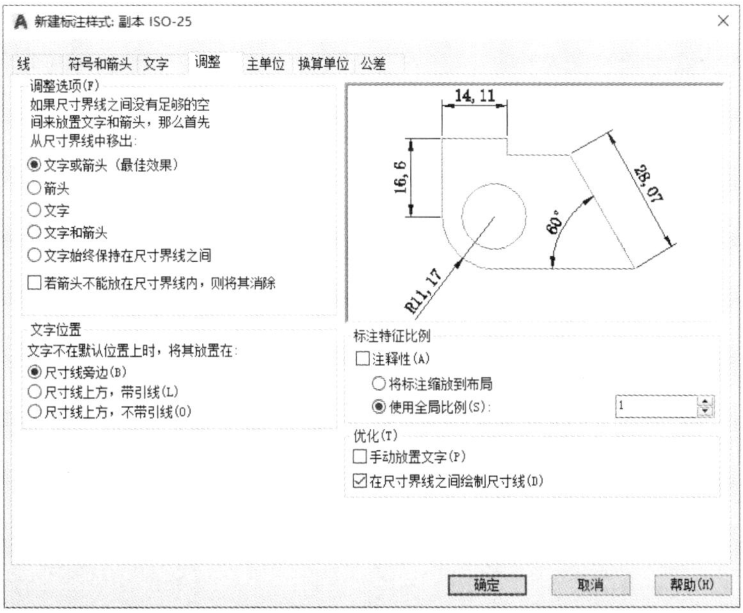

图 8.2.7　“调整”选项卡

（5）主单位。

● 在“新建标注样式”的对话框中，“主单位”选项卡可以设置主单位的格式与精度，并设置标注文字的前后缀（如设置后缀为“m”），如图 8.2.8 所示。

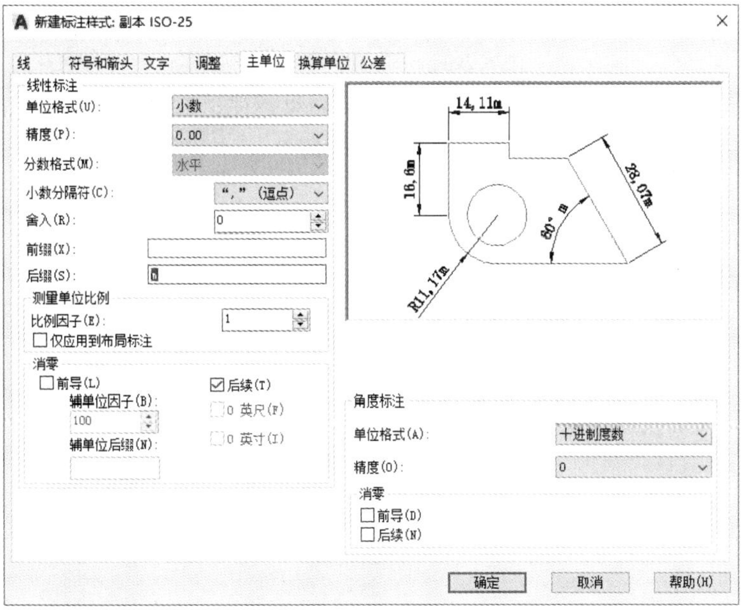

图 8.2.8　“主单位”选项卡

（6）换算单位。

● “换算单位”选项卡用于将一种标注换算到另一测量系统的标注。它包括“换算单位”“消零”“位置”三个选项组。只有在选中“显示换算单位”复选框后，各选项组内的各个选项才能被启用，否则各个选项组都为灰色，不能对其进行设置。一般是显示英制标注的等效公制标注，或公制标注的等效英制标注。在标注文字中，换算标注单位显示在主单位旁边的方括号中（图 8.2.9）。

● 根据国家制图标准，通常不需要显示换算单位，因此用户不需要对其进行专门设置，即不选中“显示换算单位”复选框。

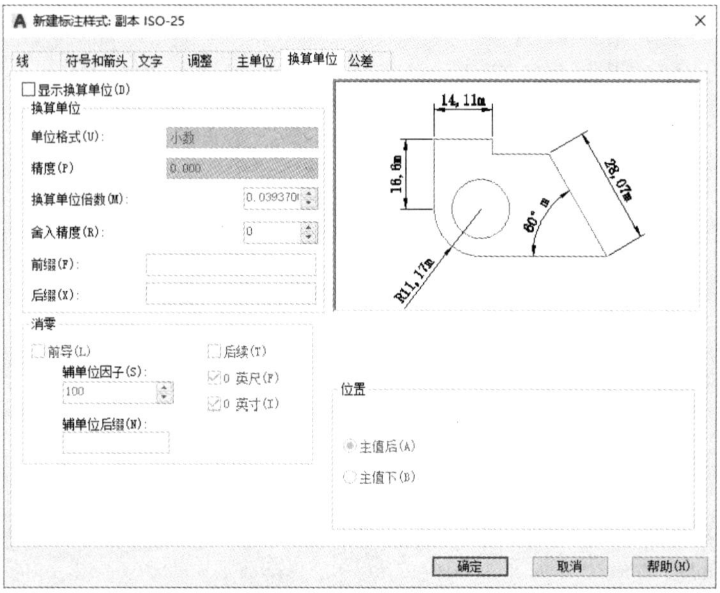

图 8.2.9 “换算单位”选项卡

（7）公差。

● “公差”选项卡用于确定是否标注公差，如果标注，以何种方式进行标注。包括“公差格式”和“换算单位公差”两个选项组（图 8.2.10）。

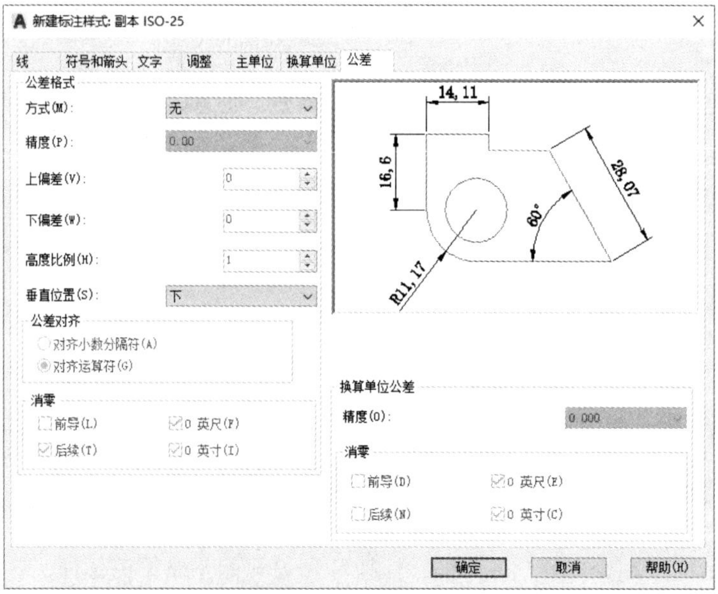

图 8.2.10 “公差”选项卡

● “公差格式”选项组中的“方式”列表框用来设置公差的产生方法。“无”表示不标注公差，“对称”表示添加正负值相同的公差；“极限偏差”表示添加正负值不同的公差，公差值在“上偏差”和“下偏差”中确定；“极限尺寸”表示添加正负值不同的公差，这种公差中最大值等于标注值加上“上偏差”中的值，最小值等于标注值减去“下偏差”中的值；“基本尺寸”表示实际测量值，外绘出方框，这些不同方式产生的公差标注效果如图 8.2.11 所示。“上偏差”和“下偏差”微调按钮，用于设置上偏差值和下偏差值。系统默认的值为上偏差是正值，下偏差为负值，如需要相反的符号，则需要在输入的数值前先输入负号“-”。

● “高度比例”用于设置公差文字和基本尺寸文字的高度比例。“垂直位置”下拉列表框用于设置基本尺寸文字与公差文字的相对位置，有“下”“中”“上”三种选择，如图 8.2.12 所示。

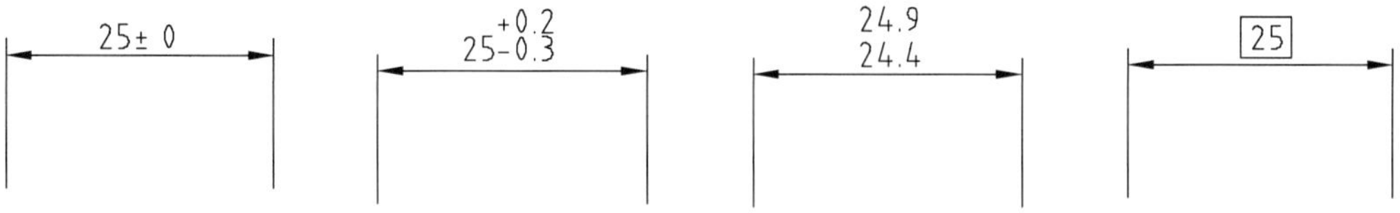

（a）对称　（b）极限偏差　（c）极限尺寸　（d）基本尺寸

图 8.2.11　公差的产生方式

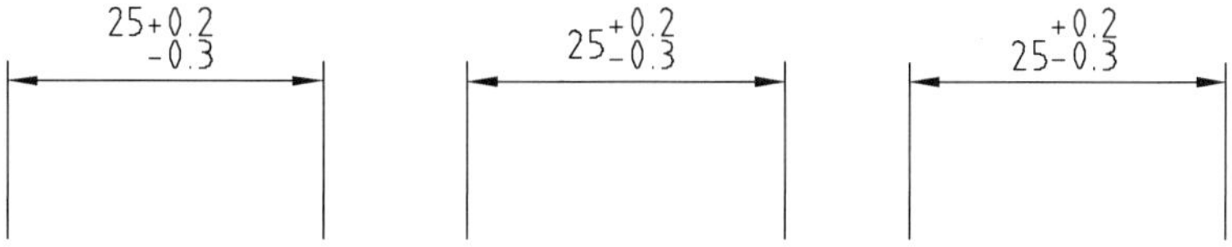

（a）上　（b）中　（c）下

图 8.2.12　“垂直位置”示例

完成以上 6 个选项卡的设置后，单击“确定”按钮，回到“标注样式管理器”对话框，再单击“置为当前”按钮后，前面的设置才起作用，即可进行尺寸标注。另外，利用对话框中的“修改”按钮可以对已有的标注样式进行修改设置。

8.2.2　练　习

定义新标注样式，主要要求如下：

● 新标注样式名为“制图标注”，基于基础样式 ISO-25 进行创建。

● 基线间距设置为 5.5，超出尺寸线设置为 2，起点偏移量为 0。

● 尺寸箭头大小为 3.5，圆心标记设置为 3.5，将折断大小设为 4，其余采用默认。

● 尺寸文字样式为例 7.1 中定义的“制图”文字样式（如果用户的当前图形中没有此文字样式，应先定义该文字样式），文字高度设置为 3.5，将“从尺寸线偏移”设置为 1，其余采用基础样式 ISO-25 的默认设置。

● 单位格式为小数，精度为 0.00。

● 创建“角度标注”子样式。虽然新建的“制图标注”可以标注出符合国标要求的大多数尺寸，但标注的角度尺寸不符合要求。国家标准《机械制图　尺寸注法》（GB/T 4458.4—2003）规定：标注角度尺寸时，角度数字一律写成水平方向，且一般应注写在尺寸线的中断处。因此，还需要在“制图标注”样式的基础上定义专门用于角度标注的子样式，定义方式：单击“新建”按钮，在打开的“创建新标注样式”对话框中的“基础样式”选择“制图标注”选项，在“用于”下拉列表中选择“角度标注”选项，如图 8.2.13 所示。“文字对齐”方式选择“水平”，其余设置保持不变。

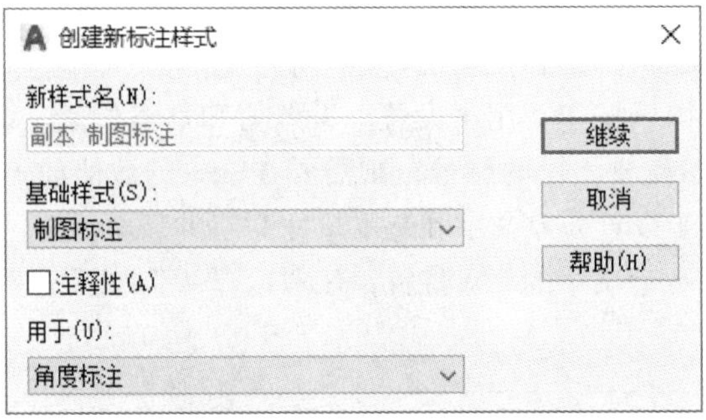

图 8.2.13　创建“角度标注”子样式

8.3　标注尺寸

盛年不重来，一日难再晨，及时当勉励，岁月不待人。——陶渊明

8.3.1　线性标注

线性标注用于标注水平两点间的尺寸和垂直两点间的尺寸，如图 8.3.1 所示。

1. 命令执行方式

- 在命令行中输入命令：“DIMLINEAR”或“DIMLIN”，按空格键，或快捷命令“DLI”。
- 选择“标注”工具栏→“线性”按钮。
- 在“注释”功能面板→“标注”选项组中的按钮线性。
- 选择“标注”菜单→“线性”子菜单。

2. 命令行提示

```
命令: dimlinear                                   //执行“DIMLINEAR”命令
指定第一个尺寸界线原点或 <选择对象>:                  //捕捉直线左端端点 A
指定第二条尺寸界线原点:                              //捕捉直线右端端点 B
指定尺寸线位置或[多行文字(M)/文字(T) /角度(A)/水平(H)/垂直(V)/旋转(R)]:
                    //向下拖动鼠标到适合位置，单击鼠标左键指定尺寸线位置
标注文字 = 30                                      //系统提示标注尺寸
```

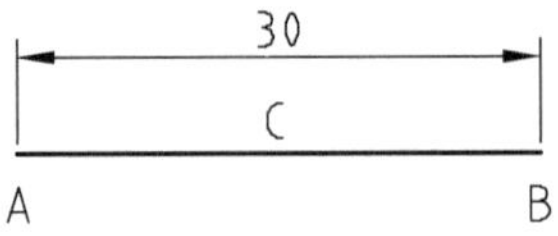

图 8.3.1　线性标注示例

3. 选项说明

在执行线性命令的过程中关键选项的含义介绍如下：

- 多行文字：键入字母“M”后回车，即可进入该选项，AutoCAD 将显示“文字编辑器”对话框，用户可通过输入多行文字的方式输入多行标注文字，默认的标注文字是实际测量值，用户也可以在标注尺寸的前后添加其他文字，也可以输入新值代替测量值，在对话框中测量值用尖括号“<>”表示。
- 文字：键入字母“T”后按回车键，即可进入该选项，用户可输入单行文字的方式输入替代测量值的单行标注文字。
- 角度：键入字母“T”后按回车键，即可进入该选项，输入设置标注文字方向与标注端点连线之间的夹角，默认为 0°，即保持平行。
- 水平：键入字母“A”后按回车键，即可进行该选项，表示只标注两点之间的水平距离。
- 垂直：键入字母“V”后按回车键，即进入该选项，表示只标注两点之间的垂直距离。
- 旋转：键入字母“R”后按回车键，即进入该选项，用户可在标注过程中设置尺寸线的旋转角度。

8.3.2　对齐标注

对齐标注可创建与线段平行的尺寸标注，如图 8.3.2 所示。

1. 命令执行方式

- 在命令行中输入命令：“DIMALIGNED”或“DILALI”或快捷命令“DAL”，按空格键。
- 单击“标注”工具条中的“对齐”按钮。
- 在“注释”功能面板→“标注”选项组中的“已对齐”按钮已对齐。
- 选择“标注”菜单→“对齐”子菜单。

2. 命令行提示

```
命令: dimaligned
指定第一个尺寸界线原点或 <选择对象>:
指定第二条尺寸界线原点:
指定尺寸线位置或
[多行文字(M)/文字(T)/角度(A)]:
标注文字 = 16
```

说明：以上的操作选项与“线性标注”类似，这里不再详细介绍。

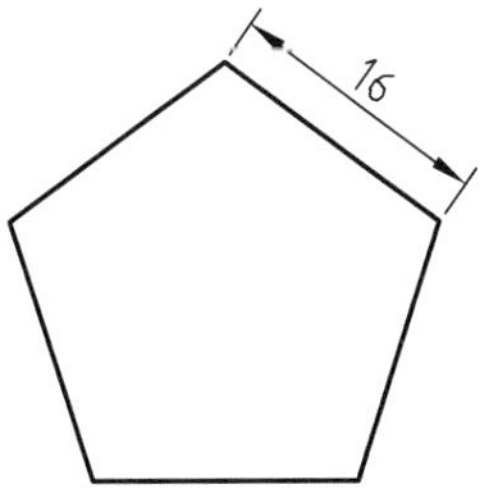

图 8.3.2　对齐标注

8.3.3　坐标标注

坐标标注就是标注指定点的坐标值，是沿一条简单的引线显示点的 *X* 或 *Y* 坐标。这些标注也称为基准标注。AutoCAD 使用当前用户坐标系（UCS）确定测量的 *X* 或 *Y* 坐标，并且沿与当前 UCS 轴正交的方向绘制引线。按照通行的坐标标注标准，采用绝对坐标值。

1. 命令执行方式

- 在命令行中输入命令：“DIMORDINAT”或快捷命令“DOR”，按空格键。
- 单击“标注”工具条中的“坐标”按钮。
- 在“注释”功能面板→“标注”选项组中的“坐标”按钮。
- 选择“标注”菜单→“坐标”子菜单。

2. 命令行提示

```
命令： DIMORDINATE
指定点坐标：
指定引线端点或 [X 基准(X)/Y 基准(Y)/多行文字(M)/文字(T)/角度(A)]:
标注文字 =
```

3. 选项说明

在执行坐标标注命令的过程中关键选项的含义介绍如下：

- X 基准：指定 *X* 坐标标注，测量 *X* 坐标并确定引线和标注文字的方向。
- Y 基准：指定 *Y* 坐标标注，测量 *Y* 坐标并确定引线和标注文字的方向。
- 其他选项与前面两个标注命令的选项相同。

图 8.3.3 分别标注了五边形的 5 个顶点的坐标，其中标注文字为水平方向的是 *Y* 坐标标注，标注文字为垂直方向的是 *X* 坐标标注。

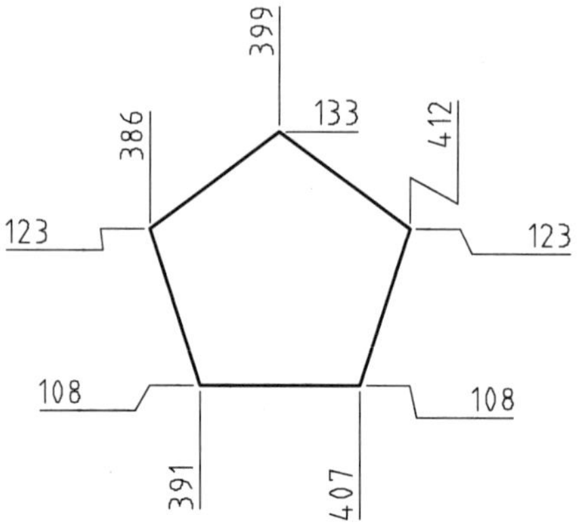

图 8.3.3　坐标标注

8.3.4　半径标注

该标注用于标注圆和圆弧的半径。

1. 命令执行方式

- 在命令行中输入命令：“DIMRADIUS”或“DRA”或“DIMRAD”，按空格键。
- 单击“标注”工具条中的“半径”按钮。
- 在“注释”功能面板→“标注”选项组中的“半径”按钮。

- 选择“标注”菜单→“半径”子菜单。

2. 命令行提示

```
命令: DIMRADIUS
选择圆弧或圆:
标注文字 =
指定尺寸线位置或 [多行文字(M)/文字(T)/角度(A)]:
```

选项与前面标注命令的选项相同，标注结果如图 8.3.4 所示。

8.3.5　直径标注

该标注用于标注圆和圆弧的直径，如图 8.3.4 所示。

1. 命令执行方式

- 在命令行中输入命令：“DIMDIAMETER”或“DIMDIA”或快捷命令“DDI”，按空格键。
- 单击“标注”工具条中的“直径” 按钮。
- 在“注释”功能面板→“标注”选项组中的“直径”按钮。
- 选择“标注”菜单→“直径”子菜单。

2. 命令行提示

```
命令: dimdiameter
选择圆弧或圆:
标注文字 =
指定尺寸线位置或 [多行文字(M)/文字(T)/角度(A)]:
```

选项与前面标注命令的选项相同，标注结果如图 8.3.4 所示。

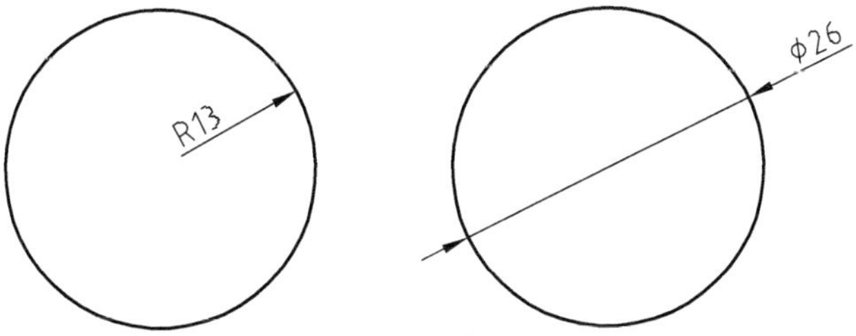

图 8.3.4　半径标注和直径标注

8.3.6　角度标注

该标注用于标注两条直线之间的夹角、圆或圆弧的圆心角，如图 8.3.5 所示。

1. 命令执行方式

- 在命令行中输入命令：“DIMANGULAR”或“DIMANG”或快捷命令“DAN”，按空格键。
- 单击“标注”工具条中的“角度” 按钮。

- 在“注释”功能面板→“标注”选项组中的“角度”按钮 角度 。
- 选择“标注”菜单→“角度”子菜单。

2. 命令行提示

```
命令: dimangular
选择圆弧、圆、直线或 <指定顶点>:
选择第二条直线:
指定标注弧线位置或 [多行文字(M)/文字(T)/角度(A)/象限点(Q)]:
标注文字 =
```

3. 选项说明

在执行坐标标注命令的过程中关键选项的含义介绍如下：

- 选择圆弧：以圆心为角的顶点，以圆弧端点为尺寸界线的起点来确定要标注的角度，并提示“指定标注弧线位置或[多行文字(M)/文字(T)/角度(A)/象限点(Q)]: ”，该提示要求用户指定尺寸线的位置或者选择其他选项。
- 选择圆：以圆心为角的顶点，以拾取点作为第一条尺寸界线的起点，然后系统提示“指定角的第二个端点: ”，用户指定第二条尺寸界线的起点，该点无须位于圆上，这样便确定了角度的大小，系统后续提示与圆弧相同，在此不再介绍。
- 选择直线：如果选择了直线，则系统会提示“选择第二条直线: ”，根据提示用户指定第二条尺寸界线，系统后续提示与前两项相同。

圆、两条直线、圆弧的角度标注结果如图 8.3.5 所示。

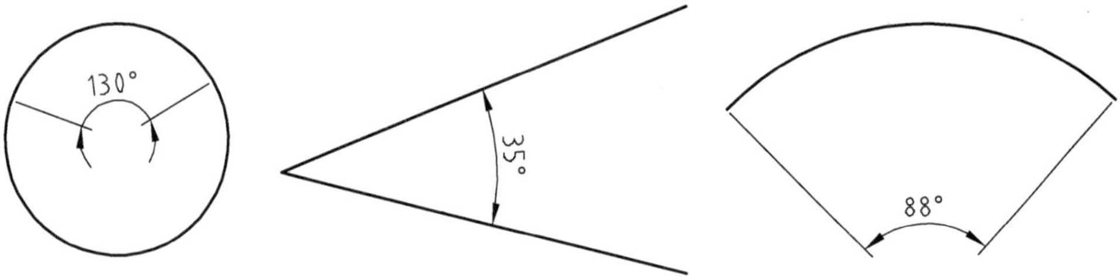

图 8.3.5　圆、直线、圆弧的角度标注

8.3.7　基线标注

基线标注是以已有标注的一个尺寸界线为公共基准生成的多次标注，因此在基线标注之前，必须已经存在标注。基线标注可以应用于线性标注、角度标注，标注示例如图 8.3.6 所示。

1. 命令执行方式

- 在命令行中输入命令：“DIMBASELINE”或“DIMBASE”或快捷命令“DBA”，按空格键。
- 单击“标注”工具条中的“基线” 按钮。
- 在“注释”功能面板→“标注”选项组中的“基线”按钮 基线 。
- 选择“标注”菜单→“基线”子菜单。

2. 命令行提示

```
命令: dimbaseline
选择基准标注:                                  //选择已有的线性、坐标或角度标注
指定第二个尺寸界线原点或 [选择(S)/放弃(U)] <选择>:
标注文字 =
```

3. 选项说明

- 如果选择的基准标注是坐标标注，则提示“指定点坐标或 [放弃(U)/选择(S)] <选择>: ”。

将基准标注的端点用作基线标注的端点，系统将提示指定下一个点坐标。选择点坐标时，AutoCAD 绘制基线标注并重新显示：指定点坐标。

- 要结束此命令，可按两次回车键或按 Esc 键。

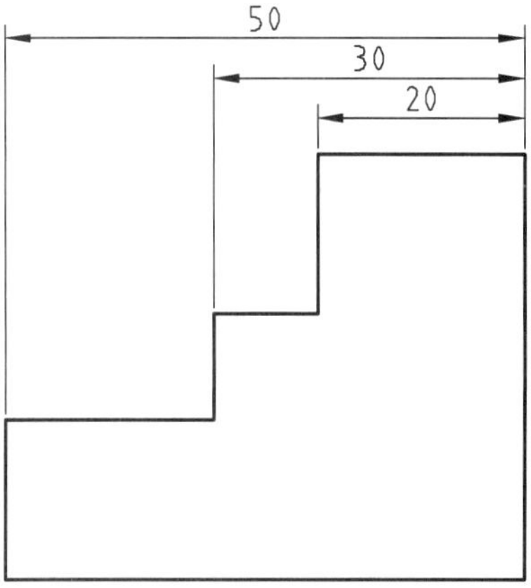

图 8.3.6　基线标注

8.3.8　连续标注

连续标注与基线标注一样，不是基本的标注类型，它是一个由线性标注或角度标注所组成的标注族。与基线标注不同的是，后标注尺寸的第一条尺寸界线为上一个标注尺寸的第二条尺寸界线，标注示例如图 8.3.7 所示。

1. 命令执行方式

- 在命令行中输入命令：“DIMCONTINUE”或“DIMCONT”或快捷命令“DCO”，按空格键。
- 单击“标注”工具条中的“连续”按钮 。
- 在“注释”功能面板→“标注”选项组中的“连续”按钮 连续。
- 选择“标注”菜单→“连续”子菜单。

2. 命令行提示

```
命令: dimcontinue
指定第二个尺寸界线原点或 [选择(S)/放弃(U)] <选择>:
标注文字 = 10
```

3. 选项说明

● 如果在当前任务中未创建标注，AutoCAD 将提示“选择连续标注:”。该提示与基线标注的提示“选择基准标注”相似，此时的操作方法以及此后系统提示的各选项与“基线标注”的操作方法相同。

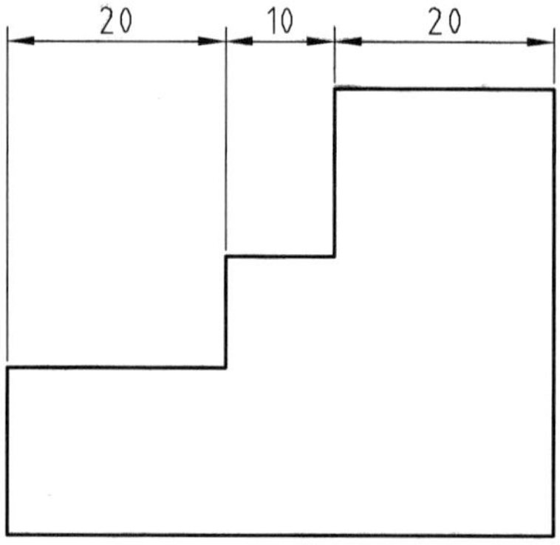

图 8.3.7 连续标注

8.3.9 练 习

绘制如图 8.3.8 所示的图形，并进行尺寸标注。

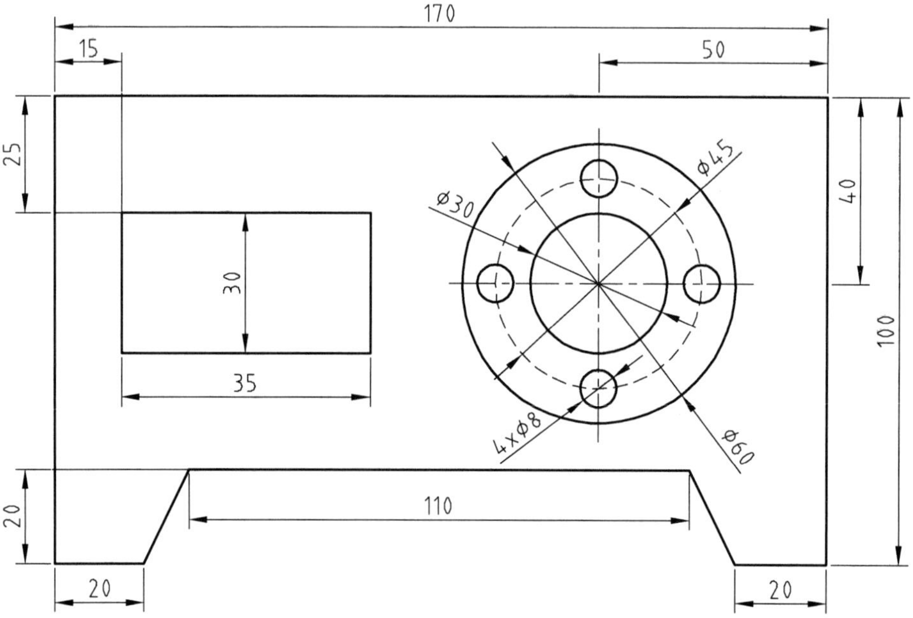

图 8.3.8 二维图形

8.4 尺寸标注的编辑

一堆沙子是松散的，可是它和水泥、石子、水混合后，比花岗岩还坚韧。——王杰

AutoCAD 为用户提供了尺寸编辑的功能，可以对已标注对象的文字、位置及样式等内容进行修改，而不用删除所标注的尺寸对象再重新进行标注了。

8.4.1　编辑标注

当尺寸标注布局不合理时，可以对尺寸进行编辑。

1. 命令执行方式

- 在命令行中输入命令："DIMEDIT"或快捷命令"DED"，按空格键。
- 选择"标注"工具栏→"编辑标注"按钮。
- 选择"标注"菜单→"倾斜"子菜单。

2. 命令行提示

```
命令: dimedit
输入标注编辑类型 [默认(H)/新建(N)/旋转(R)/倾斜(O)] <默认>:
```

3. 选项说明

用户可根据需要选择相应的选项对尺寸进行编辑：

- 默认：用于将旋转的标注文字恢复为原来的默认位置，但对未做修改的标注文字不起作用。
- 新建：设置新的标注文字。选择该选项后，将会弹出"多行文字编辑器"对话框，该对话框编辑区中的"<>"表示生成的测量值。要给生成的测量值添加前缀或后缀，可在"<>"前后输入前缀或后缀。要编辑或替换生成的测量值，可删除"<>"，输入新的标注文字后单击"确定"按钮。
- 旋转：选择该选项后，被选择的标注文字将旋转到用户指定的角度。
- 倾斜：用于控制尺寸界线的倾斜角度。如图 8.4.1（a）所示的标注修改成图 8.4.1（b）所示的倾斜 60°的标注（默认正东方为 0°，逆时针为正）。

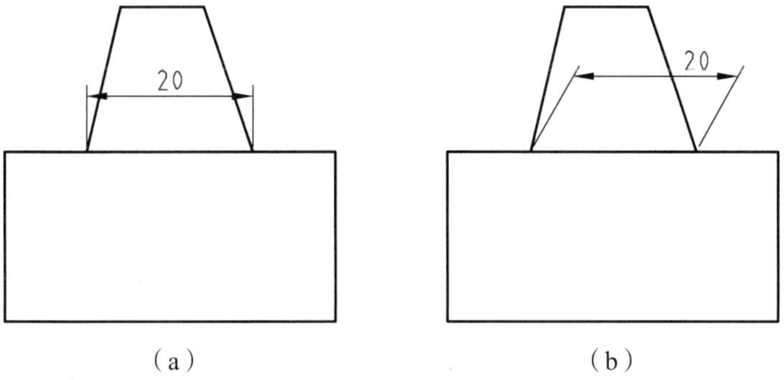

图 8.4.1　尺寸界线的倾斜编辑

8.4.2　编辑标注文字

该功能用于调整标注文字的位置。

1. 命令执行方式

- 在命令行中输入命令："DIMTEDIT"或"DIMTED"，按空格键。

- 选择“标注”工具栏→“编辑标注文字”按钮 。
- 选择“标注”菜单→“对齐文字”子菜单。

2. 命令行提示

```
命令：dimtedit
选择标注：
为标注文字指定新位置或 [左对齐(L)/右对齐(R)/居中(C)/默认(H)/角度(A)]:
```

此时，用户可拖动鼠标动态更新标注文字的位置，或选择其他对齐方式。

3. 选项说明

- 左对齐：将标注文字移到尺寸线的左侧，垂直尺寸则移到第二条尺寸界线处，如图 8.4.2（b）所示，本选项只适用于线性、直径和半径标注。
- 右对齐：将标注文字移到尺寸线的右侧，垂直尺寸则移到第一条尺寸界线处，如图 8.4.2（c）所示，本选项只适用于线性、直径和半径标注。
- 居中：将标注文字移到尺寸线的中间位置，如图 8.4.2（a）所示。
- 角度：将标注文字旋转一定的角度。
- 默认：将标注文字恢复到默认的位置和角度。

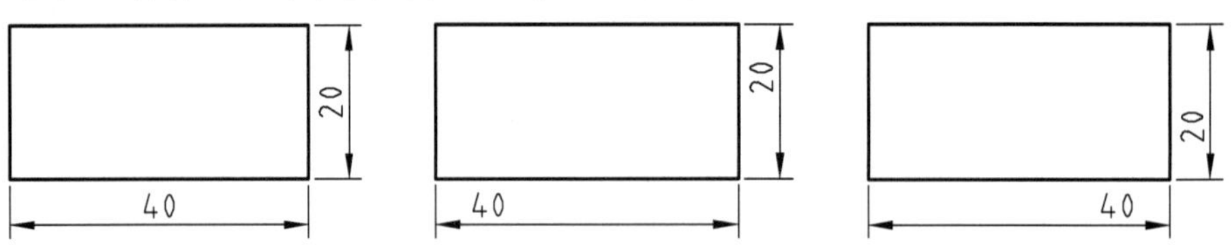

（a）居中　　（b）左对齐　　（c）右对齐

图 8.4.2　标注文字的新位置

8.4.3　标注更新

该功能用于使用当前的标注样式更新所选标注原有的标注样式。

命令执行方式

- 在命令行中输入命令：“DIMSTYLE”或“DIMSTY”或“DST”，按空格键。
- 选择“标注”工具栏→“更新”按钮 。
- 选择“标注”菜单→“更新”子菜单。

执行上述操作后，将打开“标注样式管理器”，在该管理器中可修改当前的标注样式。

8.4.4　练　习

1. 在计算机的 F 盘里面新建一个 AutoCAD 文件，取名为“学号_姓名”，并按表 8.4.1 要求在该文件中建立新图层。

表 8.4.1　图层设置要求

图层名	颜色	线型	线宽
粗实线	白色/黑色	Continuous	0.4
虚线	蓝色	DASHED2	0.2

续表

图层名	颜色	线型	线宽
中心线	洋红	DASHDOT2	0.2
标注	绿色	Continuous	0.2
图案填充	红色	Continuous	0.2

2. 在题 1 新建的图层中绘制如图 8.4.3 所示的工程图样，标注尺寸，并利用文字修改命令修改尺寸文字。

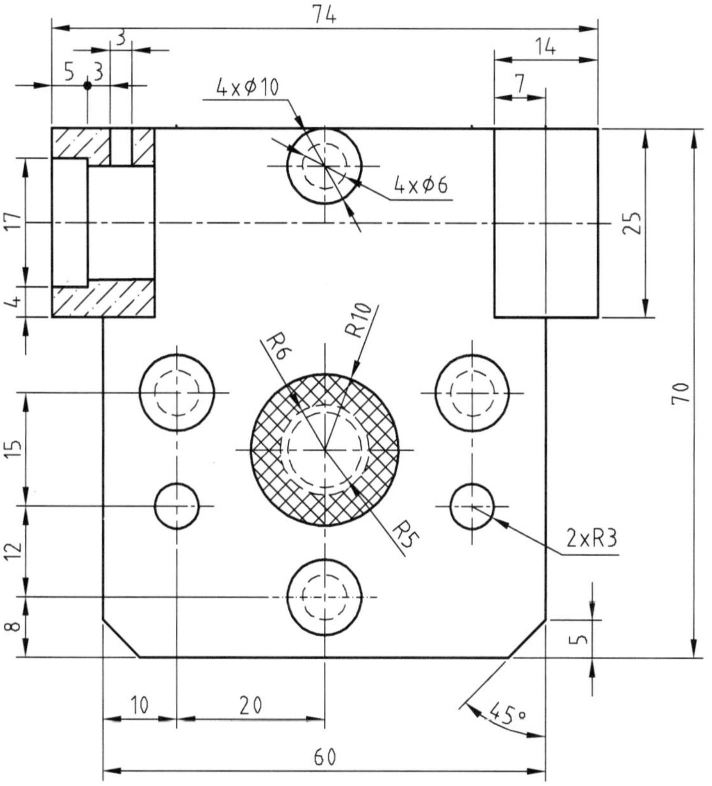

图 8.4.3　工程图样

本章小结

标注就是一种通用的图形注释，通过尺寸标注能够清晰、准确地反映设计元素的形状、大小和相互关系。本章主要介绍了 AutoCAD 尺寸标注的概念、标注样式的设置方法和类型，以及如何进行各类标注和编辑标注对象。

第 9 章　图形输入输出与打印发布

知识目标

1. 熟悉模型空间和图纸空间的相关概念。
2. 熟悉布局、视口相关概念。
3. 熟悉发布图形所需的基本要求。
4. 熟悉页面设置的方法。
5. 熟悉浮动窗口的使用技术要领。

技能目标

1. 能够在 AutoCAD 2021 输入输出各种格式的图形。
2. 能够正确切换模型空间和图纸空间。
3. 能够根据需要建立相应布局。
4. 能够正确进行视口的建立和调整。

素质目标

1. 培养学生的空间意识。
2. 培养学生实事求是的匠心精神。
3. 培养学生不断超越的创新精神。

9.1　输入与输出图形数据

一切伟大的行动和一切伟大的思想都拥有一个微不足道的开始。——加缪

图形绘制编辑完成后，为便于查看、对比、参照和资源共享，极有必要将图形进行布局设置、打印输出或网上发布。使用 AutoCAD 2021 输出图纸时，用户不仅可以将绘制好的图形通过布局或者模型空间直接打印，还可以将信息传递给其他的应用程序。除此之外，利用发布功能可以实现将多张图纸和布局批量输出成 DWF 文件（高版本可以输出 PDF 文件），也可以直接批量进行打印。

AutoCAD 2021 支持多种数据输入输出，支持 PDF 文件、所有 DGN 文件等格式输入；支持输出的格式有三维 DWF(*.dwf)、三维 DWFx(*.dwfx)、图元文件（*.wmf)、ACIS(*.sat)、平板印刷(*.stl)、封装 PS(*.eps)、DXX 提取(*.dxx)、位图(*.bmp)、块(*.dwg)、V8 DGN(*.dgn)、V7 DGN(*.dgn)、IGES(*.iges)、IGES(*.igs)格式。

9.1.1　输入图形

1. 命令启动方式

- 在命令行中输入“IMPORT”或快捷命令“IMP”，按空格键，也可使用快捷键“Alt+F”。

● 在工具栏中调用“插入”工具栏，调用方法：依次单击“工具”菜单→“工具栏”→“AutoCAD”→“插入”。单击“插入”工具栏中的输入图标按钮，如图 9.1.1 所示。或者调用“输入”选项卡，调用方法：“插入”选项卡→“PDF 输入”→“输入”工具，如图 9.1.2 所示。

● 单击 图标，在弹出的菜单中点击“输入”，或者选择“文件”下拉菜单→“输入”。

图 9.1.1　“插入”工具栏

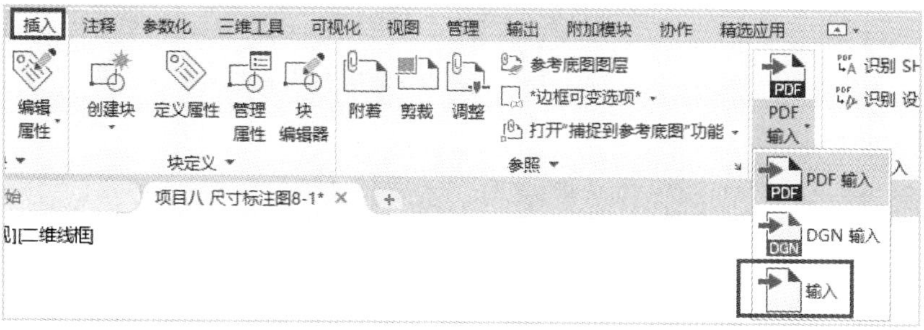

图 9.1.2　“输入”选项卡

2. 对话框参数说明

调用“输入”命令之后，系统会弹出如图 9.1.3 所示的“输入”对话框，可选择 PDF、DGN 以及其他数据格式的数据文件，点击“打开”按钮，即可将选中的 PDF 文件中的数据输入到当前图形中作为对象，从 DGN 格式以及其他格式文件输入到 AutoCAD 方法类似。

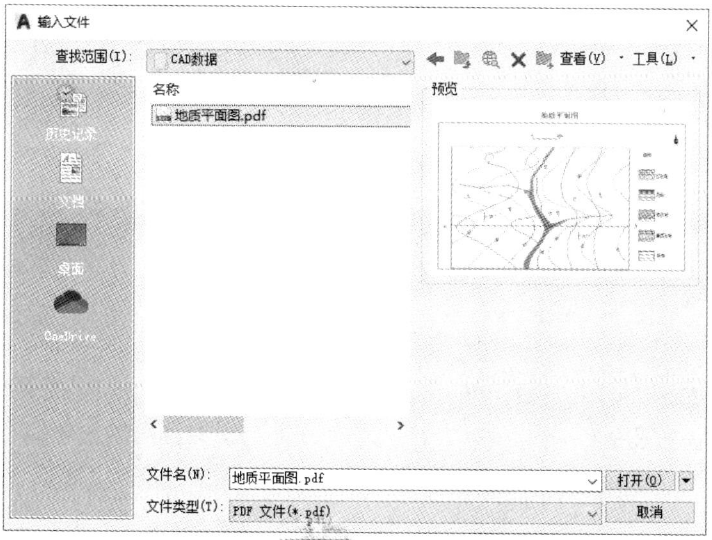

图 9.1.3　“输入”对话框

9.1.2　输出图形

1. 命令启动方式

● 在命令行输入命令“EXPORT”，或快捷命令“EXP”，按空格键。

- 调用“输出”选项卡，调用方法：“输出”选项卡→“输出”，如图 9.1.4 所示。
- 单击A图标，在弹出的菜单中点击“输出”，或者选择“文件”下拉菜单→“输出”。

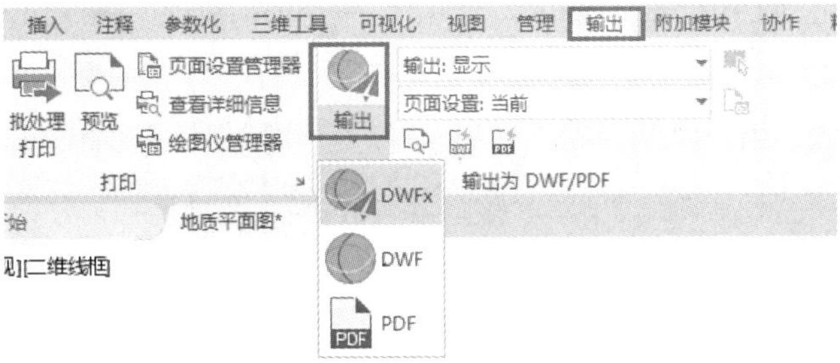

图 9.1.4　“输出”选项卡

2. 对话框参数说明

● 点击“输出”菜单下的“DWF”图标，系统会弹出如图 9.1.5 所示的“输出”对话框，选择另存为 DWF 的路径和文件名即可。其他输出格式文件操作方法类似。

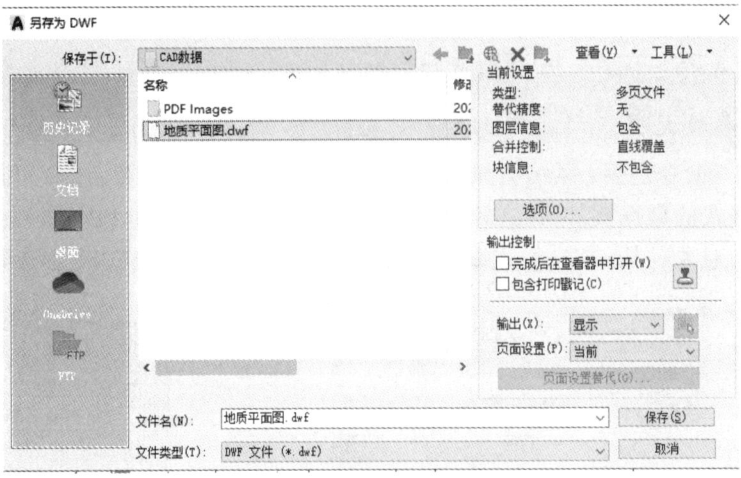

图 9.1.5　“输出”对话框

下面通过 2 个例子对“.dwg”文件与 PDF 格式文件相互转换方法进行说明。

【例 9.1】将“地质平面图.dwg”输出为 PDF 文件。

操作步骤：

第一步：设置输出范围。选择“输出”选项卡中的“窗口”按钮（图 9.1.6），弹出“指定窗口区域”提示框（图 9.1.7），点击“继续”，可直接拖动鼠标绘制出要输出的矩形范围，完成后，系统弹出“预览窗口区域”提示框，选择“显示预览”（图 9.1.8）。

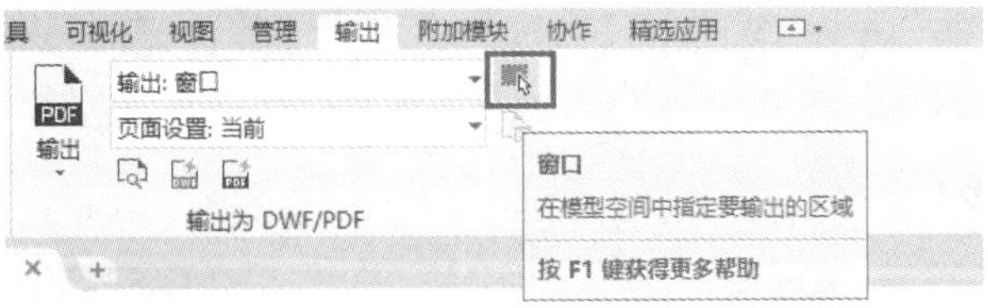

图 9.1.6　“输出”选项卡中的“窗口”按钮

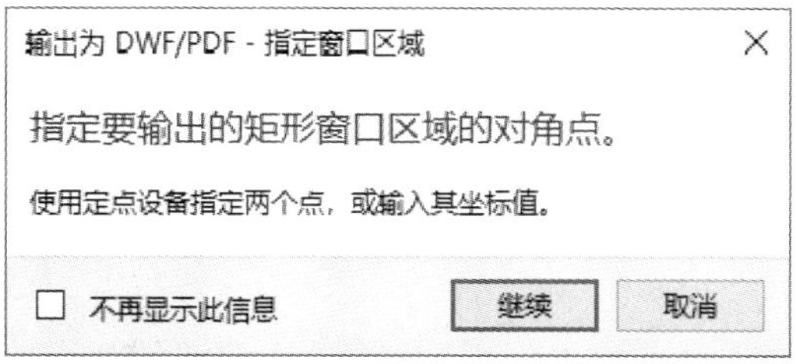

图 9.1.7　“指定窗口区域”提示框

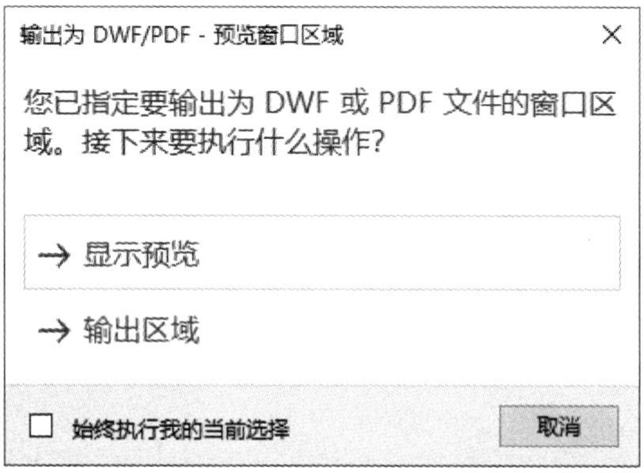

图 9.1.8　“预览窗口区域”提示框

第二步：输出 PDF 文件。在预览窗口中选择输出 PDF 图标（图 9.1.9），系统弹出“另存为 PDF”对话框（图 9.1.10），选择 PDF 存储路径和文件名，点击“保存”完成操作，输出结果如图 9.1.11 所示。

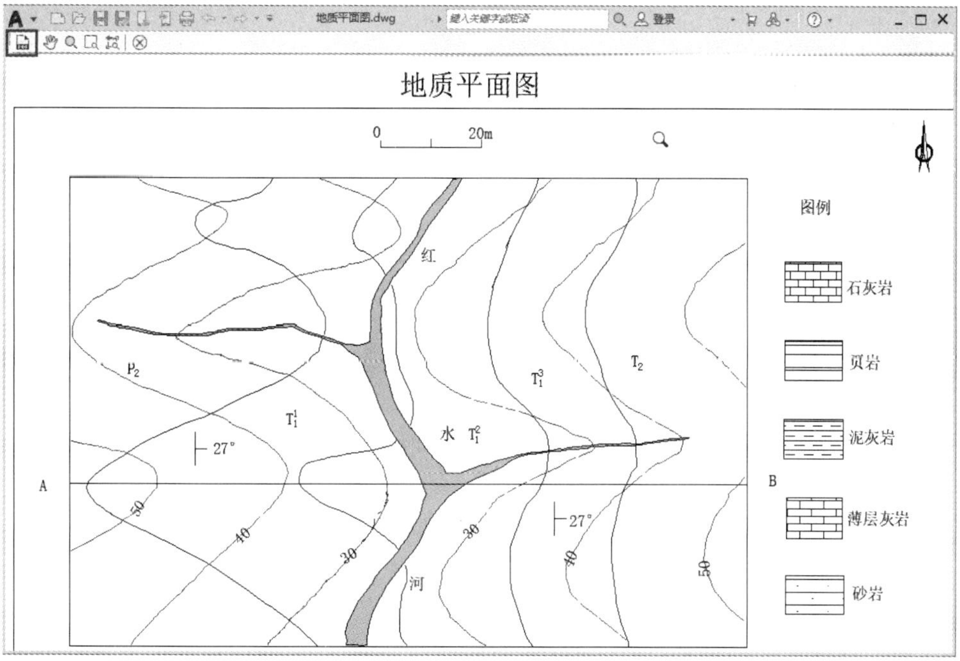

图 9.1.9　PDF 输出预览窗口

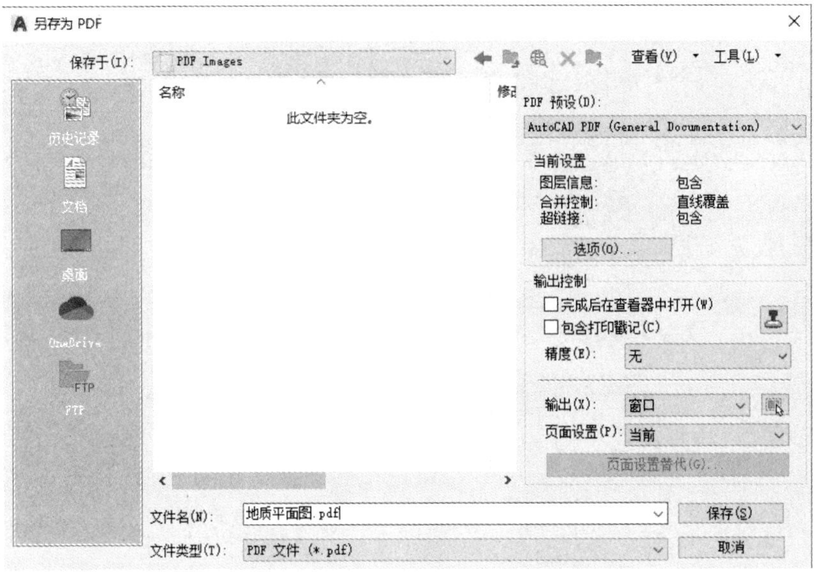

图 9.1.10 “另存为 PDF”对话框

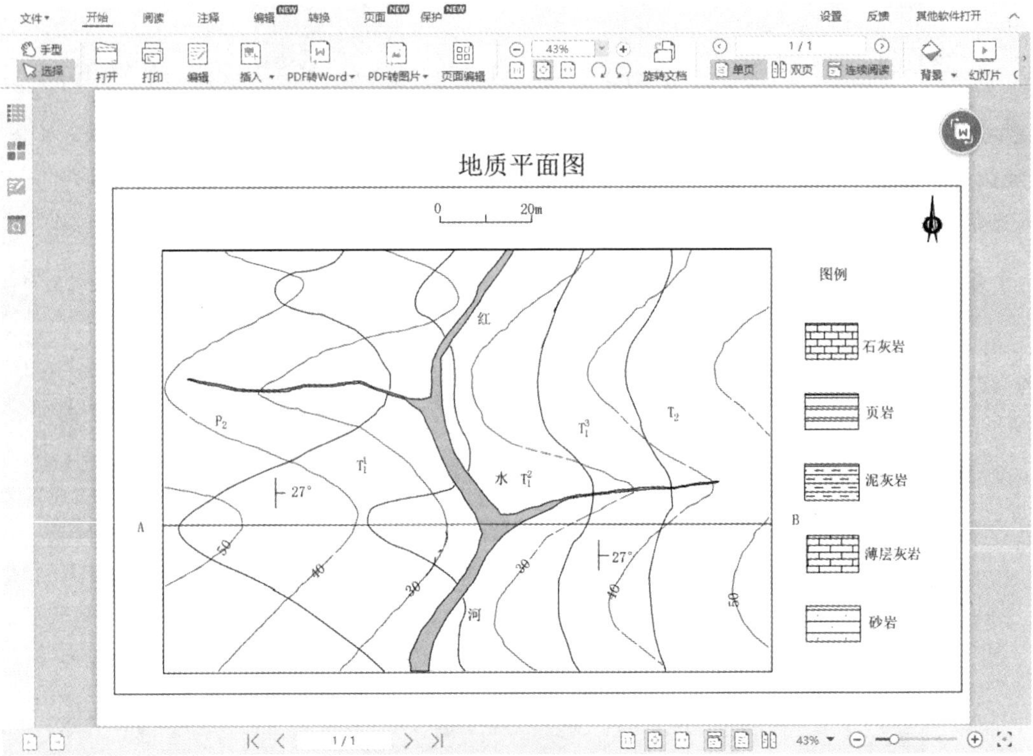

图 9.1.11 PDF 输出结果

【例 9.2】将例 9.1 输出的“地质平面图.pdf”以矢量形式输入到 AutoCAD 2021 文件中。

操作步骤：

第一步：调用命令。选择“插入”选项卡中的“PDF 输入”图标，在弹出的“选择 PDF 文件”对话框中选择例 9.1 保存的“地质平面图.pdf”文件（图 9.1.12），单击“打开”，弹出

“输入 PDF”对话框。

第二步：参数设置。在弹出的“输入 PDF”对话框中进行参数设置，“要输入的 PDF 数据”选择“向量几何图形”，如图 9.1.13 所示。

第三步：插入 PDF 数据。参数设置完成后，点击“确定”，在编辑窗口中指定插入点，即可将 PDF 文件中的图形以矢量格式的形式插入到 AutoCAD 2021 文件中，结果如图 9.1.14 所示。

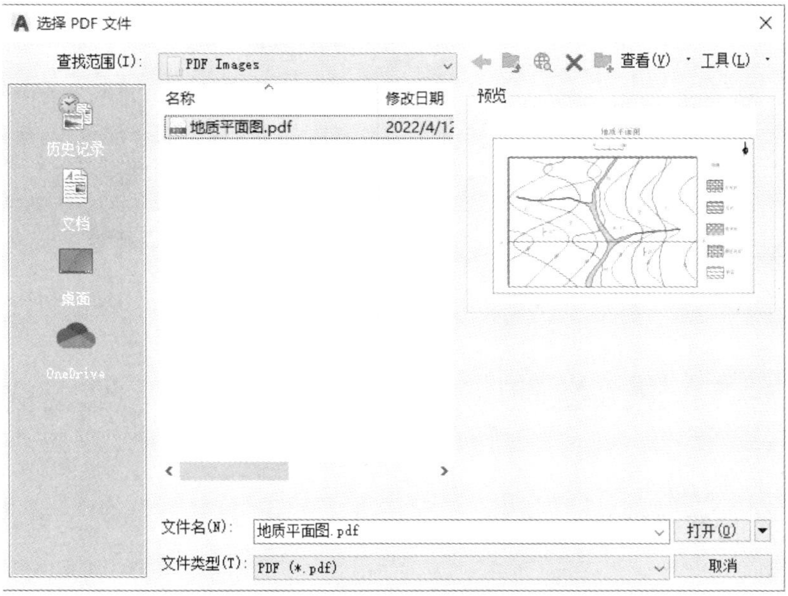

图 9.1.12　“选择 PDF 文件”对话框

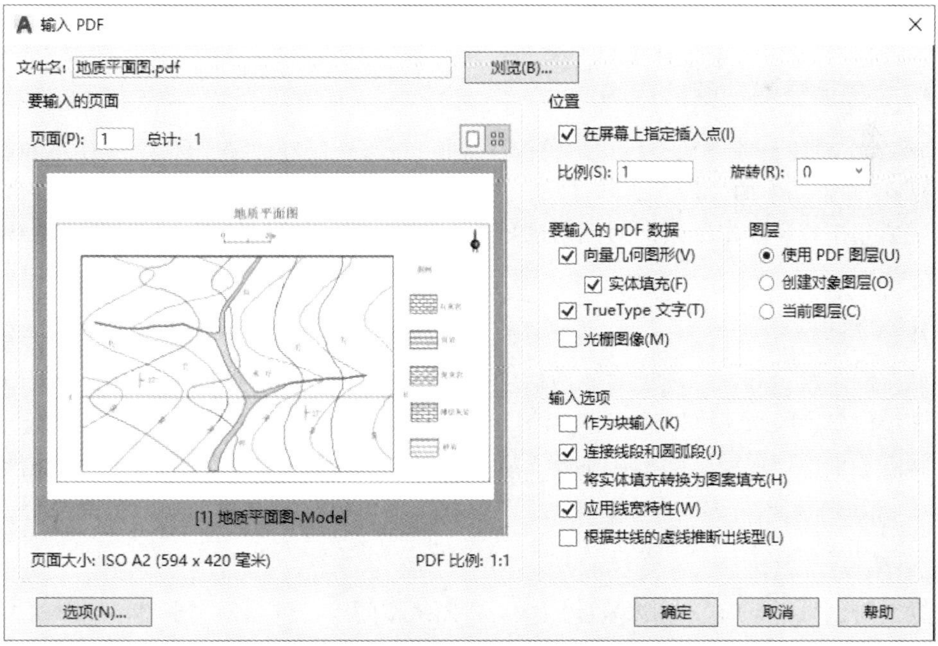

图 9.1.13　“输入 PDF”对话框及参数设置参考

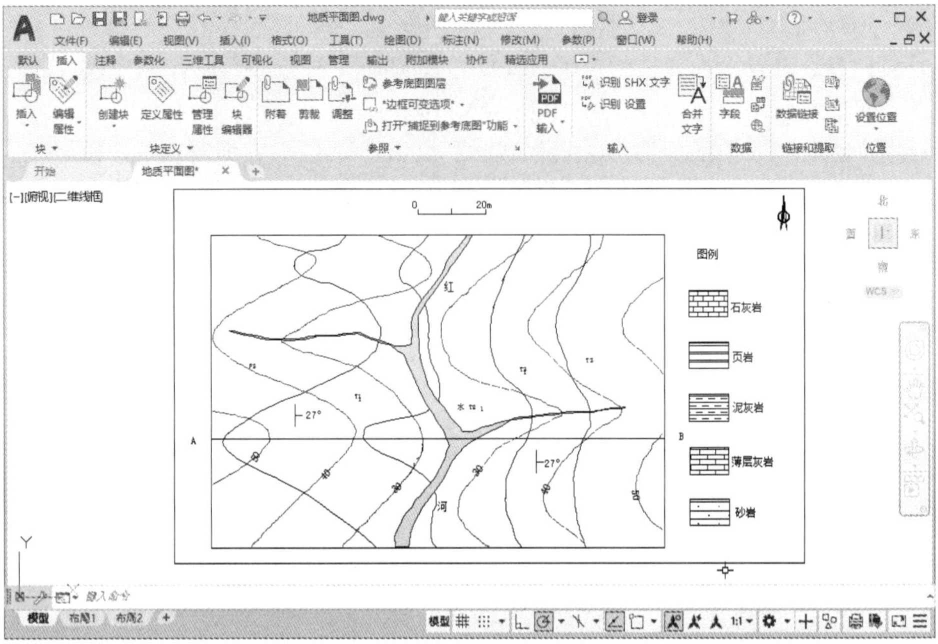

图 9.1.14　PDF 输入结果

9.2　创建与管理布局

一知半解的人，多不谦虚；见多识广有本领的人，一定谦虚。——谢觉哉

用户绘制完成 AutoCAD 2021 设计图后，为方便通过打印机输出图形，通常需要创建与管理布局。

9.2.1　模型空间和图纸空间

AutoCAD 2021 的绘图窗口包含两种绘图环境：模型空间和图纸空间，图纸空间也称为“布局”。模型空间是图形的设计、绘制空间，在该空间中可进行大部分的画图和设计工作。而布局空间主要用于打印输出图纸时对图形的排列和编辑。以上两种绘图环境可以很方便地进行转换。

1. 模型空间

模型空间是绘图和设计图纸时使用的工作空间。在该空间中可以创建物体的视图模型、二维或三维模型，同时还可以添加必要的尺寸标注和注释等，来完成全部绘图工作。

当状态栏中的“模型”功能按钮处于启用状态时，此时的工作空间即是模型空间，如图 9.2.1 所示。在模型空间中可以建立物体的二维或三维视图。

2. 图纸空间

图纸空间也叫“布局”，用来发布图纸。在图纸空间中，可以创建多个不同形状类型的浮动视口，各个视口可以进行任意的移动、重叠、复制或删除，并且可以进行独立的旋转和缩放等。

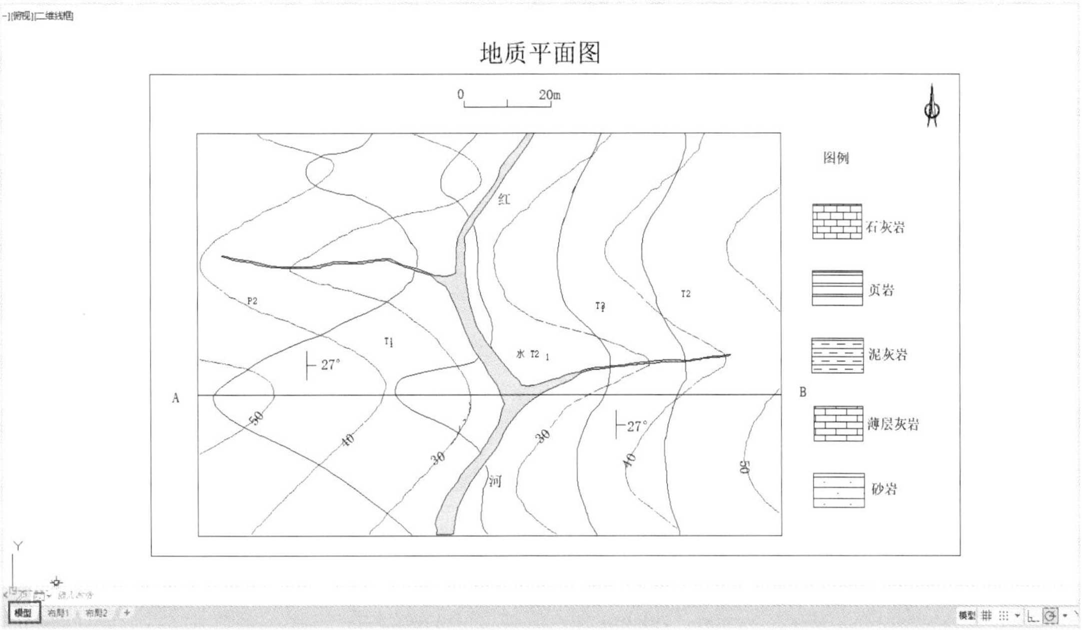

图 9.2.1　模型空间

单击状态栏中的“布局”功能按钮即可进入布局空间，如图 9.2.2 所示。在布局空间中同样可以建立物体的二维或三维视图。

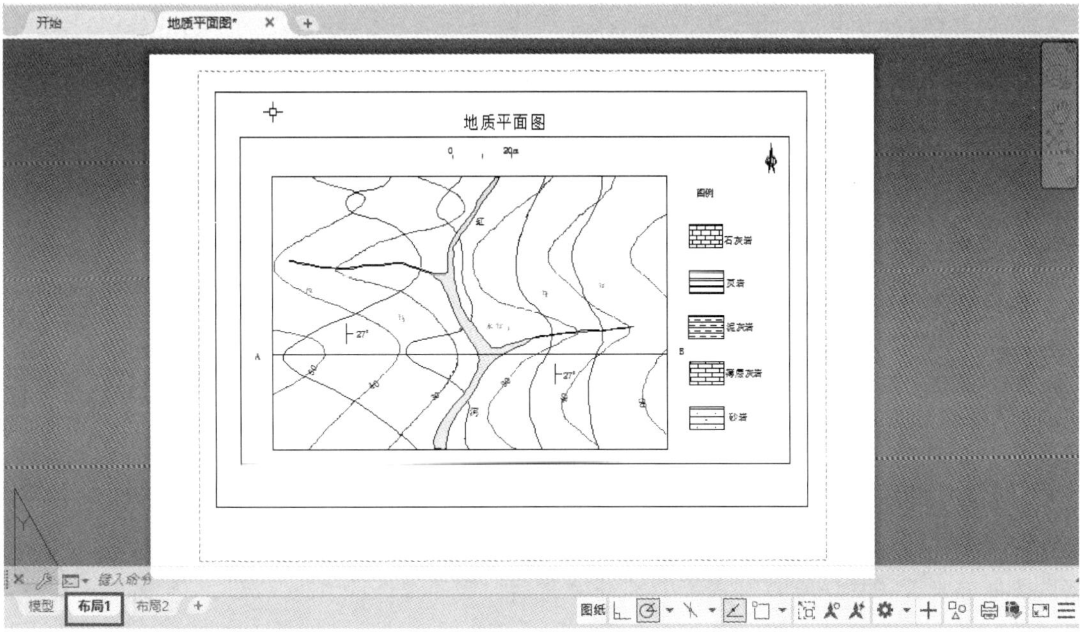

图 9.2.2　布局空间

此外，在布局空间中，要想使一个视口成为当前视口并对视口中的视图进行编辑修改，可以双击该视口。视口的大小和位置可通过选择该视口的对角点来改变。另外，执行图层控制命令或“MVIEW”命令，可以从布局空间中同时选择多个视口。

9.2.2 创建布局窗口

1. 命令启动方式

● 在命令行中输入命令“LAYOUT”，或快捷命令“LO”，按空格键。

● 调用“布局”工具栏，调用方法：依次单击“工具”菜单→“工具栏”→“AutoCAD”→“布局”。单击“布局”工具栏中的“新建布局”图标按钮，或者单击“布局”选项卡中的“新建”按钮（图 9.2.3）。

● 选择“插入”菜单→“布局”→“创建布局”，也可选择“创建布局向导”选项。或者在“布局”选项卡中单击右键，利用右键菜单中的“新建布局”选项。

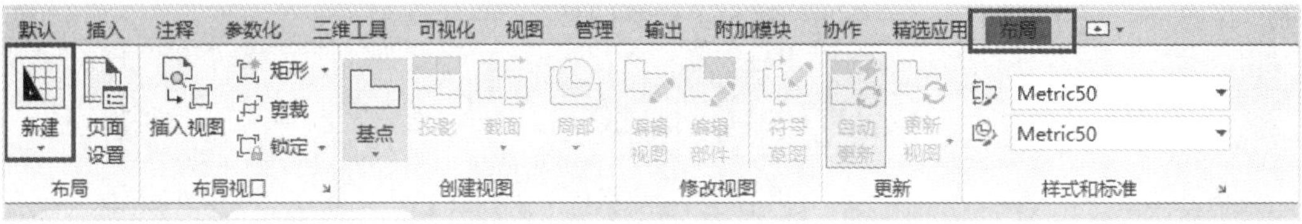

图 9.2.3 新建布局选项卡

2. 命令行提示

激活该命令后，命令行有如下提示：

```
命令: LAYOUT
输入布局选项 [复制(C)/删除(D)/新建(N)/样板(T)/重命名(R)/另存为(SA)/设置(S)/?] <设置>: N
输入新布局名 <布局 4>:
```

注：通过在布局选项卡名称上单击鼠标右键可以使用很多的这些选项。

3. 选项说明

● 复制（C）：复制布局。如果不提供名称，则新布局以被复制的布局的名称附带一个递增的数字（在括号中）作为布局名。新选项卡插到复制的布局选项卡之前。

● 删除（D）：删除布局。默认值是当前布局。不能删除“模型”选项卡。要删除“模型”选项卡上的所有几何图形，必须选择所有的几何图形然后使用“ERASE”命令。

● 新建（N）：创建新的布局选项卡。在单个图形中可以创建最多 255 个布局。布局名必须唯一。布局名最多可以包含 255 个字符，不区分大小写。布局选项卡上只显示最前面的 31 个字符。

● 样板（T）：基于样板（DWT）、图形（DWG）或图形交换（DXF）文件中现有的布局创建新布局选项卡。如果将系统变量“FILEDIA”设置为 1，将显示从文件选择样板对话框，用以选择 DWT、DWG 或 DXF 文件。选定文件后，程序将显示“插入布局”对话框，其中列出了保存在选定的文件中的布局。选择布局后，该布局和指定的样板或图形文件中的所有对象被插入到当前图形。

● 重命名（R）：给布局重新命名。要重命名的布局的默认值为当前布局。

● 另存为（SA）：将布局另存为图形样板（DWT）文件，而无须保存任何未使用的命名对象（如未使用的块和图层）。接着可以使用该样板在图形中创建新的布局，而不必清理不需要的信息。上一个当前布局用作要另存为样板的默认布局。如果将系统变量“FILEDIA”设为 1，则显示创建图形文件对话框，用以指定要在其中保存布局的样板文件。默认的布局样板目录在“选项”对话框中指定。

- 设置（S）：设定当前布局。
- ?:列出布局。列出图形中定义的所有布局。

4. 创建布局向导

选择“插入”菜单→“布局”→“创建布局向导”选项，可根据系统的提示创建布局。

（1）布局命名。

利用打开的“创建布局-开始”对话框进行新布局名称的命名（图 9.2.4），单击“下一步”按钮。

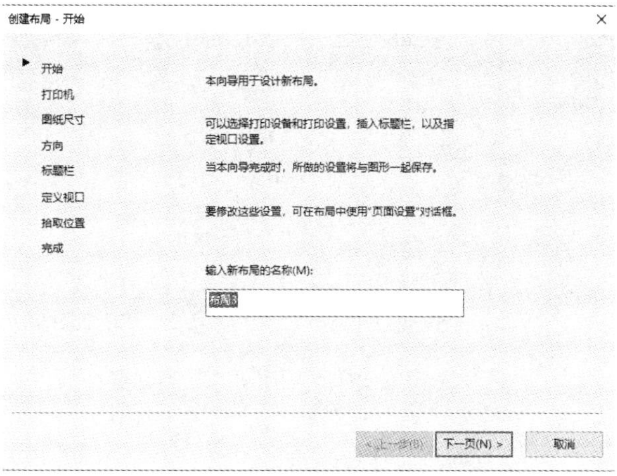

图 9.2.4　“创建布局-开始”对话框

（2）打印机。

在打开的“创建布局-打印机”对话框中，可以根据需要在绘图列表中选择要配置的打印机（图 9.2.5），单击“下一页”按钮。

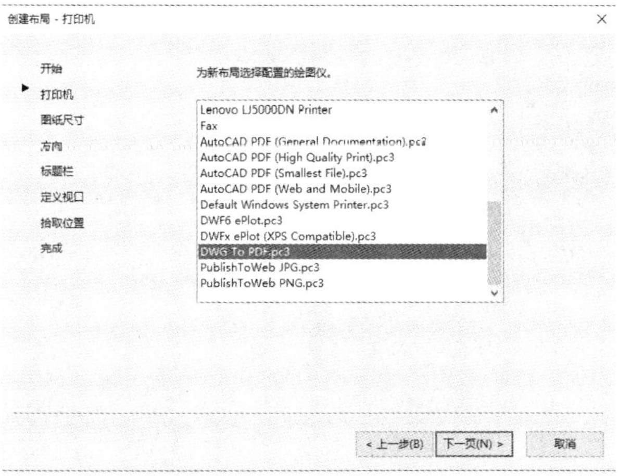

图 9.2.5　“创建布局-打印机”对话框

（3）图纸尺寸。

打开“创建布局-图纸尺寸”对话框，在“图纸尺寸”下拉列表框中设置布局打印图纸的幅面、图形单位，并可以通过“图纸尺寸”面板预览图纸的具体尺寸（图 9.2.6），接着单击“下一页”按钮，即可在打开的“创建布局-方向”对话框选中“横向”和“纵向”单选按钮进行打印方向的设置，再次单击“下一页”按钮。

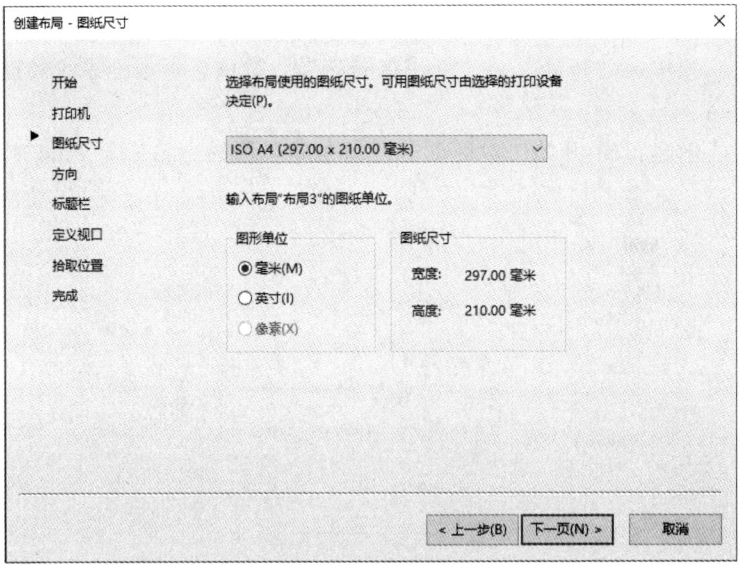

图 9.2.6 “创建布局-图纸尺寸”对话框

（4）标题栏。

在打开的“创建布局-标题栏”对话框中选择图纸的边框和标题栏的样式，并可以从“预览”窗口中预览所选标题栏效果（图 9.2.7），单击“下一页”按钮。

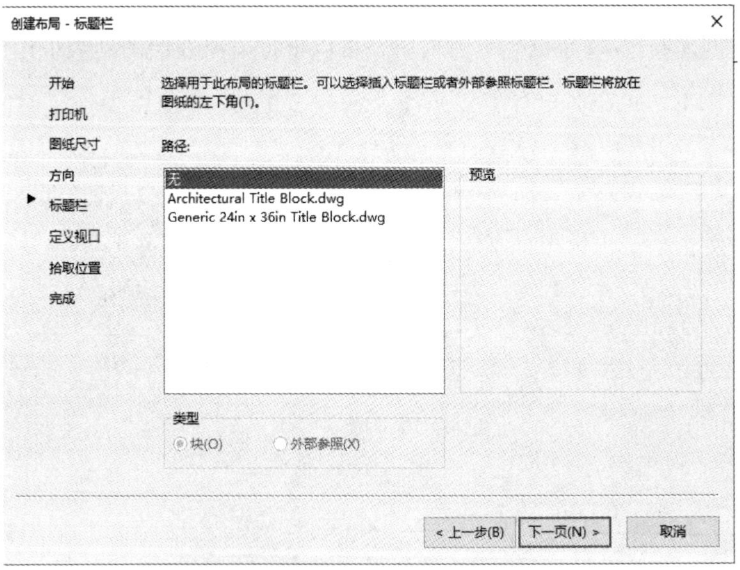

图 9.2.7 “创建布局-标题栏”对话框

（5）定义视口。

在打开的“创建布局-定义视口”对话框中设置新创建布局的默认视口，包括视口设置和视口比例。如果选中“标准三维工程视图”单选按钮，则还需要设置行间距与列间距；如果选中“阵列”单选按钮，则需要设置行数与列数。视口的比例可以从下拉列表中选择（图 9.2.8），单击“下一页”按钮。

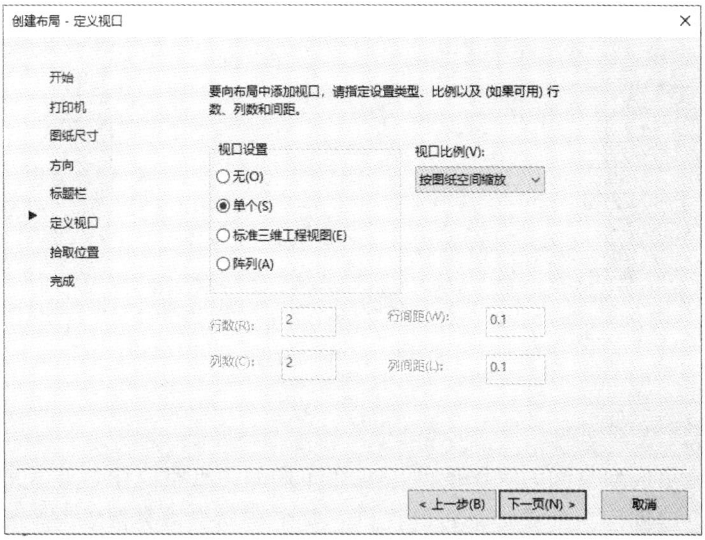

图 9.2.8　“创建布局-定义视口”对话框

（6）拾取位置。

在打开的“创建布局-拾取位置”对话框中单击“选择位置”按钮后，即可在图形窗口中以指定对角点的方式指定视口的大小和位置，通常情况下拾取全部图形窗口（图 9.2.9）。

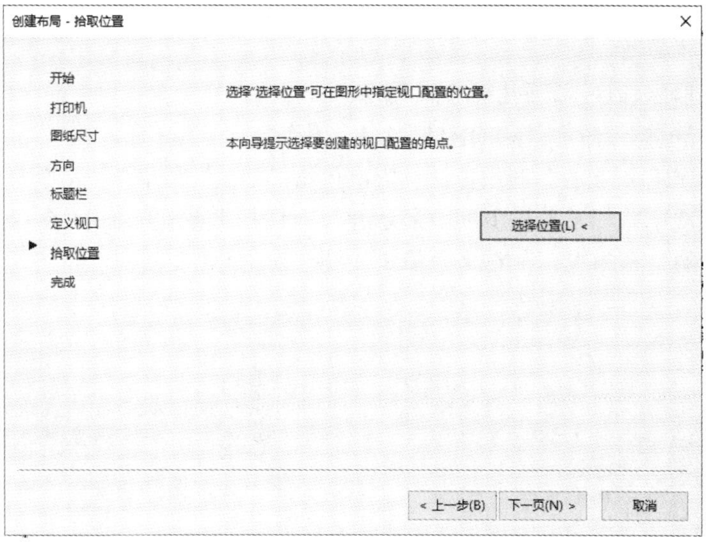

图 9.2.9　“创建布局-拾取位置”对话框

最后单击“完成”按钮，即可显示新建布局效果（图 9.2.10）。

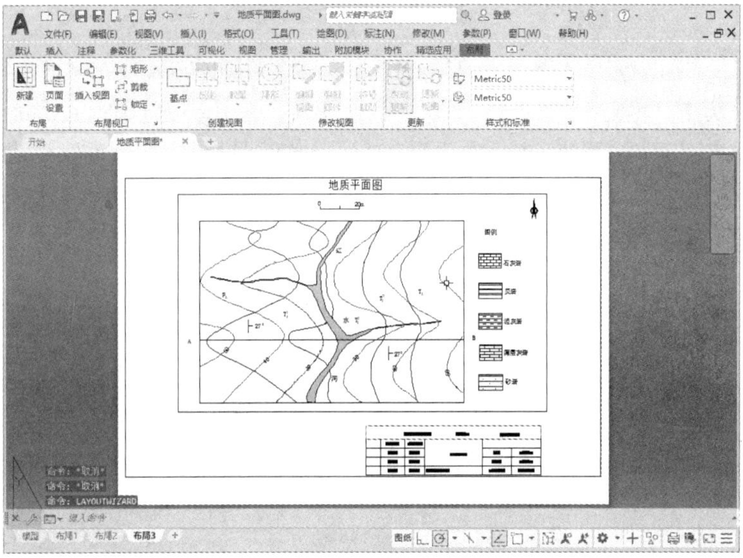

图 9.2.10　布局效果

9.2.3　创建布局视口

布局视口是显示模型空间的视图的对象。在布局的图纸空间中创建、缩放并放置它们。在每个布局上，可以创建一个或多个布局视口。每个布局视口类似于一个按某一比例和所指定方向来显示模型视图的闭路电视监视器。这些视口可以相互叠加或分离，并可以对其进行移动和调整等操作，此外还可以通过激活浮动视口编辑视口中的模型。

在创建浮动视口时，只要求系统指定创建浮动视口的区域即可。

说明：创建布局视口之前，先删除布局中已有的视口，删除方法：先选中视口，然后利用键盘中的 Delete 键或者右键菜单中的“删除”选项。

1. 命令启动方式

创建布局视口可以通过以下几种方式实现：

- 在命令行中输入命令“VPORTS”，按空格键。
- 调用“视口”工具栏，调用方法：依次单击“工具”菜单→“工具栏”→“AutoCAD”→“视口”。单击“视口”工具栏中的“显示视口对话框”按钮（图 9.2.11），或者单击“布局”选项卡中的“布局视口”右下角箭头（图 9.2.12）。

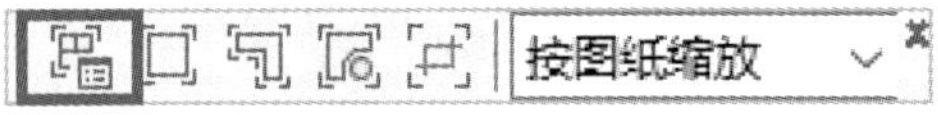

图 9.2.11　“视口”工具栏

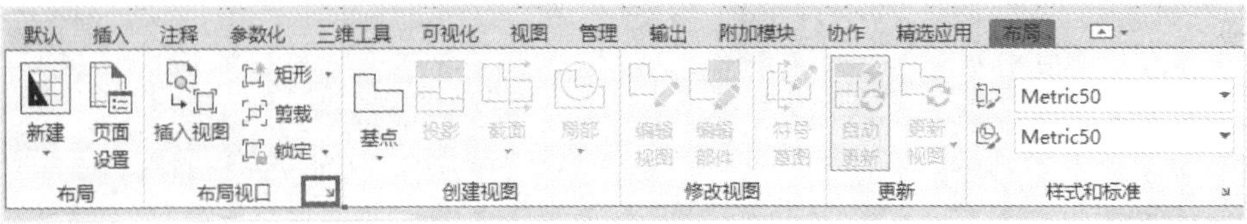

图 9.2.12　“布局视口”选项卡

- 在布局空间中选择“视图”菜单→“视口”→“新建视口”选项。

执行上述操作后，在打开的“视口”对话框中指定新建视口的名称、修改视图设置以及视觉样式等，以便于管理所有新建的视口（图 9.2.13）。

在“视口”对话框中，选择“标准视口”列表框中的“四个：相等”选项，并在“设置”下拉列表框中选择“二维”选项，然后根据“修改视图”与“视觉样式”下拉列表框选择适当的选项对“预览”选项组的各个窗口进行设置（图 9.2.13）。

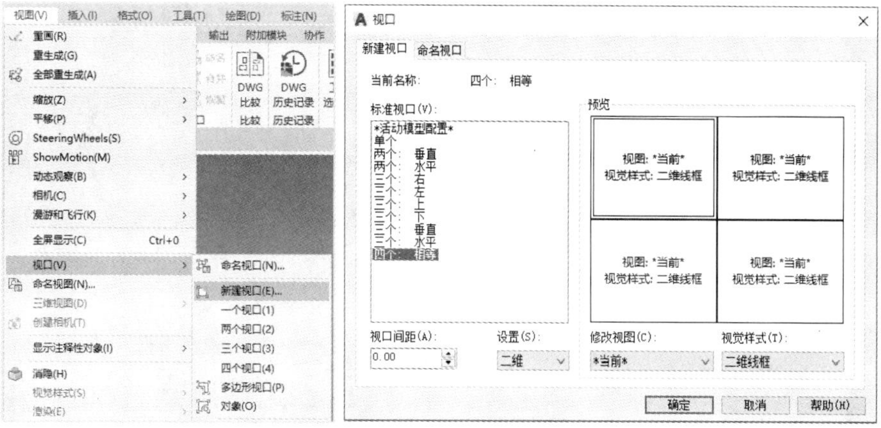

图 9.2.13　“视口”对话框

完成视口类型、方向和视觉样式参数设置后，单击该对话框中的“确定”按钮，系统将按照上述设置创建对应的标准视口（图 9.2.14）。

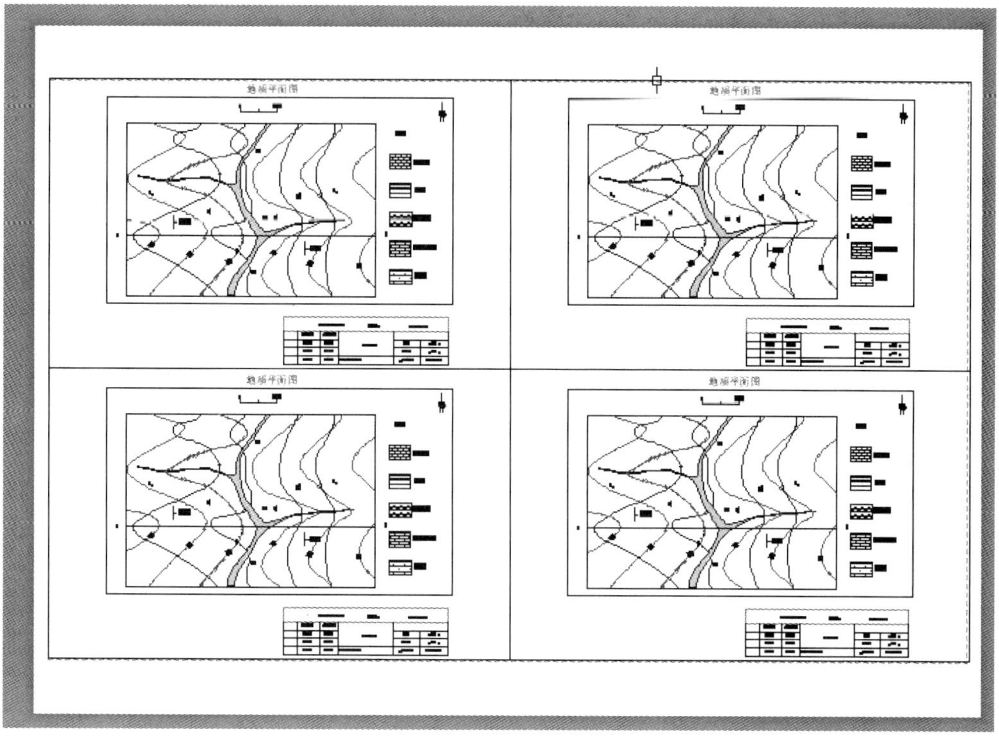

图 9.2.14　创建 4 个浮动视口

选择“视图”→“视口”→“多边形视口”选项，然后在图纸中任意指定多边形的形状，按回车键即可获得创建任意多边形浮动视口的预览效果（图 9.2.15）。

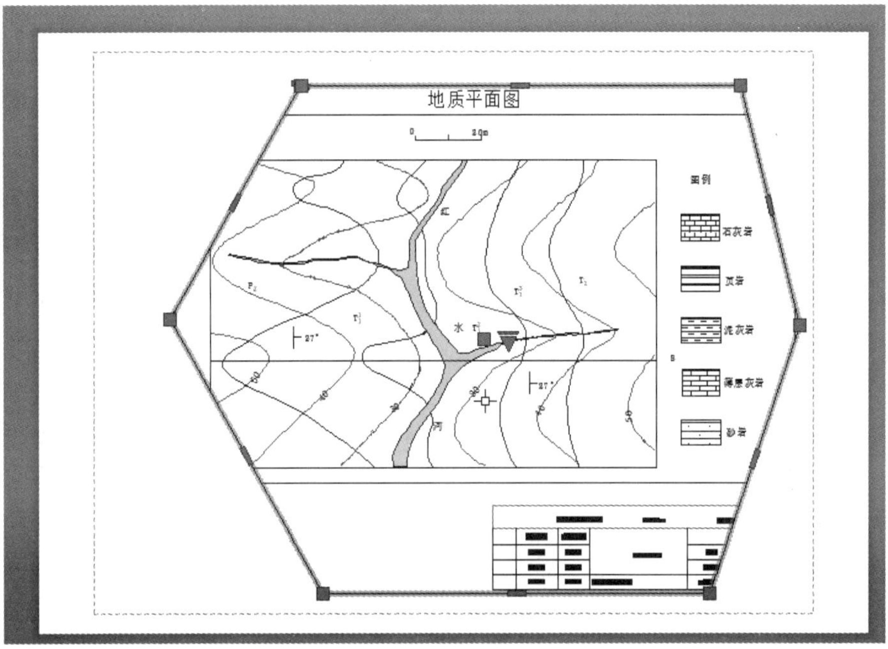

图 9.2.15　多边形视口

2. 修改布局视口

在布局空间中，通过单击视口的边界线即可激活夹点工具，此时即可按照夹点编辑二维图形的方法进行拉伸和拖动，调整浮动视口的边界形状（图 9.2.16）。

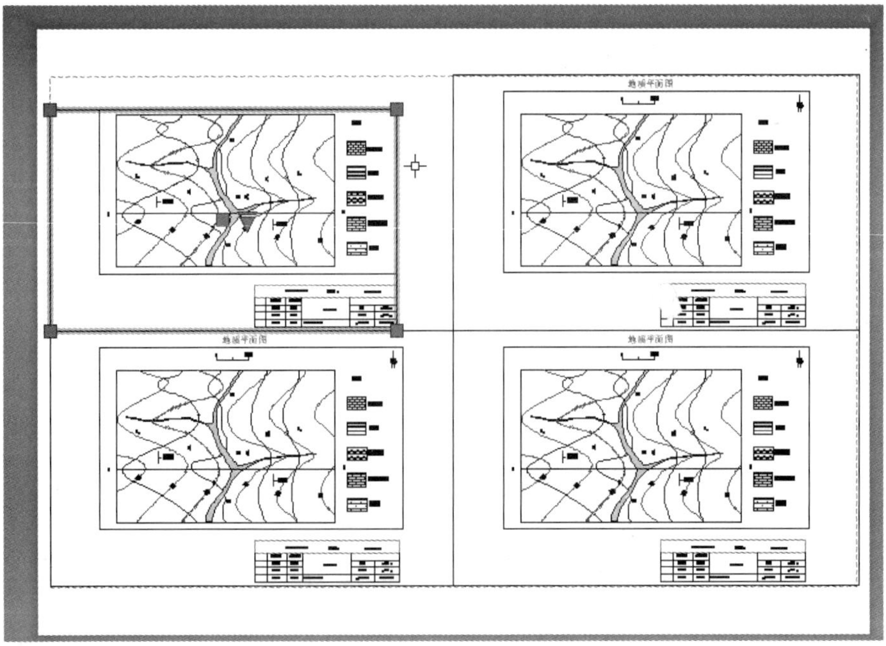

图 9.2.16　通过夹点调整浮动视口

3. 锁定布局视口

在 CAD 布局中，用视口将图纸排版好，为防止意外平移和缩放，每个布局视口都具有“显示锁定”特性，可启用或禁用该特性。否则再次编辑视口时，运用“缩放”命令或者调动了鼠标滚轮，都会改动已经调整好的视口比例。这样会给图纸绘制工作带来不便，可以通过“特性”选项板、快捷菜单（当布局视口处于选定状态时）、功能区上“布局视口”选项卡中的按钮，以及状态栏上的按钮（当一个或多个布局视口处于选定状态时）访问此特性。

4. 布局视口中缩放视图

要针对输出精确缩放每个显示视图，需要设置每个布局视口的比例。在布局中工作时，布局视口中视图的比例因子代表显示在视口中的模型的实际尺寸与布局尺寸的比率。图纸空间单位除以模型空间单位即可以得到此比率。例如，对于四分之一比例图形，比率应该是一个比例因子，该比例因子是一个图纸空间单位对应四个模型空间单位（1∶4）。可以使用以下项更改视口的视图比例：

- 特性选项板（使用快捷键“Ctrl+1”可调出特性选项板，见图 9.2.17）。
- 选定的视口中的三角形比例夹点。
- 在状态栏上的视口比例。
- “ZOOM”命令的“XP”选项（当模型空间可从布局视口内进行访问时）。
- 直接双击视口，利用鼠标滑轮可以实现对图形的任意缩放。

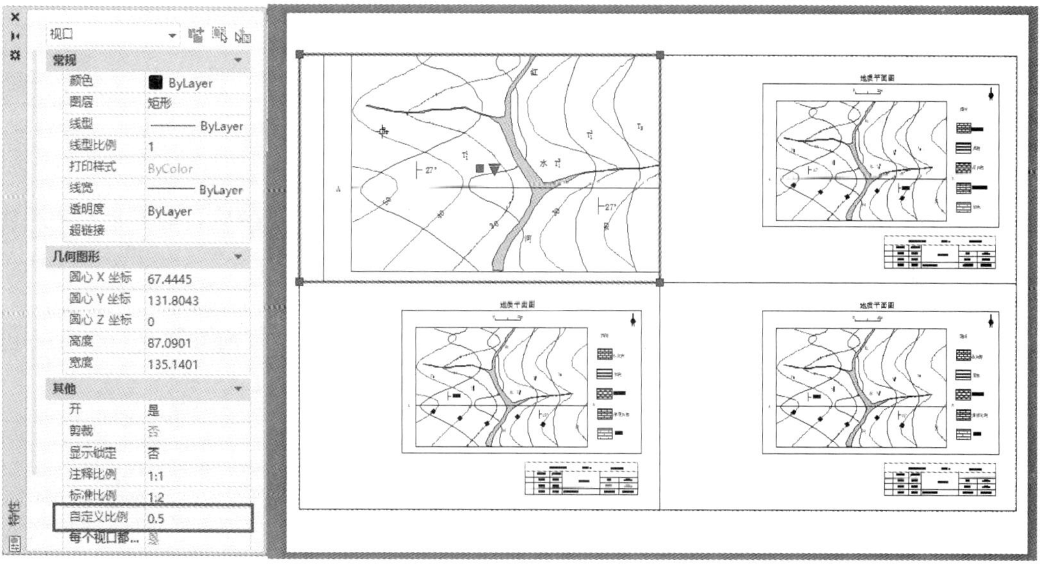

图 9.2.17　特性窗口中修改视口视图比例（选中视口的比例为 0.5，其余为 0.25）

说明：缩放或拉伸布局视口的边界不会改变视口中视图的比例。根据样板创建新图形时，将在新图形中使用样板中的比例，而不用输入用户配置文件中的比例。可以使用“SCALELISTEDIT”修改所有视图中显示的比例列表以及打印比例列表。将新比例添加到默认比例列表后，可以使用“编辑图形比例”对话框中的“重置”按钮将新比例添加到图形中。

9.2.4 练　习

以“地质平面图.dwg”为示例数据，创建一个新的布局，命名为“地质图布局”，布局中创建 2 个垂直视口，左视口的视图比例为 1，另一个视口的视图比例为 0.5，效果如图 9.2.18 所示。

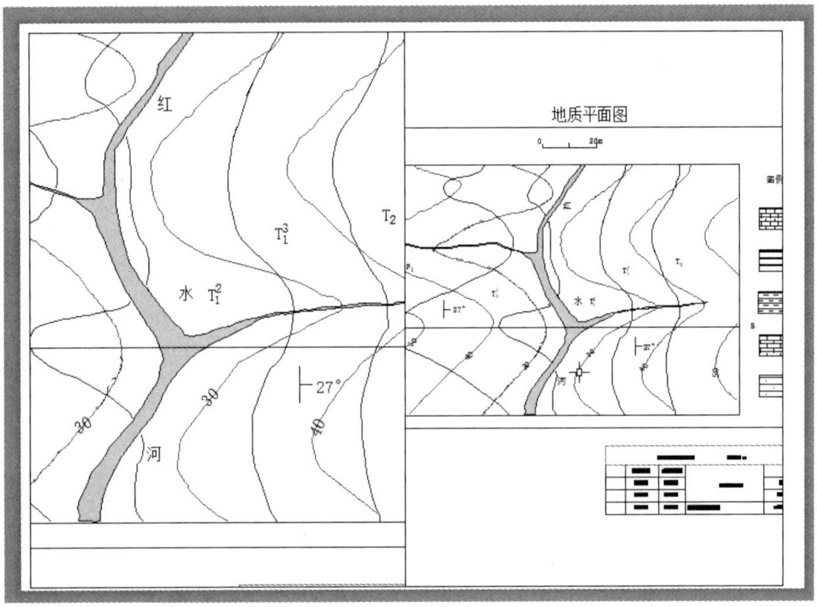

图 9.2.18　两个垂直视口

9.3 打印布局

学然后知不足。——礼记

9.3.1 配置布局的打印设置

在通过创建布局打印时，必须先在页面设置管理器中对布局的页面参数进行设置，包括图纸大小、打印方向、打印比例、是否打印线宽、着色样式等参数设置。

1. *命令启动方式*

- 在命令行输入命令“PAGESETUP”，按空格键。
- 调用“布局”工具栏，调用方法：依次单击“工具”菜单→“工具栏”→“AutoCAD”→“布局”。单击“布局”工具栏中的“页面设置管理器”图标按钮，或者单击“布局”功能面板中的“页面设置”按钮（图 9.3.1）。

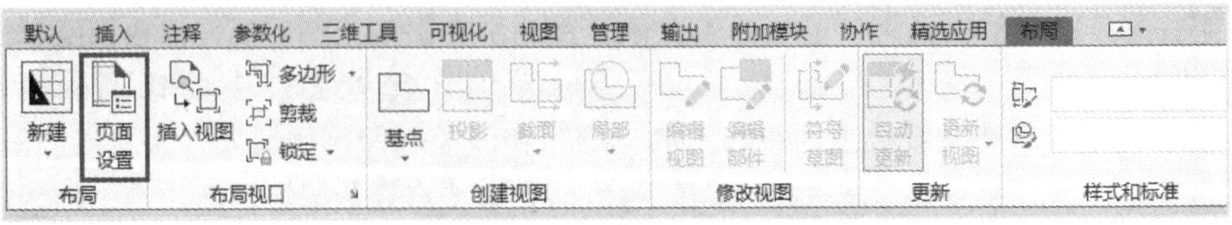

图 9.3.1　“布局”选项卡中的页面设置

- 单击 A 图标，在弹出的菜单中点击“打印”→“页面设置”；或选择“文件”菜单→“页面设置管理器”选项，打开“页面设置管理器”对话框；或者在“布局”选项卡中单击右键，利用右键菜单中的“页面设置管理器”选项。

2. 对话框参数说明

在“页面设置管理器”对话框中，单击“新建”按钮，可打开“新建页面设置”对话框（图 9.3.2），在该对话框中可输入新建页面的名称，指定页面的基础样式等。

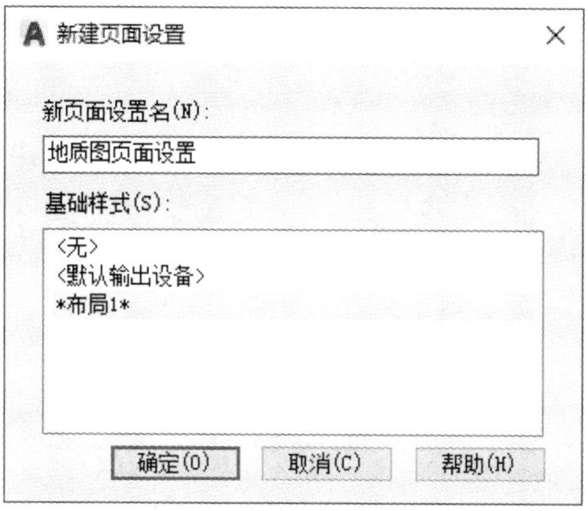

图 9.3.2　“新建页面设置”对话框

在“新建页面设置”对话框中命名后，单击“确定”按钮将打开“页面设置”对话框，可对新建页面进行详细设置（图 9.3.3），设置完成后在页面设置管理器中单击“置为当前”。

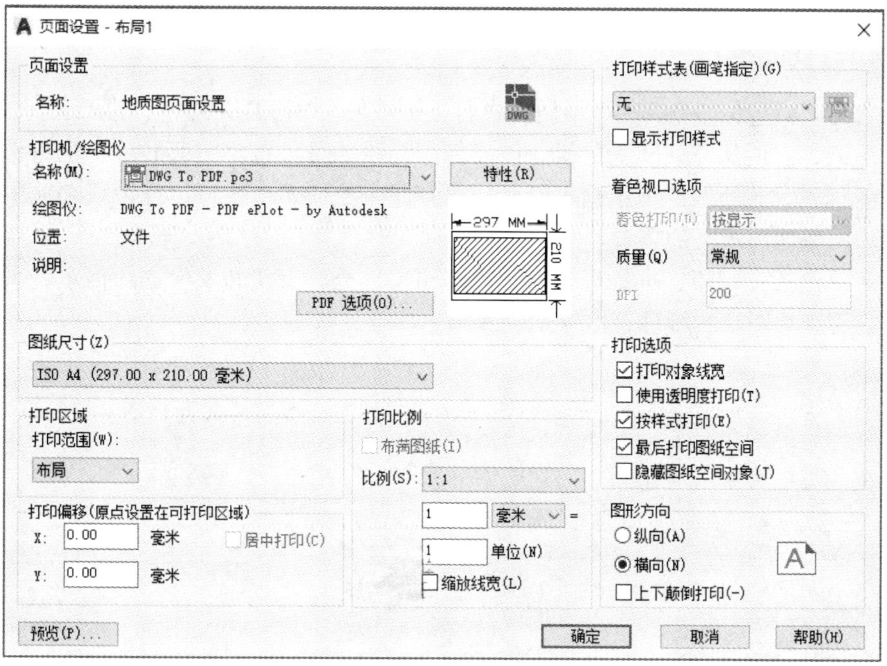

图 9.3.3　“页面设置”对话框

“页面设置”对话框中各主要选项组的功能如表 9.3.1 所示。

表 9.3.1 “页面设置”对话框各选项组功能

选项组	功　能
打印机/绘图仪	指定打印机的名称、位置和说明。在“名称”下拉列表框中选择打印机或绘图仪的类型。单击“特性”按钮，在弹出的对话框中查看或修改打印机或绘图仪配置信息
图纸尺寸	可以在该下拉列表中选择所需的图纸，并可以通过对话框中的预览窗口进行预览
打印范围	可以对布局的打印区域进行设置。可以在该下拉列表中的 4 个选项中选择打印的区域的确定方式：选择“布局”选项，可对指定图纸界线内的所有图形进行打印；选择“窗口”选项，可以指定布局中的某个矩形区域为打印区域进行打印；选择“范围”选项，打印当前图纸中所有图形对象；选择“显示”选项，用于设置打印模型空间中的当前视口中的视图
打印偏移	用来指定相对于可打印区域左下角的偏移量。在布局中，可打印区域左下角点由左边距决定。启用“居中打印”复选框，系统可以自动计算偏移值以便居中打印
打印比例	勾选“布满图纸”，此时系统会缩放打印图形将其布满所选图纸尺寸，同时下面会显示出缩放的比例因子。选择标准比例，该值将显示在自定义中，如果需要按打印比例缩放线宽，可启用“缩放线宽”复选框
图形方向	设置图形在图纸上的放置方向，如果启用“反向打印”复选框，表示图形将旋转 180°打印

9.3.2 打印布局

使用 AutoCAD 2021 完成图形绘制并进行页面设置后，通常要打印到图纸上，也可以生成一份电子图纸，以便从互联网上进行访问。打印的图形可以包含图形的单一视图，或者更为复杂的视图排列。此外，还可根据不同的需要打印一个或多个视口，或设置选项用以决定打印的内容和图像在图纸上的布置。

打印菜单包括：打印、批处理打印、打印预览、查看打印和发布详细信息、页面设置、三维打印、管理绘图仪、管理打印样式、编辑打印样式表等功能。

1. 命令启动方式

- 在命令行输入命令“PLOT”，按空格键，或者利用快捷键“Ctrl+P”。
- 在工具栏中单击“输出”选项卡中的“打印”按钮（图 9.3.4）。

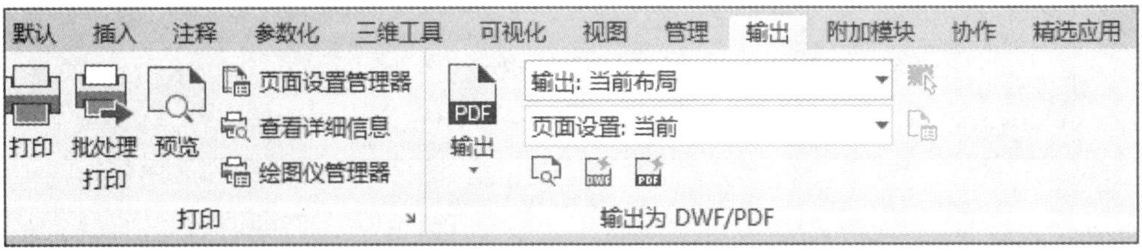

图 9.3.4 “输出”选项卡中的打印

● 单击A图标，在弹出的菜单中点击“打印”→“打印”，或者选择“文件”菜单→“打印”选项，打开“打印”对话框。

2. 对话框参数说明

● 在“打印”对话框中（图 9.3.5），在“页面设置”下拉框中选择预设好的设置名称，如果没有合适的页面设置，可单击旁边的“添加”按钮，可打开“新建页面设置”对话框，在该对话框中可输入新建页面设置的名称，这里选择前面新建好的“地质图页面设置”。

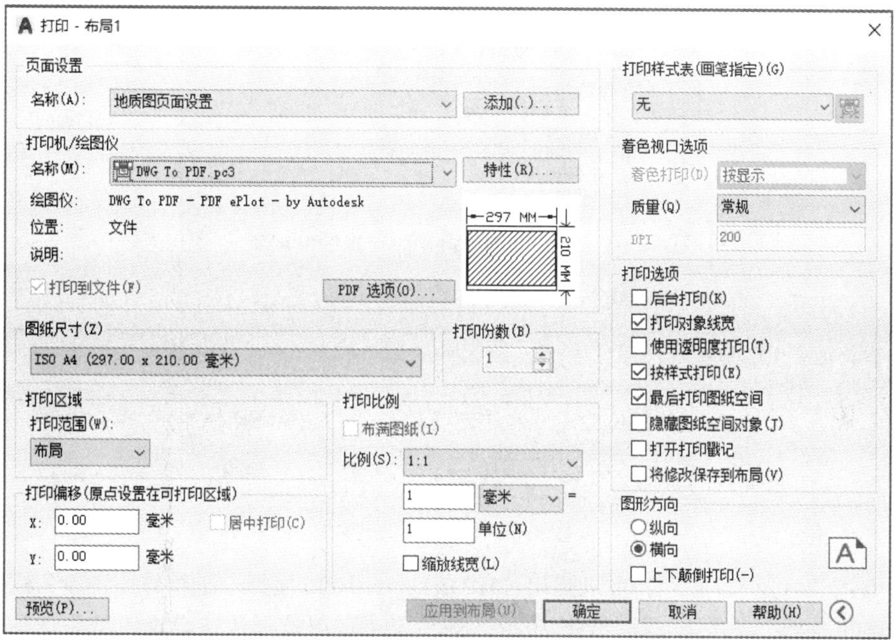

图 9.3.5　“打印”对话框

● 如果需要选择计算机所连接的打印机进行打印，则在“打印机/绘图仪”框架中，点击“名称(M)”后面的下拉列表框，可以看到本机安装的所有打印机，选择需要输出的打印机即可（图 9.3.6）。

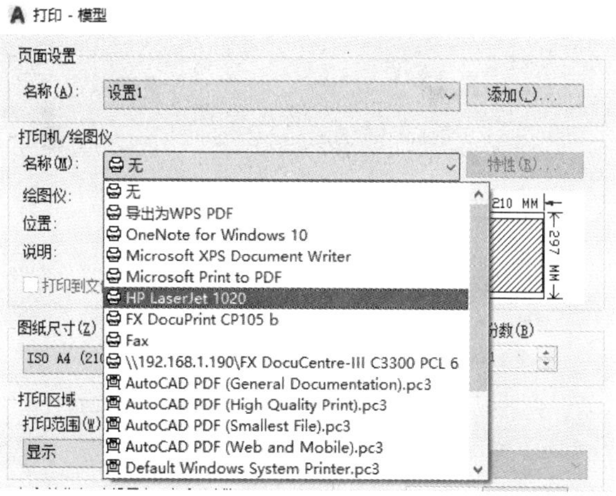

图 9.3.6　选择打印机/绘图仪

● 选择打印机后，点击“特性”按钮，即可弹出“绘图仪配置编辑器”界面（图 9.3.7）。可以看到“常规”“端口”“设备和文档设置”3 个选项卡。点击“设备和文档设置”选项卡，可以看到打印机相关参数。

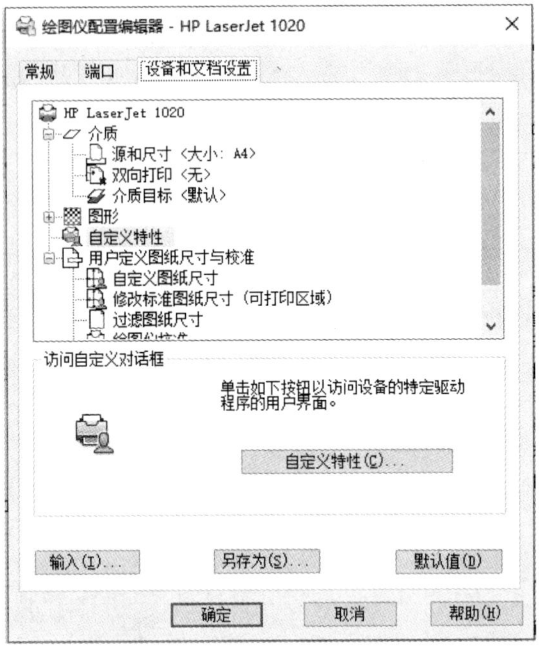

图 9.3.7 设置打印机特性

● 点击“自定义特性”，可以弹出“HP LaserJet 1020 属性”子窗体（图 9.3.8）。在“HP LaserJet 1020 属性”对话框的“纸张/质量”选项卡中可以选择快速设置、纸张选项、尺寸、来源、纸张类型。可按出图比例选择适合的纸张尺寸、纸张类型等。

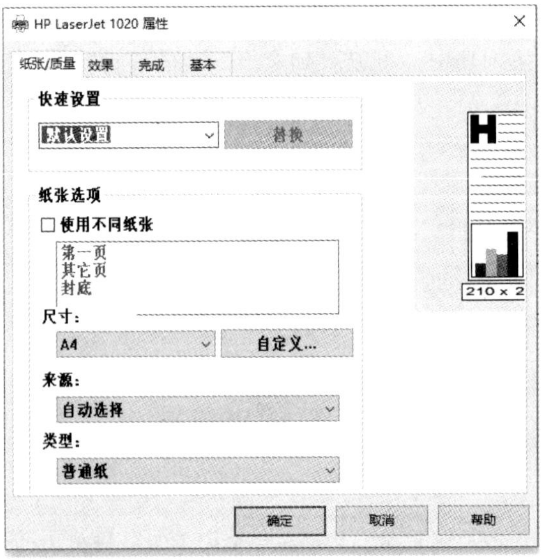

图 9.3.8 “纸张/质量”选项卡

● 在“HP LaserJet 1020 属性”对话框的“效果”选项卡中，可以设置纸张缩放（按比例尺打印时可以不设置）、是否添加水印等（图 9.3.9）。

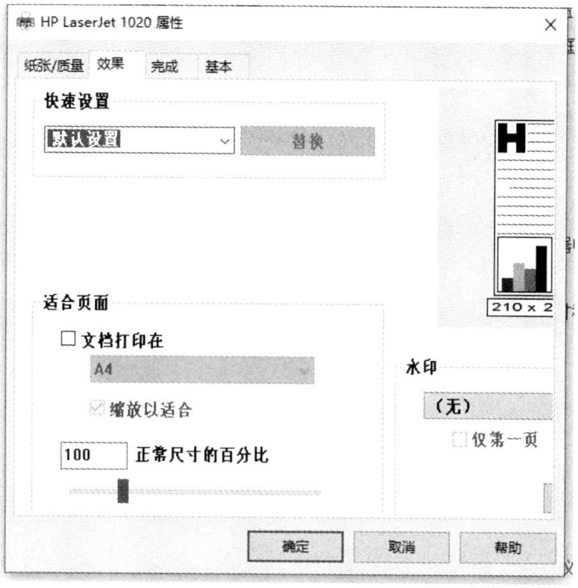

图 9.3.9　“效果”选项卡

● 在“HP LaserJet 1020 属性”对话框的“完成”选项卡中，可以设置打印质量，可以设置 dpi 参数。若是小册子，可以双面打印（图 9.3.10）。

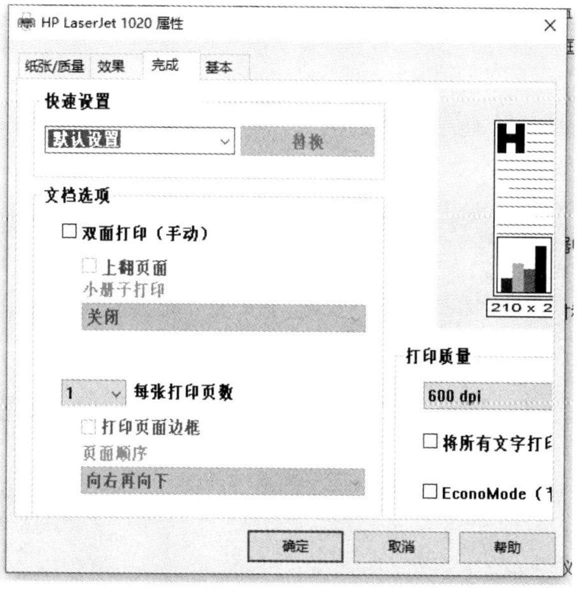

图 9.3.10　“完成”选项卡

● 在“HP LaserJet 1020 属性”对话框的“基本”选项卡中，可以设置纸张方向、打印数量等（图 9.3.11）。完成设置后单击“确定”按钮，退出“HP LaserJet 1020 属性”设置。所有参数设置完成后，点击“确定”按钮即可开始打印。

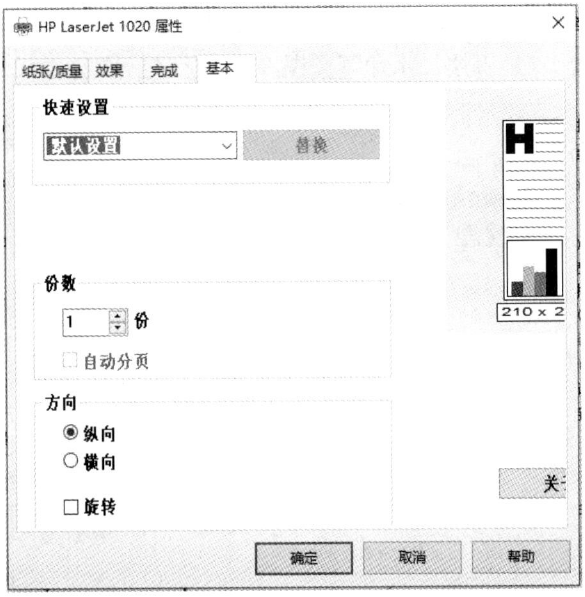

图 9.3.11 “基本”选项卡

9.3.3 练 习

以“地质平面图.dwg”为示例数据，创建一个新的布局，命名为“布局 2”，新建“布局 2”采用单视口，视口的视图比例为 0.5，对布局 2 进行页面设置，设置参数参考图 9.3.12 所示，并打印至 PDF 文件。

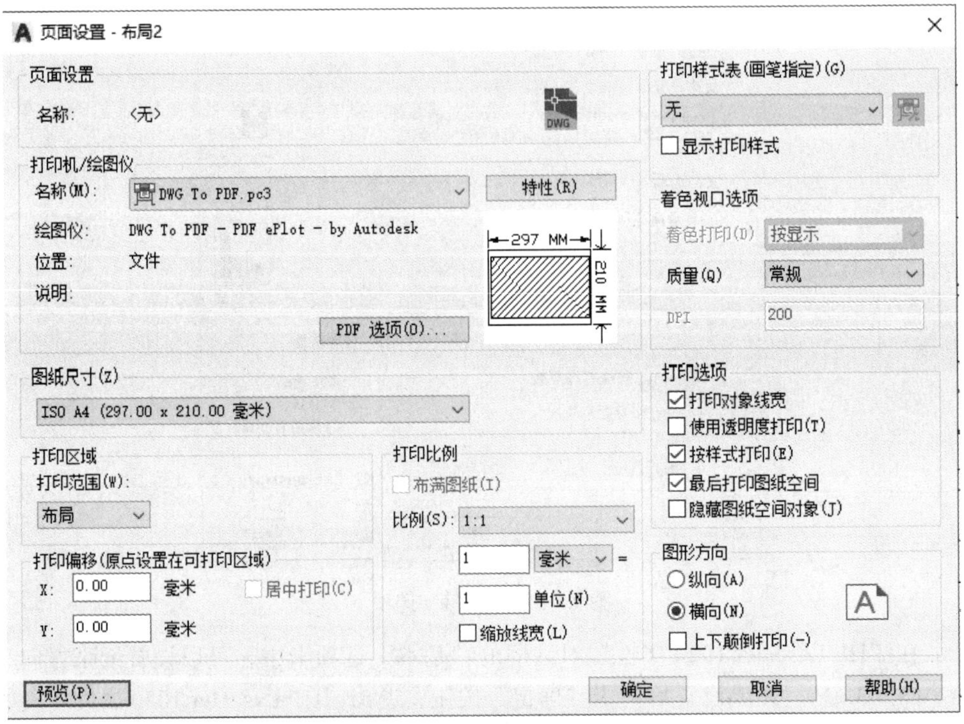

图 9.3.12 布局 2 页面参数设置

9.4　发布图形

爱学出勤奋，勤奋出天才。——郭沫若

AutoCAD 提供了一种可以批量打印的工具：发布（Publish），发布提供了一种简单的方法来创建图纸图形集或电子图形集，可以通过将图纸集发布至每个图纸页面设置中指定的绘图仪来创建图纸图形集。电子图形集是打印的图形集的数字形式，可以通过将图形发布为 DWF、DWFx 或 PDF 文件（每种格式都可以是单个文件或多页文件）来创建电子图形集。

使用“发布”对话框，可以合并图形集，从而以图形集说明（DSD）文件的形式发布和保存该列表。可以为特定用户自定义该图形集合，并且可以随着工程的进展添加和删除图纸。在“发布”对话框中创建图纸列表后，可以将图形发布至以下任意目标：

- ✓ 每个图纸页面设置中的指定绘图仪（包括要打印至文件的图形）。
- ✓ 单个多页 DWF 或 DWFx 文件，包含二维和三维内容。
- ✓ 单个多页 PDF 文件，包含二维内容。
- ✓ 包含二维和三维内容的多个单页 DWF 或 DWFx 文件。
- ✓ 多个单页 PDF 文件，包含二维内容。
- ✓ 使用三维 DWF 发布，用户可以创建和发布三维模型的 DWF 文件，并且可以使用“Autodesk Design Review”查看它们。

9.4.1　创建图纸集

1. 命令执行方式

- 在命令行中输入命令：“NEWSHEETSET”。
- 在菜单栏选择“文件”→“新建图纸集”子菜单。

2. 对话框参数说明

- 在弹出的“创建图纸集”向导，选择从现有文件集创建图纸集（图 9.4.1）。

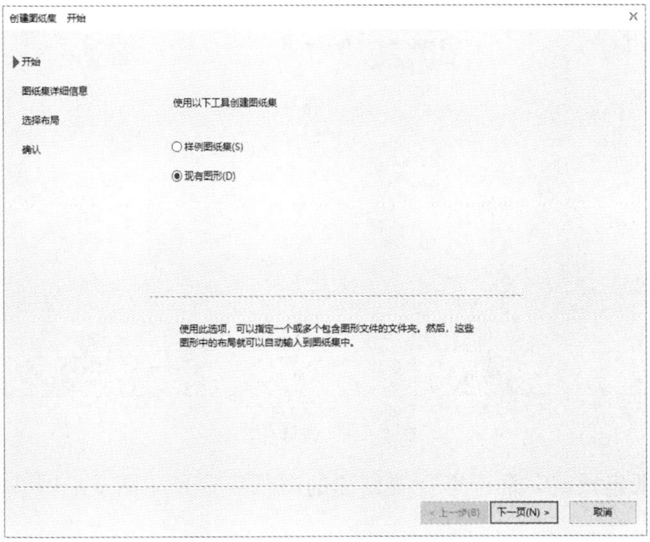

图 9.4.1　“创建图纸集”对话框

● 对新建图纸集进行命名，并选择保存路径（图 9.4.2）。

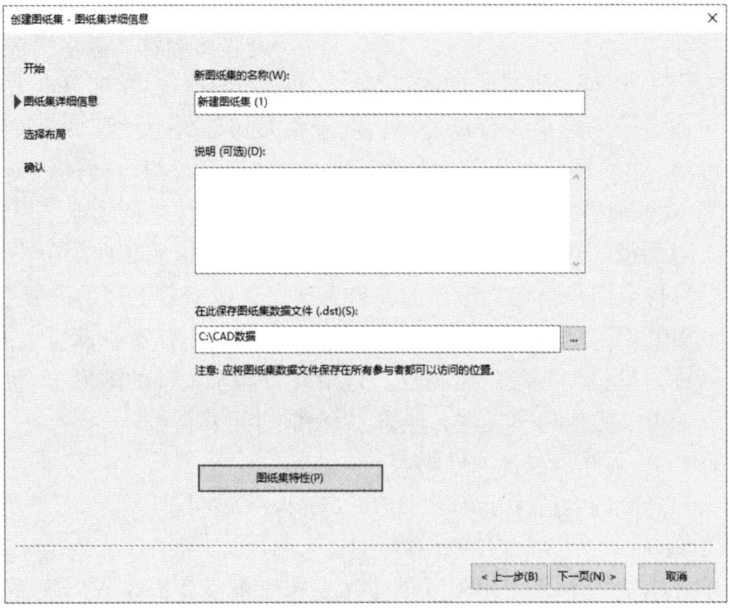

图 9.4.2　图纸集详细信息

● 根据图纸集创建向导的提示，添加一个或多个包含图形文件的文件夹，这些图形的布局可以自动输入到图纸集中（图 9.4.3）。

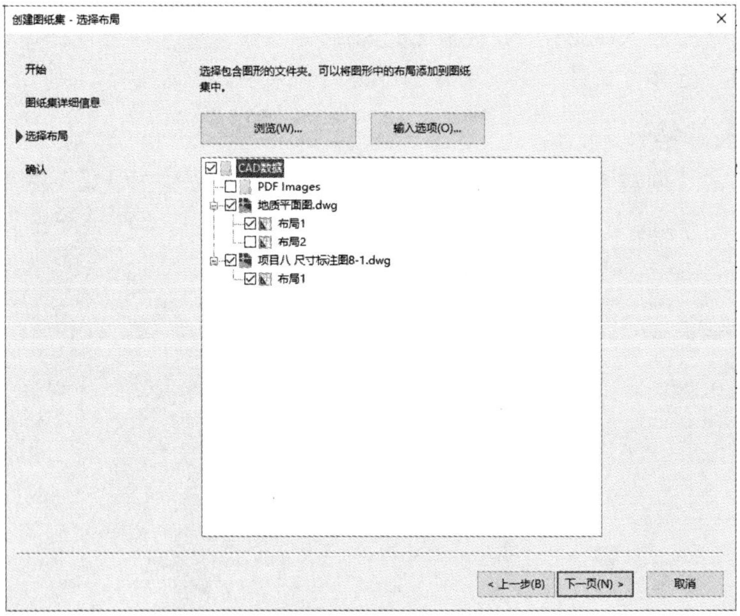

图 9.4.3　选择布局

● 可在“图纸集预览”框中审查要创建的图纸集信息（图 9.4.4）。单击“完成”按钮，完成操作。

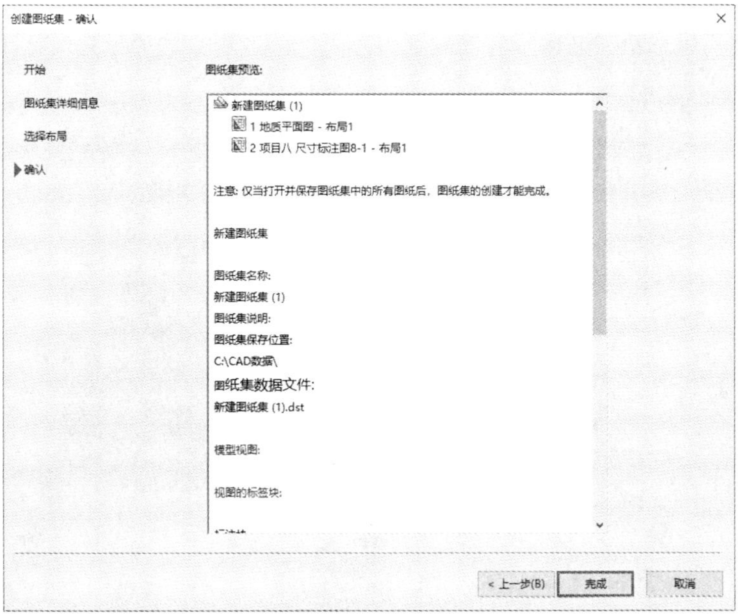

图 9.4.4　图纸集预览

● 图纸集保存之后，可直接通过保存的 DST 打开图纸集中的所有文件（图 9.4.5），方便传输共享和多人协作。

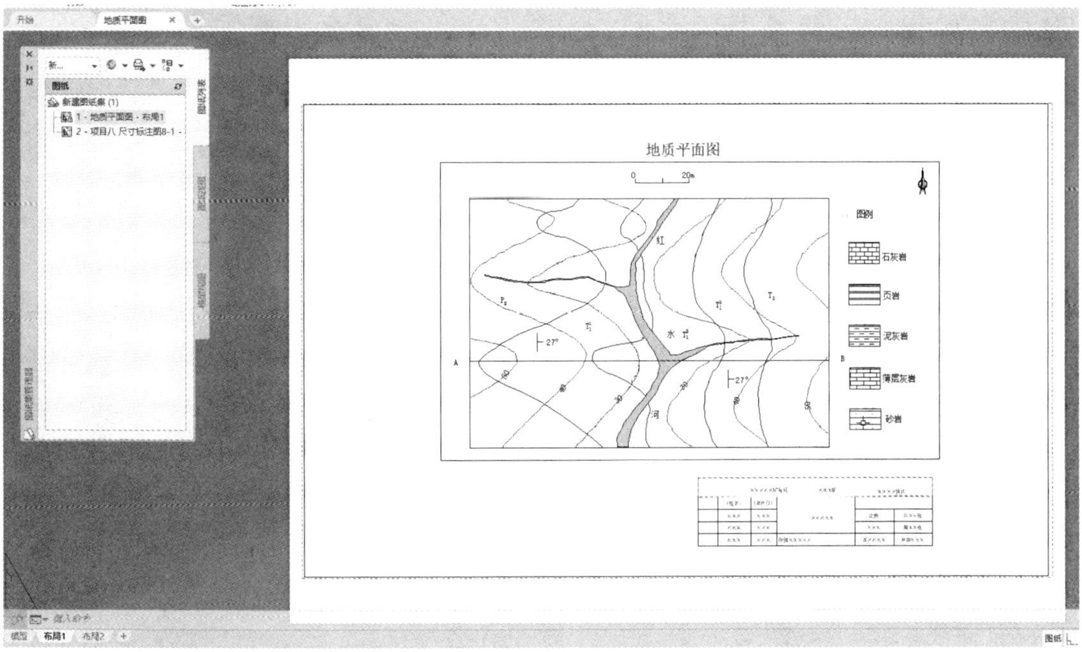

图 9.4.5　图纸集打开效果

9.4.2　发布图形

1. 命令执行方式

● 在命令行中输入命令：PUBLISH。

- 在工具栏中选择“输出”功能面板→“打印”选项组中的批处理打印按钮。
- 选择“文件”→“发布”子菜单。

说明：对于图纸集的发布，也可利用“视图”→“选项板”中的“图纸集管理器”选项打开图纸集管理器，单击右上角的“发布”按钮，或者选中图纸集，单击右键，选择右键菜单中的“发布”子菜单，可弹出“发布为 DWF”等选项（图 9.4.6）。

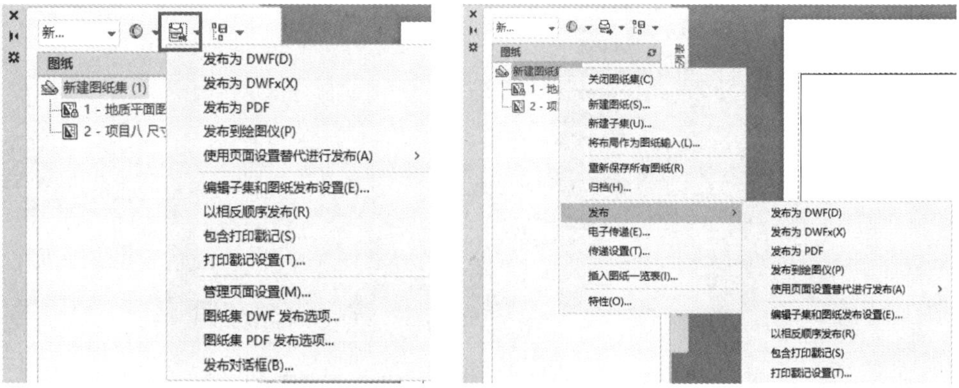

图 9.4.6　图纸集管理器

2. 对话框参数说明

- 在调用“发布”命令后，系统会弹出“发布”对话框（图 9.4.7）。

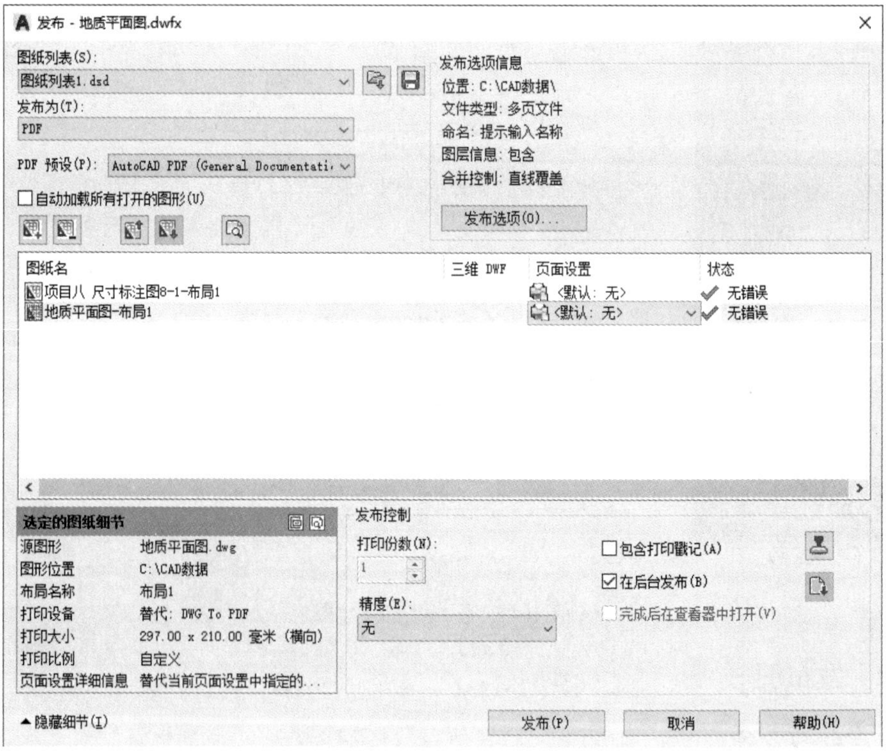

图 9.4.7　“发布”对话框

- 图纸列表：可选择需要发布的图纸列表，利用图纸列表旁边的保存按钮也可将当前设置好的图纸列表另存为 DSD（图形集说明）文件。保存的图形集可以替换或添加到现有列表中以进行发布。
- 发布为：选择要将图纸发布为什么格式，可以将图形集发布为 DWF、DWFx 或 PDF 文件，也可以将其发送到页面设置中命名的绘图仪，以供硬拷贝输出或用作打印文件。
- 添加图纸：可将已有的 CAD 图形添加到当前图形列表中。
- 打印戳记：单击此按钮，在弹出的“打印戳记”对话框中设置打印戳记字段（图 9.4.8）。

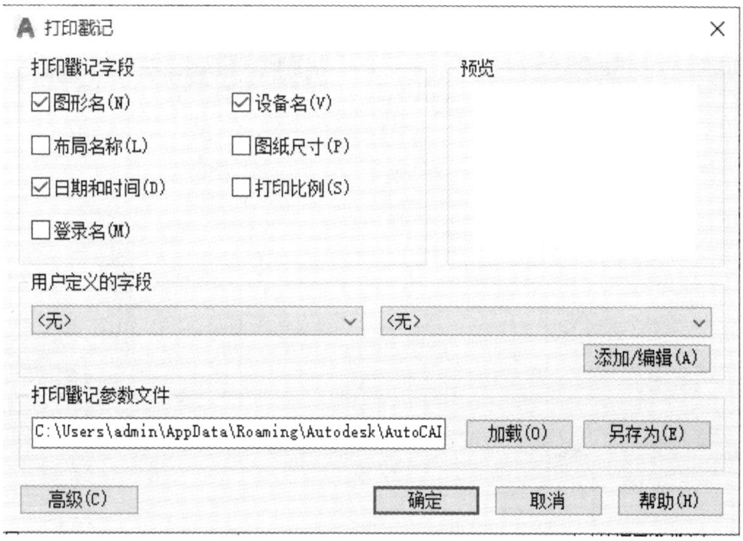

图 9.4.8　“打印戳记”对话框

- “发布”对话框设置完成后，单击“发布”按钮，系统弹出“指定 PDF 文件”对话框，在对话框中选择文件保存路径和名称（图 9.4.9）。

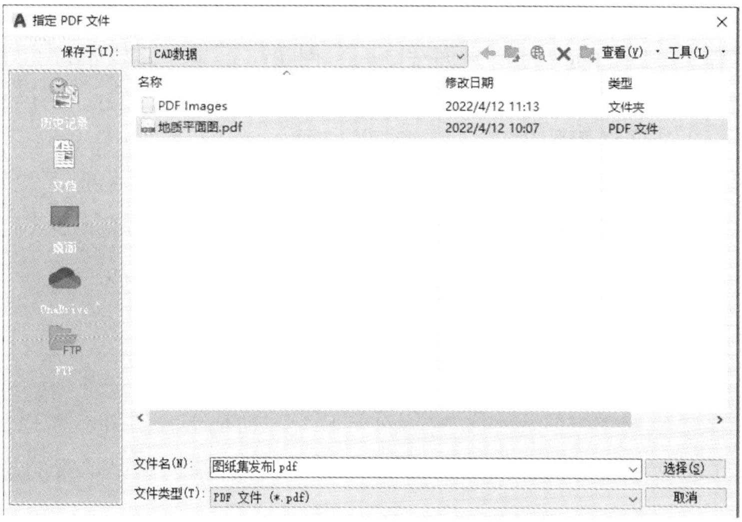

图 9.4.9　“指定 PDF 文件”对话框

● 单击“选择”之后，系统会弹出“打印-正在处理后台作业”信息提示框，点击关闭，在软件的右下角状态栏中会显示后台处理进度（图 9.4.10）。处理完成后可打开 PDF 文件查看输出结果（图 9.4.11）。

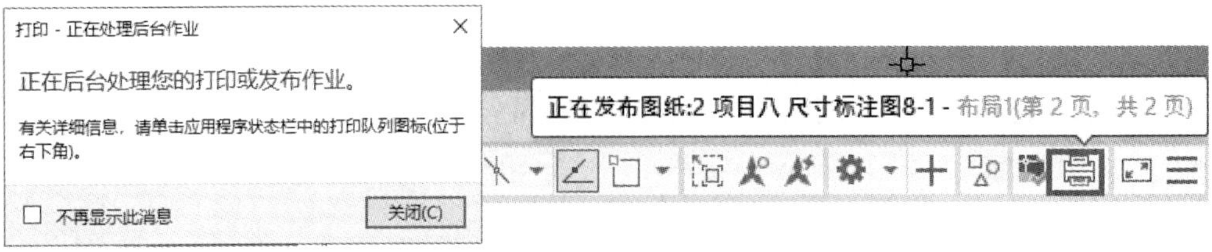

图 9.4.10　图纸集发布为 PDF 提示信息

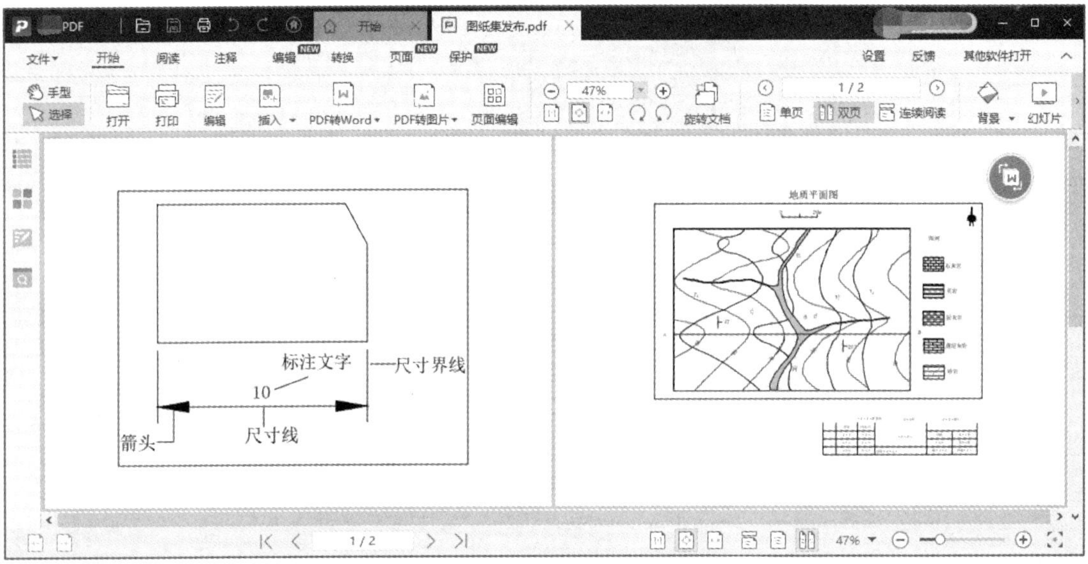

图 9.4.11　图纸集发布为 PDF 结果

9.4.3 练 习

利用“尺寸标注.dwg”和“地质平面图.dwg”创建图纸集，并发布为 PDF。

提示：第一步：创建图纸集。选择“文件”菜单→“新建图纸集”，根据系统弹出的“创建图纸集”向导，进行图纸集的创建，创建结果如图 9.4.5 所示。

第二步：发布图纸集。利用“视图”→“选项板”中的“图纸集管理器”选项打开图纸集管理器，选中图纸集，单击右键，选择右键菜单中的“发布”→“发布为 PDF”子菜单，发布结果如图 9.4.11 所示。

本章小结

本章详细阐述了模型空间和图纸空间的相关概念、切换方法，利用布局向导建立布局的方法。重点介绍了页面设置和打印成图的相关知识和操作方法，这是本章的重点内容。

应 用 篇

第 10 章　地质图件绘制

知识目标

1. 熟悉图切地质剖面图的绘制方法。
2. 熟悉钻孔柱状图的绘制方法。
3. 熟悉极射赤平投影图的绘制方法。
4. 熟悉节理走向玫瑰花图的绘制方法。
5. 熟悉地震地质解释构造等值线图的绘制方法。

技能目标

1. 能够正确使用 AutoCAD 绘制图切地质剖面图。
2. 能够正确使用 AutoCAD 绘制钻孔柱状图。
3. 能够正确使用 AutoCAD 绘制极射赤平投影图。
4. 能够正确使用 AutoCAD 绘制节理走向玫瑰花图。
5. 能够正确使用 AutoCAD 绘制地震地质解释构造等值线图。

素质目标

1. 培养良好的工作习惯。
2. 培养持之以恒的毅力。
3. 培养精益求精的工匠精神。

10.1　图切地质剖面图的绘制

人生如同在浩瀚的大海中航行，理想是罗盘针，热情是疾风。——波普尔

10.1.1　地质剖面图概述

1. 地质剖面图的概念

地质剖面图是一种重要的地质图件，它能够在垂向上反映出剖面线所切过地区的地质构造形态及其组合特征，如图 10.1.1 所示。同时，地质剖面图与地质图相结合，也有助于我们从三维空间去认识地质构造的形态和产状。通常，地质剖面图可以通过在野外实测获得，也可以在地形地质图上图切得到。

2. 地质剖面图的基本格式要求

（1）图名。

附在地质图下面的图切剖面，一般以剖面代号作为图名，如 *A*—*B* 地质剖面图。

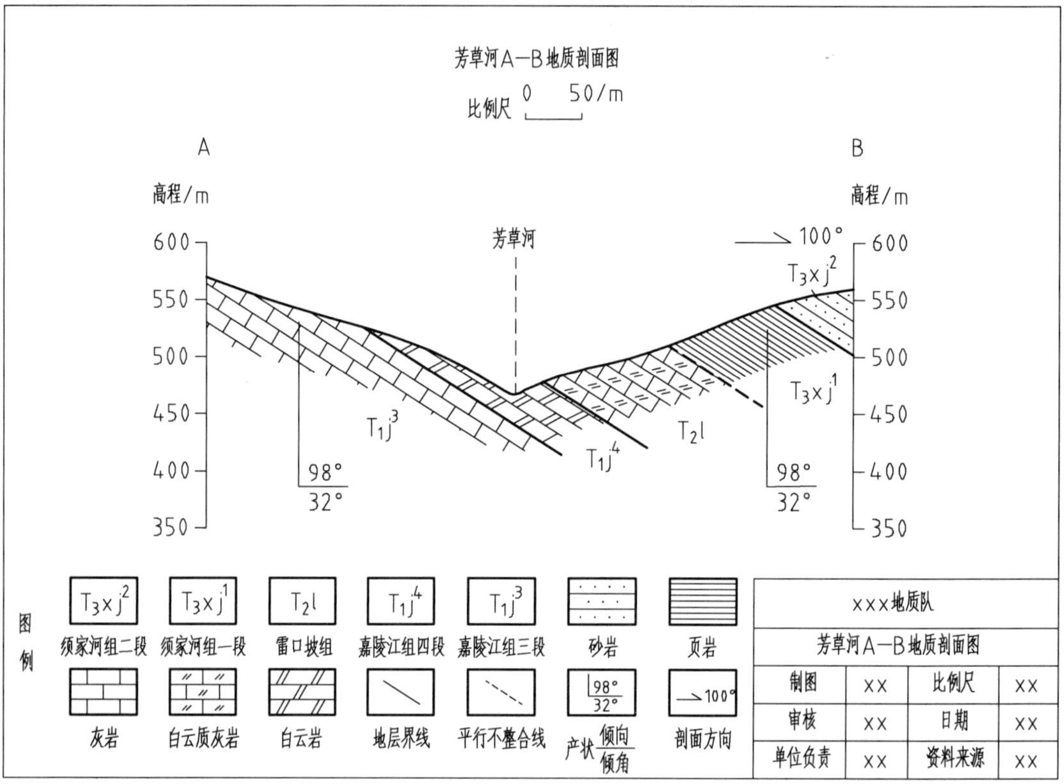

图 10.1.1　地质剖面图

如果单独绘制地质剖面图，一般以剖面所在地区的地名或所经过的主要地名作为图名，如中梁山地质剖面图。

（2）比例尺。

剖面图的比例尺一般有两种表示方法，分别是线段比例尺和数字比例尺。

线段比例尺是用线段刻度表示图中线段代表的实际长度。它的优点是图件经过放大或者缩小后，仍能用它来反映实际距离，缺点是图上距离与实际距离的比值不能直接读出。

数字比例尺是用数字表示缩小的程度，它通过图上两点之间的距离与实际距离的比值确定，如 1∶10 000，表示图上一个单位长度代表实际 10 000 个单位的长度。数字比例尺的优点是图上距离与实际距离的比值可以直接读出，缺点是图件经过放大或者缩小后，比例尺将发生改变，原有的数字比例尺就不正确了。

通常，剖面图的比例尺与地质图的比例尺是一致的。当剖面图附在地质图的下方时，就可以不再注明水平比例尺，但垂直比例尺应表示在剖面两端的竖线上。垂直比例尺的下端，一般选取比本区最低点更低的某一标高作为起点，并在竖直线上注明各高程。如果剖面图的垂直比例尺与水平比例尺不一样，则水平比例尺和垂直比例尺都应注明。

（3）剖面方向。

剖面图的放置，一般是将剖面的正南端、南东端、东端和北东端放在右边，将剖面的正北端、北西端、西端和南西端放在左边。剖面图上必须注明剖面方向，一般用方位角表示。

（4）地名的标注。

剖面所经过的山岭、河流、城镇等重要地名，应标注在剖面上面的相应位置。为了美观，最好将剖面方向、地名排在同一水平位置上。

（5）其他。

剖面图与地质图所用的地层符号、色谱应该一致。

地下的地层分布、构造形态应根据该处的地层厚度、层序、构造特征适当推断绘制，但不宜推断过深。

地质剖面图单独绘制时，还应绘制图例及责任表。

3. 图切地质剖面图的绘制步骤

图切地质剖面图的绘制主要可分为 4 个大的步骤：

（1）选择剖面位置。

（2）绘制地形剖面。

（3）绘制地质剖面。

（4）整饰图件。

10.1.2　绘制图切地质剖面图

芳草河地形地质图

【例 10.1】图 10.1.2 为芳草河地形地质图，该图文件类型为“*.jpg”，剖面线 *AB* 已经布置在图中，现需使用 AutoCAD 绘制比例尺为 1∶5 000 的芳草河 *AB* 地质剖面图。

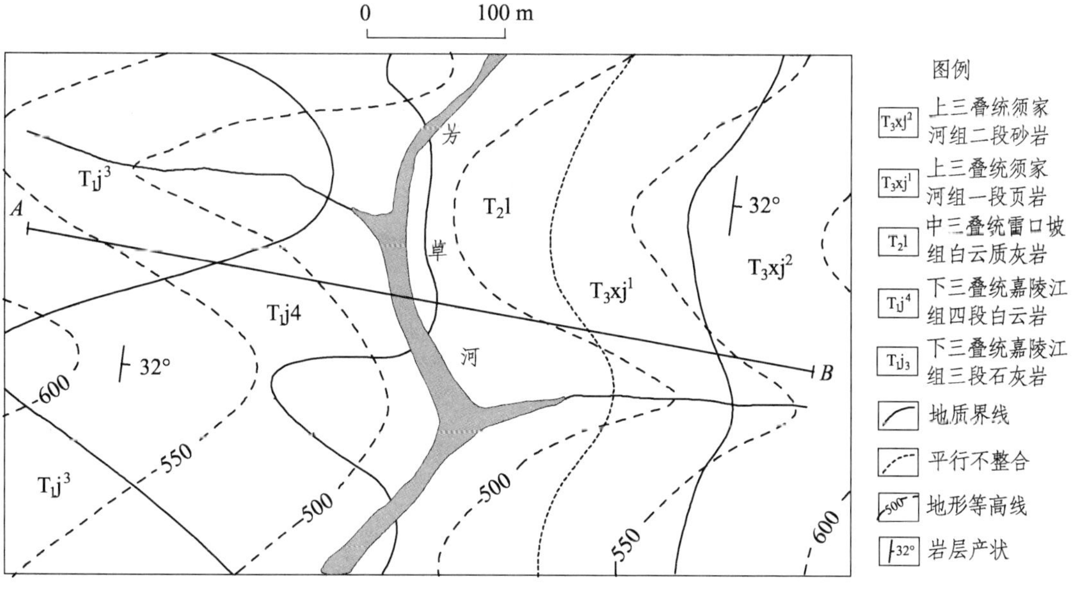

图 10.1.2　芳草河地形地质图

1. 保存图形文件

在桌面上鼠标左键双击 AutoCAD 2021 快捷方式图标，启动 AutoCAD 2021 程序。

启动 AutoCAD 2021 程序后，首先应保存并命名新建的图形文件。单击快速访问工具栏中的“保存”按钮，在弹出的“图形另存为”对话框中指定图形文件的存放路径，并将其文件名命名为“芳草河 *A*—*B* 地质剖面图.dwg”，单击“保存”按钮。

注意：在后续的绘图过程中，应随时对文件进行保存，以避免因断电、死机等原因导致已绘制的图件丢失。

2. 设置图层

文件新建之后，就要设置图层，以提高绘图效率。

新建图层：使用命令“LA”，打开“图层特性管理器”对话框，在该对话框内通过单击“新建图层”按钮新建图层。需要新建的图层有：地层界线、地形辅助线、地形线、地质界线辅助线、底图、平行不整合、图例、图名、比例尺、地名、岩层产状、剖面方向、岩性花纹、地层代号、责任表与图框、坐标轴（图 10.1.3）。

图层颜色设置：地层界线图层、平行不整合图层的颜色为蓝色，地形线图层的颜色为红色，其他图层的颜色为白色。

图层线型设置：平行不整合图层、地名图层的线型设置为“DASHED2”，其他图层的线型设置为“Continuous”。

图层线宽设置：0 图层采用默认线宽，地形线图层、地层界线图层、平行不整合图层的线宽设置为 0.60 mm，其他各图层的线宽设置为 0.30 mm。

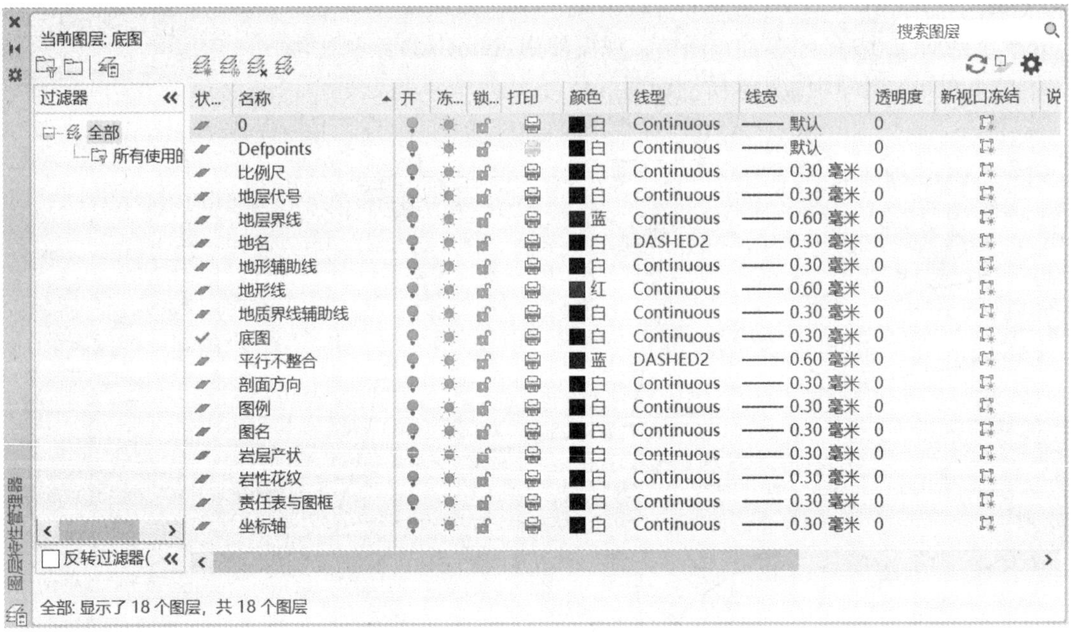

图 10.1.3 “图层特性管理器”设置

3. 定义文字样式

绘图过程中需要使用的文字有：中文、字母及数字。其中中文采用长仿宋体形体字“gbcbig.shx”，字母和数字采用西文正体的形体字“gbenor.shx”。

设置过程：在“格式”菜单中选择“文字样式”，打开“文字样式”对话框。在该对话框中，设置“SHX 字体”为“gbenor.shx”，“大字体”为“gbcbig.shx”（图 10.1.4）。

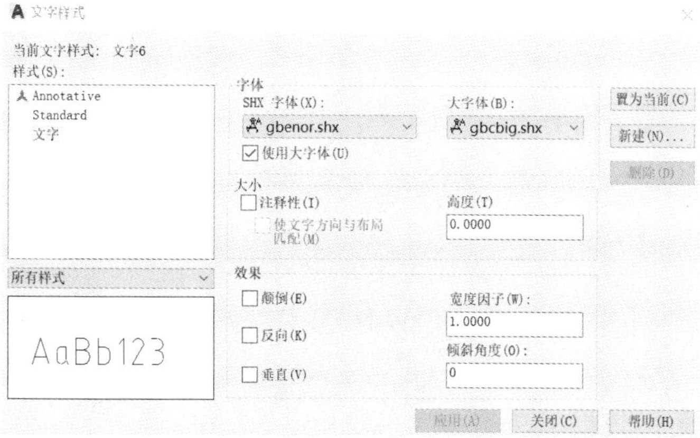

图 10.1.4　在“文字样式”对话框中设置文字样式

4. 插入底图

上述步骤完成之后，便可以在绘图区内插入底图。

（1）在 AutoCAD 2021 功能区“默认”选项卡“图层”面板中，设置底图图层为当前图层（图 10.1.5）。

图 10.1.5　在“图层”面板中设置底图图层为当前图层

（2）单击功能区“插入”选项卡，在“参照”面板中单击“附着”按钮，然后在弹出的“选择参照文件”对话框（图 10.1.6）中指定底图文件所在的目录，并在相应目录中找到该文件（芳草河地形地质图.jpg），双击该文件即可打开“附着图像对话框”（图 10.1.7），在该对话框中直接单击“确定”按钮，随后该对话框将自动关闭。

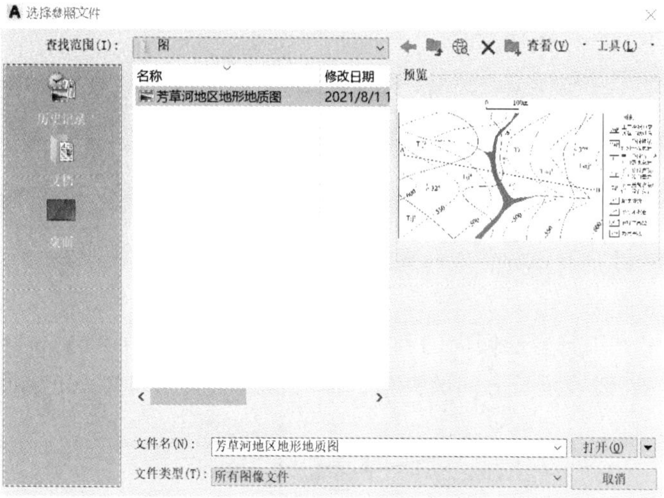

图 10.1.6　“选择参照文件”对话框

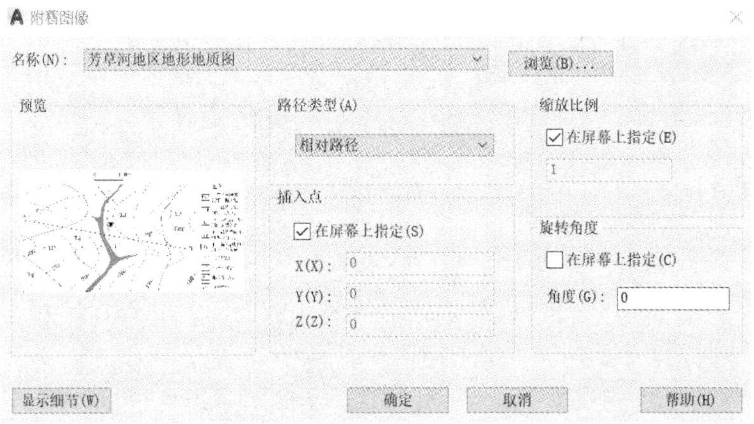

图 10.1.7　“附着图像”对话框

（3）“附着图像对话框”关闭后，依据命令行提示进行如下操作：

```
指定插入点 <0,0>:                                //在绘图区任意一点单击鼠标左键
基本图像大小：宽：329.579102，高：173.594894，Millimeters    //信息提示行
指定缩放比例因子或 [单位(U)] <1>:           //按空格键，使用默认缩放比例因子 1
```

（4）移动光标至绘图区，双击鼠标转轮，将底图完全显示在窗口中。

5. 测量岩层倾向与剖面方向

测量岩层倾向及剖面方向，即是确定岩层倾向、剖面方向分别与正北方向之间的夹角。“芳草河地形地质图”中没有标注方位指示图标，即默认沿图框向上为正北方向。

（1）岩层倾向的确定。

“芳草河地形地质图”中共有两处标有岩层产状符号，现以右上方的产状为例介绍其倾向的确定方法。

先使用直线绘制命令“L”，在产状符号右侧的竖向边框上绘制一条与该边框重合的线段；然后使用直线绘制命令“L”，在产状符号上沿倾向方向绘制一条线段，并使用延伸命令“EX”，使该线段延伸至之前绘制的竖线；最后使用角度标注命令“DAN”，标注竖线与倾向之间的夹角，可得岩层倾向为 98°（图 10.1.8）。

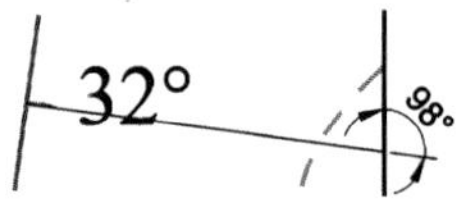

图 10.1.8　岩层倾向的确定

同样，也可以测得右下角的岩层倾向为 98°。

（2）剖面方向的确定。

剖面方向的确定方法与岩层倾向的确定方法相同，将 *AB* 剖面线延长至竖直边框，测量竖直边框向上方向与 *AB* 线段延长方向的夹角，即可得到剖面方向为 100°（图 10.1.9）。

图 10.1.9　剖面方向的确定

6. 缩放底图

“芳草河地形地质图”的比例尺为线段比例尺，为了绘图方便，需要将图形缩放至 1∶1 000 的比例尺，即图上 1 mm 表示实际距离 1 m。

操作过程：

（1）使用直线绘制命令“L”，从线段比例尺的左端点（0 处）开始向右沿着线段比例尺的延伸方向绘制一条长度为 100 个单位的线段（图 10.1.10）。

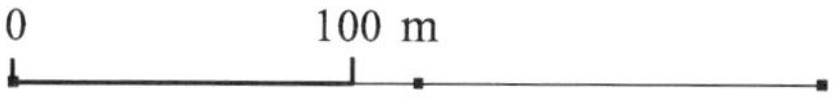

图 10.1.10　绘制长度为 100 的线段

（2）使用缩放命令“SC”，采用“参照”方式对底图进行缩放，操作命令如下：

在“草图设置”对话框的“对象捕捉”选项卡中，勾选“端点”，并开启对象捕捉按钮。

```
命令行内输入命令：SC                                    //输入缩放命令,按空格键
选择对象：                                                    //光标选中底图
选择对象：找到 1 个                                          //信息提示行
选择对象：                                                      //按空格键
指定基点：                  //光标移至线段比例尺的左端点（0 处），单击鼠标左键
指定比例因子或 [复制(C)/参照(R)]: r                       //输入 r，按空格键
指定参照长度 <1.0000>:
                            //光标移至线段比例尺的左端点（0 处），单击鼠标左键
指定第二点：
    //关闭对象捕捉按钮，光标移至线段比例尺的右端点（100 m 处），单击鼠标左键
指定新的长度或 [点(P)] <1.0000>:
        //开启对象捕捉按钮，光标移至操作（1）中绘制线段的右端点，单击鼠标左键
```

7. 旋转底图

图中剖面线 *AB* 为一倾斜线段，因此需要将图形进行旋转，使剖面线 *AB* 处于水平位置。

使用旋转命令“RO”，采用“参照”方式对底图进行旋转，操作命令如下：

```
命令行内输入命令：RO                                    //输入旋转命令,按空格键
UCS 当前的正角方向： ANGDIR=逆时针  ANGBASE=0                  //信息提示行
选择对象：                                                    //光标选中底图
选择对象：找到 1 个                                          //信息提示行
选择对象：                                                      //按空格键
指定基点：                          //光标移至 AB 剖面线的 A 端点，单击鼠标左键
指定旋转角度，或 [复制(C)/参照(R)] <0>:  r                  //输入 r，按空格键
指定参照角 <0>:                      //光标移至 AB 剖面线的 A 端点,单击鼠标左键
指定第二点：                         //光标移至 AB 剖面线的 B 端点,单击鼠标左键
指定新角度或 [点(P)] <0>:
                       //开启正交开关，光标移至整个图形右侧，单击鼠标左键
```

图 10.1.11 为底图旋转后的情况。

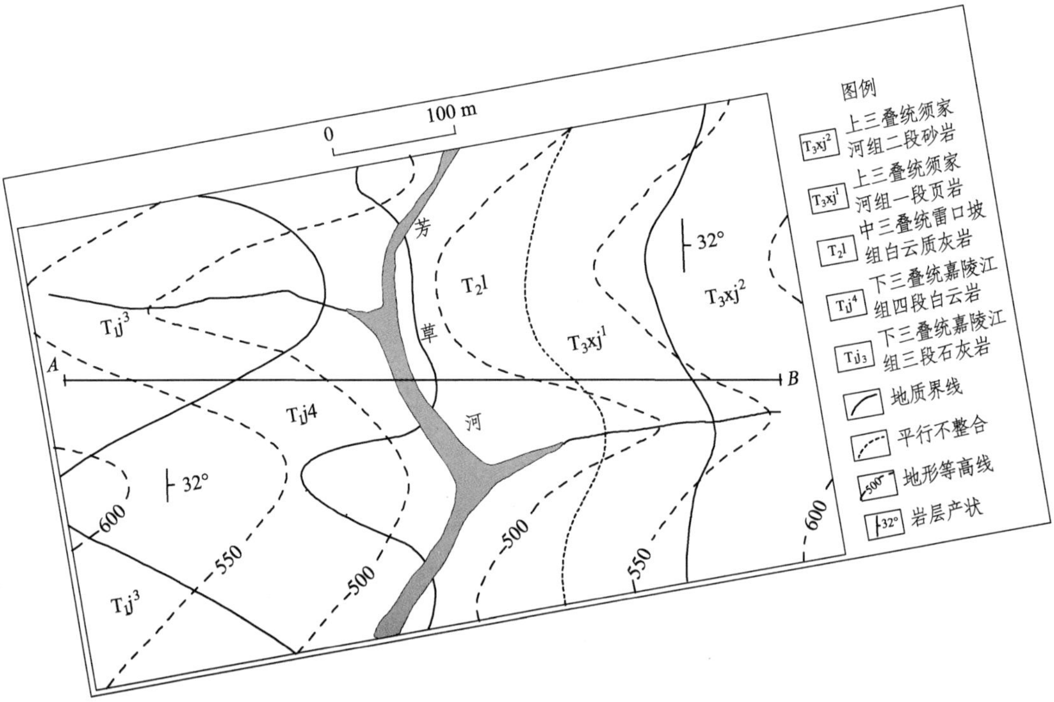

图 10.1.11　旋转后的底图

8. 绘制地形线

将剖面线与地形等高线的交点的投影进行连接，便可以得到地形线。当等高线间距较大时，为了能更准确地绘制地形，还需要结合其他地貌（如河流）分析地形等高线的变化趋势，进而对一些重要点的高程进行推测并投影。

“芳草河地形地质图”中，有 3 个重要的点需要推测其高程，分别是剖面线的 *A* 端、*B* 端、芳草河河床中点。根据剖面线的 *A* 端、*B* 端与周围地形等高线的关系，可以推测 *A* 端的高程约为 570 m，*B* 端的高程约为 560 m；剖面线经过的芳草河河床中点为该剖面上的最低点，其河床中点高程高于 450 m，低于 500 m，因此推测岸边高程约为 470 m，河床中点高程约为 467 m。

在上述分析的基础上，便可分 2 个步骤绘制地形线：

（1）地形投影线的绘制。

设置地形辅助线图层为当前图层，开启“正交”开关，从左向右依次找到剖面线与地形等高线的交点及上述高程推测点，分别以各点为起点，使用直线绘制命令“L”，向上按相应等高线的数值（或高程推测值）绘制线段长度，即可得到地形投影线。绘制结果见图 10.1.12 中的竖直线段。

（2）地形线的绘制。

设置地形线图层为当前图层，开启“对象捕捉”开关，关闭“正交”开关，使用样条曲线绘制命令“SPL”，从左向右依次连接上述地形投影线的上部端点，即得到地形线（图 10.1.12）。

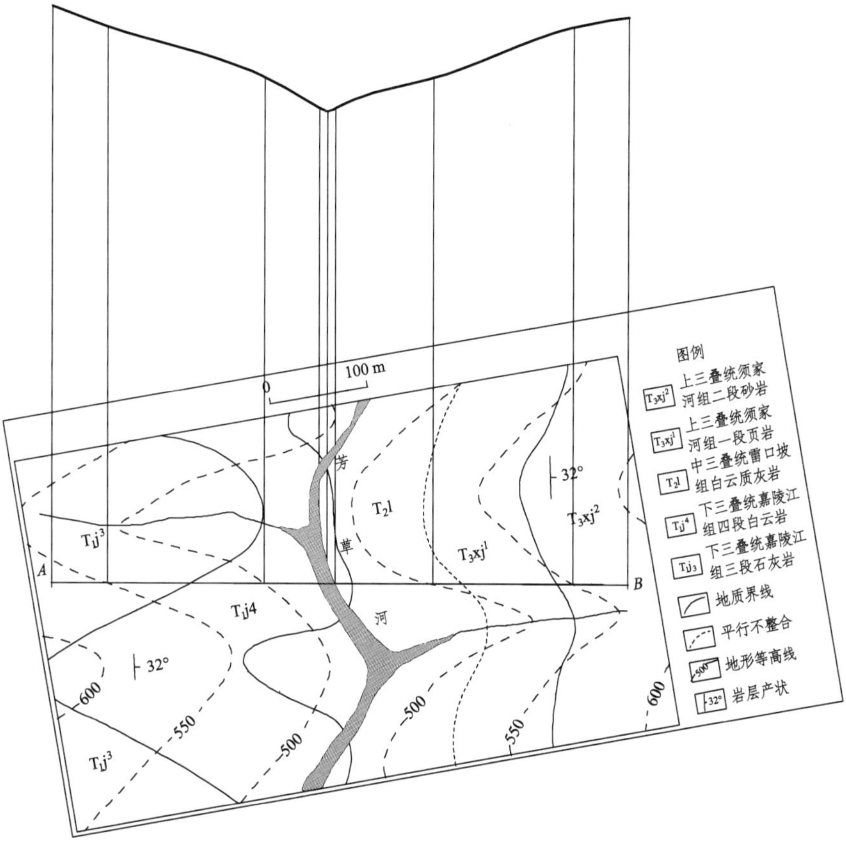

图 10.1.12　地形线的绘制过程

9. 绘制地质界线

将剖面线与地质界线（地层界线、不整合线、断层线等）的交点投影至地形线上，然后根据其附近产状便可绘制出地质界线。

绘制地质界线时，当剖面线与岩层走向斜交时，地质界线的倾斜角度采用岩层的视倾角绘制，当剖面线与岩层走向垂直时，使用真倾角绘制。

地质界线的绘制可分 4 个步骤进行：

（1）地质界线投影线的绘制。

设置地质界线辅助线图层为当前图层，关闭地形辅助线图层，开启“正交”开关，从左向右依次找到剖面线与地质界线的交点，分别以各交点为起点，使用构造线绘制命令“XL”，绘制垂直构造线，见图 10.1.13 中的 4 条垂直构造线。

（2）图形单位的设置。

由于在 *AB* 剖面上岩层向 *B* 端倾斜，因此在绘制地质界线前，需进行如下设置：使用单位命令“UN”，打开“图形单位”对话框，在弹出的对话框中，勾选“顺时针”复选框；单击“方向”按钮，在弹出的“方向控制”对话框中将“基准角度”设置为东。

（3）地质界线的绘制。

图中的地质界线类型有两种：地层界线和平行不整合线。这两者的绘制方法相同，仅线型不一样，因此下面仅对地层界线的绘制方法进行说明。

在“草图设置”对话框的“对象捕捉”选项卡中，勾选“交点”，开启“对象捕捉”开关，并关闭“正交”开关。设置地层界线图层为当前图层，从左向右依次找到构造线与地形线的交点，分别以各交点为起点，使用直线绘制命令“L”，根据岩层的倾角（由于图中岩层走向与剖面线基本垂直，这里使用真倾角），用相对极坐标的方式（如：@200<32），绘制地层界线（图 10.1.13）。

（4）调整地质界线的长度。

使用偏移命令“O”，将地形线分别向下偏移 50、65、80 个单位，并将偏移后所绘制的 3 条曲线的图层设置为 0 图层；然后将组之间的界线，延伸（EX）或修剪（TR）至最下面的一条曲线（偏移 80 个单位的曲线）；将段之间的界线，延伸（EX）或修剪（TR）至刚偏移绘制的第 2 条曲线（偏移 65 个单位的曲线）。如图 10.1.14 所示。

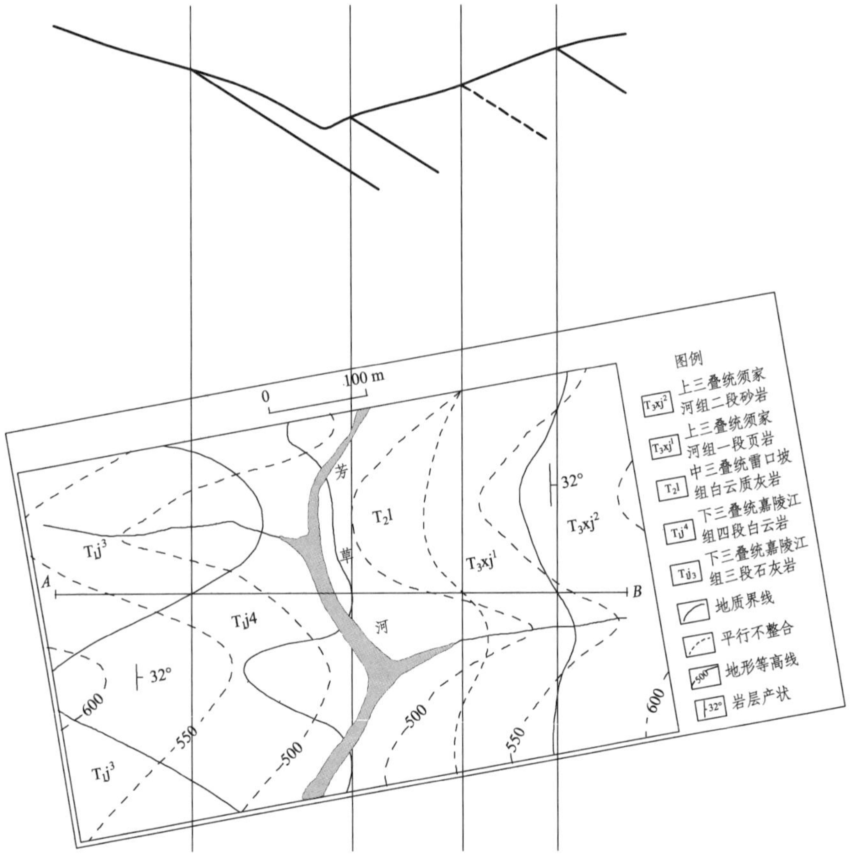

图 10.1.13　地质界线的绘制过程

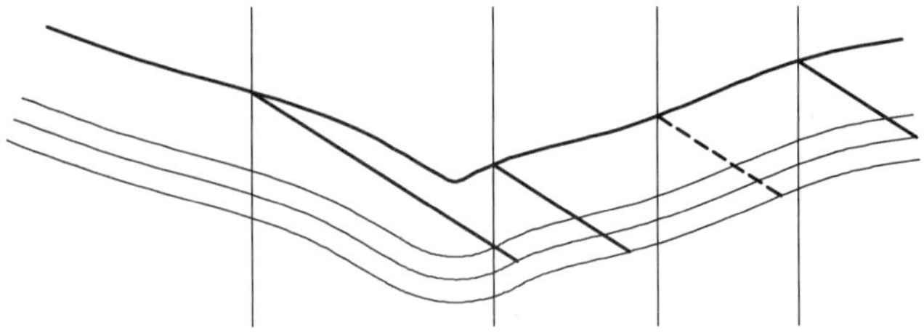

图 10.1.14　调整地质界线的长度

10. 绘制地层代号

删除图 10.1.14 中最下面的两条曲线，并关闭地质界线辅助线图层；然后设置地层代号图层为当前图层，在相应地层下方使用多行文字命令“T”绘制地层代号，如图 10.1.15 所示。

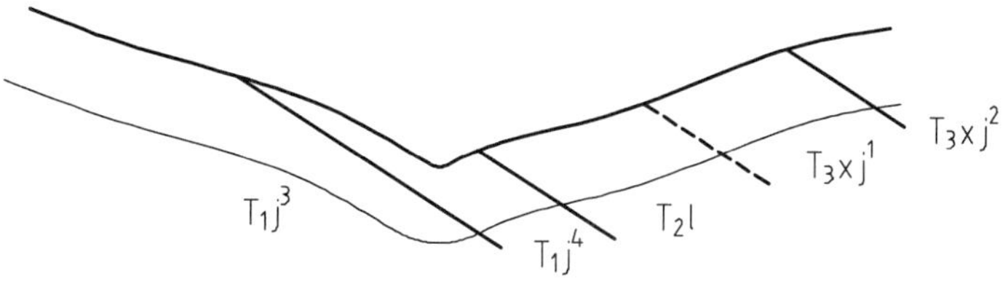

图 10.1.15　绘制地层代号

11. 绘制坐标轴

坐标轴的绘制步骤如下：

（1）描绘 *AB* 剖面线。

设置坐标轴图层为当前图层，开启“正交”开关，使用直线绘制命令“L”沿底图上的 *AB* 剖面线绘制一条线段。

（2）绘制左侧纵坐标轴轴线。

开启“对象捕捉追踪”开关，使用直线绘制命令“L”，以 *AB* 剖面线（该直线的标高为 0 m）的 *A* 端为基准，在 *A* 点的正上方绘制线段，该线段的上端到 *A* 点的距离为 600，其长度为 250。

（3）绘制左侧纵坐标轴刻度。

在步骤（2）绘制的垂直线段的上端点，用直线绘制命令“L”绘制长度为 10 的水平线段（刻度线），然后使用偏移命令“O”，将该水平线段向下按 50 的偏移距离进行偏移，直到垂直线段的底端也绘制出水平线为止，并从上向下在刻度线旁标注文字 600、550、500、450、400、350。如图 10.1.16 中的左侧纵坐标轴。

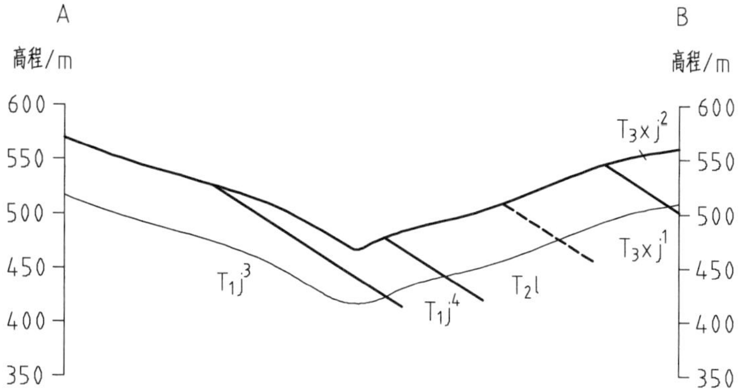

图 10.1.16　绘制坐标轴

（4）完善左侧纵坐标轴的标注。

在左侧纵轴的上方标注文字“高程（m）”，在“高程（m）”上面标注文字“A”。

（5）绘制右侧纵坐标轴。

使用镜像命令“MI”，以 *AB* 剖面线中点及其正上方任一点为镜像线的两个点，将左侧坐标轴镜像到剖面右侧，并将右侧坐标轴上方的文字“A”改为“B”。如图 10.1.16 中的右侧纵坐标轴。

（6）修饰坐标轴。

使用修剪命令“TR”，将剖面内超出纵坐标轴外侧的线段修剪掉；并使用移动命令“M”，将位于纵坐标轴外侧的地层代号移至剖面内。

12. 绘制岩性花纹

根据底图的图例可知，需要绘制的岩性花纹有：石灰岩、白云岩、白云质灰岩、页岩、砂岩。其中，石灰岩、页岩可以直接使用 AutoCAD 系统自带的图案进行填充，白云岩、白云质灰岩、砂岩可以在填充系统自带的图案的基础上进行补充绘制。

绘制岩性花纹时，需设置岩性花纹图层为当前图层，并在“图形单位”对话框中设置角度的旋转方向为逆时针，基准角度为东，然后使用图案填充命令“H”进行填充，最后补充绘制系统中没有的花纹图案。

各岩性花纹的绘制方案如下：

- 石灰岩：填充 AR-B816 图案，填充图案角度为 328，填充图案比例为 0.07。
- 页岩：填充 ANSI31 图案，填充图案角度为 283，填充图案比例为 1.5。
- 砂岩：填充 ANSI31 图案，填充图案角度为 283，填充图案比例为 4；在填充的相邻线条之间绘制半径为 0.75 的圆，并用 SOLID 实体填充该圆，然后将该填充的圆按 10 的间距沿地质界线方向以复制方式绘制其他圆。
- 白云岩：填充 ANSI31 图案，填充图案角度为 283，填充图案比例为 4；在填充的相邻线条之间绘制双斜线，并沿地质界线方向以复制方式绘制其他双斜线。
- 白云质灰岩：填充 AR-B816 图案，填充图案角度为 328，填充图案比例为 0.07；在填充的矩形图案内绘制双斜线，并沿地质界线方向以复制方式绘制其他双斜线。

岩性花纹绘制完毕后，关闭 0 图层。绘制结果见图 10.1.17。

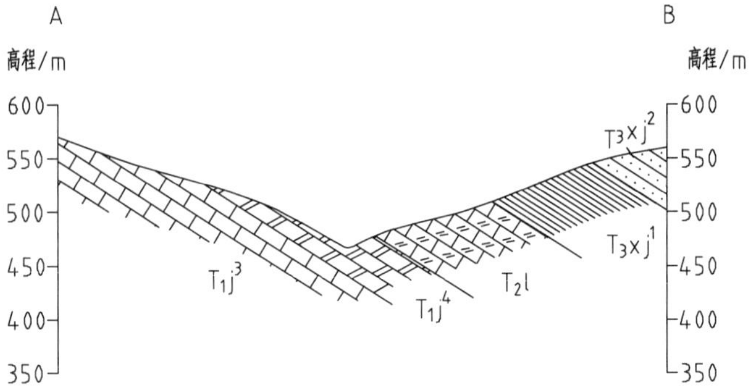

图 10.1.17　绘制岩性花纹

13. 绘制产状

设置岩层产状图层为当前图层，根据地形地质图上岩层产状的位置，在地质剖面图中的相应位置，使用多行文字命令“T”、绘制直线命令“L”等命令绘制岩层产状，如图 10.1.1 中的岩层产状。

14. 绘制剖面方向

设置剖面方向图层为当前图层，使用绘制直线命令“L”、多行文字命令“T”在地形线右上方绘制剖面方向，如图 10.1.1 中的剖面方向。

15. 绘制地名

设置地名图层为当前图层，根据地形地质图上芳草河所在的位置，在地质剖面图中的相应位置，使用绘制直线命令“L”、多行文字命令“T”绘制地名“芳草河”，如图 10.1.1 中的地名。

16. 绘制图名

设置图名图层为当前图层，使用多行文字命令“T”在地形线正上方绘制图名“芳草河 *A*—*B* 地质剖面图”，如图 10.1.1 中的图名。

17. 绘制比例尺

设置比例尺图层为当前图层，使用多行文字命令“T”、绘制直线命令“L”在图名正下方绘制比例尺，如图 10.1.1 中的比例尺。

18. 绘制图例

图例绘制在剖面图的左下方（图 10.1.1），绘制步骤如下：

（1）设置图例图层为当前图层。

（2）使用矩形绘制命令“REC”绘制一个长 60、宽 40 的矩形。

（3）使用阵列绘制命令“AR”，以步骤（2）绘制的矩形为基础，生成 2 行 7 列的矩形阵列，行间距为 80，列间距为 90。

（4）使用多行文字命令“T”，填充命令“H”、直线绘制命令“L”、复制命令“CO”等在矩形框内绘制图例符号。

（5）使用多行文字命令“T”、复制命令“CO”在矩形框下方绘制图例名称，并在左侧绘制“图例”。

19. 绘制责任表及图框

设置责任表与图框图层为当前图层，使用插入表格命令“TABLE”绘制责任表，然后使用矩形绘制命令“REC”绘制图框，并在“特性”对话框里将矩形的“全局宽度”设置为 0.3，如图 10.1.1 所示。

20. 整饰图件

将地形线、地层界线、平行不整合线的颜色均设置为白色，并参照图 10.1.1 所示的地质剖面图格式，调整各内容的位置，使布局美观。

21. 缩放比例

上述地质剖面图是为了绘图方便，在 1∶1 000 的比例尺下绘制的，题目要求绘制 1∶5 000 的地质剖面图，因此使用缩放命令“SC”，将整幅剖面图缩放为 0.2 倍即可。

22. 打印出图

打印导出图片的步骤：

（1）使用距离测量命令“DI”，量得图框的宽和高，以便步骤（3）自定义图纸尺寸时使用。

（2）按“Ctrl+P”组合键，打开“打印-模型”对话框，在“打印机/绘图仪”的“名称”下拉列表中选择“PublishToWeb PNG.pc3”，然后单击后面的“特性”按钮，打开“绘图仪配置编辑器”对话框。

（3）在“绘图仪配置编辑器”对话框的“设备和文档设置”选项卡中，选择“自定义图纸尺寸”，并单击下方的“添加”按钮，然后按照“自定义图纸尺寸”向导的提示完成相应设置。

（4）在“打印-模型”对话框中，选择自定义的图纸尺寸；通过“窗口”方式选择打印范围；勾选“居中打印”复选框；设置好“图形方向”。

（5）上述步骤设置完成后，在“打印-模型”对话框中，单击“确定”按钮即可打印出图片。

新集地形地质图

10.1.3 练 习

1. 绘制图 10.1.2 中的 *A—B* 地质剖面图，比例尺为 1∶5 000。
2. 绘制图 10.1.18 中的 *A—B* 地质剖面图，比例尺为 1∶10 000。

新集地形地质图

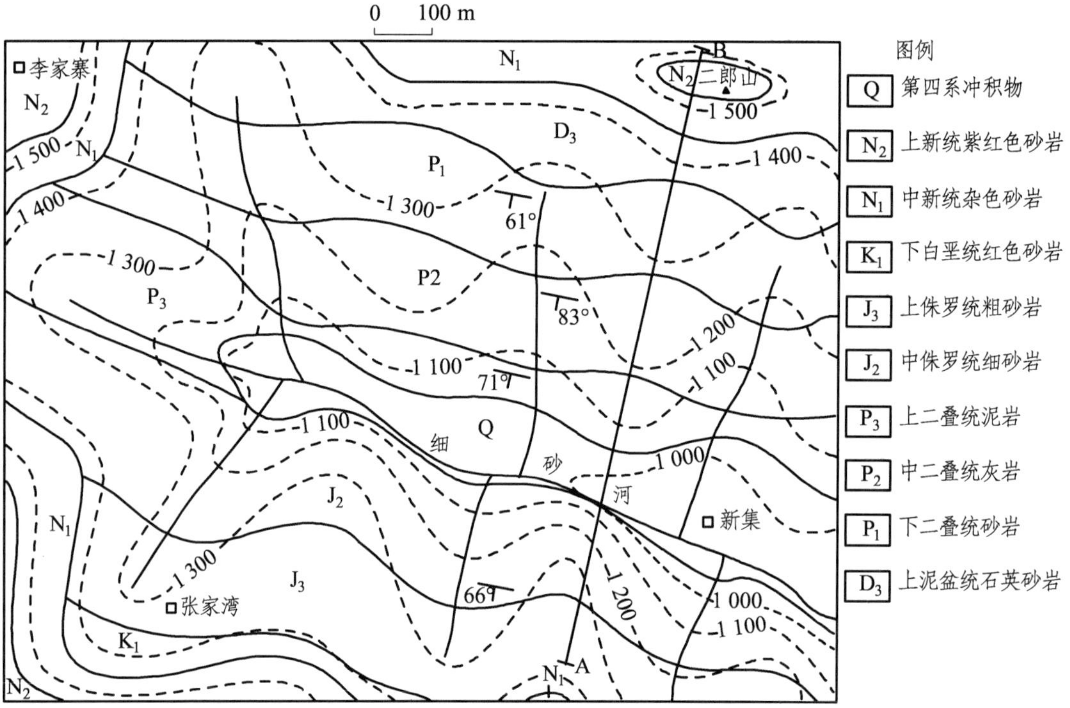

图 10.1.18 新集地形地质图

10.2 钻孔柱状图的绘制

长风破浪会有时，直挂云帆济沧海。——李白

10.2.1 钻孔柱状图概述

1. 钻孔柱状图的概念

钻孔柱状图是根据钻孔现场编录数据绘制的一种柱状图。它是按岩层由浅入深的顺序及岩层的视厚度编制而成（图 10.2.1），能够有效反映钻孔地层、岩性、厚度、岩体质量、地下水位等重要地质信息，是工程地质勘察、矿产勘探等行业中常用的地质图件。

钻孔柱状图							
项目名称	x镇x村x组x滑坡勘查			勘查单位	xxx地质工程有限公司		
钻孔编号	ZK03	孔口高程/m	409.3	孔口直径/mm	127		
孔口坐标 X=	xxxxxx	开工日期	2020年8月21日	稳定水位深度/m	—		
孔口坐标 Y=	xxxxxx	竣工日期	2020年8月22日	测定水位日期	—		

地质时代	层底高程/m	层底深度/m	分层厚度/m	柱状图 1:100	地层岩性	取样位置	岩芯采取率/% (20 40 60 80)	RQD/% (20 40 60 80)	动探击数(N_{120}) (10 20 30 40)
Q_4^{el+dl}	399.3	10.0	10.0		残坡积层：岩性为粉质黏土，局部夹砂土，棕红色，可塑，湿润，干强度高，切面光滑，韧性好，含10%的砂、泥岩块碎石，粒径2~5 cm，中—强风化，棱角状				
$K_{1}c$	398.6	10.7	0.7		强风化粉砂质泥岩：为紫红色、棕红色，偶见浅黄绿色条带或色斑，成层性较差，一般层理不显，呈强—中风化状态，具粉砂质泥质结构，有易风化、遇水易软化的特点；岩体破碎，呈块状，岩芯较软，锤击声哑，岩体完整程度为破碎，呈短柱状，裂隙不发育	TY01			
	394.9	14.4	3.7		中风化砂岩：多呈浅灰色，多具平行层理构造，层理清楚，岩层夹少量紫红色泥岩，呈中风化状态，岩体完整性较好，多呈长柱状，裂隙不发育				
	394.1	15.2	1.2		粉砂质泥岩：为紫红色、棕红色，偶见浅黄绿色条带或色斑，成层性较差，一般层理不显，中风化状态，具粉砂质泥质结构，有易风化、遇水易软化的特点；岩体较完整，呈长柱状，裂隙不发育	YY01			
	392.8	16.5	2.1		中风化砂岩：多呈浅灰色，多具平行层理构造，层理清楚，岩层夹少量紫红色泥岩，呈中风化状态，岩体完整性较好，多呈长柱状，裂隙不发育				

图 10.2.1　钻孔柱状图

2. 钻孔柱状图的规格和内容

钻孔柱状图一般采用 1∶100 或 1∶200 的比例尺，通常由表头和主体两部分组成。

表头包括图名、项目名称、勘查单位、钻孔编号、孔口高程、孔口直径、孔口坐标、开工日期、竣工日期、稳定水位深度、测定水位日期等（图 10.2.2）。

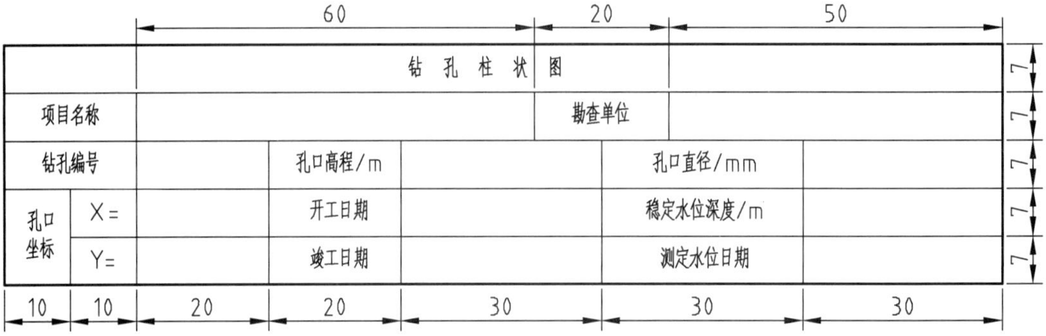

图 10.2.2 表头及其尺寸

主体部分的属性栏包括地层时代、层底高程、层底深度、分层厚度、柱状图、地层岩性、取样位置、*RQD* 值、动探击数等（图 10.2.3）。

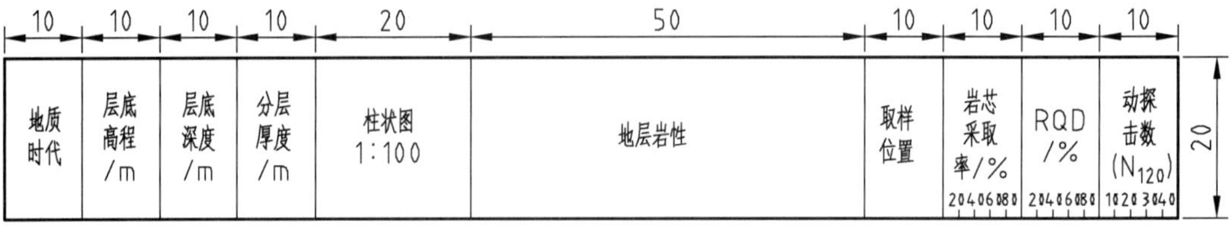

图 10.2.3 属性栏及其尺寸

柱状图栏是将各岩层及其厚度按比例尺缩小，用规定的岩性符号、花纹及接触关系符号，将各岩层按由浅到深的顺序及接触关系依次表示出来。岩性柱的宽度根据所绘柱状图的长度及整个图幅的大小确定，常取 20 mm。

10.2.2 绘制钻孔柱状图

【例 10.2】根据图 10.2.1 钻孔柱状图中的深度数据及其他地质信息，绘制该钻孔柱状图。

1. 新建并保存图形文件

在 AutoCAD 中新建图形文件，并将文件名命名为“钻孔柱状图.dwg”。

2. 设置图层

使用命令“LA”，打开“图层特性管理器”对话框，在该对话框内通过单击“新建图层”按钮新建图层。需要新建的图层有：图形、文字、岩性花纹。图形图层的线宽设置为 0.30 mm，其他相关设置采用默认值。

3. 定义文字样式

打开“文字样式”对话框，分别新建 3 个文字样式：①“宋体 1”样式，设置“字体名”为“宋体”，宽度因子为“0.8”；②“宋体 2”样式，设置“字体名”为“宋体”，宽度因子为

"0.7"；③"宋体 3"样式，设置"字体名"为"宋体"，宽度因子为"1"。

4. 绘制表头表格

（1）设置"图形"图层为当前图层，开启"正交"开关，使用构造线命令"XL"分别绘制一条水平线和竖直线。

（2）使用偏移命令"O"，以偏移距离 7，将水平线向下偏移产生 5 条间距为 7 的水平线。

（3）使用偏移命令"O"，将竖直线向右依次偏移产生彼此间距为 10、10、20、20、30、30、30 的竖直线。

（4）使用修剪命令"TR"，按图 10.2.2 所示，将多余的线修剪掉。

（5）使用偏移命令"O"，将距离最左侧竖线 20 的竖直线，向右依次偏移产生彼此间距为 60、20 的竖直线；然后使用修剪命令"TR"，将多余的线修剪掉，得到表头表格（图 10.2.4）。

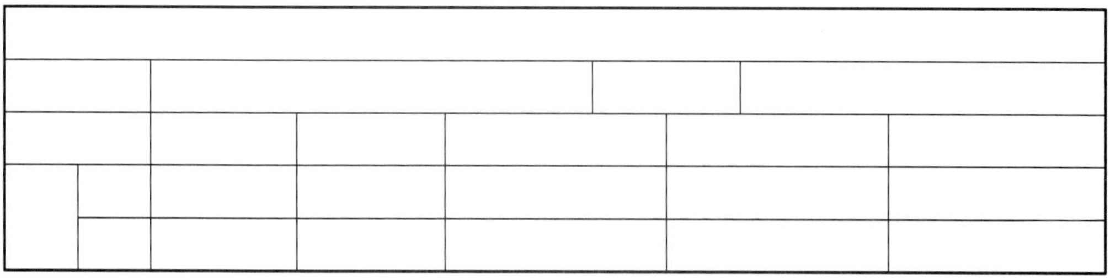

图 10.2.4　表头表格

5. 绘制属性栏表格

（1）开启对象捕捉，使用射线命令"ARY"，以表头表格的左下角为起点，绘制竖直向下延伸的射线。

（2）使用偏移命令"O"，将刚绘制的竖直射线向右依次偏移产生彼此间距为 10、10、10、10、20、50、10、10、10、10 的竖直射线。

（3）使用偏移命令"O"，将表头表格底部的水平直线向下偏移 20，即可绘制出属性栏表格（图 10.2.5）。

（4）使用直线命令"L"，在属性栏右侧绘制长度为 1 的竖直直线，并使用偏移命令"O"，以偏移距离 2，即可绘制出属性栏表格右下角处的刻度（图 10.2.5）。

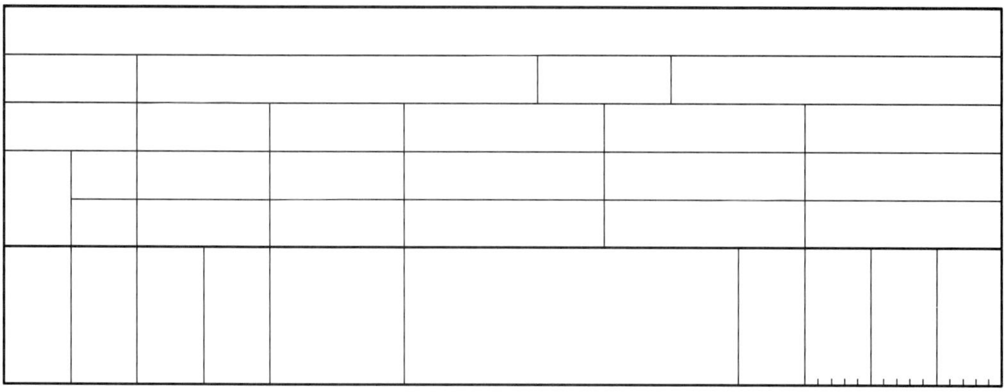

图 10.2.5　绘制属性栏表格

6. 填写表头及属性栏文字

分别设置“文字”图层为当前图层，“宋体 1”为当前文字样式。使用多行文字命令“T”，以文字高度 3.5，在图名区域标注“钻孔柱状图”；以文字高度 1，在属性栏中刻度的上方注明刻度值；以文字高度 2.5，在表头与属性栏表格的其他区域注明相应文字，如图 10.2.6 中的表头及属性栏。

7. 绘制分层线

设置“图形”图层为当前图层，使用偏移命令“O”，选择属性栏表格底部的水平线，向下偏移 100 mm，得到第一层的底部界线。然后继续使用偏移命令“O”，选择刚偏移得到的第一层的底部界线，向下偏移 7 mm，得到第二层的底部界线。重复上述操作，直到绘制出最后一层的底部界线，如图 10.2.6 所示。

最后，使用修剪命令“TR”，将“取样位置”栏及其右侧各栏中的水平线段修剪掉；并根据各地层底界深度，将“地质时代”栏中多余的横线修剪掉。

注意：偏移距离需要根据岩层厚度按照比例尺计算得到。例如，比例尺为 1∶100，岩层厚度为 10 m，则偏移距离为 10・1/100・1 000 mm，即 100 mm。

8. 绘制岩性柱

设置“岩性花纹”图层为当前图层，根据各层的岩性，使用填充命令“H”在“柱状图”栏绘制岩性花纹，如图 10.2.7 所示。当没有现成的填充花纹时，可使用多段线、圆等绘图命令进行绘制，然后使用复制命令“CO”绘制重复的岩性花纹。

9. 填写文字

设置“文字”图层为当前图层，使用多行文字命令“T”，以文字高度 2.5，在岩性柱两侧的“地质时代”栏、“层底高程”栏、“层底深度”栏、“分层厚度”栏、“地层岩性”栏中根据地质资料信息填写相应文字（图 10.2.1），其中“地层岩性”栏使用文字样式“宋体 2”，“地质时代”栏使用文字样式“宋体 3”，其余栏使用文字样式“宋体 1”。

注意：当分层线之间的距离较短，无法放置文字时，可适当调整相应水平直线的位置，使文字能够放置在其中，但岩性柱中分层线的位置不能修改。水平直线的位置调整后，用一条倾斜线段将其与岩性柱中对应的分层线相连，如图 10.2.1 中的“地层岩性”栏。

10. 绘制取样位置及编号

设置“图形”图层为当前图层，根据取样的顶底深度，在“取样位置”栏中的相应位置分别使用直线命令“L”绘制两条水平直线；然后设置“文字”图层为当前图层，使用单行文字命令“DT”，以文字高度 2.5，文字样式“宋体 1”，在刚绘制的两条水平直线之间注明取样编号，如图 10.2.1 所示。

11. 绘制岩芯采取率折线

设置“图形”图层为当前图层，开启“正交”开关，使用多段线命令“PL”，根据各回次深度及岩芯采取率绘制岩芯采取率折线，如图 10.2.1 所示。

钻孔柱状图									
项目名称		x镇x村x组x滑坡勘查			勘查单位	xxx地质工程有限公司			
钻孔编号		ZK03		孔口高程/m	409.3	孔口直径/mm		127	
孔口坐标	X=	xxxxxx		开工日期	2020年8月21日	稳定水位深度/m		—	
	Y=	xxxxxx		竣工日期	2020年8月22日	测定水位日期		—	
地质时代	层底高程/m	层底深度/m	分层厚度/m	柱状图 1:100	地层岩性	取样位置	岩芯采取率/% 20 40 60 80	RQD/% 20 40 60 80	动探击数 (N_{120}) 10 20 30 40

图 10.2.6　绘制分层线

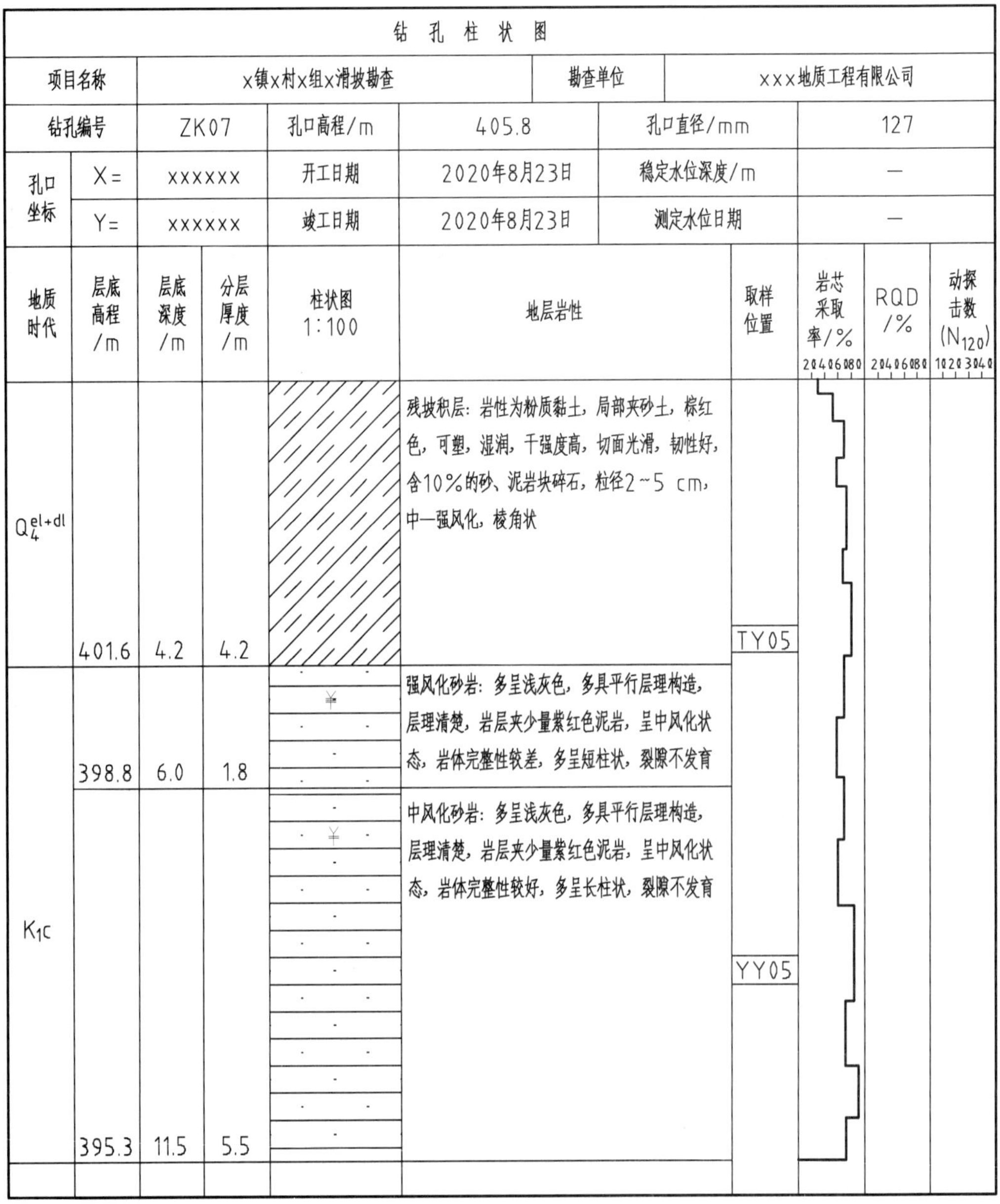

图 10.2.7　钻孔柱状图

12. 整饰图件

使用直线命令“L”，在最后一层岩层底部之下适当距离处绘制水平线作为整个图形的底界；然后使用修剪命令“TR”，将超出底部水平线的竖直射线修剪掉。

13. 打印出图

按照 10.1 节所述的打印出图步骤导出图片。

10.2.3　练　习

1. 根据图 10.2.1 中的数据及地质信息，绘制该钻孔柱状图，比例尺为 1∶100。

2. 根据图 10.2.7 中的数据及地质信息，绘制该钻孔柱状图，比例尺为 1∶100。

10.3　极射赤平投影图的绘制

青春须早为，岂能长少年。——孟郊

10.3.1　极射赤平投影概述

极射赤平投影简称赤平投影，它是利用球体作为投影工具，将物体在三维空间的几何要素（比如线、面）投影到二维平面上的一种方法。运用赤平投影方法，能够解决地质构造的几何形态和应力分析等方面的许多实际问题，因此它是研究地质构造的一种有效手段。

赤平投影分为上半球投影和下半球投影。在工程地质中，常使用上半球投影来评价岩质边坡的稳定性及渗透性。上半球投影是指一切通过球心的面和线延伸至球面，在球面上形成大圆和点，以球的下极射点与上半球面上的大圆和点相连，将大圆和点投影到赤平面（过投影球心的水平面）上的投影。

如图 10.3.1 所示，一产状为 205°∠25°的平面经过球心，且与上半球面相交为大圆弧 *ABCD*，以下半球极点 *F* 为极射点，*ABCD* 弧在赤平面上的投影为 *AB'C'D* 弧。投影圆弧的弦的方位角表示空间平面的走向，弧顶指向基圆（赤平面与投影球面的交线）圆心 *O* 的方位代表空间平面的倾向，弧顶距基圆的角距为空间平面的倾角。

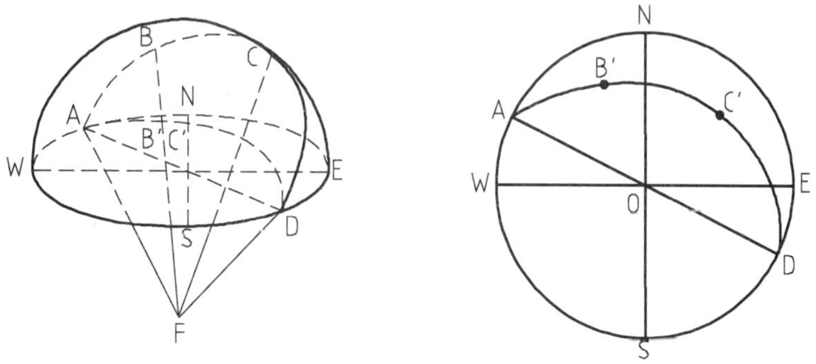

（a）上半球赤平投影　　（b）赤平投影平面图

图 10.3.1　平面的赤平投影

圆弧弧顶至基圆圆心的距离 d 与倾角 α 的关系式如下：

$$d=R\tan(45^\circ\ \ 0.5\alpha) \tag{10.3.1}$$

式中，R 为基圆半径，α 为平面的倾角。

10.3.2　绘制极射赤平投影图

【例 10.3】图 10.3.2 是产状为 126°∠60°的坡面及产状为 95°∠35°的结构面的赤平投影。现使用 CAD 根据平面的产状绘制该图。

1. 新建并保存图形文件

新建图形文件，并将文件名命名为“赤平投影图.dwg”。

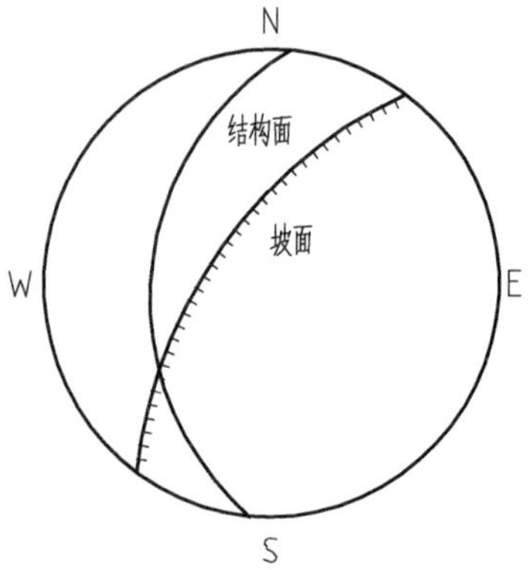

图 10.3.2　赤平投影

2. 设置图层

新建图层：使用命令“LA”，打开“图层特性管理器”对话框，在该对话框内通过单击“新建图层”按钮 新建图层。需要新建的图层有：图形、直径、辅助线、文字。图形图层的线宽设置为 0.30 mm，其他相关设置采用默认值。

3. 定义文字样式

打开“文字样式”对话框，在该对话框中，设置“SHX 字体”为“gbenor.shx”，“大字体”为“gbcbig.shx”。

4. 绘制基圆

设置“图形”图层为当前图层，使用圆命令“c”绘制半径为 50 的圆，操作命令如下：

```
命令行内输入命令: C                                      //输入绘制圆命令，按空格键
指定圆的圆心或 [三点(3P)/两点(2P)/切点、切点、半径(T)]:
指定圆的半径或 [直径(D)] <50.0000>: 50                        //输入半径，按空格键
```

5. 绘制基圆直径

开启对象捕捉，并在对象捕捉设置中勾选“象限点”。

设置“直径”图层为当前图层，使用直线命令“L”在基圆内绘制出水平直径和竖直直径，操作命令如下：

```
命令行内输入命令: L                                    //输入绘制直线命令，按空格键
指定第一个点:                               //鼠标移至圆的上象限点，单击鼠标左键
指定下一点或 [放弃(U)]:                     //鼠标移至圆的下象限点，单击鼠标左键
指定下一点或 [放弃(U)]:                                                //按空格键
命令行内输入命令:                                   //按空格键，重复上一次直线命令
指定第一个点:                               //鼠标移至圆的左象限点，单击鼠标左键
指定下一点或 [放弃(U)]:                     //鼠标移至圆的右象限点，单击鼠标左键
指定下一点或 [放弃(U)]:                                                //按空格键
```

设置“文字”图层为当前图层，使用单行文字命令“DT”，分别在两条直径的两端标注指示方位的字母（N、E、S、W）。

图 10.3.3 为绘制的基圆。

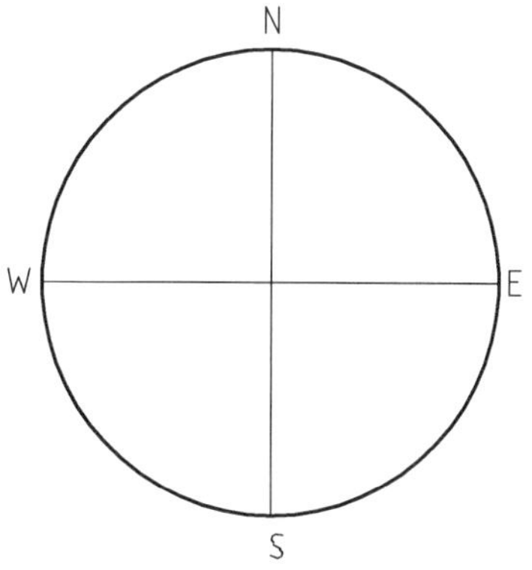

图 10.3.3　基圆

6. 图形单位的设置

使用单位命令“UN”，打开“图形单位”对话框，在弹出的对话框中，勾选“顺时针”复选框；单击“方向”按钮，在弹出的“方向控制”对话框中将“基准角度”设置为北。

7. 计算圆弧弧顶至基圆圆心的距离

由于基圆的半径为 50，坡面的坡度为 60°，结构面的倾角为 35°，根据第一部分中介绍的圆弧弧顶至基圆圆心距离的计算公式，可计算得到坡面圆弧弧顶至基圆圆心的距离为 13.40，结构面圆弧弧顶至基圆圆心的距离为 26.03。

8. 绘制坡面的赤平投影

坡面的赤平投影可分 6 个步骤进行：

（1）设置“辅助线”图层为当前图层，使用构造线命令“XL”绘制角度为 126°（坡向方向），并通过基圆圆心（记基圆圆心为 *O*）的无穷长直线，记该无穷长直线与圆周在 126°方向的交点为 *A* 点，与圆周在 126°的反方向交点为 *B* 点；然后使用旋转命令“RO”将该无穷长直线以基圆圆心为基点，复制旋转 90°，记复制得到的无穷长直线（走向方向）与圆周的两个交点分别是 *C* 点和 *D* 点，如图 10.3.4 所示。操作命令如下：

```
命令行内输入命令：XL                                //输入绘制直线命令，按空格键
指定点或 [水平(H)/垂直(V)/角度(A)/二等分(B)/偏移(O)]：a
                                                    //输入 a，按空格键
输入构造线的角度 (90) 或 [参照(R)]：  126           //输入坡向 126°，按空格键
指定通过点：                                  //光标移至基圆圆心，单击鼠标左键
指定通过点：                                                    //按空格键
命令行内输入命令：RO                                //输入旋转命令，按空格键
UCS 当前的正角方向：  ANGDIR=顺时针   ANGBASE=90
选择对象：                                //光标移至刚绘制的构造线，单击鼠标左键
选择对象：                                                      //按空格键
指定基点：                                    //光标移至基圆圆心，单击鼠标左键
指定旋转角度，或 [复制(C)/参照(R)] <180>：  c              //输入 c，按空格键
```

```
指定旋转角度，或 [复制(C)/参照(R)] <180>:  90
                                    //输入旋转角度，按空格键
```

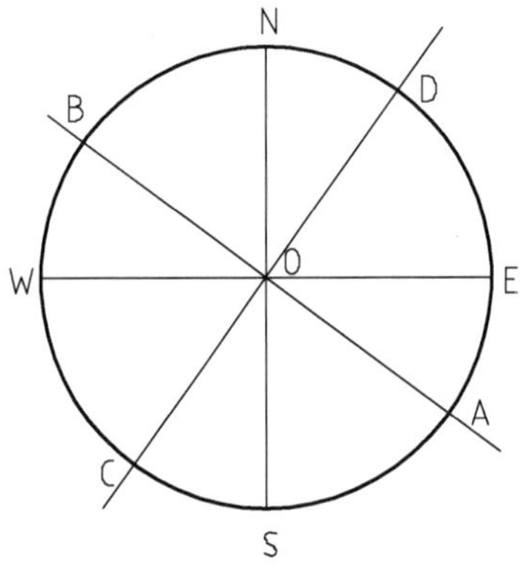

图 10.3.4　绘制坡向及走向方向的构造线

（2）使用直线命令“L”，以基圆圆心 *O* 为起点，向 *B* 点方向绘制长度为 13.40（注：该值为圆弧弧顶至基圆圆心的距离）的直线 *OB′*。

（3）设置“图形”图层为当前图层，使用圆弧命令“ARC”绘制通过 *C* 点、*B′*点、*D* 点的圆弧，如图 10.3.5 所示。

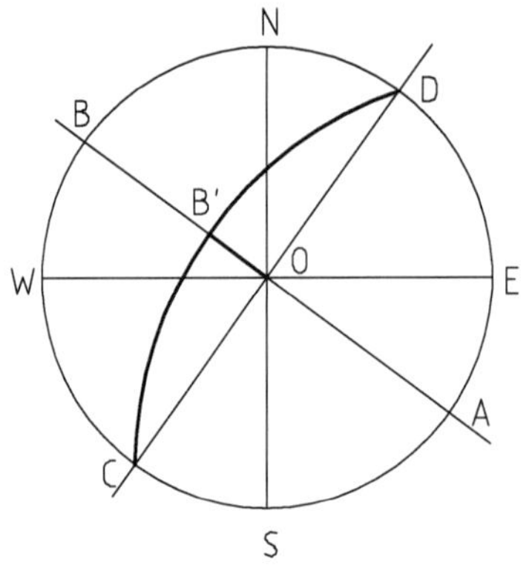

图 10.3.5　绘制圆弧

（4）使用直线命令“L”绘制一条竖直方向上长度为 2 的直线，并使用创建块命令“B”，以直线的下端点为基点，将该直线创建为块。

（5）使用定距等分命令“ME”，将上一步创建的块作为等分标记，按距离 3 对圆弧进行等分，然后关闭“辅助线”图层及“直径”图层，如图 10.3.6 所示。

（6）设置“文字”图层为当前图层，使用单行文字命令“DT”，在坡面圆弧的旁边标注文字“坡面”，即完成坡面赤平投影的绘制。

9. 绘制结构面的赤平投影

结构面赤平投影的绘制方法与坡面赤平投影的绘制方法相似，只是不绘制定距等分的直线。

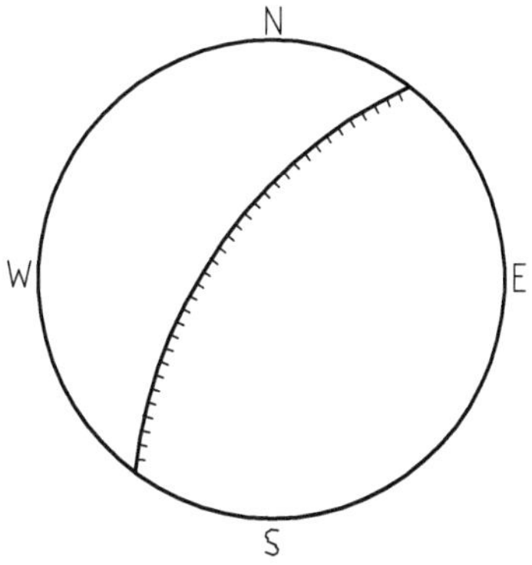

图 10.3.6　坡面的赤平投影

10.3.3　练　习

1. 完成例 10.3 中的赤平投影的绘制。

2. 某岩质边坡坡向为 95°，坡度为 60°，边坡岩体节理发育，岩体被切割成块状。岩层产状为 70°∠30°（J_1），主要发育 2 组节理，产状分别为 195°∠75°（J_2）、305°∠65°（J_3），试绘制坡面及各结构面的赤平投影。

10.4　节理走向玫瑰花图的绘制

有信心的人，可以化渺小为伟大，化平庸为神奇。——萧伯纳

10.4.1　节理玫瑰花图概述

1. 节理玫瑰花图的概念

节理玫瑰花图是根据在野外节理观测点上测得的节理资料编绘的形如玫瑰花瓣一样的图件。它是一种节理统计的方法，能比较清晰地反映出主要节理组的产状，有助于分析区域地质构造及古构造应力场的主应力方向，在工程地质中主要用于分析岩体的渗透性及稳定性。

节理玫瑰花图分为节理走向玫瑰花图、节理倾向玫瑰花图、节理倾角玫瑰花图。节理走向玫瑰花图主要应用于节理倾角比较陡的地区，反映节理的走向方位，并在上半圆内作图，半圆周上的方位表示节理的走向（图 10.4.1）。节理倾向玫瑰花图和节理倾角玫瑰花图，一般重叠绘制在同一个圆内，圆周上的方位表示节理的倾向，主要应用于节理产状变化比较大的地区，综合反映节理的倾向和倾角。

2. 节理玫瑰花图的绘制步骤

节理玫瑰花图的绘制主要可分为 4 个大的步骤：

（1）资料的整理。

（2）确定作图比例尺及坐标。

（3）找点连线。

（4）完善图件。

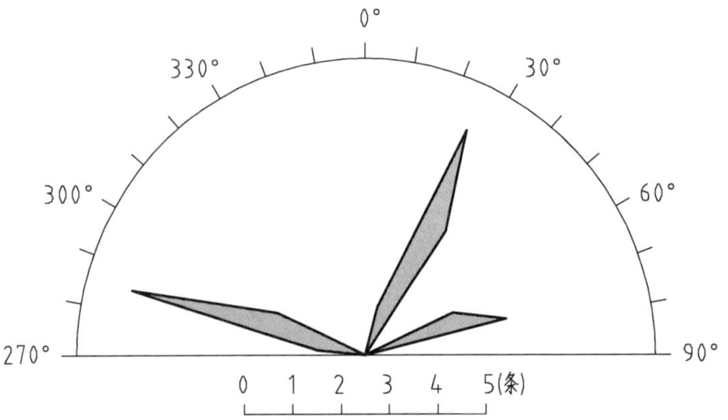

图 10.4.1　节理走向玫瑰花图

10.4.2　绘制节理走向玫瑰花图

【例 10.4】表 10.4.1 为某野外节理观测点上测得的节理数据，表 10.4.2 是根据表 10.4.1 统计得到的节理走向统计表，现根据表 10.4.2，使用 CAD 绘制节理走向玫瑰花图。

表 10.4.1　某节理观测点节理产状一览表

序号	倾向/(°)	走向/(°)	倾角/(°)	序号	倾向/(°)	走向/(°)	倾角/(°)
1	5	275	82	12	296	26	76
2	16	286	76	13	297	27	82
3	17	287	86	14	298	28	73
4	18	288	83	15	302	32	82
5	193	283	82	16	303	33	78
6	191	281	77	17	306	36	80
7	204	294	82	18	333	63	75
8	206	296	82	19	337	67	77
9	285	15	82	20	345	75	83
10	291	21	70	21	347	77	81
11	293	23	77	22	346	76	77

表 10.4.2　节理走向分组统计表

走向方位区间	节理条数/条	平均走向/(°)	走向方位区间	节理条数/条	平均走向/(°)
0° ~ 10°			270° ~ 280°	1	275
10° ~ 20°	1	15	280° ~ 290°	5	285
20° ~ 30°	5	25	290° ~ 300°	2	295
30° ~ 40°	3	33.7	300° ~ 310°		
40° ~ 50°			310° ~ 320°		

续表

走向方位区间	节理条数/条	平均走向/(°)	走向方位区间	节理条数/条	平均走向/(°)
50°~60°			320°~330°		
60°~70°	2	65	330°~340°		
70°~80°	3	76	340°~350°		
80°~90°			350°~360°		

1. 新建并保存图形文件

新建图形文件，并将文件名命名为“节理走向玫瑰花图.dwg”。

2. 设置图层

新建图层：使用命令“LA”，打开“图层特性管理器”对话框，在该对话框内通过单击“新建图层”按钮新建图层。需要新建的图层有：图形、文字、比例尺。图形图层的线宽设置为 0.30 mm，其他相关设置采用默认值。

3. 定义文字样式

打开“文字样式”对话框，在该对话框中，设置“SHX 字体”为“gbenor.shx”，“大字体”为“gbcbig.shx”。

4. 绘制半圆

节理走向玫瑰花图的半径长度反映了节理的条数，由各组节理中节理条数最多的确定。

节理走向分组统计表（表 10.4.2）中，节理最多的一组里有 5 条节理，现以 10 mm 长的线段表示 1 条节理，以 60 mm（稍大于 50 mm 的长度）的长度作为半径来绘制半圆，然后画出南北向半径及东西向直径，在圆周上标明刻度及方位角，在半圆的下方画出比例尺。

CAD 绘制步骤如下：

（1）设置“图形”图层为当前图层。

（2）使用圆命令“C”绘制半径为 60 的圆，圆心可使用鼠标在绘图区指定任意位置。

```
命令行内输入命令：C                                   //输入绘制圆命令，按空格键
指定圆的圆心或 [三点(3P)/两点(2P)/切点、切点、半径(T)]:
                                                      //使用鼠标在绘图区指定圆心
指定圆的半径或 [直径(D)] <60.0000>: 60                 //输入圆的半径，按空格键
```

（3）使用直线命令“L”绘制圆水平方向的直径。

```
命令行内输入命令：L                          //输入绘制直线命令，按空格键
指定第一个点：                //移动光标至圆的左侧象限点，单击鼠标左键
指定下一点或 [放弃(U)]:       //移动光标至圆的右侧象限点，单击鼠标左键
指定下一点或 [放弃(U)]:                                      //按空格键
```

（4）使用修剪命令“TR”将下半圆修剪掉。

```
命令行内输入命令：TR                          //输入修剪命令，按空格键
当前设置：投影=UCS,边=无,模式=快速                    //信息提示行
```

```
    选择要修剪的对象，或按住 Shift 键选择要延伸的对象或
     [剪切边(T)/窗交(C)/模式(O)/投影(P)/删除(R)]:
                                              //移动光标至下半圆上，单击鼠标左键
    选择要修剪的对象，或按住 Shift 键选择要延伸的对象或
     [剪切边(T)/窗交(C)/模式(O)/投影(P)/删除(R)/放弃(U)]:
                                                                //按空格键
```

（5）使用直线命令“L”，在水平直径的右端向右绘制长度为 3 的直线作为刻度。

```
    命令行内输入命令:L                              //输入绘制直线命令,按空格键
    指定第一个点:                        //移动光标至水平直径的右端，单击鼠标左键
    指定下一点或 [放弃(U)]: 3
                          //移动光标至水平直径向右的延伸方向上，输入 3，按空格键
    指定下一点或 [放弃(U)]:                                          //按空格键
```

（6）使用阵列命令“AR”对第（5）步绘制的直线按“极轴”方式，以圆心为阵列的中心点进行阵列，“项目数”设置为 19，“介于”设置为 10，“填充”设置为 180（图 10.4.2）。

```
    命令行内输入命令: AR                            //输入绘制直线命令，按空格键
    选择对象:                       //移动光标至刚绘制的长度为 3 的直线上，单击鼠标左键
    选择对象:                                                       //按空格键
    输入阵列类型 [矩形(R)/路径(PA)/极轴(PO)] <极轴>: po        //输入 po，按空格键
    类型 = 极轴  关联 = 是                                          //信息提示行
    指定阵列的中心点或 [基点(B)/旋转轴(A)]:
                                                //移动光标至圆心，单击鼠标左键
    选择夹点以编辑阵列或 [关联(AS)/基点(B)/项目(I)/项目间角度(A)/填充角度(F)/
行(ROW)/层(L)/旋转项目(ROT)/退出(X)] <退出>:
    //在绘图区上方新出现的“阵列创建”面板中，设置“项目数”为 19，“介于”为 10，
“填充”为 180，然后单击“关闭阵列”按钮
```

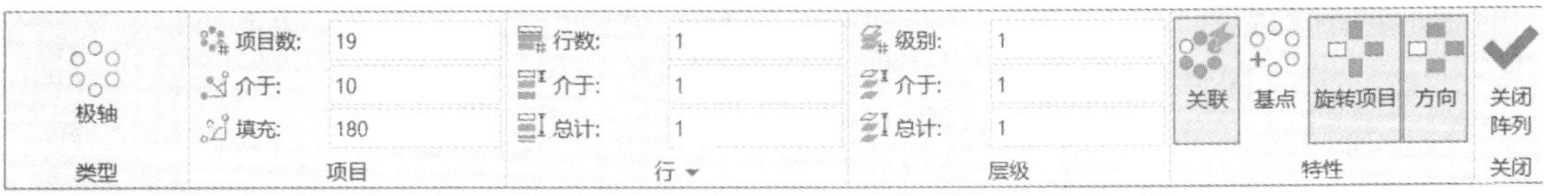

图 10.4.2 阵列参数设置

（7）设置“文字”图层为当前图层，使用多行文字命令“T”，以 30°的间距在圆周刻度旁标注相应度数（图 10.4.3）。

5. 绘制玫瑰花瓣

玫瑰花瓣根据节理走向分组统计表中的各组节理的条数及平均走向方位角绘制。由一组节理的条数和节理平均走向，可以在半圆内确定一点，该点就代表了该组节理条数和节理平均走向。绘制完各组的点后，然后顺次将相邻组的点用线连接。如果其中某组节理为零，则连线回到圆心，再从圆心引出与下一组相连，直到连完所有点回到圆心，构成一朵玫瑰花形的图案。

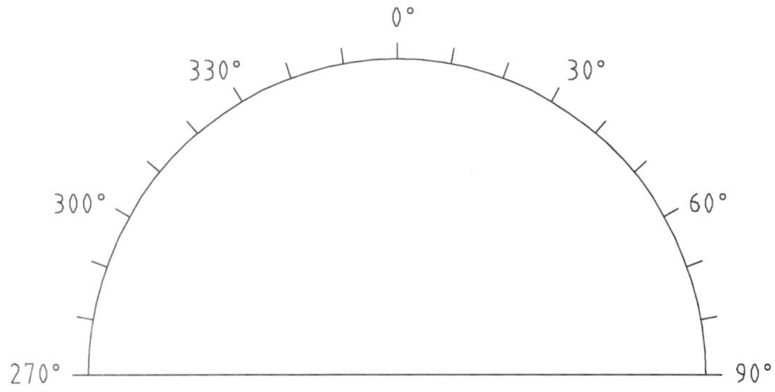

图 10.4.3　半圆

CAD 绘制步骤如下：

（1）设置“图形”图层为当前图层。

（2）使用单位命令“UN”，设置角度的旋转方式为“顺时针”，方向控制的基准角度为“北”。

（3）使用直线命令“L”，根据走向方位区间为 10°～20°节理组的条数（1 条）及平均走向（15°），采用相对极坐标以圆心为起点绘制长度为 10、角度为 15 的直线（图 10.4.4）。

```
命令行内输入命令: L                        //输入绘制直线命令，按空格键
指定第一个点:                              //移动鼠标至圆心，单击鼠标左键
指定下一点或 [放弃(U)]: @10<15             //输入相对极坐标，按空格键
指定下一点或 [放弃(U)]:                    //按空格键
```

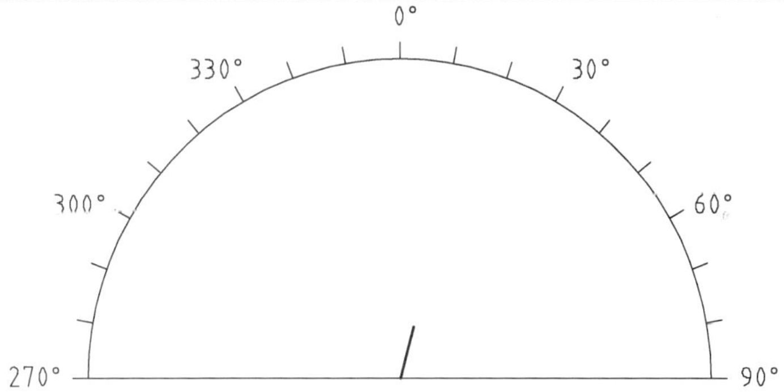

图 10.4.4　绘制第一条直线

（4）重复第（3）步的方法，根据各组节理的条数及平均走向（表）依次绘出其他直线（图 10.4.5）。

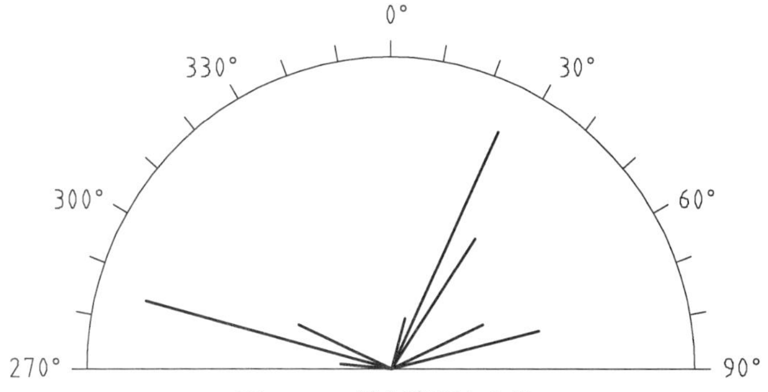

图 10.4.5　绘制出所有直线

（5）使用多段线命令“PL”，从圆心出发顺次将相邻组直线的上端端点连接，若某组节理数为零，则连线回到圆心，然后从圆心出发继续与下一组直线上端端点相连，直到连完所有直线上端端点，最后回到圆心，完成玫瑰花瓣轮廓的绘制（图 10.4.6）。

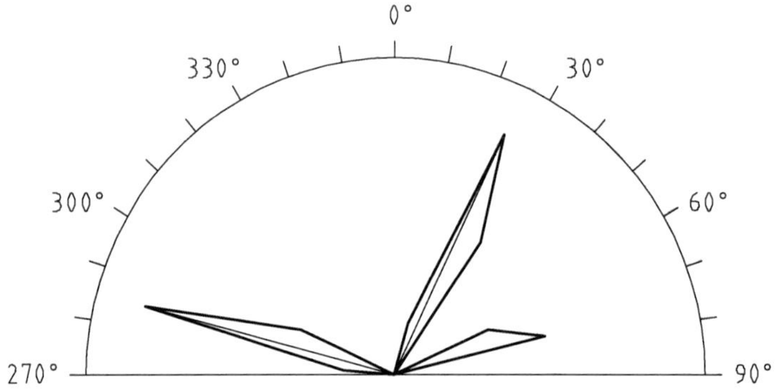

图 10.4.6　连接

（6）删除玫瑰花瓣中的多余直线，并使用填充命令“H”对花瓣填充颜色（图 10.4.1）。

6. 绘制比例尺

设置“比例尺”图层为当前图层，在节理走向玫瑰花图下方使用直线命令“L”及单行文字命令“DT”绘制线段比例尺（图 10.4.1），即可完成节理走向玫瑰花图的绘制。

10.4.3　练　习

1. 完成例 10.4 中节理走向玫瑰花图的绘制。
2. 根据某节理观测点上测得的节理产状资料（表 10.4.3），绘制节理走向玫瑰花图。

表 10.4.3　某节理观测点节理产状一览表

序号	产状	序号	产状	序号	产状	序号	产状
1	13°∠60°	26	196°∠69°	51	104°∠52°	76	340°∠60°
2	19°∠76°	27	196°∠74°	52	105°∠56°	77	352°∠71°
3	20°∠71°	28	201°∠60°	53	106°∠69°	78	302°∠82°
4	5°∠81°	29	202°∠66°	54	107°∠61°	79	304°∠76°
5	22°∠78°	30	206°∠85°	55	108°∠76°	80	305°∠60°
6	24°∠73°	31	208°∠62°	56	110°∠68°	81	307°∠68°
7	46°∠66°	32	212°∠72°	57	111°∠67°	82	308°∠78°
8	26°∠81°	33	216°∠64°	58	112°∠63°	83	310°∠62°
9	27°∠74°	34	218°∠60°	59	113°∠81°	84	310°∠72°
10	28°∠78°	35	220°∠70°	60	114°∠74°	85	306°∠62°
11	30°∠69°	36	200°∠70°	61	115°∠58°	86	310°∠79°
12	16°∠78°	37	279°∠72°	62	116°∠68°	87	321°∠78°

续表

序号	产状	序号	产状	序号	产状	序号	产状
13	14°∠64°	38	285°∠70°	63	117°∠64°	88	324°∠60°
14	12°∠70°	39	286°∠78°	64	118°∠79°	89	201°∠76°
15	20°∠81°	40	288°∠74°	65	119°∠54°	90	203°∠73°
16	18°∠66°	41	290°∠60°	66	120°∠74°	91	204°∠76°
17	24°∠66°	42	291°∠61°	67	121°∠60°	92	207°∠79°
18	22°∠63°	43	292°∠80°	68	122°∠73°	93	205°∠69°
19	32°∠74°	44	293°∠70°	69	123°∠78°	94	208°∠66°
20	36°∠66°	45	296°∠57°	70	125°∠62°	95	191°∠61°
21	38°∠76°	46	297°∠76°	71	126°∠74°	96	199°∠78°
22	38°∠70°	47	298°∠64°	72	128°∠68°	97	198°∠69°
23	36°∠60°	48	300°∠59°	73	190°∠62°	98	196°∠81°
24	21°∠68°	49	301°∠72°	74	144°∠66°	99	192°∠85°
25	22°∠57°	50	302°∠68°	75	103°∠64°	100	195°∠78°

10.5　地震地质解释构造等值线图的绘制

书山有路勤为径，学海无涯苦作舟。——韩愈

10.5.1　构造等值线图概述

1. 构造等值线图的概念

构造等值线图与地形图相似：地形图是利用等高线表现地表起伏形态，构造等值线图在地质上代表了地下某 地层界面横向上的构造形态变化，包括褶皱、断层。构造等高线图具有一些独特的性质：① 构造等高线实质上代表构造面的走向线，因而可在图上求出任一点的构造面的产状要素；② 构造等高线在图上可以重叠，反映同一构造面因倒转褶皱或逆断层作用所导致的空间叠置；③ 构造等高线可被断层错开空间，代表了伸展拉张正断层作用。所以，构造等值线图能定量地、醒目地反映地下构造特征，而广泛应用于油气、煤等矿产资源的勘探与开发。

构造等值线的编绘，关键是要获取地下某一目标地层界面的海拔数据，这个问题在油气勘探领域地震资料处理解释中已经得到解决，将会在 10.5.2 节中进行介绍。

2. 构造等值线图的基本格式要求

构造等值线图在各应用的领域所需格式要求大同小异，下面以油气勘探工业制图要求进行介绍（图 10.5.1）。

（1）图名。

字体上，图名可以根据情况选择宋体、隶书等实心字体；命名上前缀需要构造单元位置、地层界面顶或底，如：“××凸起××组顶面构造图”中，“××凸起”是构造单元位置，“××组顶面”代表地层单元顶面构造图；图名位置在图框上方居中即可。

（2）编图单位。

编图单位一般填写在图框外左侧下方。

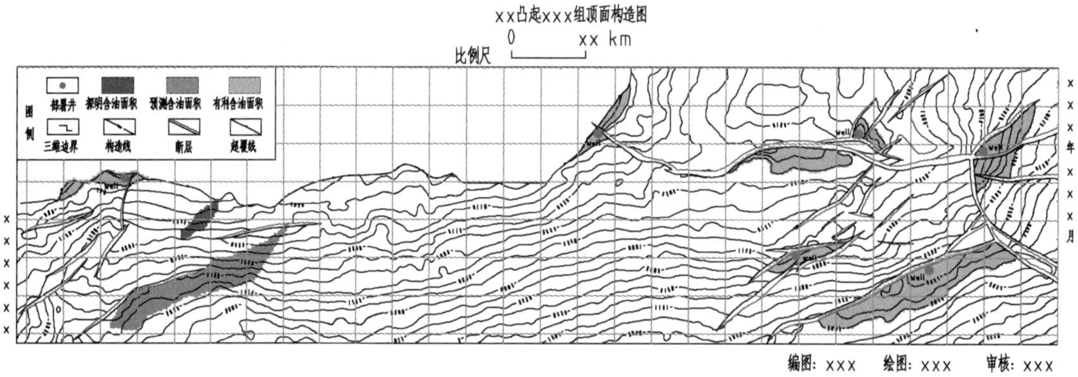

图 10.5.1　××凸起××组顶面构造图

（3）编图日期。

编图日期一般填写在图框外右侧上方。

（4）比例尺。

比例尺一般放置于图名下方居中，可以通过大地坐标值直接读取制作，长度间隔为整数，一般为 1 km。

（5）图例。

图例只绘有关图元图式，位置可根据图件实际情况布局。

油气勘探类构造等值线图，图元一般包括等值线、断层、地层尖灭线、井别、地名、储量边界、有利圈闭边界以及工区边界等。

3. 构造等值线图的绘制步骤

构造等值线图的绘制主要可分为 4 个大的步骤：

（1）利用地震解释软件对地震资料开展地层界面追踪解释；

（2）利用地震解释软件成图并转换成 AutoCAD 格式；

（3）在图件中绘制或加载各项图元；

（4）整饰图件。

10.5.2　绘制构造等值线图

下面以某构造凸起区某一目标地层界面进行构造等值线图的绘制，在编图过程中首先需要地震解释软件解释海拔数据成草图，然后进一步利用 AutoCAD 编辑或添加地质要素，最终成图，开展井位部署相关工作。

【例 10.5】绘制某凸起地区目标地层界面构造等值线图。

1. 利用地震资料解释目标地层界面海拔数据成草图

根据练习需要，对某一凸起地区构造单元目标地层界面进行构造解释，如南北向地震剖面图（图 10.5.2）所示，在剖面中解释出断层和目标层位，③代表目标层位，①代表断层，②和④代表参考层位。解释过程中，南北向和东西向剖面目标层位及断层要求闭合。剖面中目标层位与断层的交线即为构造等值线图断层。这一过程与织毛衣类似，数据在平面空间上呈网格式分布（图 10.5.3）。解释结果均为矢量化空间数据，反映了构造起伏随空间的变化。利用解释成果数据便可以进行收敛或者克里金插值成构造等值线草图（图 10.5.4），草图包括断层和等值线，需要进一步利用 AutoCAD 加工成图。

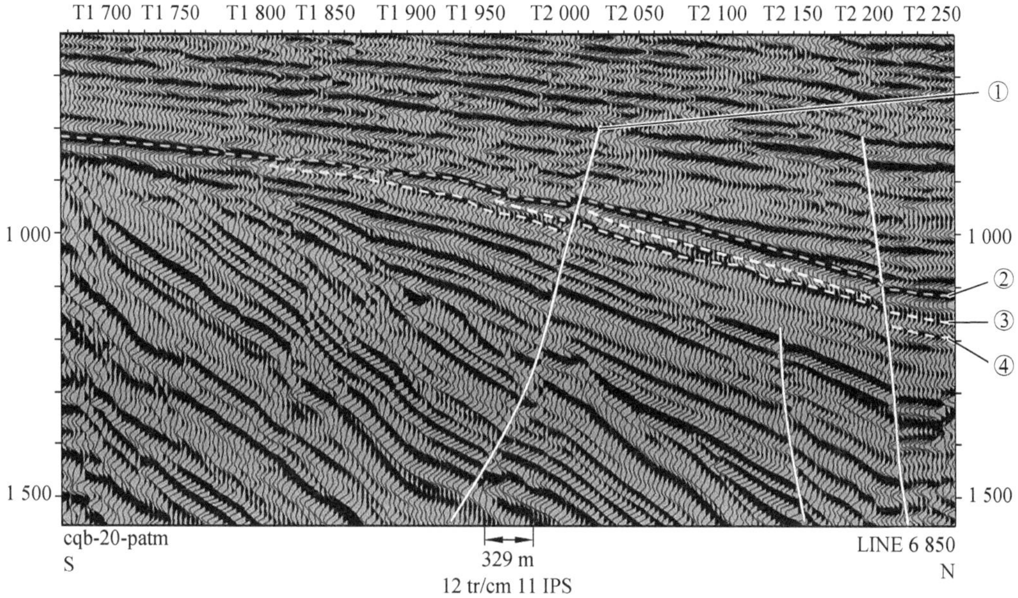

图 10.5.2　地震剖面显示目标层构造解释

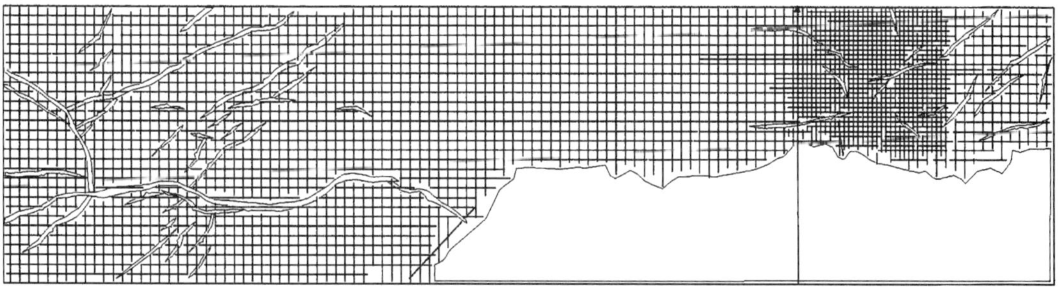

图 10.5.3　地震解释工区数据平面分布

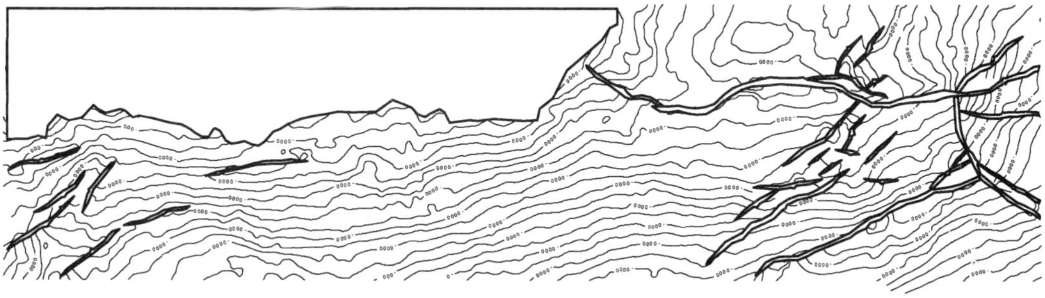

图 10.5.4　××凸起×××组顶面构造等值线草图

2. 新建设置图层

启动 AutoCAD 2021 程序，点击文件，打开“草图.dxf”文件，然后另存为“××凸起×××组顶界面构造等值线图.dwg”。文件保存之后，根据需求开始进行分类别建图层并设置，为后续开展批量修饰成图做准备。

首先，在菜单栏中打开“图层特性管理器”对话框（图 10.5.5），点击对话框顶部“新建图层”按钮建立图层。油气勘探类构造等值线图一般需要建立的图层包括：比例尺、图名、图例、等值线、断层上盘、断层下盘、有利含油面积、预测含油面积、探明含油面积、部署井、三维边界、责任表（图 10.5.5）。根据需要可以对图层的状态进行设置，包括开关、冻结以及锁定。其次，可以对图层中的线属性进行设置，例如颜色、线宽等。同时点击任意图层，右键可以对图层进行重新命名、设为当前等操作，然后开始对当前图层进行图元的修饰或者绘制。

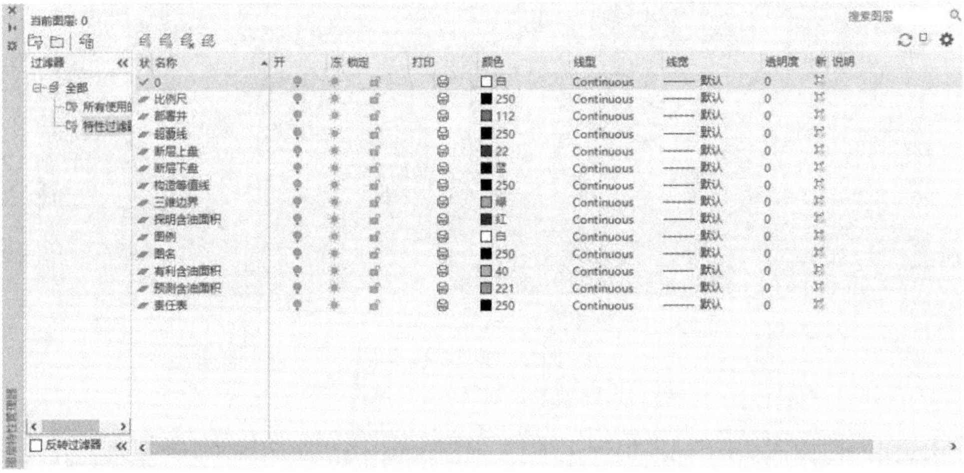

图 10.5.5 “图层特性管理器”设置

3. 等值线、断层的修饰

构造等值线图最关键的图元是等值线和断层。新成草图一般先要对两者进行编辑修饰。

（1）断层修饰。

由于草图不能有效区分断层上下盘关系且不平滑，必须对上下盘分别绘制。首先将断层上盘设置为当前图层，使用多段线命令“PL”，然后沿断层上盘线进行绘制，绘制的多段线为不平滑线段，需要进行批量样条曲线化；点击鼠标右键，再点击“快速选择”，出现“快速选择”菜单栏，在“特性”中选择图层，“值”选择断层上盘，点击“确定”，批量选择完成；接下来继续点击鼠标右键，选择“多段线-样条曲线拟合（s）”；最后批量选择断层上盘，单击鼠标右键，选择“特性”，设置线宽以及颜色（图 10.5.6）。同样地，对断层下盘数据进行相应操作，颜色、粗细不同以区别断层上盘线。前后效果对比实例如图 10.5.7 所示。

（2）等值线修饰。

构造等值线出图过程中会出现等值线与断层搭接关系不准或者存在上、下盘等值线数值矛盾问题，需要进一步地修改。

图 10.5.6　“多段线批量属性”设置

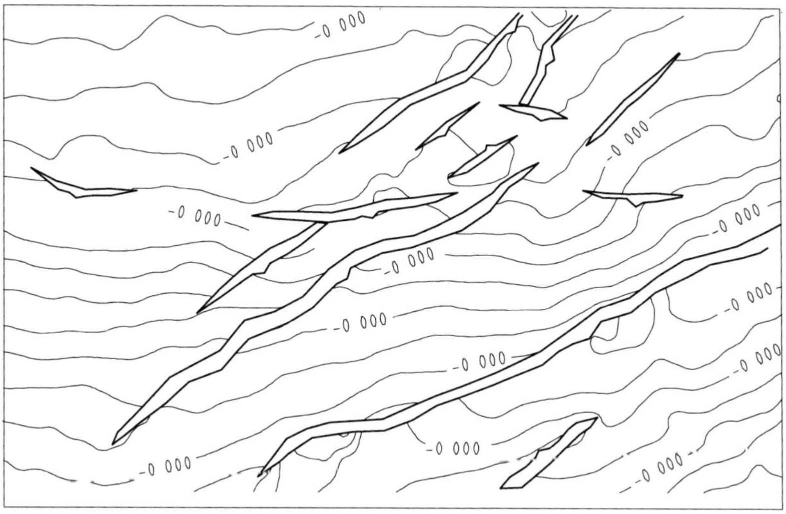

（a）

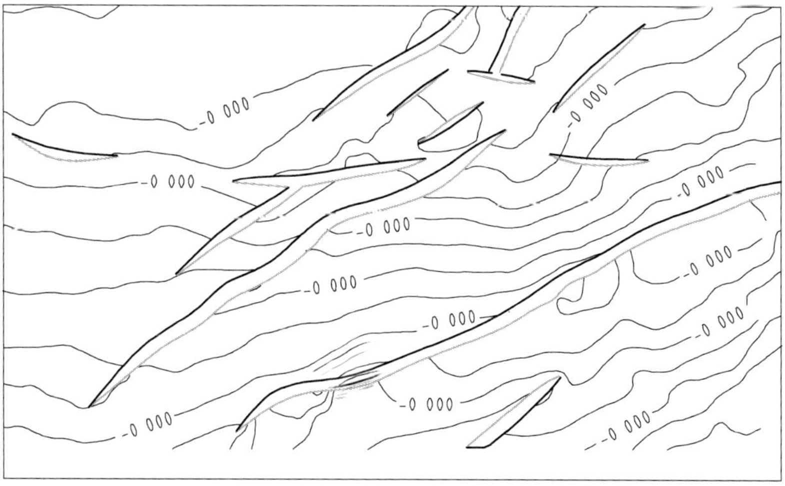

（b）

图 10.5.7　断层上下盘绘制效果对比

常用的多段线修改工具主要有“修剪”和延伸。以图 10.5.8 中①和②的等值线问题为例，点击菜单栏“修改-延伸”，鼠标变为正方形，移动到等值线需要延伸的一端，显示出延伸效果后单击完成；同样对图中需要裁剪的多段线，点击菜单栏“修改-修剪”，鼠标变为正方形，移动到等值线需要裁剪的一端，显示出裁剪效果后，单击完成。前后对比效果如图 10.5.8 所示。

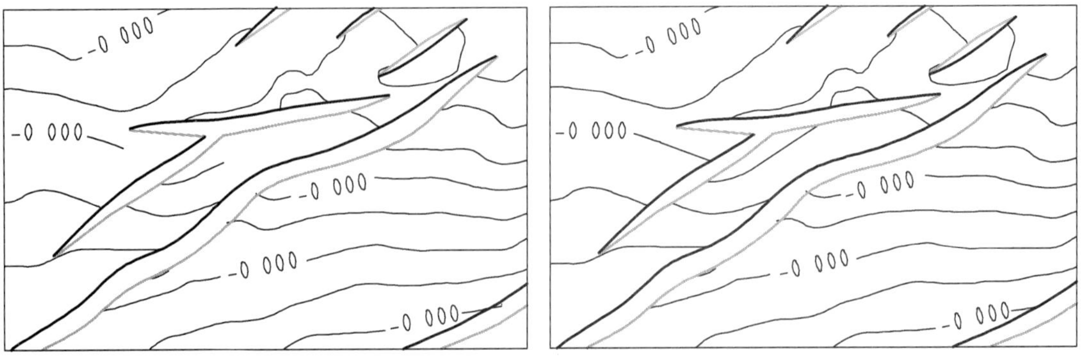

（a）　　　　（b）

图 10.5.8　等值线修改前后对比

4. 圈闭充填

在油气勘探过程中根据油气聚集规律，在构造等值线图中需要选取背斜、断背斜构造圈闭，并参考区域含油高度，对圈闭进行颜色充填，在此基础之上可以开展圈闭资源量统计及井位优选。

如图 10.5.9 所示，在构造图上人工识别构造圈闭，点击菜单栏“多段线”，沿闭合高度等值线及断层画多段线，首尾闭合，在命令行输入“c”，回车，对图中所有构造圈闭进行多段线勾绘；完毕后，将其他层关或冻结，只剩“有利含油面积”当前层；点击“绘图”菜单栏中“渐变色充填”选项，将渐变色 1 和 2 设为一致，点击“选择”选项，选择所有闭合多段线，圈闭充填完成（图 10.5.10），回车；批量选择所有充填圈闭，点击右键选择“绘图次序-后置”完成操作（图 10.5.9）。

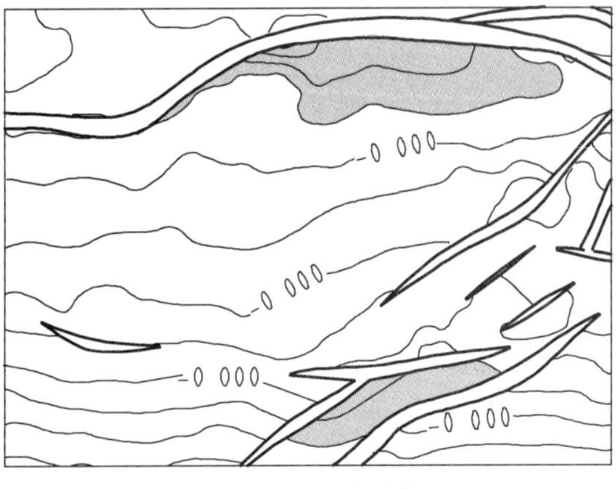

图 10.5.9　圈闭充填效果

5. 批量添加井位

油气勘探类构造等值线图主要为井位部署提供科学依据。寻找潜力探井之前，必须了解目的层已钻井的分布，在成熟探区钻井数量巨大，在构造等值线图中需要批量加载。首先是准备数据，包括井名、纵坐标、横坐标；其次利用数据在 EXCEL 中编辑宏命令“"circle"&" "&C1&","&B1&" "&50”，确定钻井位置(图 10.5.11 F 列)，宏命令“"text"&" "&(C1)&","&(B1)&" "&80&" "&0&" "&A1”确定井名位置(图 10.5.11 G 列)；然后将 F 列和 G 列数据分别存成“*.scr”格式井位置和井名文件；最后在以上构造等值线图中将部署井设为当前层，命令行中输入“scr”，导入井位置和井名文件，结果如图 10.5.12 所示。

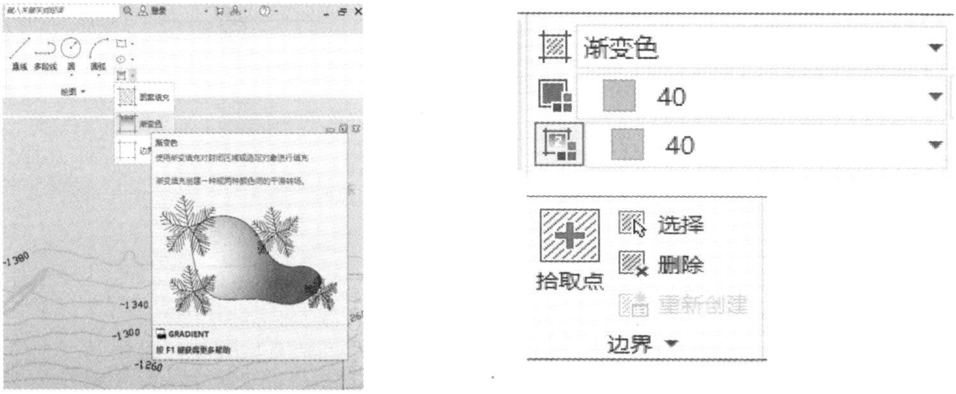

图 10.5.10　圈闭充填设置选项

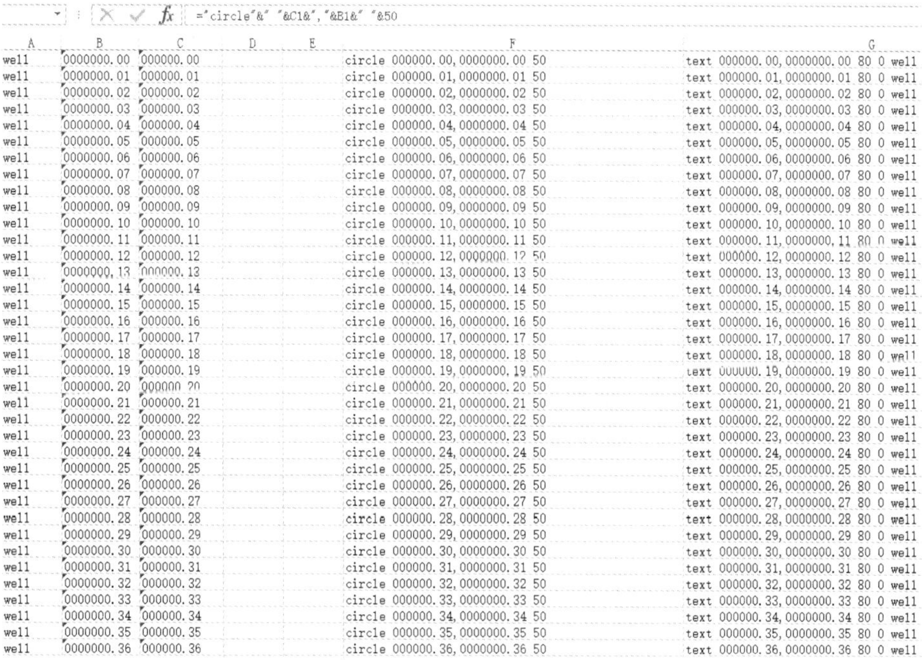

="circle"&" "&C1&","&B1&" "&50

A	B	C	D	E	F	G
well	0000000.00	000000.00			circle 000000.00,0000000.00 50	text 000000.00,0000000.00 80 0 well
well	0000000.01	000000.01			circle 000000.01,0000000.01 50	text 000000.01,0000000.01 80 0 well
well	0000000.02	000000.02			circle 000000.02,0000000.02 50	text 000000.02,0000000.02 80 0 well
well	0000000.03	000000.03			circle 000000.03,0000000.03 50	text 000000.03,0000000.03 80 0 well
well	0000000.04	000000.04			circle 000000.04,0000000.04 50	text 000000.04,0000000.04 80 0 well
well	0000000.05	000000.05			circle 000000.05,0000000.05 50	text 000000.05,0000000.05 80 0 well
well	0000000.06	000000.06			circle 000000.06,0000000.06 50	text 000000.06,0000000.06 80 0 well
well	0000000.07	000000.07			circle 000000.07,0000000.07 50	text 000000.07,0000000.07 80 0 well
well	0000000.08	000000.08			circle 000000.08,0000000.08 50	text 000000.08,0000000.08 80 0 well
well	0000000.09	000000.09			circle 000000.09,0000000.09 50	text 000000.09,0000000.09 80 0 well
well	0000000.10	000000.10			circle 000000.10,0000000.10 50	text 000000.10,0000000.10 80 0 well
well	0000000.11	000000.11			circle 000000.11,0000000.11 50	text 000000.11,0000000.11 80 0 well
well	0000000.12	000000.12			circle 000000.12,0000000.12 50	text 000000.12,0000000.12 80 0 well
well	0000000.13	000000.13			circle 000000.13,0000000.13 50	text 000000.13,0000000.13 80 0 well
well	0000000.14	000000.14			circle 000000.14,0000000.14 50	text 000000.14,0000000.14 80 0 well
well	0000000.15	000000.15			circle 000000.15,0000000.15 50	text 000000.15,0000000.15 80 0 well
well	0000000.16	000000.16			circle 000000.16,0000000.16 50	text 000000.16,0000000.16 80 0 well
well	0000000.17	000000.17			circle 000000.17,0000000.17 50	text 000000.17,0000000.17 80 0 well
well	0000000.18	000000.18			circle 000000.18,0000000.18 50	text 000000.18,0000000.18 80 0 well
well	0000000.19	000000.19			circle 000000.19,0000000.19 50	text 000000.19,0000000.19 80 0 well
well	0000000.20	000000.20			circle 000000.20,0000000.20 50	text 000000.20,0000000.20 80 0 well
well	0000000.21	000000.21			circle 000000.21,0000000.21 50	text 000000.21,0000000.21 80 0 well
well	0000000.22	000000.22			circle 000000.22,0000000.22 50	text 000000.22,0000000.22 80 0 well
well	0000000.23	000000.23			circle 000000.23,0000000.23 50	text 000000.23,0000000.23 80 0 well
well	0000000.24	000000.24			circle 000000.24,0000000.24 50	text 000000.24,0000000.24 80 0 well
well	0000000.25	000000.25			circle 000000.25,0000000.25 50	text 000000.25,0000000.25 80 0 well
well	0000000.26	000000.26			circle 000000.26,0000000.26 50	text 000000.26,0000000.26 80 0 well
well	0000000.27	000000.27			circle 000000.27,0000000.27 50	text 000000.27,0000000.27 80 0 well
well	0000000.28	000000.28			circle 000000.28,0000000.28 50	text 000000.28,0000000.28 80 0 well
well	0000000.29	000000.29			circle 000000.29,0000000.29 50	text 000000.29,0000000.29 80 0 well
well	0000000.30	000000.30			circle 000000.30,0000000.30 50	text 000000.30,0000000.30 80 0 well
well	0000000.31	000000.31			circle 000000.31,0000000.31 50	text 000000.31,0000000.31 80 0 well
well	0000000.32	000000.32			circle 000000.32,0000000.32 50	text 000000.32,0000000.32 80 0 well
well	0000000.33	000000.33			circle 000000.33,0000000.33 50	text 000000.33,0000000.33 80 0 well
well	0000000.34	000000.34			circle 000000.34,0000000.34 50	text 000000.34,0000000.34 80 0 well
well	0000000.35	000000.35			circle 000000.35,0000000.35 50	text 000000.35,0000000.35 80 0 well
well	0000000.36	000000.36			circle 000000.36,0000000.36 50	text 000000.36,0000000.36 80 0 well

图 10.5.11　批量添加井位数据宏命令

6. 其　他

油气勘探类构造等值线图除了等值线、断层、圈闭、井位等关键要素，还需要添加油气储量边界范围，它的操作方式和圈闭充填过程一致，只是颜色属性需要区分。最后根据实际情况编辑图例，添加图名、比例尺、绘图单位、时间及相关编绘人员，最终结果如图 10.5.1 所示。在构造成图基础上结合其他地质资料开展井位部署，落实有利探井位置（部署井）。

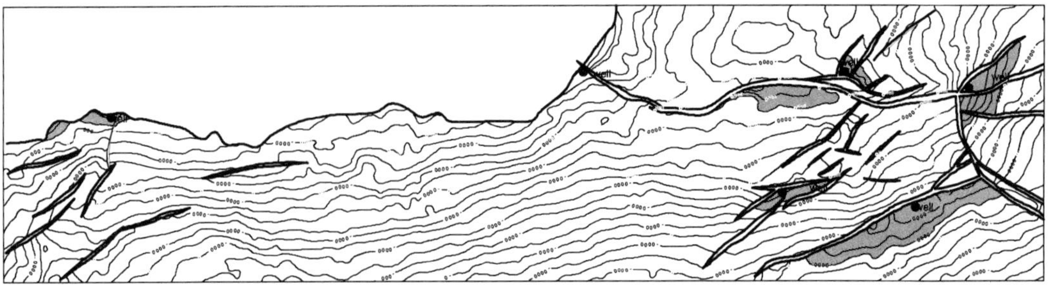

图 10.5.12　井位分布情况

10.5.3　练　习

利用资料对某地区构造等值线草图（图 10.5.4）进行编辑操作，完成井位部署。

本章小结

本章介绍了使用 AutoCAD 2021 绘制图切地质剖面图、钻孔柱状图、极射赤平投影图、节理走向玫瑰花图、地震地质解释构造等值线图的方法与技巧。主要通过使用 AutoCAD 绘图环境设置与精确绘图功能、二维图形绘制命令、修改命令、图层、文字及图形输出等命令，来实现相应图件的绘制。

第 10 章教学视频

第 11 章　测绘图件绘制

知识目标

1. 了解地形图的基本知识。
2. 掌握地形图上各类点、线、面符号的绘制方法。
3. 掌握控制点、碎部点展绘及等高线绘制的方法。
4. 了解地籍图和房产图的基本知识。
5. 掌握各类地籍图、房产图的绘制方法。
6. 了解各种道路工程图图表内容的含义。
7. 掌握线路测量平面图、纵断面图、横断面图的绘制方法。

技能目标

1. 能够正确使用 AutoCAD 绘制地形图上的点、线、面符号。
2. 能够正确使用 AutoCAD 进行控制点、碎部点展绘以及等高线绘制。
3. 能够正确使用 AutoCAD 绘制地籍图、房产分幅图、分丘图、分层分户图。
4. 能够正确使用 AutoCAD 绘制线路测量平面图，纵、横断面图。

素质目标

通过学习测绘十六字精神——“热爱祖国、忠诚事业、艰苦奋斗、无私奉献”，培养学生耐心细致、挑战极限、团结协作、爱岗敬业的精神。

11.1　绘制地形图

海到无边天作岸；山登绝顶我为峰。——林则徐

11.1.1　地形图的概念

地形图表示各种复杂的地物与地貌是通过一定颜色的点、线和各种几何图形等特定的符号系统来表示，这些点、线和各种几何图形被称为地形图符号（图 11.1.1）。地形图符号不仅能精确反映地面上有使用价值的物体位置、形状、大小、性质和相互关系，而且能精确判定物体的方位和测量它的长度、面积以及高度。地形图符号一般和文字、数字等注记配合使用，来说明它们的名称、性质和数量，才能清晰准确地表达地形图的内容。

地形图的内容比较丰富，归纳起来大致可以分为 4 类：

（1）数学要素。如测图比例尺、坐标格网等。

（2）地形要素。各种地物、地貌。

（3）注记要素。包括各种文字说明注记，如单位、居民地、水域、山和道路等的名称注记，还有一些必要的说明注记及各种数字说明注记。

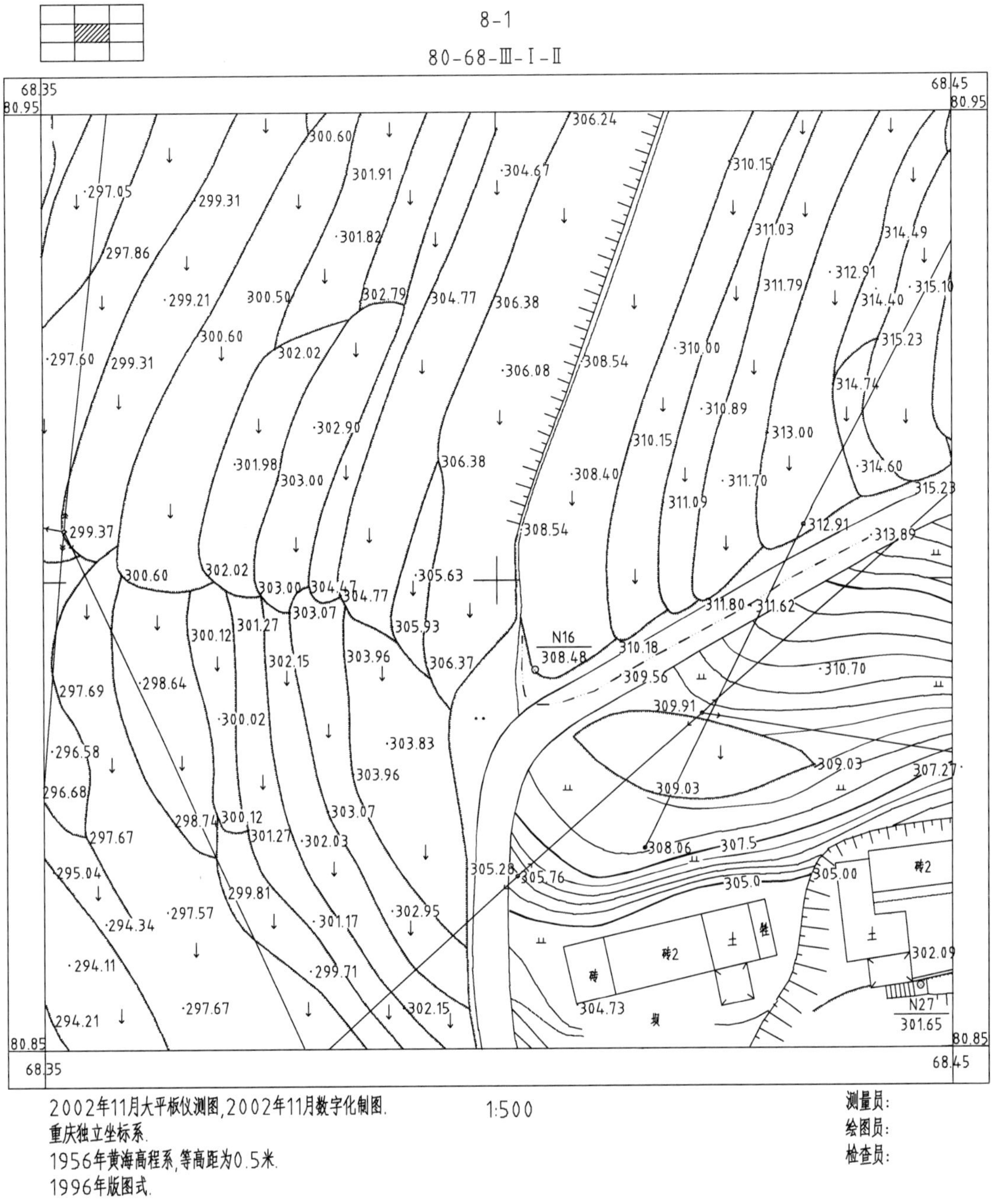

图 11.1.1　地形图

（4）整饰要素。包括图名、图号、图幅接合表、图框、测绘机关名称、测绘日期及测图方法、采用的坐标系统、高程系统、测图比例尺、测量员及检查员等。

地形图的绘制主要可分为 4 个大的步骤：

（1）展绘控制点、碎部点。

（2）绘制等高线。

（3）绘制地形地物。

（4）绘制图廓。

11.1.2　绘制地形图

【**例 11.1**】绘制图 11.1.2 所示的地形图。

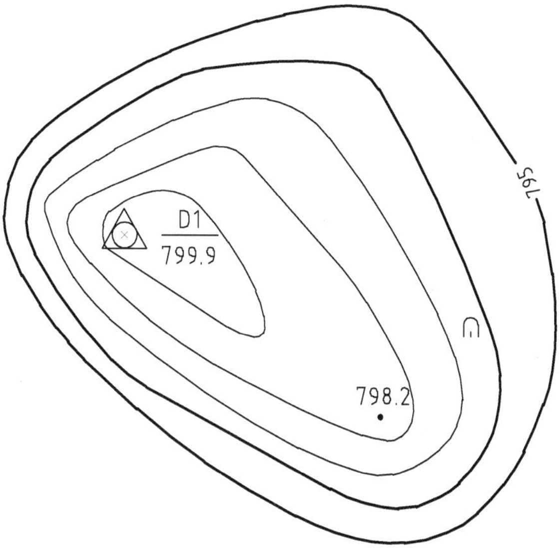

图 11.1.2　某地地形图

1. 绘图准备

（1）保存图形文件。

在桌面上鼠标左键双击 AutoCAD 2021 快捷方式图标，启动 AutoCAD 2021 程序。

启动 AutoCAD 2021 程序后，首先应保存并命名新建的图形文件。单击快速访问工具栏中的“保存”按钮，在弹出的“图形另存为”对话框中指定图形文件的存放路径，并将其文件名命名为“地形图.dwg”，单击“保存”按钮。

（2）设置图层。

新建文件之后，就要设置图层，以提高绘图效率。

新建图层：使用命令“LA”，打开“图层特性管理器”对话框，在该对话框内通过单击“新建图层”按钮新建图层。需要新建的图层有：高程点、骨架线、单元网格、社区、部件、等高线、独立地物、地类界、独立设施、地貌土质、界址点、勘测界址点、勘测界址点注记、水系设施、勘测点、勘测用地界、宗地、宗地号、境界、居民点、植被土质、图廓、管线设施、等深线、注记、面积注记等（图 11.1.3）。

图层颜色设置：高程点、控制点图层的颜色为红色，等高线图层的颜色为黄色（为方便阅读，绘图时将颜色设置为黑色），其他图层的颜色为可根据绘图习惯设置。

图层线型设置：线型设置为“Continuous”。

图层线宽设置：采用默认线宽。

（3）定义文字样式。

绘图过程中可根据实际需要进行文字样式设置。

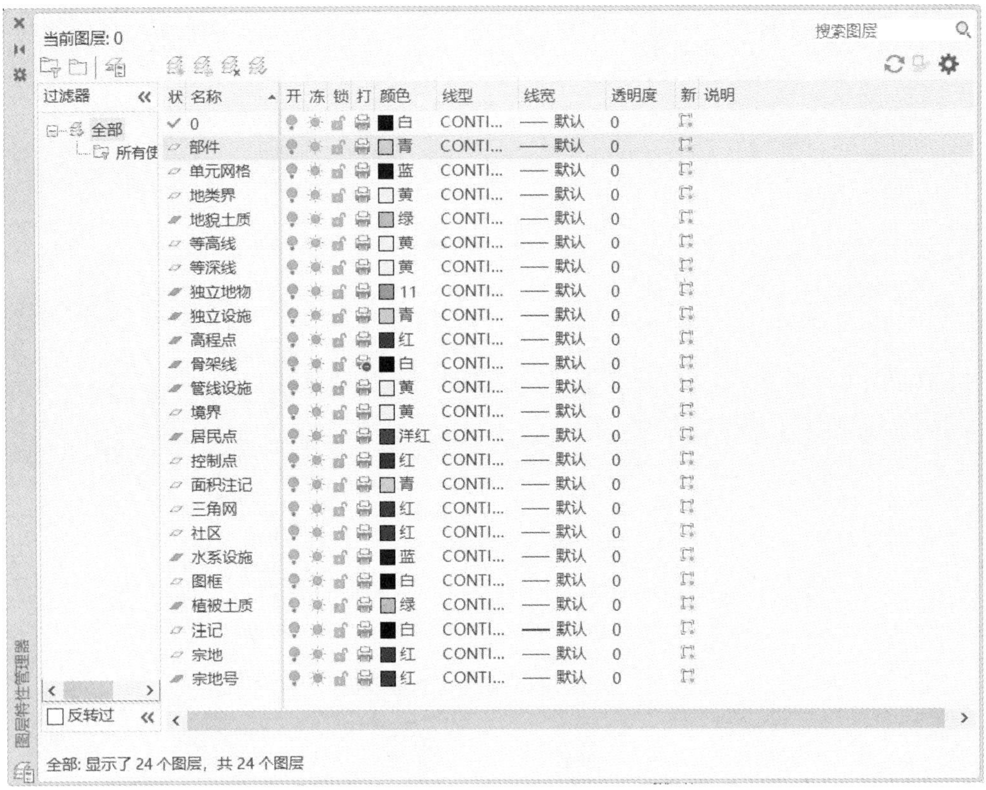

图 11.1.3 “图层特性管理器”设置

2. 展绘控制点、碎部点

在 AutoCAD 2021 图形文件中，可设置点样式，选择一个简单、容易准确定位的一种点样式，其大小可根据实际情况在点样式设置中的点大小的百分比进行设置（图 11.1.4）。

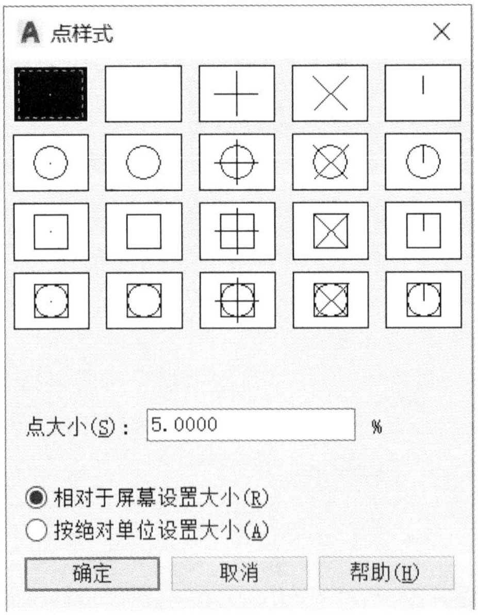

图 11.1.4 点样式设置

在 AutoCAD 2021 图形文件中，可通过“PO”命令展绘控制点，通过“DT”命令注释控制点。

碎部点展绘方法与控制点展绘方法相同。但是因为碎部点数量很大，文件也较多，所以绘图之前应先整理好数据，分类存放各类数据，有利于快速、准确地展绘碎部点。

3. 绘制等高线

内插高程点就是在相邻高程点和连线上，用内插法找出相同的高程点。

先设置好点样式，再用直线把两高程点连接起来，如用直线连接点 D1 和高程为 798.2 的点；把直线定数等分为 17 份，然后从点 D1 的高程开始计算，保留整数位的点符号，删除小数位的点符号（图 11.1.5）。

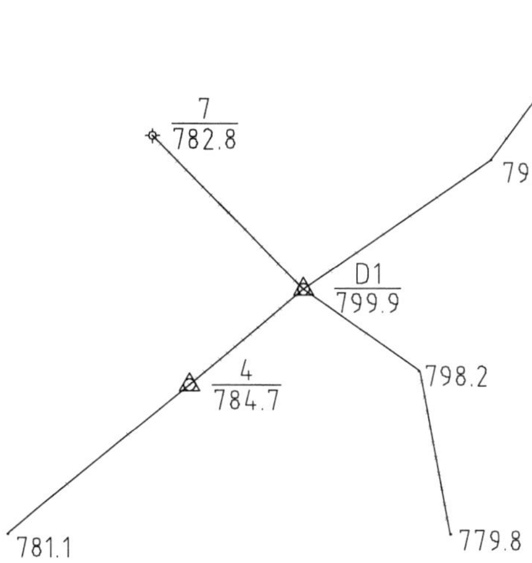

图 11.1.5　导线点的绘制

把“等高线”层置为当前。使用“样条曲线”命令，把高程相同的点用光滑曲线进行连接。对照实际地貌，对等高线进行局部调整（图 11.1.6）。

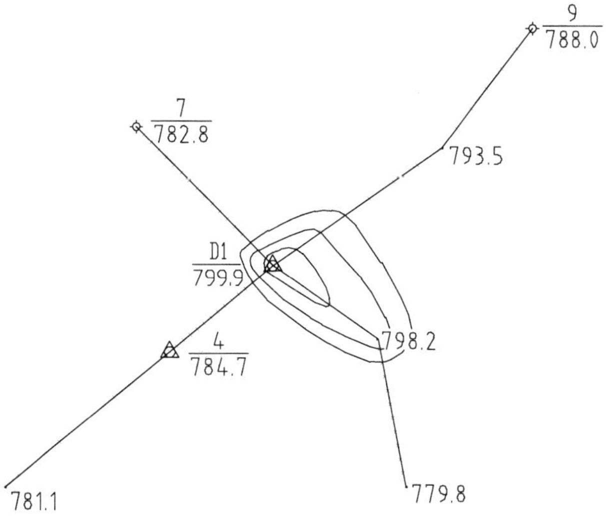

图 11.1.6　连接等高线

在连接的等高线中，按照实际情况和数字书写习惯，每隔 4 条等高线加粗 1 条，这条加粗的等高线我们把它叫作计曲线。在计曲线适当的位置，使用“BREAK”命令将其打断，最后在计曲线上被打断的空白位置标注上高程，不能让数字与等高线重叠（图 11.1.7）。

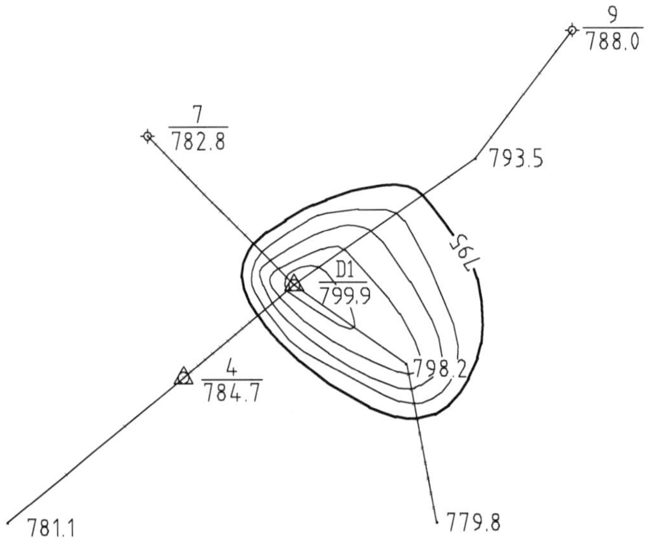

图 11.1.7　注记高程点

4. 绘制地形地物

地形图要求清晰、准确、完整地显示测区内的地物和地貌，所有的地物、地貌在图上都是用符号表示的。我国由国家质量监督检验检疫总局、中国国家标准化管理委员会发布的一套《国家基本比例尺地图图式》(简称《地形图图示》)，对地形图上的符号做了统一的规定。由于地物种类繁多，用来表示这些内容的符号也就相应有很多，因此，需要对这些符号进行科学的分类。通常符号按照比例尺的大小可以分为比例符号、非比例符号和半比例符号。

（1）比例符号。

实地面积较大，按比例尺缩小后能够显示在地形图上的地物，将其形状轮廓线按规定的符号描绘在图纸上，这种符号称为比例符号，此类符号的形状、大小和位置都表示了地物的实状，即可从图上量测其长度、宽度、面积等。如：房屋、公路等等。

（2）非比例符号。

地面面积较小，但有重要意义的地物，如果按比例尺缩小后，描绘到图上仅是一个点或极小图形，无法将其性质、形状、大小等表示清楚，《地形图图示》则规定了一些形象的图形符号来表示，这类符号称为非比例符号。如导线点、路标等。这类符号其图形仅表示属何种地物，不表示地物的大小和实形，符号的定位点才是实地地物中心在图上的位置。

非比例符号的定位点在《地形图图示》中有明确规定（表 11.1.1）。

（3）半比例符号。

地面上一些带状延伸地物，由于其宽度较小，按比例缩小到图上仅是一条线，其长度按比例表示，而宽度不按比例表示，这类符号称为半比例符号，其符号中心线即为实地地物中心线的图上位置。

表 11.1.1　非比例符号

符号类型	定位点	符号及名称	
规则的几何图形符号	图形的几何中心点		
底部为直角的符号	符号的直角顶点	 路标	 风车
底宽符号	底线的中点	 烟囱	 岗亭
几种图形组合符号	符号下方图形的几何中心点	 路灯	 粮仓
下方无底线的符号	符号下方两端点连线的中心点	 窑洞	 山洞

根据《国家基本比例尺地图图式　第 1 部分 1∶500　1∶1 000　1∶2 000 地形图图式》，下面以绘制窑洞为例，讲述地物的绘制方法。

在绘图区域合适位置画一个半径为 1 的圆，然后分别以圆的左右两个象限点和圆心为起点画三条长度为 1.6 的垂线，再进行修剪（图 11.1.8）。

图 11.1.8　绘制窑洞

在命令行中输入“WBLOCK”命令，按“Space”键确认，弹出“写块”对话框。在“写块”对话框中的“源”区域选择“对象”，在“基点”区域单击“拾取点”，用鼠标在绘图区域单击中间竖线下端点为基点，然后在“对象”区域单击“选择对象”，用鼠标在绘图区域框选全部图形对象，按“Space”键确认，在“目标”区域中选择目标存储路径和输入文件名为“窑洞”，单击“确定”按钮，即创建了一个名为“窑洞.dwg” 的点符号（图 11.1.9）。

在命令行输入“INSERT”，在窑洞位置单击鼠标即可插入窑洞符号（图 11.1.10）。

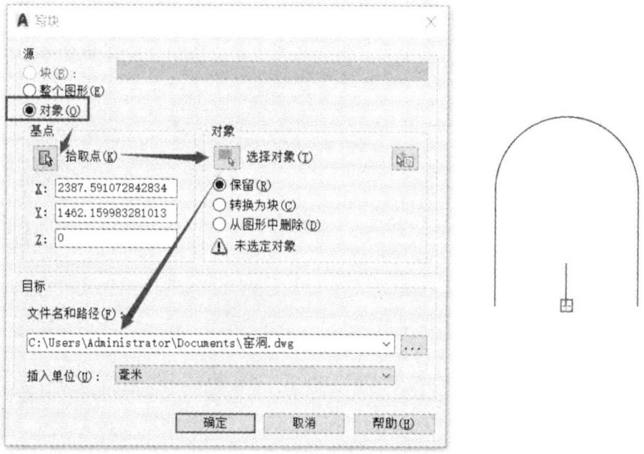

图 11.1.9　创建窑洞的点符号

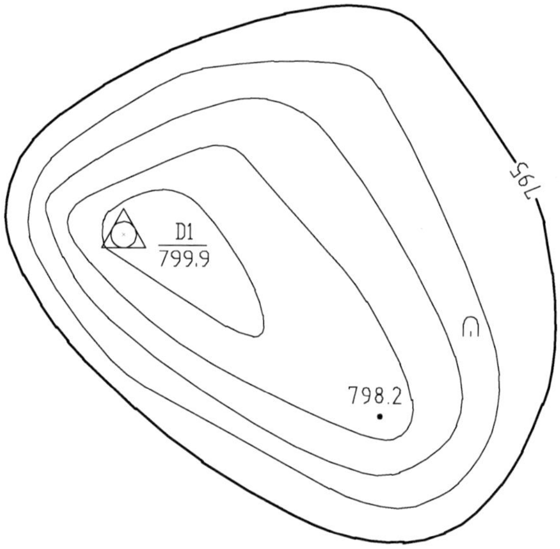

图 11.1.10　绘制点状地物

5. 绘制图廓

绘制图廓，即为图幅添加图框。图廓是图幅四周的范围线。它是按统一的坐标格网线整齐行列分幅，如表 11.1.2 所示。

表 11.1.2　几种大比例尺图的图幅大小

比例尺	正方形分幅		矩形分幅	
	图幅大小/cm^2	实地面积/km^2	图幅大小/cm^2	实地面积/km^2
1∶5 000	40×40 或 50×50	4 或 6.25	50×40	5
1∶2 000	50×50	1	50×40	0.8
1∶1 000	50×50	0.25	50×40	0.2

地形图图廓分内外图廓线、坐标格网线、图廓文字与坐标注记等，如图 11.1.11 所示。

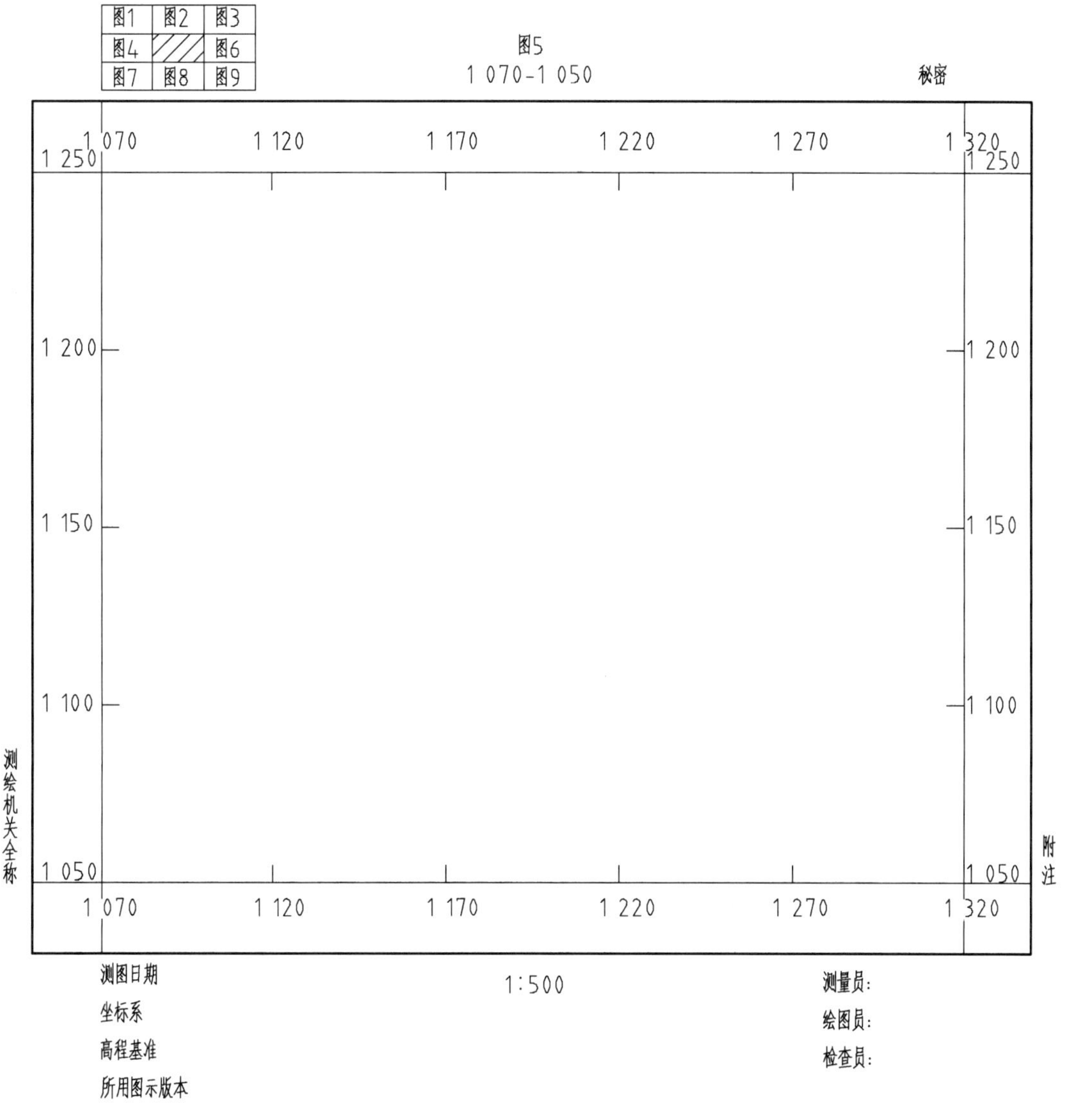

图 11.1.11　地形图图廓

（1）将“图框”层置为当前图层。利用 “RECTANG”命令绘制内图廓，线宽为 0.2 mm，左下角点坐标为（1 070，1 050），指定另一个角点坐标（1 320，1 250）；同样的方法，绘制线宽为 0.5 mm 的外图廓，左下角点坐标为（1 050，1 030），指定另一个角点坐标（1 340，1 270）；将内框线分别延伸至外框线，并在内框线上定数等分边线，在等分点上正交绘制长度为 5 的直线；注记方格网的坐标数据。

（2）接图表为长 45 mm、宽 24 mm 的一个矩形，它绘制在外图廓左上方，接图表的左边线与内图廓的左边线对齐，下边线与外图廓平行且相距 3 mm。接图表等分为三行三列的表格，最中间的一格即为本图幅的位置，常用斜阴影线进行图案填充表示。

（3）地形图的正上方标有地形图的图名和图号，图名高度为 6 mm；图名的下面标有本幅图纸的图号，高度为 5 mm；图名与图号之间间隔 3 mm，图号与外图廓线距离为 5 mm；右上方标明秘密等级，字高 4 mm；地形图的左侧为“测绘机关全称”，右侧为“附注”，中等线体，文字高度为 4 mm，距离外图廓线为 3 mm。测绘机关全称和附注的注记要控制在底端与下内廓线对齐；地形图左下角是测图日期、坐标系、高程基准、所用图示版本等信息，每个信息一行，每一行文字标注左端均与内图廓线对齐，细等线体，文字高度为 3 mm，行间距为 1 mm，第一行与外图廓线相距 3 mm；地形图正下方是比例尺，比例尺与外图廓相距 9 mm，细等线体，文字高度 4 mm；地形图右下方是绘图人员信息，包括测量员、绘图员和检查员姓名，信息右侧与右内图廓线对齐，行间距为 2 mm，文字高度为 3 mm，第一行与外图廓线相距 5 mm。完成图廓的绘制。

由于同一测区所使用的图框除图名、图廓坐标不同外，其他都是完全相同的。因此，可将图框按图式要求绘制好后以图块保存，使用时直接插入图中。

11.1.3 练 习

请将表 11.1.3 所给出的控制点坐标展绘到图上，并用内插法绘出等高线，等高距为 0.5 m。

表 11.1.3 控制点坐标

点名	*X* 坐标	*Y* 坐标	*H* 高程	点名	*X* 坐标	*Y* 坐标	*H* 高程
*D*1	499.99	277.10	1 847.9	*D*2	294.89	372.91	1 842.6
*D*3	463.91	223.03	1 843.2	*D*4	429.69	160.33	1 840.9
*D*5	570.26	455.45	1 844.1	*D*6	629.13	167.06	1 845.1
*D*7	782.96	365.32	1 843.8	*D*8	818.09	105.40	1 841.7

11.2 不动产权籍图绘制

世界上最宽阔的是海洋，比海洋更宽阔的是天空，比天空更宽阔的是人的胸怀。——雨果

11.2.1 地籍图的概念

地籍是指由国家监管的、以土地权属为核心、以地块为基础的土地及其附着物的权属、位置、数量、质量和利用现状等土地基本信息的集合，并用数据、表册、文字和图等各种形式表示。

房屋是人们生产和生活的场所，房屋和房屋用地是人们生产和生活的基本物质要素，这一要素信息的采集和表述，必须通过房产测量工作，得到房产测绘成果。准确而完整的房产测绘成果是审查确认房屋产权、产籍、保障产权人合法权益的重要依据，也是发展房地产业，进行城市建设和管理必不可少的基础资料。

地籍图和房产图表述的主要内容包括：不动产的权属、位置、形状、数量等有关信息，为不动产权管理、城市规划、市政建设与管理、税收等多种用途提供定位和定性的基础资料。

地籍图的绘制步骤主要包括：

（1）绘图环境设置；

（2）展绘点位；

（3）地籍图符号的绘制；

（4）绘制图框。

11.2.2　绘制地籍图

【例 11.2】根据界址点成果表（表 11.2.1），绘制地籍图。

表 11.2.1　界址点成果表

界址点成果表				第 1 页 共 1 页
宗地号：0703077				
权利人：镇畜牧兽医站				
宗地面积（平方米）：7 508.527				
建筑面积（平方米）：				
界址点坐标				
序号	点号	坐标 x/m	坐标 y/m	边长
1	J37	30 299.733	40 049.688	
				120.75
2	J36	30 299.733	40 170.414	
				8.60
3	J181	30 299.747	40 179.014	
				47.36
4	J182	30 252.386	40 178.947	
				8.53
5	J41	30 252.358	40 170.419	
				71.61
6	J40	30 252.379	40 098.812	
				28.16
7	J39	30 224.219	40 098.812	
				49.17
8	J38	30 224.210	40 049.646	
				75.52
9	J37	30 299.733	40 049.688	

1. 绘图准备

（1）保存图形文件。

在桌面上鼠标左键双击 AutoCAD 2021 快捷方式图标，启动 AutoCAD 2021 程序。

启动 AutoCAD 2021 程序后，首先应保存并命名新建的图形文件。单击快速访问工具栏中的“保存”按钮，在弹出的“图形另存为”对话框中指定图形文件的存放路径，并将其文件名命名为“地籍图.dwg”，单击“保存”按钮。

（2）设置图层。

在命令行输入“LAYER”，按 Space 键→新建界址点“JZD”层，设置为红色，并将“JZD”层线型设为“Continuous”，最后把该层置为当前层。新建“注释”图层，颜色设置为蓝色。

2. 展绘界址点

在命令行键入“PO”命令，依次输入界址点成果表中的数据。

3. 绘制界址线

输入“LINE”命令，依次连接界址点，绘制界址线，并点击标注按钮，对界址线进行标注，再将与地籍要素相关的其他地物要素（围墙、道路等）加上（图 11.2.1）。

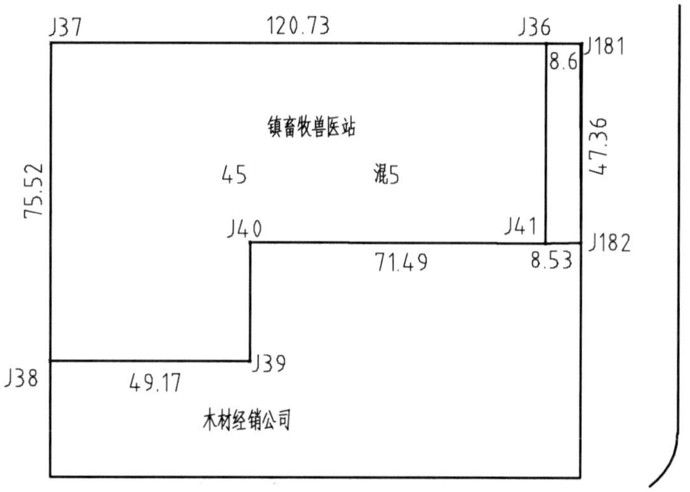

图 11.2.1　绘制界址线

4. 绘制整个地籍图

按照上述同样的方法即可完成整个地籍图的绘制（图 11.2.2）。

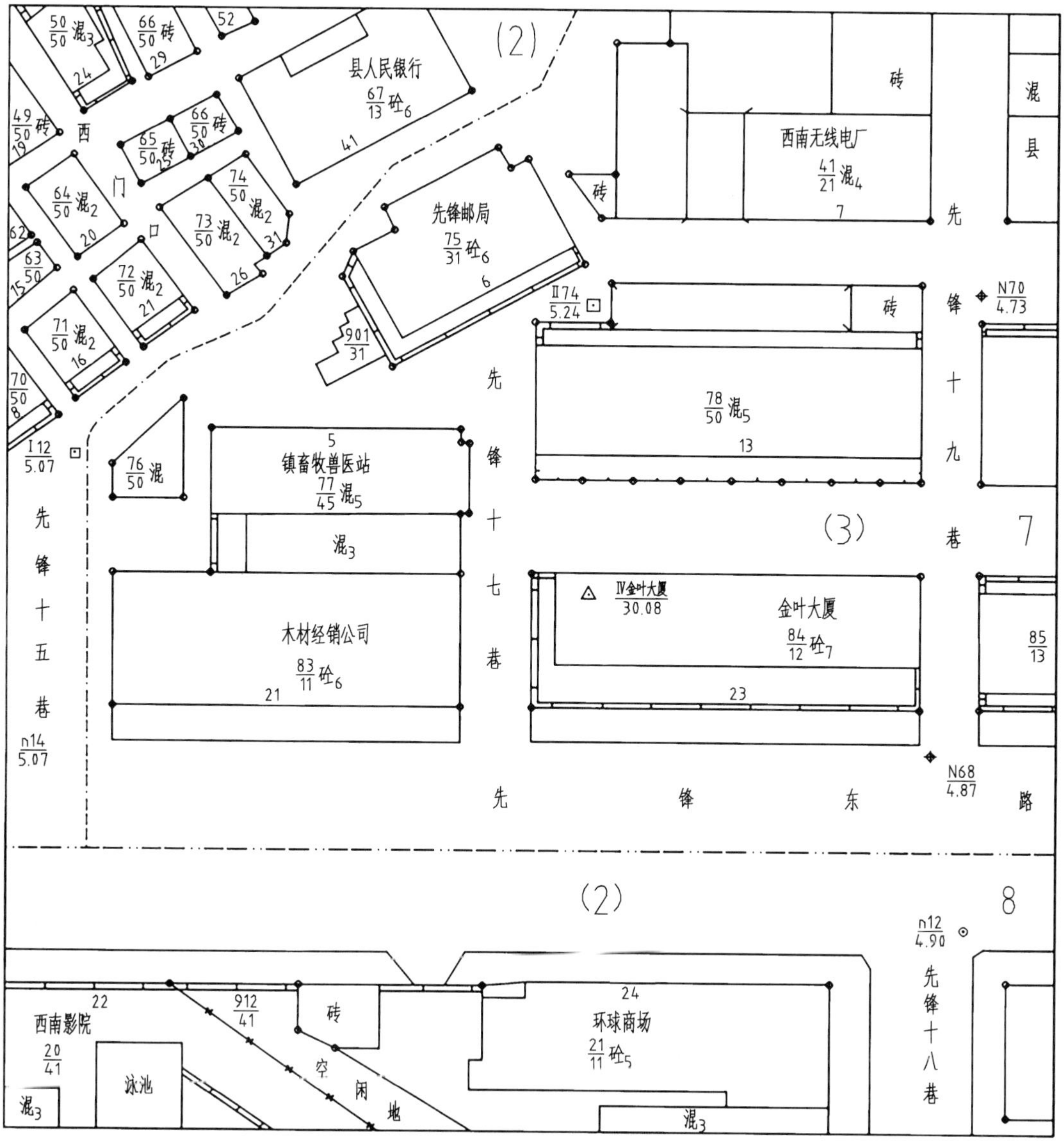

图 11.2.2　地籍图样图

11.2.3　绘制宗地图

宗地图是描述宗地位置、界址点、线和相邻宗地关系的实地记录，以宗地为单位绘制的地籍图，是土地证书及宗地档案的附图。宗地图按照宗地的大小确定其比例尺，且宗地图和基本地籍图上的内容必须统一。

1. 绘制宗地裁剪边线

点击多段线多段线按钮，沿权属界址线外围绘制闭合裁剪线（图 11.2.3），并完成图形裁剪（图 11.2.4）。

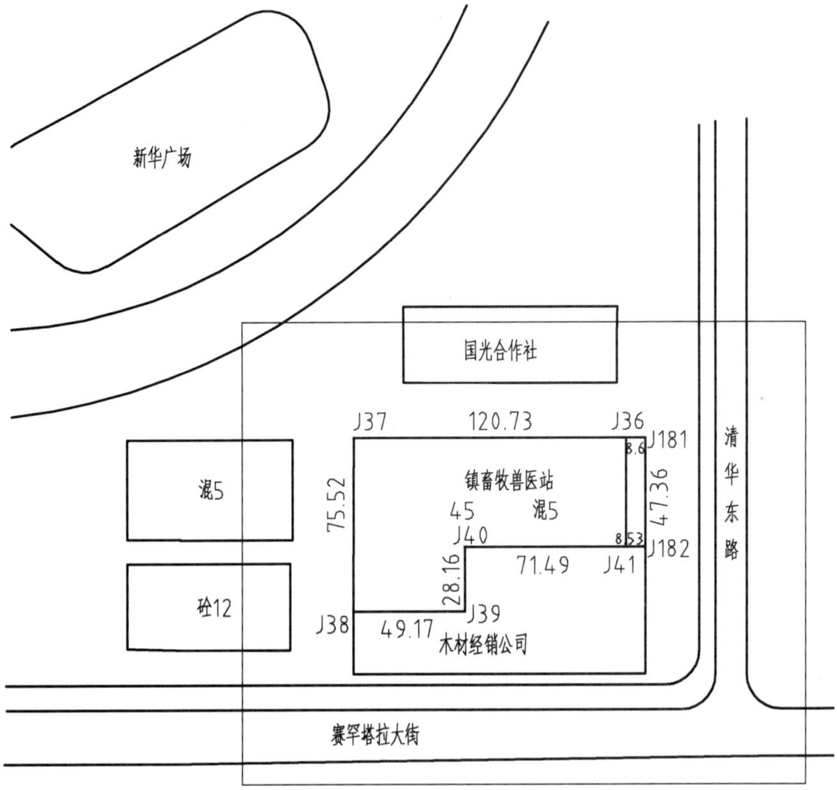

图 11.2.3　宗地裁剪边线

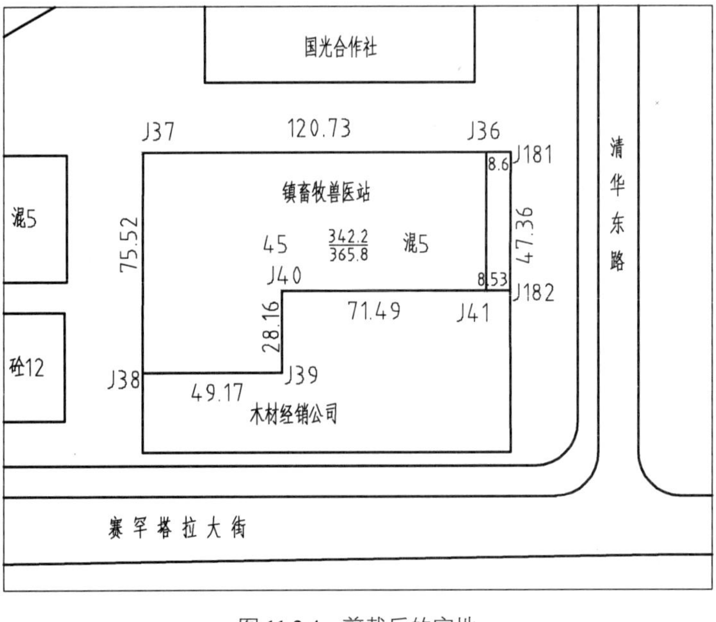

图 11.2.4　剪裁后的宗地

2. 套入图框

点击插入按钮，套入图框（图 11.2.5）。

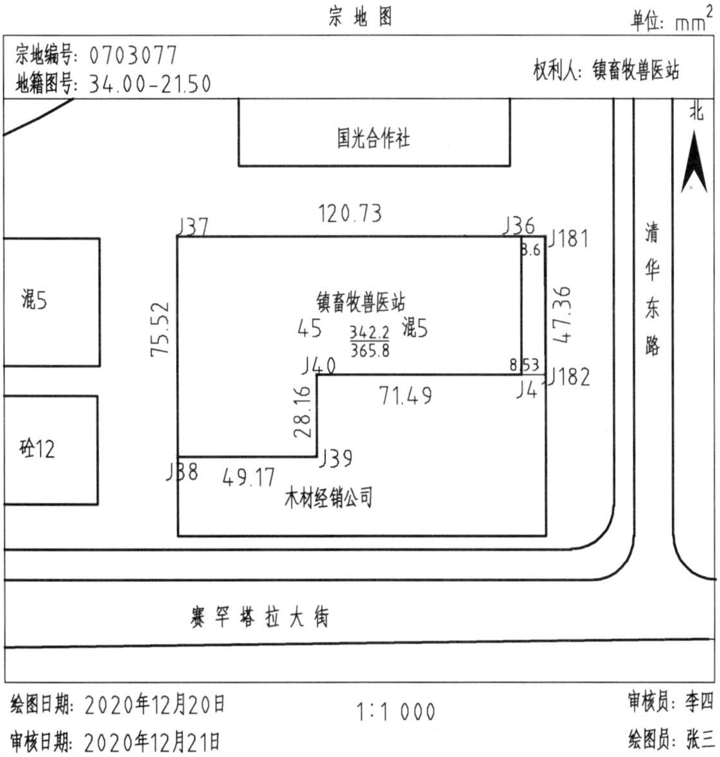

图 11.2.5　某宗地样图

11.2.4　绘制房产图

房产测量最重要的成果就是房产图。房产图是房产产权、产籍管理的基本资料，是房产管理的图件依据。根据房产管理工作的需要，房产图可分为房产分幅平面图、房产分丘平面图和房产分层分户平面图。以房屋分层分户平面图为例讲解绘制方法（图 11.2.6）。

1. 绘图环境设置

进行图形单位、文字样式、图层及绘图范围设置，具体的设置方法与地籍图绘制相似。

2. 展绘点位

通过 AutoCAD 中的“多点”命令展绘点位。首先将坐标输入记事本或 Excel 表格文件中，然后执行“多点”命令，将记事本或 Excel 表中的坐标批量粘贴到命令窗口中即可。

3. 房产图绘制

灵活运用多段线（PL）、修剪（TR）、文字（MT）等多种命令绘制房产图。

4. 图　框

图框的绘制参照相应标准规范和甲方单位要求绘制。图框绘制完成后，通常将其保存成模板文件（*.dwt），便于以后重复使用。

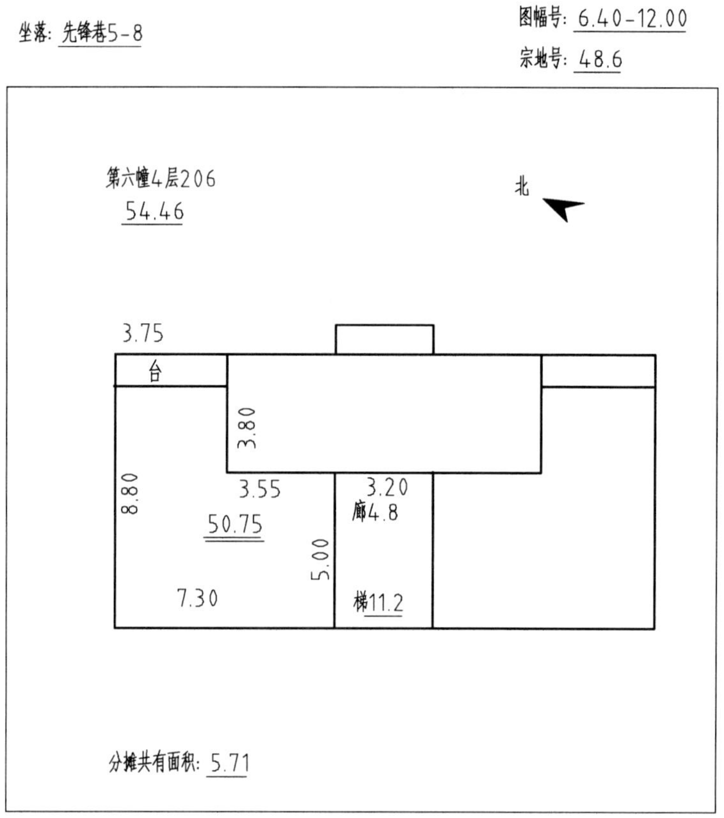

图 11.2.6　房屋分层分户平面图样图

11.2.5　练　习

根据界址点成果表（表 11.2.2），绘制地籍图。地籍图北侧与李四毗邻，东侧与王三组相邻，南侧与共和大道相邻，西侧与共和小学相邻。

表 11.2.2　界址点成果表

界址点成果表				第 1 页 共 1 页
宗地号：208				
权利人：张二				
宗地面积（平方米）：27.180				
建筑面积（平方米）：0.000				
界址点坐标				
序号	点号	坐标		边长
		x/m	*y*/m	
1	J200	3 259 398.714	446 713.789	2.666

续表

序号	点号	坐标		边长
		x/m	y/m	
2	J201	3 2593 99.656	446 716.283	
				3.268
3	J202	3 259 400.066	446 719.525	
				0.289
4	J203	3 259 400.071	446 719.814	
				1.553
5	J204	3 259 398.613	446 719.28	
				3.672
6	J205	3 259 395.21	446 717.9	
				3.465
7	J206	3 259 394.837	446 714.455	
				4.111
8	J207	3 259 397.198	446 711.089	
				3.096
1	J208	3 259 398.714	446 713.789	

11.3　线路纵横断面图绘制

告诉你使我达到目标的奥秘吧。我唯一的力量就是我的坚持精神。——巴斯德

11.3.1　线路测量的概念

为了道路设计和施工的需要，在道路工程测量中，要对道路进行测量，再根据测得的数据，绘制出线路平面图、道路的纵断面图和横断面图。

线路平面图是沿道路线路方向发展的地形图，是公路设计文件的重要组成部分，其作用是表达线路的方向、平面线型以及线路两侧一定范围内的地形、地物情况，以及结构物的平面位置。线路平面图的绘制包括地形图绘制和设计线路绘制。在道路勘测时，测绘人员利用测量仪器采集地形碎部点，再根据这些数据采用专门的地形地籍绘图软件进行地形绘制。在这里仅以线路中心线为例介绍绘制方法。

11.3.2　绘制线路平面图

1. 数据准备

在绘制路线中心线前，要根据道路设计人员定出的交点和转角数据，计算出平面曲线的相关要素，即圆曲线的半径 R、切线长 T、曲线长 L、外矢距 E。计算结果如表 11.3.1 所示。

表 11.3.1　线路平曲线要素参数

交点	α		R	T	E
	α_X	α_Y			
JD1	39°21′21″		150	53.64	9.3
JD2		32°48′36″	150	44.16	6.37

路线导线的起始点、交点的坐标以及转折角、圆曲线半径、曲线的类型如下：

QD(1 105.353，518.977)为路线的起点。

JDl(1 338.254，455.322),α_z：=39°21′21″, R=150, T=53.64，圆曲线。

JD2(1 520.786，530.204),α_y：=32°48′36″, R=150, T=44.16，圆曲线。

ZD(1 710.756，460.747)为路线的终点。

在实际工作中，线路导线的坐标数据都是用 Excel 表格存放。这样简化了在绘图时输入坐标的麻烦，在 Excel 表格中编辑导线点坐标对，如图 11.3.1 所示。

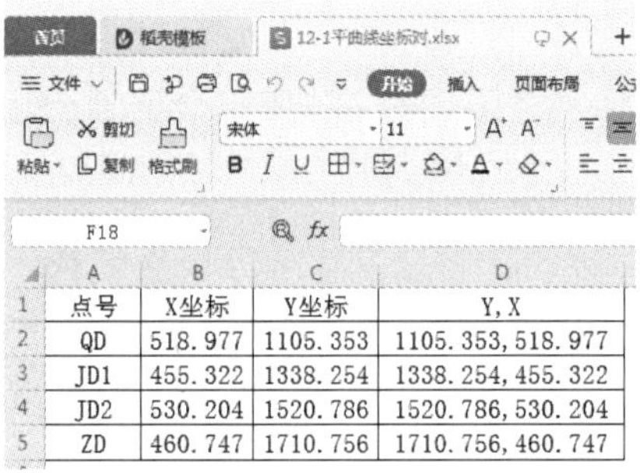

点号	X坐标	Y坐标	Y, X
QD	518.977	1105.353	1105.353, 518.977
JD1	455.322	1338.254	1338.254, 455.322
JD2	530.204	1520.786	1520.786, 530.204
ZD	460.747	1710.756	1710.756, 460.747

图 11.3.1　Excel 中编辑的坐标对

2. 设置图形单位

在命令行中输入“UNITS”→按 Enter 或 Space 键确认→弹出“图形单位”对话框，根据要求逐一设置长度、角度的类型与精度→单击“确定”按钮（图 11.3.2）。

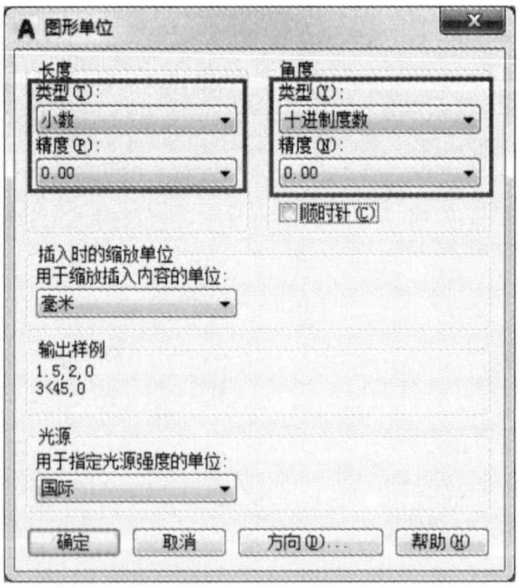

图 11.3.2　“图形单位”设置

3. 设置图层和文字式样

（1）在命令行中输入“LAYER”→按 Enter 或 Spac 键确认→弹出“图形特性管理器”对话框，新建图层并设置相关参数（图 11.3.3）。

路线中线层（zhongxian），颜色为红色，线宽设为 1.0；路线导线层（daoxian），颜色为白，线宽默认；标注线（bzhxian），线宽 0.25。

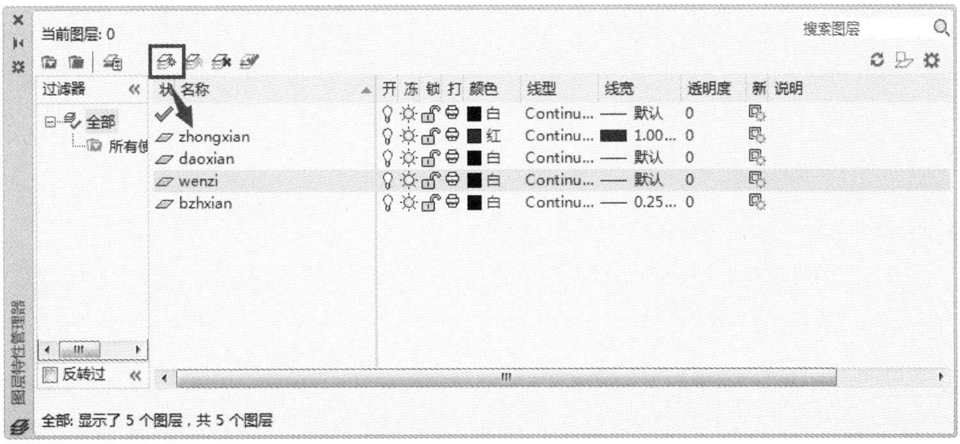

图 11.3.3　“图层”设置

（2）在命令行中输入“STYLE”→按 Enter 或 Space 键确认→弹出“文字样式”对话框，新建文字样式并设置相关参数（图 11.3.4）。

文字注释层（wenzi），文字式样设置为字体 txt.shx，大字体 gbcbig.shx，高度为 10，宽高比为 0.7。

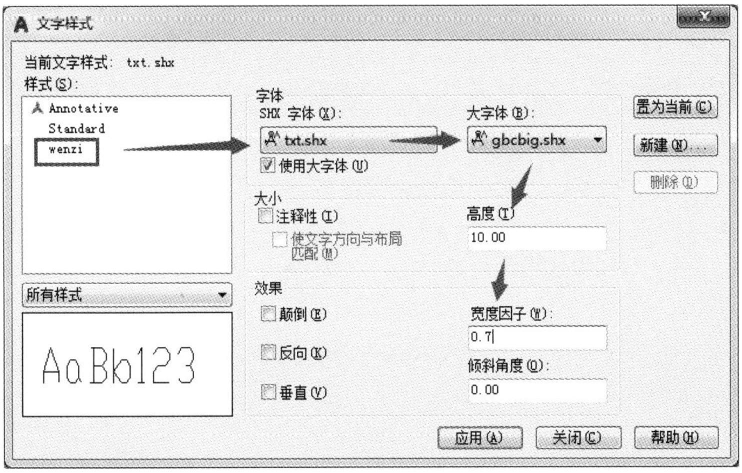

图 11.3.4　“文字样式”设置

4. 绘制线路中心线

（1）绘制线路导线。将“daoxian”图层置为当前层→在命令行中输入“PLINE”→按 Enter 键或 Space 键确认→将图 11.3.1 中 D2 列的坐标数据复制后粘贴到命令行→按 Esc、Enter 或 Space 键退出（图 11.3.5）。

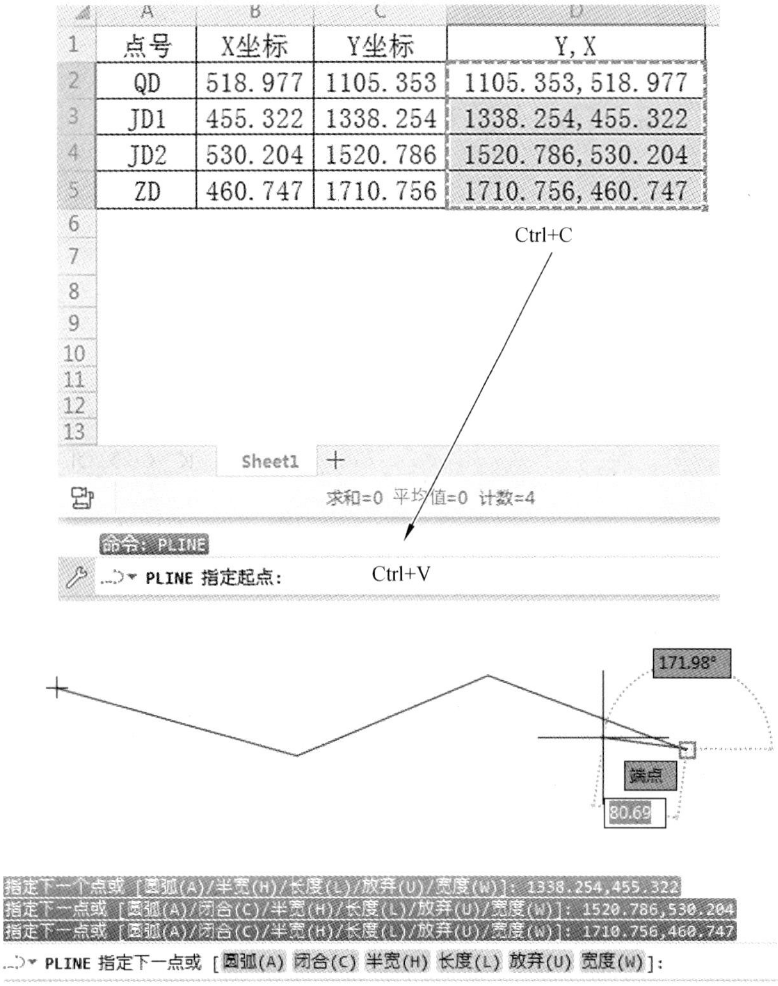

图 11.3.5　绘制线路导线

（2）绘制曲中点 QZ。新建一个“fuzhuxian”图层，颜色设为蓝色，并置为当前层→在命令行中输入“XLINE”→按 Enter 键或 Space 键确认→在命令行提示下中输入“B”→按 Enter 键或 Space 键，依次拾取指定角的定点、起点和终点→在命令行中输入“LINE 键”→按 Enter 键或 Space 键确认→沿角平分线方向量取外矢距的长度（输入 9.30），端点即为曲中点 QZ（图 11.3.6）。

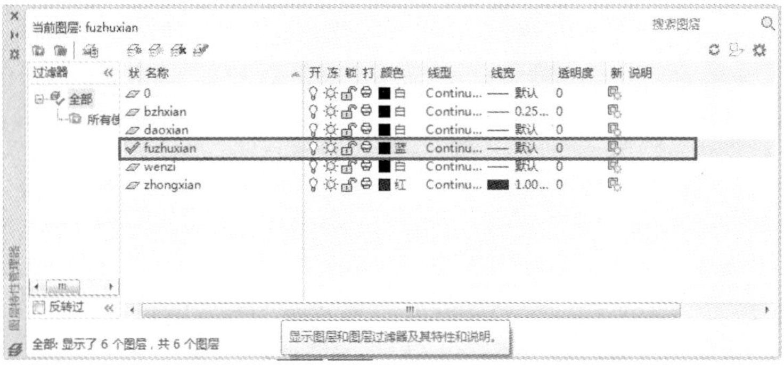

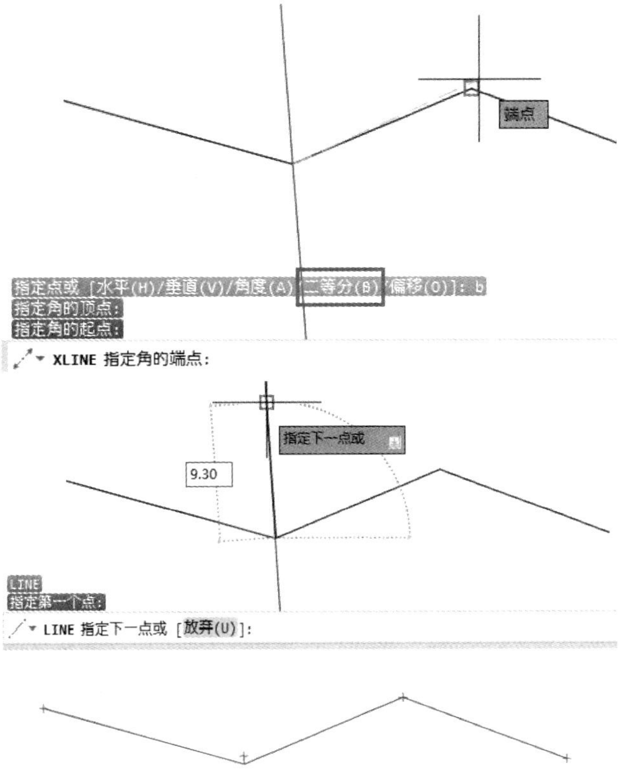

图 11.3.6　绘制曲中点 QZ

（3）绘制圆直点 YH 与直圆点 ZY。将“zhongxian”层置为当前层→在命令行输入“ARC”→起点为 QZ 点→在命令行输入“C”，从 QZ 点向角平分线量取圆曲线的半径 150→在命令行输入“A”→输入方位角的一半，即“19.677 9°”，圆弧的另一个端点就是圆直点 YH→在命令行输入“MIRROR”，选择圆弧，圆弧的另一端点即为直圆点 ZY。用相同的操作方法，确定出 JD2 处的平曲线的各主点（图 11.3.7）。

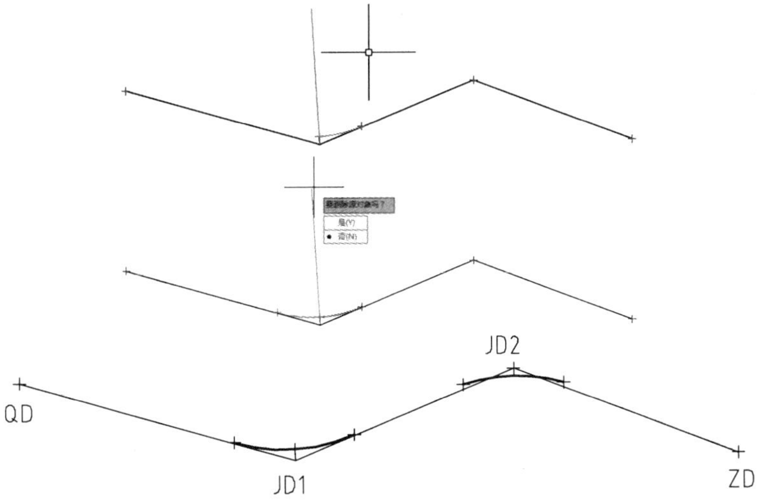

图 11.3.7　圆直点 YH 与直圆点 ZY

（4）绘制线路中心线。在命令行输入“LINE”→连接路线中线的各直线段（图 11.3.8）。

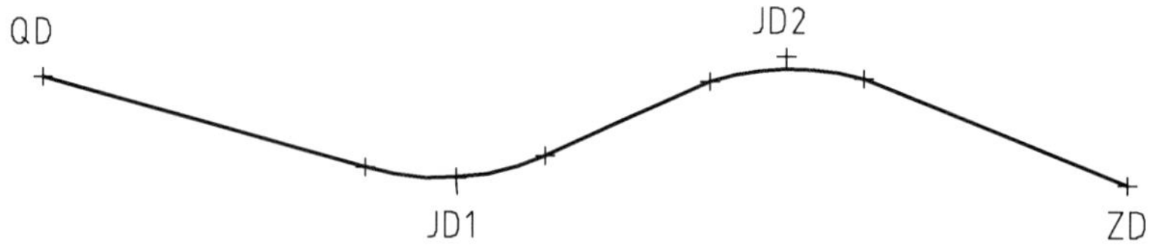

图 11.3.8　绘制线路中心线

5. 绘制特征点位置线、里程桩线、百米桩线并标注文字

（1）绘制特征点位置线。

设置“bzhuxian”层为当前层→在命令行输入“OFFSET”，将线路中线向上偏移 5 个图形单位→在命令行输入“LINE”，在路线上的每一个主点处绘制短直线，分别与线路导线和上侧的偏移垂直相交（图 11.3.9）。

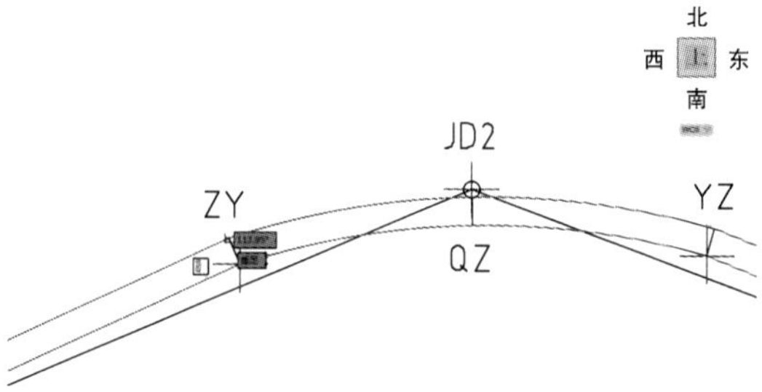

图 11.3.9　绘制特征点位置线

（2）绘制百米标志线。

设置“daoxian”层为当前层→在命令行输入“OFFSET”→将线路导线向下方分别偏移 5 个单位和 15 个单位，得到 2 条偏移线→在命令行输入“PLINE”→鼠标拾取线路的起始点，绘制起点公里桩。按照相同方法绘制终点公里桩。

利用定距等分绘制百公里桩，在命令行输入“MEASURE”，回车；选择线路导线，回车；在命令行输入指定线段长度“100”，回车，即绘制出定距等分点；在命令行输入“PLINE”通过定距等分点绘制百米标志线（图 11.3.10）。

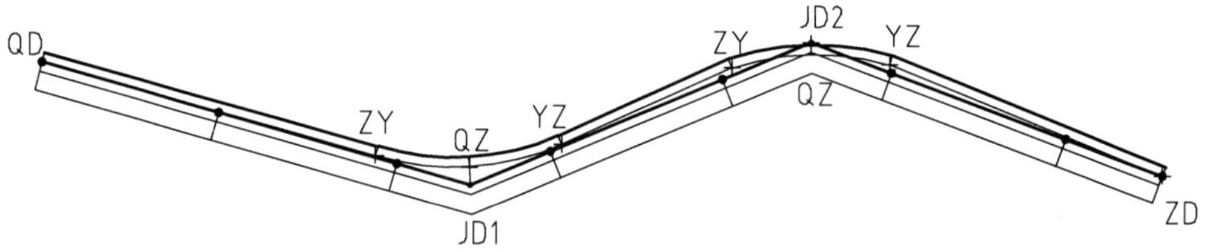

图 11.3.10　绘制百米标志线

（3）绘制公里桩符号和交角点符号。

在命令行输入“DONUT”→绘制内径为 0、外径为 5 的圆环作为公里桩符号→在命令行输入“CIRCLE”→绘制直径为 3、圆心在交点上的圆作为交角点符号，并进行修剪（图 11.3.11）。

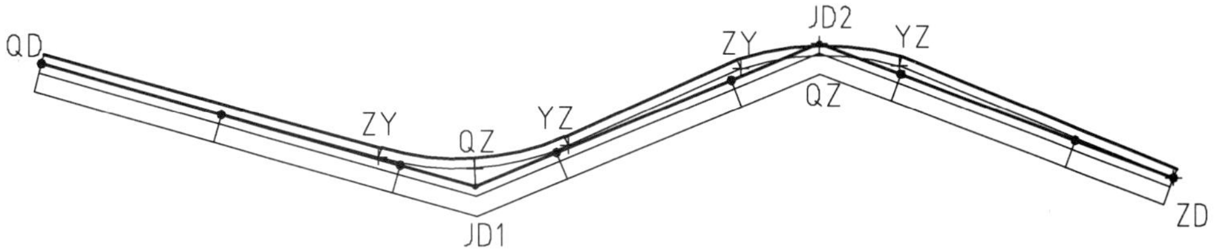

图 11.3.11　绘制公里桩符号和交角点符号

（4）将“wenzi”图层置为当前图层→在命令行输入“DTEXT”，字高 7.00，旋转角度 90°，进行文字标注。若标注的文字大小及方向不同，可选用不同高度和旋转角度，分批标注（图 11.3.12）。

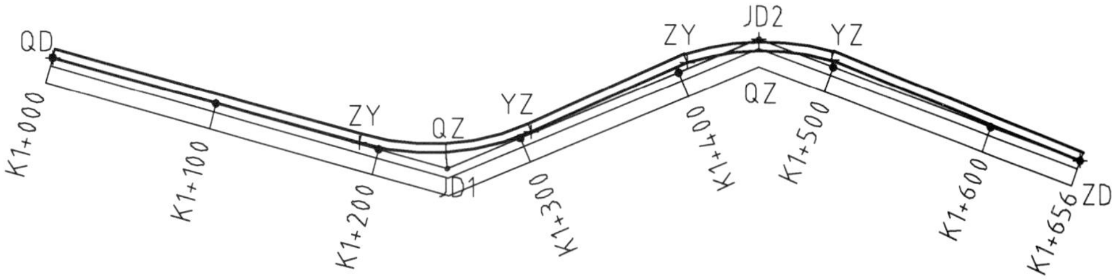

图 11.3.12　标注文字

（5）在命令行输入“ERASE”→删除辅助线，完成绘制（图 11.3.13）。

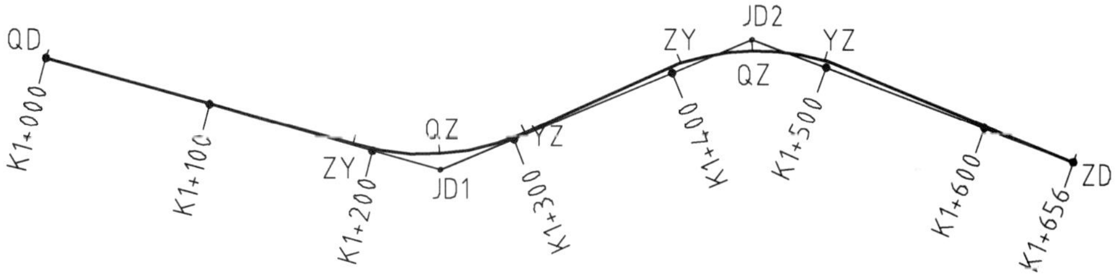

图 11.3.13　线路平面图

11.3.3　绘制线路纵断面图

线路纵断面图是通过线路中心线用假想的铅垂剖切面进行纵向剖切，然后展开绘制而获得的。由于线路中心线是由直线和曲线组合而成的，所以纵向剖切面既有平面，又有曲面。为了清晰地表达线路的纵断面情况，特采用展开的方法，将此纵断面展平成为一平面，以中桩里程为横坐标、地面高程为纵坐标，其中里程比例尺应与线路带状地形图一致，高程比例尺比里程比例尺大 10 倍，并绘制在图纸上，这就形成了线路纵断面图。纵断面图一般包括图形区、高程标尺、数据区、文字说明等内容（图 11.3.14）。纵断面绘制采用直角坐标系，以横坐标表示里程桩号，纵坐标表示高程。这里仅介绍高程标尺和图形区的绘制方法，数据区与文字说明的绘制参照文字与表格的处理方法。

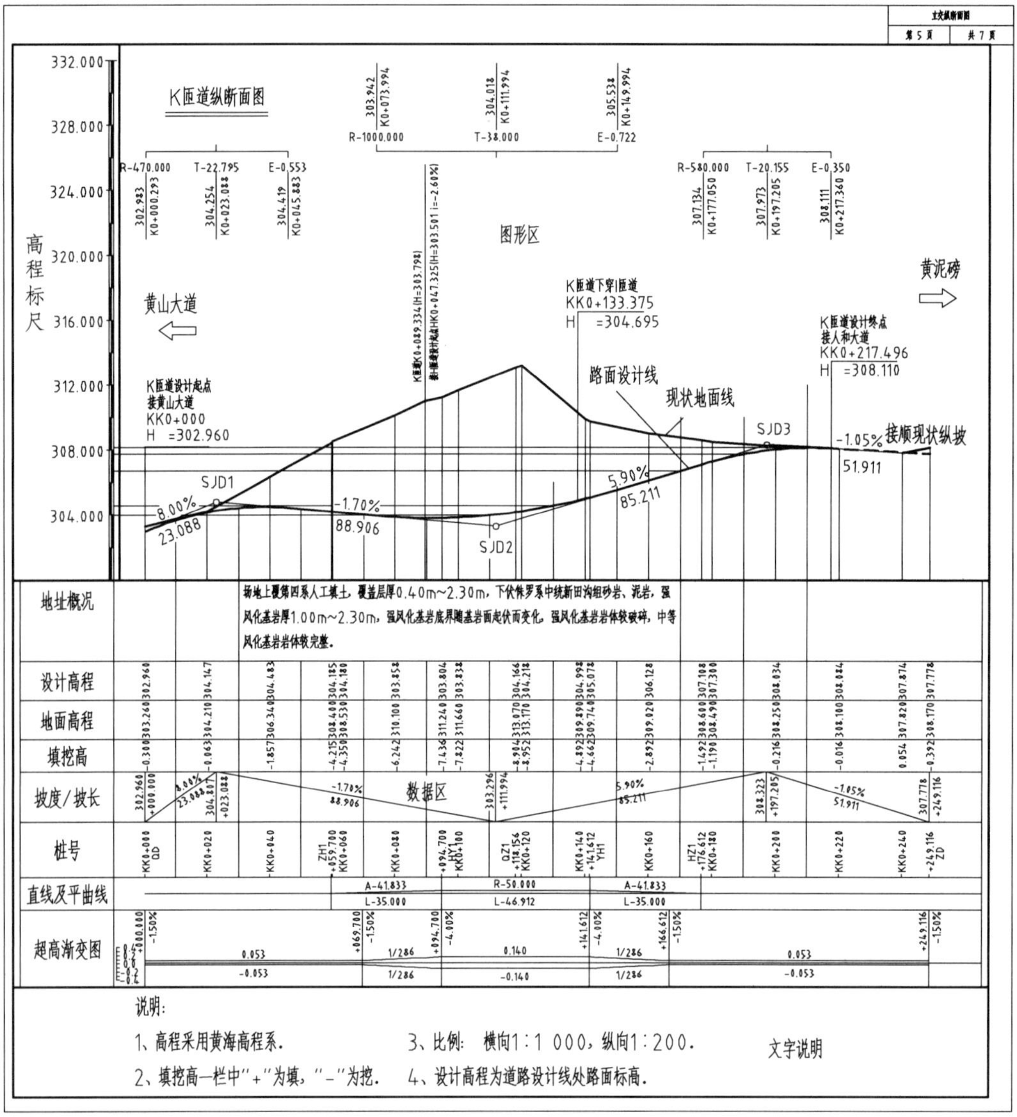

图 11.3.14　道路纵断面图

1. 图示部分

（1）比例。

图样中水平方向表示路线长度，垂直方向表示高程。为了清晰地反映垂直方向的高差，规定垂直方向的比例按水平方向比例放大 10 倍，如水平方向为 1∶1 000，则垂直方向为 1∶200，所以图上所画出的图线坡度较实际坡度大。

（2）地面线和设计线。

图样中不规则的细折线表示沿道路设计中心线处的现状地面线（用细实线绘制），现状地面线是根据一系列中心桩的地面高程连接形成的。路面设计线（用粗实线绘制）表示设计路线沿中心线的纵向布置情况，它是根据地形、技术标准等设计出来的。比较设计线与地面线的相对位置，可决定填、挖地段和填、挖高度。

（3）竖曲线。

在设计线纵坡度变化处，其相邻坡度差的绝对值超过一定数值时，为了有利于汽车行驶，应按《公路工程技术标准》的规定设置曲线。曲线类型包括凸曲线与凹曲线两种，两端的短竖直细实线在水平线之上为凹曲线(└──┬──┘)，反之为凸曲线（┌──┴──┐）。

竖曲线要素（包括半径 R、切线长 T 和外矢距 E）的数值均应标注在水平线上方。如图 11.3.15 中 K0+023.088 桩号处设有凸形竖曲线，半径 R=470 m，切线 T=22.795 m，外矢距 E=0.553 m。

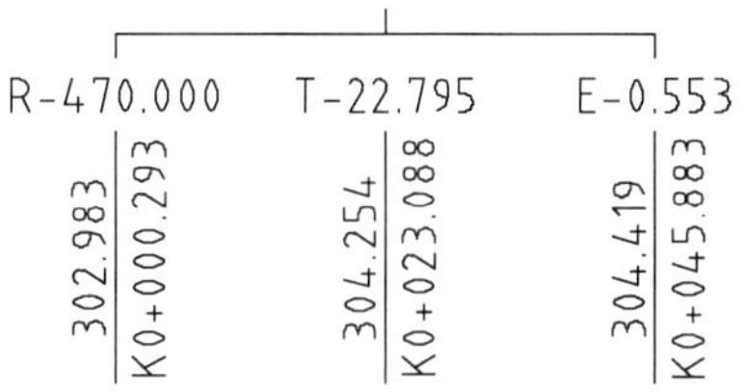

图 11.3.15　竖曲线

2. 资料表部分

道路纵断面图的资料表应设置在图样下方，与图样对应，格式有多种，有简有繁，视具体道路路线情况而定，一般包括以下内容或其中几种（如图 11.3.14 中的数据区）：

（1）地质情况。

道路路段土质变化情况，注明各段土质名称。

（2）坡度与坡长。

斜线上方注明坡度，斜线下方注明坡长，单位为米。

（3）设计高程。

注明各里程桩的路面中心设计高程，单位为米。

（4）原地面标高。

根据测量结果填写各里程桩处路面中心的原地面高程，单位为米。

（5）填挖情况。

标出设计标高与原地面标高的高差。

（6）里程桩号。

按比例标注里程桩号，一般设公里桩号、百米桩号（或 50 m 桩号）、构筑物位置桩号及路线控制点桩号等。

（7）平面直线与曲线。

平曲线用于表示道路中心线，其起止点用直角折线表示，样式包括两种：“ ─┐__┌─ ”(表示左偏角的平曲线)和“ __┌─┐__ ”(表示右偏角的平曲线)，且需要注明曲线的几何要素。综合平曲线和纵断面情况可反映出路线空间的线形变化。

3. 纵断面图的绘制

道路纵断面图的第一张应画图标，注明路线名称及纵、横比例等，每张图右上角应有角标，注明图的序号及总张数。纵断面绘制采用直角坐标系，以横坐标表示里程桩号，纵坐标表示高程。这里仅介绍高程标尺和图形区的绘制方法，具体操作步骤如下：

（1）在 Excel 中，将原地面高程放大 5 倍，替换原高程，并与里程按坐标对进行处理。

将“地面线”图层置为当前层→在命令行中输入 PLINE→按 Enter 或 Space 键确认→将 Excel 表中 F 列的坐标数据复制后粘贴到命令行→按 Esc、Enter 或 Space 键完成原地面线的绘制（图 11.3.16）。

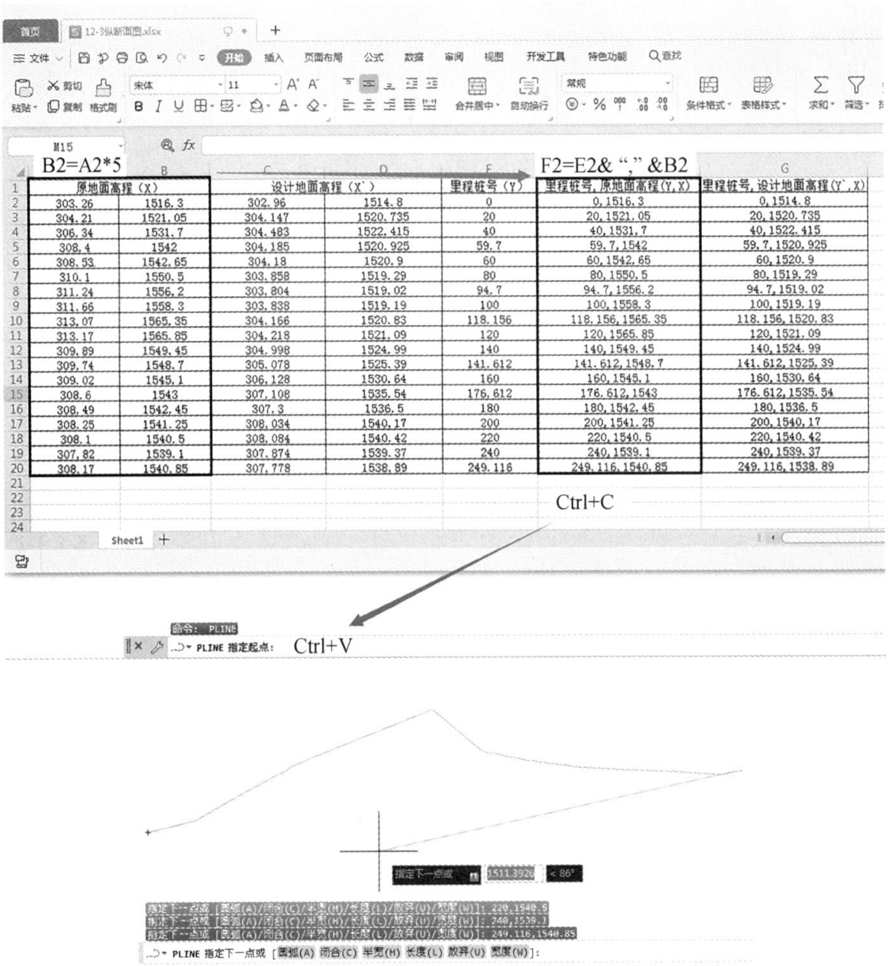

原地面高程（X）		设计地面高程（X`）		里程桩号（Y）	里程桩号,原地面高程(Y,X)	里程桩号,设计地面高程(Y`,X)
303.26	1516.3	302.96	1514.8	0	0,1516.3	0,1514.8
304.21	1521.05	304.147	1520.735	20	20,1521.05	20,1520.735
306.34	1531.7	304.483	1522.415	40	40,1531.7	40,1522.415
308.4	1542	304.185	1520.925	59.7	59.7,1542	59.7,1520.925
308.53	1542.65	304.18	1520.9	60	60,1542.65	60,1520.9
310.1	1550.5	303.858	1519.29	80	80,1550.5	80,1519.29
311.24	1556.2	303.804	1519.02	94.7	94.7,1556.2	94.7,1519.02
311.66	1558.3	303.838	1519.19	100	100,1558.3	100,1519.19
313.07	1565.35	304.166	1520.83	118.156	118.156,1565.35	118.156,1520.83
313.17	1565.85	304.218	1521.09	120	120,1565.85	120,1521.09
309.89	1549.45	304.998	1524.99	140	140,1549.45	140,1524.99
309.74	1548.7	305.078	1525.39	141.612	141.612,1548.7	141.612,1525.39
309.02	1545.1	306.128	1530.64	160	160,1545.1	160,1530.64
308.6	1543	307.108	1535.54	176.612	176.612,1543	176.612,1535.54
308.49	1542.45	307.3	1536.5	180	180,1542.45	180,1536.5
308.25	1541.25	308.034	1540.17	200	200,1541.25	200,1540.17
308.1	1540.5	308.084	1540.42	220	220,1540.5	220,1540.42
307.82	1539.1	307.874	1539.37	240	240,1539.1	240,1539.37
308.17	1540.85	307.778	1538.89	249.116	249.116,1540.85	249.116,1538.89

图 11.3.16　绘制地面线

（2）按照同样的方法，绘制路面设计线→根据设计的曲线半径绘制出竖曲线所在的圆→修剪命令“TRIM”，剪掉多余的部分即可（图 11.3.17）。

（3）定义两种多线样式，第一种多线样式是：样式名为“A”，由两条单线组成、每条单线的颜色为蓝色、线型为“Continuous”，偏移量分别为 0.02 和−0.02，端点采用直线封口，填充颜色选择蓝色；另一种多线样式是：样式名为“B”，除填充颜色选择“无”以外，其余都和第一种多线样式相同（图 11.3.18）。

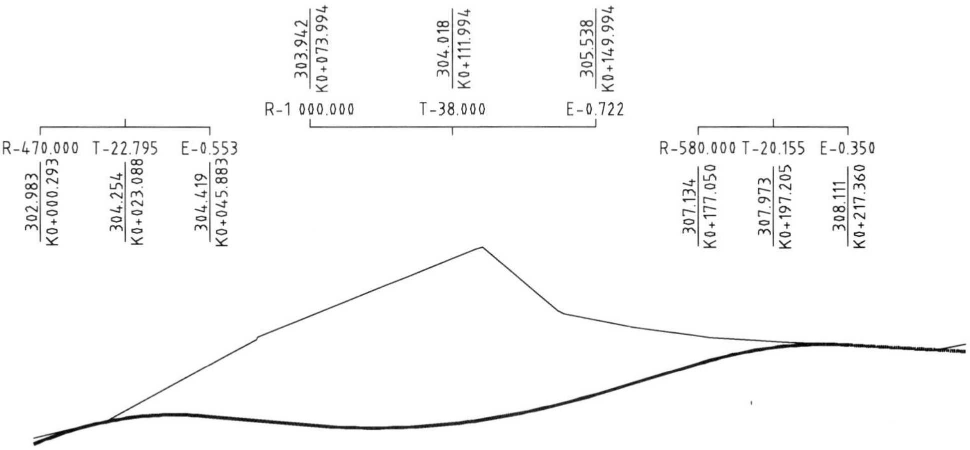

图 11.3.17　绘制路面设计线

图 11.3.18　定义多线样式

（4）在命令行输入“MLINE”→在命令行的提示下输入“ST”→输入样式名“A”→绘制多线高度为 10→以上一段多线的端点为起点，采用相同的方法绘制基于多线样式“B”的多线→多次对上两段多线进行复制，并使其首尾相连，完成高程标尺的绘制（图 11.3.19）。

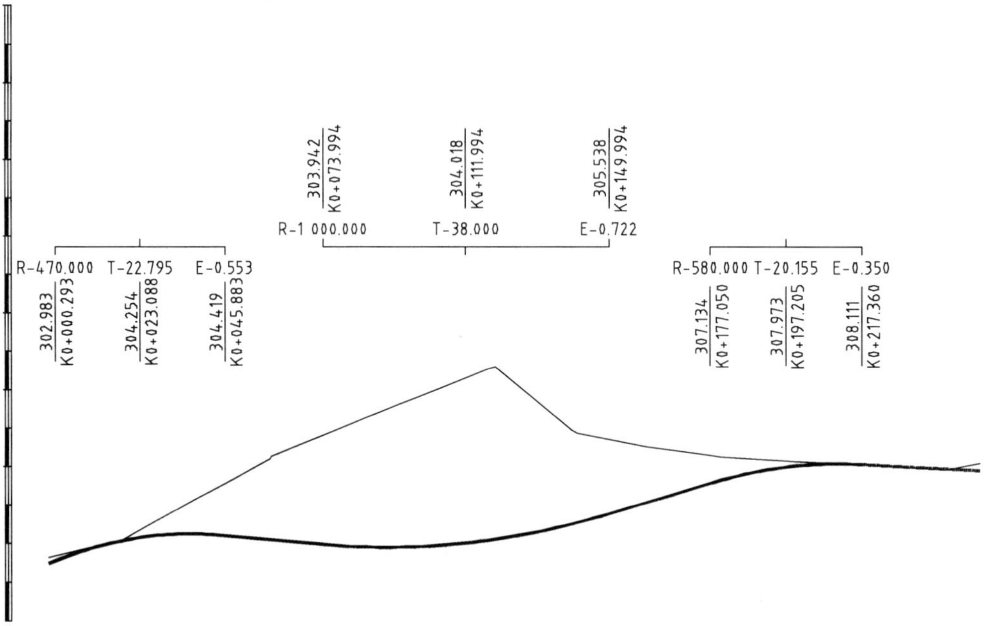

图 11.3.19　绘制高程标尺

（5）在命令栏输入“TEXT”，进行文字标注（图 11.3.20）。

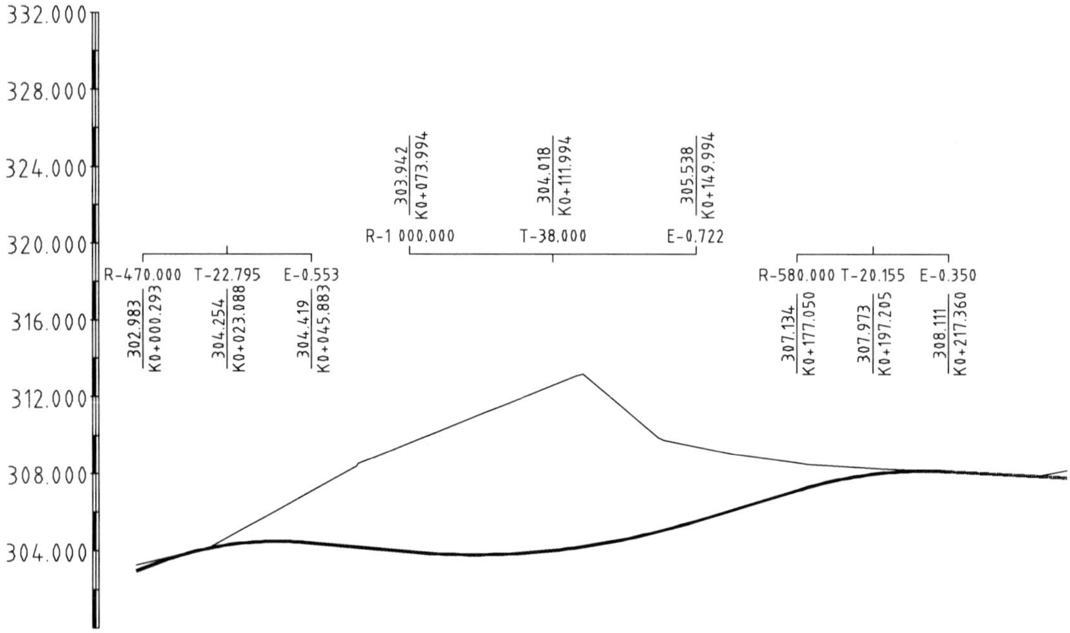

图 11.3.20　文字标注

11.3.4　绘制线路横断面图

线路横断面图是用假想的剖切平面，垂直于路中心线剖切而得到的，其作用是表达线路各中心桩处路基横断面的形状和横向地面高低起伏状况，如图 11.3.21 所示。它主要为路基施工提供资料数据和计算路基土石方提供面积资料，绘制比例一般采用 1∶100 ~ 1∶200。

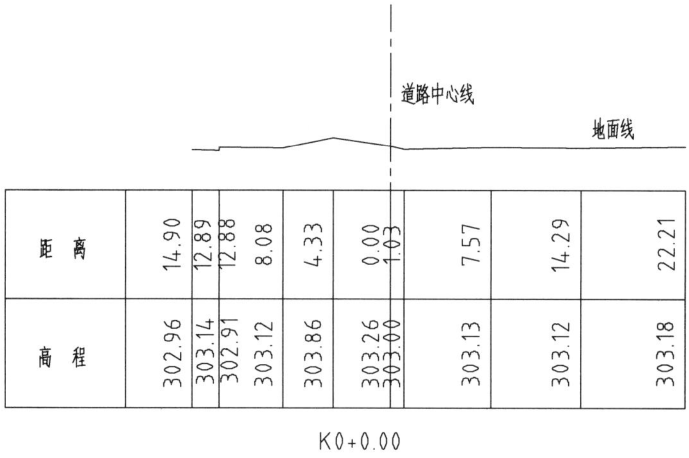

图 11.3.21　K0+0.00 处的横断面图

绘制道路横断面图前，需要测得断面数据，获得的断面数据一般采用如图 11.3.22 所示的记录格式：以中桩点为中心，记录各相邻地形特征点与中桩之间的平距与高程，负号表示位于中桩的左侧。

	A	B	C
1	**桩号**	**距离**	**高程**
2	**K0+0.00**	-14.9	302.96
3		-12.89	302.91
4		-12.88	303.14
5		-8.08	303.12
6		-4.33	303.86
7		0.00	303.26
8		1.03	303.00
9		7.57	303.13
10		14.29	303.12
11		22.21	303.18

图 11.3.22　横断面成果表

（1）在 Excel 中，将距离与高程按坐标对进行处理。

将“DMX”图层置为当前层→在命令行中输入“PLINE”→将 Excel 表中 D 列的坐标数据复制后粘贴到命令行→按 Esc、Enter 或 Space 键完成地面线的绘制（图 11.3.23）。

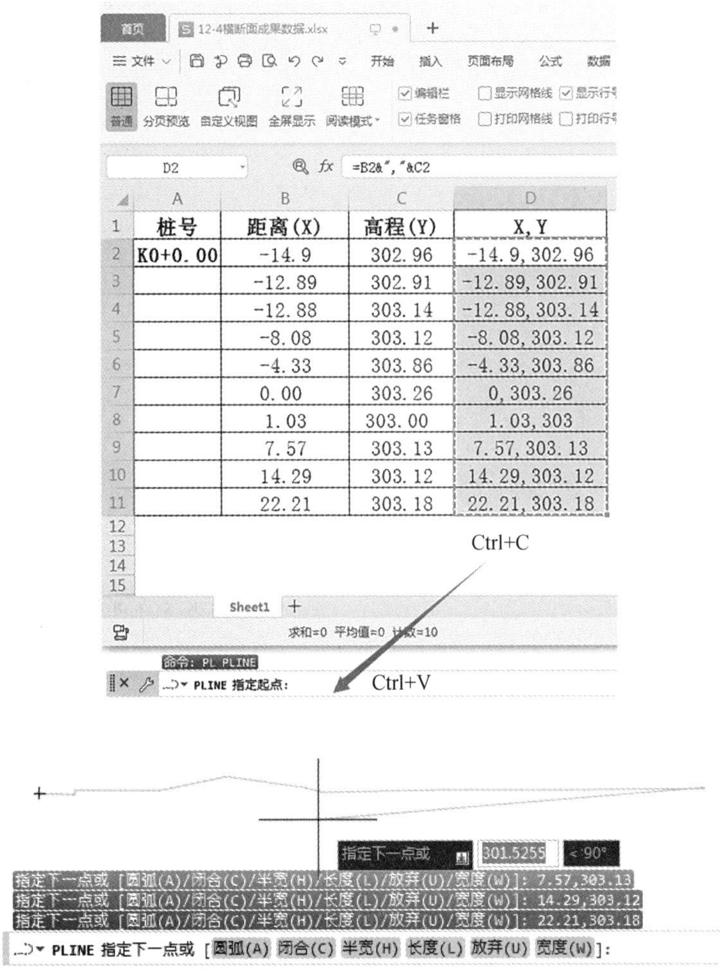

桩号	距离(X)	高程(Y)	X,Y
K0+0.00	-14.9	302.96	-14.9,302.96
	-12.89	302.91	-12.89,302.91
	-12.88	303.14	-12.88,303.14
	-8.08	303.12	-8.08,303.12
	-4.33	303.86	-4.33,303.86
	0.00	303.26	0,303.26
	1.03	303.00	1.03,303
	7.57	303.13	7.57,303.13
	14.29	303.12	14.29,303.12
	22.21	303.18	22.21,303.18

图 11.3.23　绘制地面线

（2）将“道路中心线”图层置为当前层，并将线型设置为虚线，颜色为红色→在命令行中输入“PLINE”→沿横断面垂直方向绘制道路中心线（图 11.3.24）。

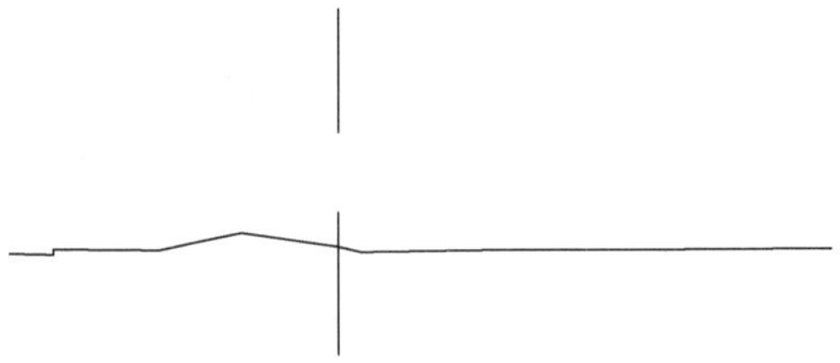

图 11.3.24　绘制道路中心线

（3）进行文字注记（图 11.3.25）。

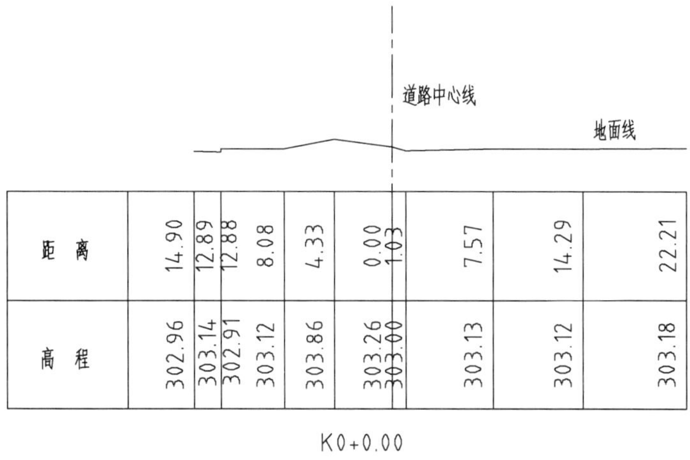

图 11.3.25　横断面文字注记

11.3.5　绘制图框

在绘制图框时，要按照《道路工程制图标准》规定图框的大小和各组成部分。一般要新建一个图形文件，等图框绘制完成后，保存为模板，即“.dwt”格式的文件，以备以后使用。现在以如图 11.3.26 所示线路图框为例来讲述图框的绘制方法。

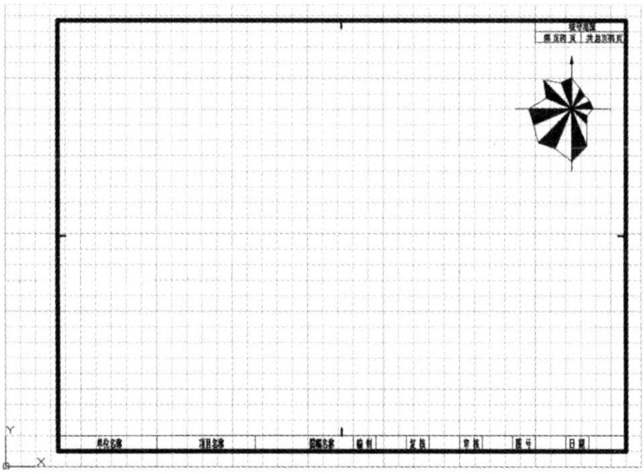

图 11.3.26　线路图框

1. 设置绘图环境

（1）在命令行中输入“LIMITS”，设置图形界限，左下角为（0,0），右上角坐标（420,297）→设置单位及精度（图 11.3.27）。

（2）在命令行中输入“LAYER”→设置“tukuang”（图框）层，线宽 0.7，“fgx”（分割线）层，线宽 0.25，线型均为 Continuous；“bz”（标注）层，线宽、线型默认（图 11.3.28）。

（3）在命令行中输入“STYLE”→字体设置为“仿宋”，宽度比例为 0.7，其他项可以保留默认格式（图 11.3.29）。

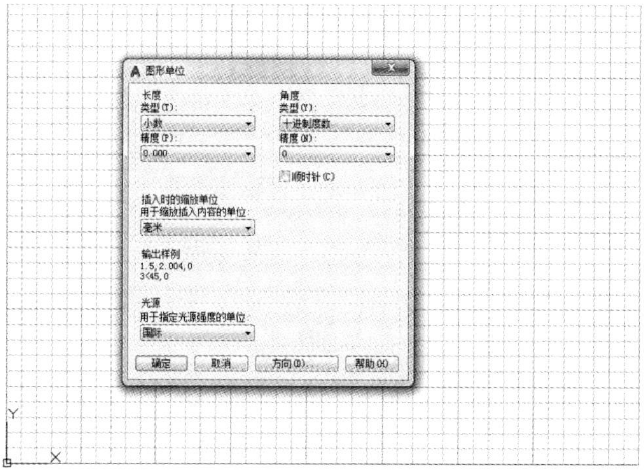

图 11.3.27　设置图形界限与精度

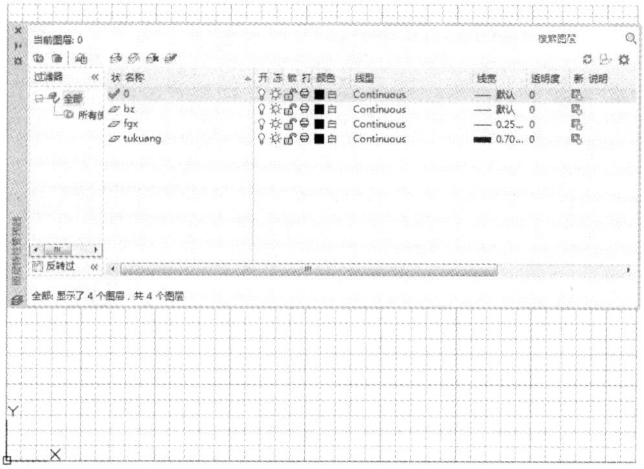

图 11.3.28　图层设置

图 11.3.29　字体样式设置

2. 图框绘制

将“tukuang”层置为当前层→在命令栏输入“RECTANG”，按 Space 键→在命令栏输入“35,10”→按 Enter 或 Space 键→在命令栏输入“410,287”→按 Space 键，完成图框的绘制（图 11.3.30）。

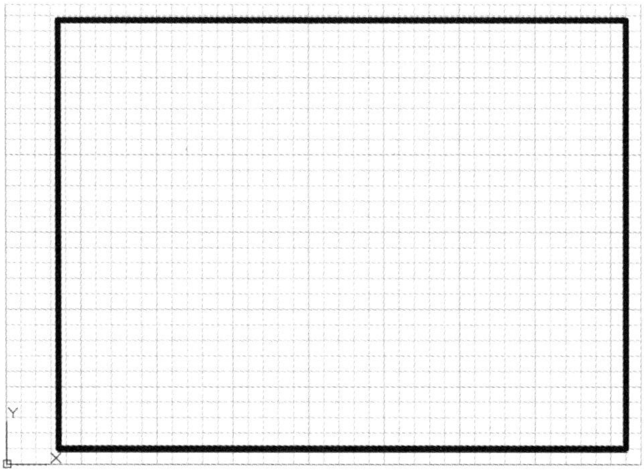

图 11.3.30　绘制图框

3. 会签栏的绘制

将“fgx”层置为当前层，按 F8 打开正交，在命令栏输入“LINE”，按 Space 键→用鼠标拾取图框左下角→向上移动鼠标，用键盘输入长度“10”→向右移动鼠标，在与右边框相交处，点击鼠标→按 Esc 键退出→在命令栏输入“OFFSET”，按 Space 键→输入偏移距离“70”→用鼠标点击刚绘的竖线→在该线的右侧任取一点，用同样的操作方式绘制余下的竖向分割线，偏移距离 70、70、15、20、15、20、15、20、15、20（图 11.3.31）。

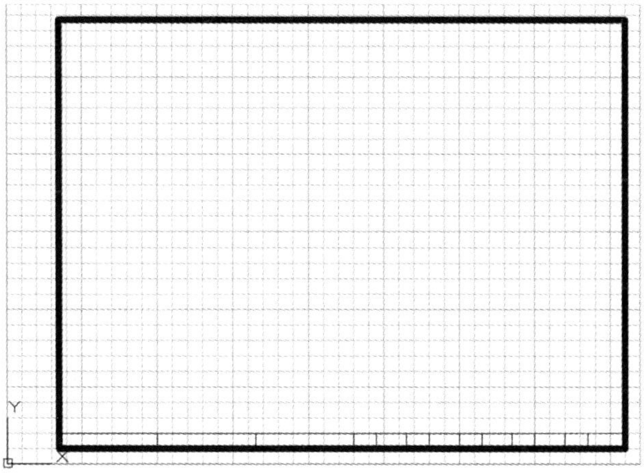

图 11.3.31　绘制会签栏

4. 绘制角标与对中标志

角标布置在图框右上角，宽 60，长 14，线宽为 0.25；对中标志线宽为 0.35，深入图框内

5 mm。先用绘制“RECTANG”的命令，绘出角标框，再用“LINE”绘制内分割线与对中标志（图 11.3.32）。

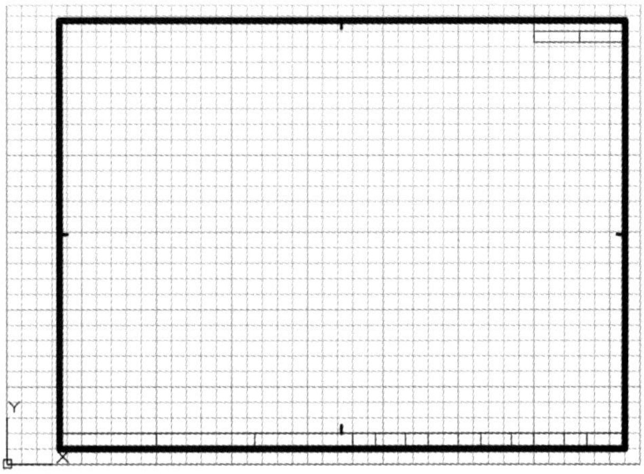

图 11.3.32　角标与对中标志

5. 绘制指北针

（1）风玫瑰图有 16 个方向，每个夹角都是相同的，即 22.5°。在“草图设置”中，在“启用极轴追踪”前勾选，然后在“增量角”下拉菜单中选择 22.5°，最后点击“确定”。

（2）在命令栏输入“LINE”，按 Space 键→通过极轴捕捉，绘制第二条倾角为 22.5°、长为 13 的线段，按照图 11.3.33 的尺寸依次绘制各个方向线。

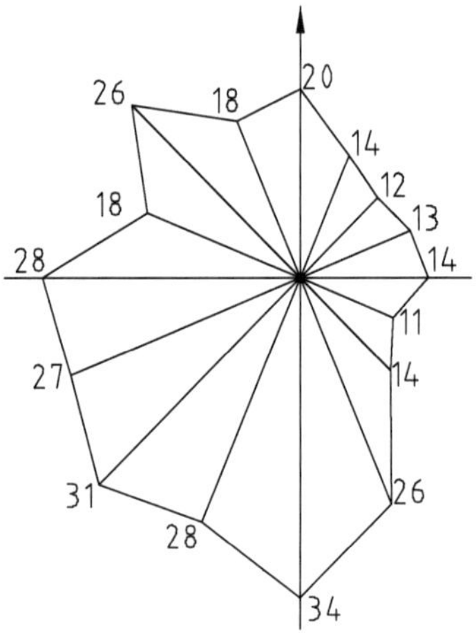

图 11.3.33　风玫瑰图

（3）在命令栏输入“LINE”，按 Space 键→依次连接各直线端点。

（4）在命令栏输入“HATCH”，间隔填充各个方向，完成绘制（图 11.3.34）。

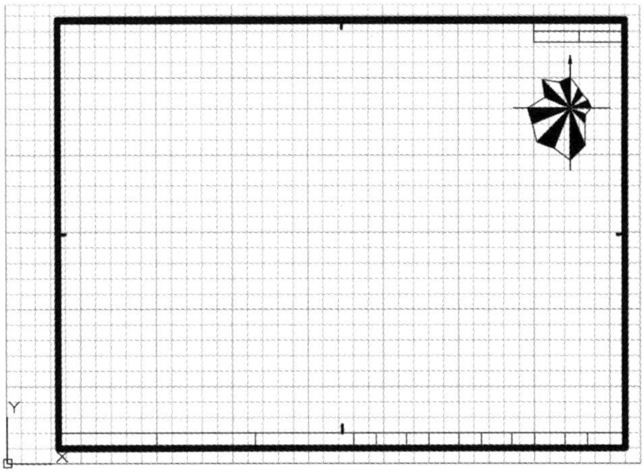

图 11.3.34　绘制指北针

6. 标注文字

在命令行输入“TEXT”，按 Space 键→设置字高为 3.5→用鼠标点击要输入文字的单元格的中心位置，进行标注，完成图框的绘制（图 11.3.35）。

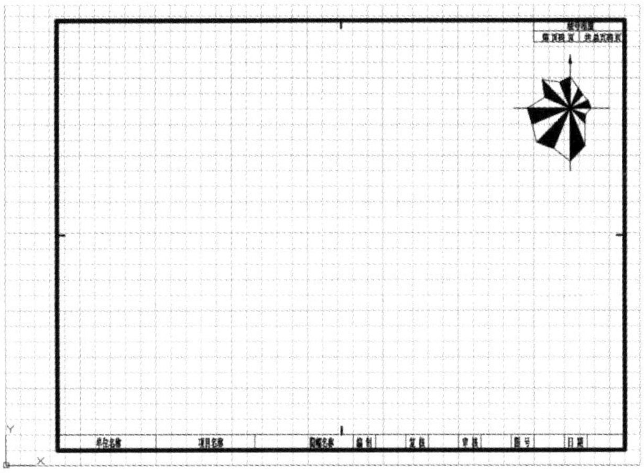

图 11.3.35　线路图框

11.3.6　练　习

1. 根据表 11.3.2 中所给的条件，绘制道路平曲线图（需要由 L_s 计算缓和曲线所对应的缓和曲线角 β_o，进而求出圆弧所对应的圆心角）。先按 1∶1 000 比例，图形绘制完成后，缩小为 1∶5 000 比例尺，再进行文字标注。

起点 QD（220.62，143.43），JDl（1 070.68，505.39），JD2（2 373.39，179.95），终点 ZD（2 958.73，277.14）。

表 11.3.2　线路平曲线要素参数

平曲线几何要素							
N0	α		R	L_s	T	L	E
	Z	Y					
JD1	37°42′43″		1 200	200	510.27	989.84	69.52
JD2		26°21′43″	700	160	244.26	482.07	20.51

2. 根据表 11.3.3 中的数据绘制某公路 K5+345 的道路横断面图。

表 11.3.3　道路几何数据

桩号	距离	高程
K1+530	−35	297.05
	−27.51	297.58
	−26.22	297.83
	−17.63	297.09
	−13.53	296.91
	−11.98	296.27
	0	296.58
	12.71	296.43
	14.13	297.18
	24.11	309.67
	30.48	310.16
	32.3	311.71
	35	311.87

本章小结

本章详细介绍了 AutoCAD 2021 中有关地形图、地籍图、线路纵横断面图的绘制。通过本章的学习，要求读者能够快速地利用相关方法绘制简单图形，也是制图人员必备的技能。

第 11 章教学视频

第12章　建筑图件绘制

知识目标

1. 掌握建筑平面图、建筑立面图、建筑剖面图的形成和内容。
2. 掌握建筑平面图、建筑立面图、建筑剖面图的绘制步骤。
3. 掌握建筑平面图、建筑立面图、建筑剖面图的绘制方法。

技能目标

1. 能够熟练绘制建筑平面图。
2. 能够熟练绘制建筑立面图。
3. 能够熟练绘制建筑剖面图。

素质目标

1. 培养学生识读和绘制建筑图件的能力。
2. 培养学生在软件制图上一丝不苟、认真细致的工作作风。
3. 培养学生吃苦耐劳的工匠精神。

12.1　建筑平面图绘制

业精于勤而荒于嬉，行成于思而毁于随。——韩愈

12.1.1　建筑平面图概述

1. 建筑平面图的形成、内容和作用

在进行建筑平面图的设计和绘制过程中，首先应掌握建筑平面图的形成、内容与作用，再掌握通过 AutoCAD 进行建筑平面图绘制时的内容、要求、方法和绘制步骤。

建筑平面图实际上是水平剖视图，假想用一水平剖切面，沿门窗洞口位置将建筑物进行水平剖切，对剖切以下部分做水平投影，即建筑平面图，简称平面图。它反映出房屋的平面形状、大小和房间布置，墙（或柱）的位置、厚度和材料，门窗的类型和位置等情况，如图 12.1.1 所示。

建筑平面图是建筑施工图重要的基本图，主要用来表示房屋的平面布置，在施工过程中，它是放线、砌筑墙体、安装门窗、施工备料、施工组织设计和编制概预算的重要依据。

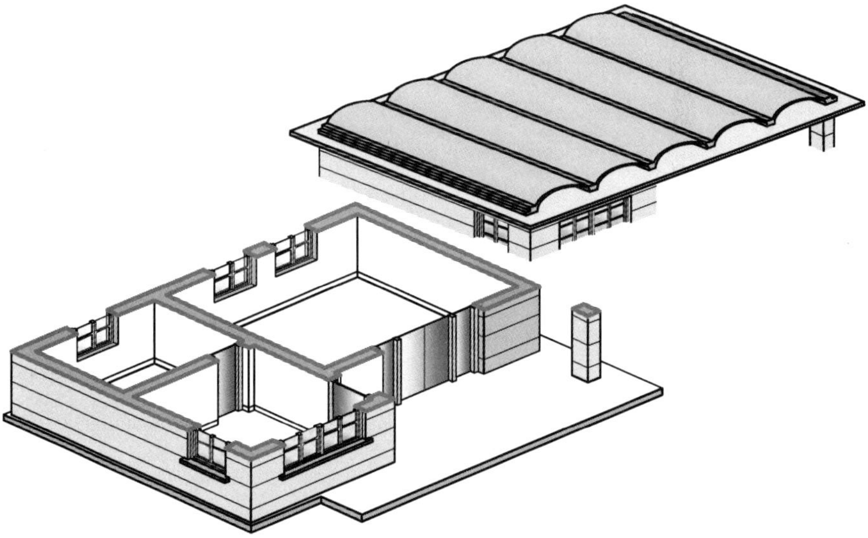

图 12.1.1　建筑平面图的形成

根据图 12.1.2 不难看出，建筑平面图包含以下内容：

（1）定位轴线：横向和纵向定位轴线的位置及编号，轴线之间的间距（横向定位轴线的间距表示房屋的开间，纵向定位轴线的间距表示房屋的进深）。定位轴线用细单点长画线表示。

（2）墙、柱：建筑物中的墙、柱是承受建筑物垂直荷载的重要构件，需表示出承重构件的位置。剖到的墙、柱断面轮廓用粗实线，并画出图例。如钢筋混凝土用涂黑表示，未剖到的墙用中实线。

（3）门、窗：门的代号为 M，常见的有：木门——MM，钢门——GM，塑钢门——SGM，铝合金门——LM，防火门——FM，卷帘门——JM，防盗门——FDM；窗的代号为 C，常见的有：木窗——MC，钢窗——GC，铝合金窗——LC，木百叶窗——MBC。在门窗的代号后面写上编号，如 M1，M2 和 C1，C2 等，同一编号表示同一类型的门窗，它们的构造与尺寸都一样，在图中表示出门窗洞口的位置以及尺寸。剖到的门扇用中实线（单线）或细实线（双线），剖到的窗扇用细实线（双线）。

（4）标注三道尺寸线：小尺寸在内大尺寸在外，第一道为总尺寸，表示房屋的总长和总宽；第二道为轴线尺寸，表示定位轴线之间的间距；第三道为细部尺寸，表示外部门窗洞口的宽度和定位尺寸。建筑平面图的内部尺寸表示内墙上门窗洞口和某些构配件的尺寸和定位。

（5）标高：建筑平面图常以标准层主要房间的室内地坪为零（标记为±0.000），分别标出各层高度，单位为米。

（6）其他构造的位置及尺寸：表示楼梯位置及楼梯上下方向、踏步数及主要尺寸；表示阳台、雨篷、窗台、通风道、烟道、管道井、雨水管、坡道、散水、排水沟、花池等位置及尺寸。

（7）画出相关符号：剖面图的剖切符号、位置、指北针及详图索引符号等。

（8）文字标注说明：注写施工图说明、图名、比例等。

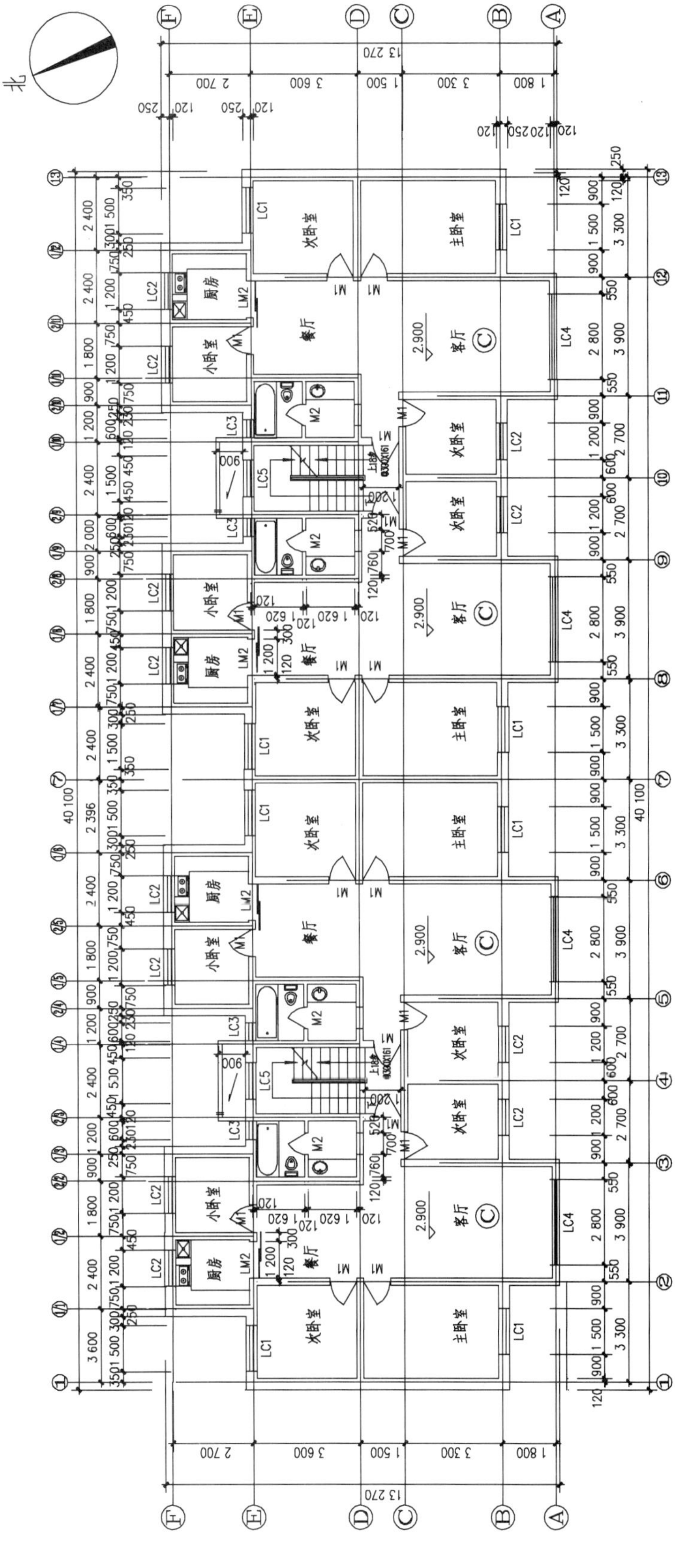

图 12.1.2 建筑平面图

2. 建筑平面图的分类

建筑平面图一般主要反映建筑物的平面布置，外墙和内墙面的位置，房间的分布及相互关系，入口、走廊、楼梯的布置等等。一般来讲，建筑平面图分类如下：

（1）底层平面图：底层平面图又称一层平面图或首层平面图，是指±0.000 地坪所在的楼层平面图，主要表示建筑物底层（首层、标准层）平面的形状，各房间的平面布置情况，出入口、走廊、楼梯的位置，各种门、窗的位置，室外的台阶、花池、散水（或明沟）、雨水管的位置及指北针、剖切符号、室外标高等。在厨房、卫生间内还可以看到固定设备及其布置情况。

（2）标准层平面图：一般来说，房屋建筑有几层，就应画出几个平面图，并注明楼层名称，但在实际建筑设计中，多层建筑的中间层布置基本是相同的，故用一个平面表示，即标准层平面图。标准层平面图的图示内容与底层平面图相同，因为室外的台阶、花坛、明沟、散水和雨水管等形状和位置已经在底层平面图中表达清楚，所以中间各层平面图的绘制除要表达本层室内情况外，只需要画出本层室外阳台和除标准层外的雨篷、遮阳板等。

（3）局部平面图：当某些楼层的平面布置图基本相同，仅局部不同时，则这些不同部分可用局部平面图表示。当某些局部布置由于比例较小、固定设备较多，或者内部组合较复杂时，也可另画较大比例的局部平面图。

（4）屋顶平面图：屋顶平面图是房屋顶面的水平投影，主要表示屋顶的形状，屋面排水方向及坡度、天沟或檐口的位置，另外还要表示出女儿墙、屋脊线、雨水管、水箱、上人孔等位置。屋顶平面图较简单，可用较小比例绘制。

12.1.2　建筑平面图的绘制

1. 建筑平面图绘制步骤

在绘制建筑平面图的时候，我们按以下步骤进行绘制：

（1）设置绘图环境，包括图域、单位、图层、绘图状态、尺寸标注和文字标注等。

（2）绘制定位轴线。

（3）绘制墙、柱。

（4）绘制细部构造，如门、窗、楼梯等构件。

（5）尺寸标注、轴线圆圈及编号、索引符号、标高、指北针等。

（6）文字说明。

（7）核对图形。

（8）打印出图。

现以某住宅标准层平面图为例，首先根据要求绘制绘图环境，包括设置绘图环境、规划图层、设置尺寸、文字样式等，再根据要求绘制轴网线、墙体线、柱子、楼梯、散水，然后绘制门、窗台、阳台，接着进行尺寸标注、文字标注、剖切符号的标注、标高标注、指北针标注、图名及比例标注，从而完成该建筑标准层平面图绘制，最终效果如图 12.1.3 所示。

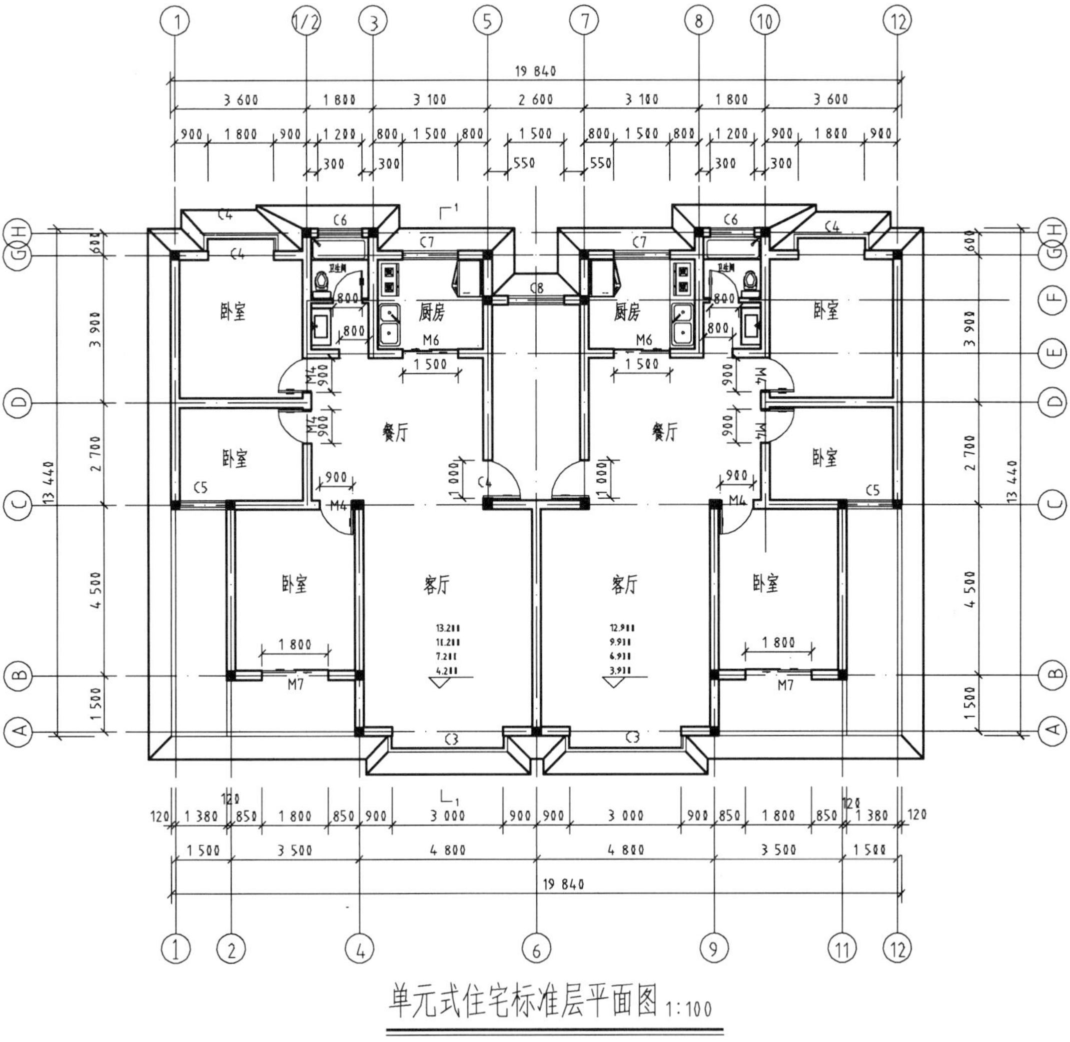

图 12.1.3　单元式住宅标准层平面图

2. 建筑平面图绘制实例

该住宅标准层平面图具体的绘制方法如下：

（1）设置绘图区。

① 启动 AutoCAD 2021，选择“文件-保存”菜单命令，将该文件保存为“单元式住宅标准层平面图.dwg”文件。

② 选择“格式-单位”菜单命令，打开“图形单位”对话框，将长度单位类型设定为“小数”，精度为“0”，角度单位类型设定为“十进制度数”，精度精确到“0”，如图 12.1.4 所示。

③ 选择“格式-图形界限”菜单命令，依照提示，设定图形界限的左下角为（0,0），右上角为（59 400,42 000）。

④ 再在命令行输入“Z”→“空格”→“A”，使输入的图形界限区域全部显示在图形窗口内。

（2）规划图层。

由图 12.1.3 所示可知，该住宅标准层平面图主要由轴线、门窗、墙体、楼梯、设施、文本标注、尺寸标注等元素组成，因此绘制平面图时，应建立如表 12.1.1 所列的图层。

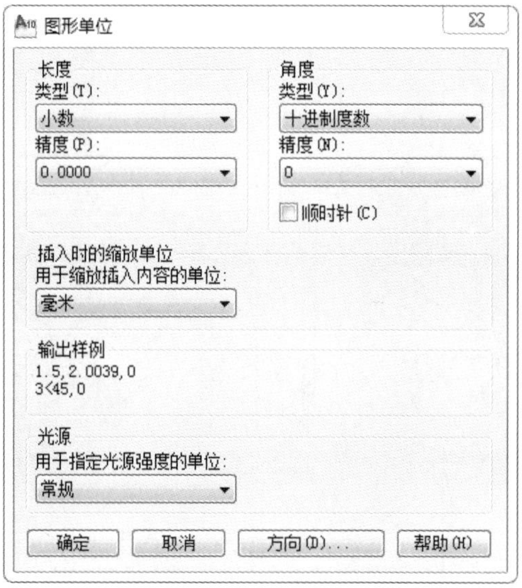

图 12.1.4　图形单位设置

表 12.1.1　图层设置

序号	图层名	描述内容	线宽	线形	颜色	打印属性
1	轴线	定位轴线	默认	点画线（ACAD_ISOO4W100）	红色	不打印
2	墙体	墙体	0.30 mm	实线（Continuous）	黑色	打印
3	墙柱	墙柱	默认	实线（Continuous）	8 色	打印
4	轴线编号	轴线圆	默认	实线（Continuous）	绿色	打印
5	散水	散水	0.30 mm	实线（Continuous）	洋红色	打印
6	门窗	门窗	默认	实线（Continuous）	绿色	打印
7	尺寸标注	尺寸标注	默认	实线（Continuous）	蓝色	打印
8	文字标注	文字、图名、比例	默认	实线（Continuous）	黑色	打印
9	标高	标高文字及符号	默认	实线（Continuous）	黑色	打印
10	设施	布置的设施	默认	实线（Continuous）	44 色	打印
11	楼梯	楼梯间	默认	实线（Continuous）	134 色	打印
12	剖切符号	剖切符号	默认	实线（Continuous）	青色	打印
13	其他	附属构件	默认	实线（Continuous）	黑色	打印

① 选择“格式-图层”菜单命令，将打开“图层特性管理器”板面，根据表 12.1.1 中所列设置图层的名称、线宽、线形和颜色等，如图 12.1.5 所示。

② 选择“格式-线型”菜单命令，打开“线型管理器”对话框，单击“显示细节”按钮，打开“细节”选项组，输入“全局比例因子”为 100，然后单击“确定”按钮，如图 12.1.6 所示。

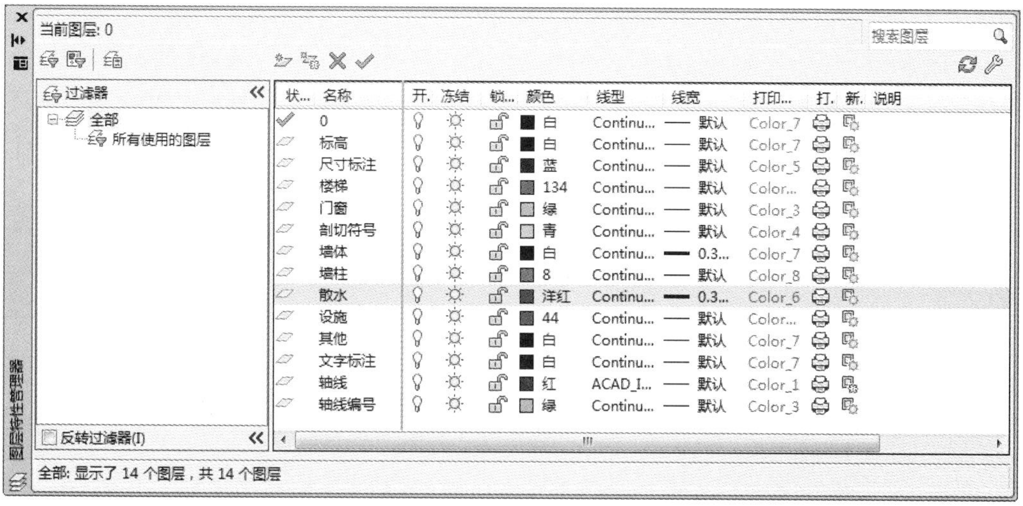

图 12.1.5　规划的图层

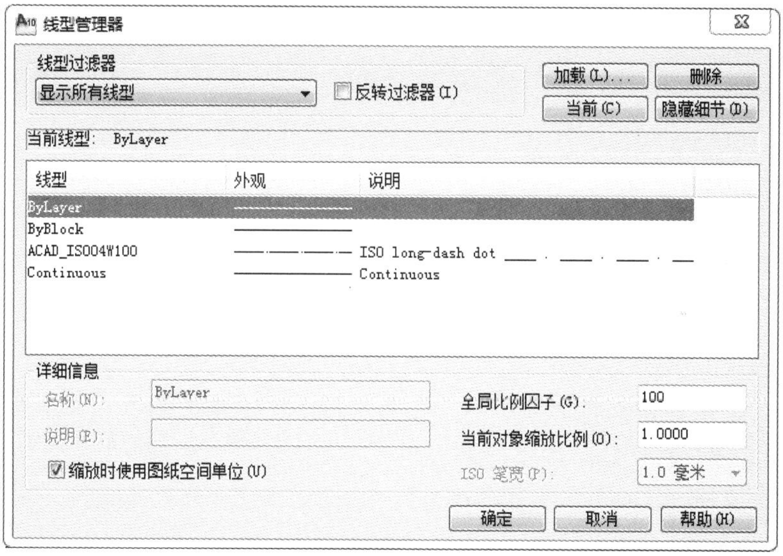

图 12.1.6　设置线型比例

需要注意的是，在设置轴线线型的时候，为了保证图形的整体效果，必须进行轴线线型的设定。AutoCAD 默认的全局线型缩放比例为 1.0，通常线型比例应和打印相协调，如打印比例为 1∶100，则线型比例大约为 100。

（3）设置文字样式。

由图 12.1.3 所示可知，该建筑平面图上的文字有尺寸文字、标高文字、图内文字说明、剖切符号文字、图名文字、轴线符号等，打印比例为 1∶100，文字样式中的高度为打印到图纸上的文字高度与打印比例倒数的乘积。根据建筑制图标准，该平面图文字样式的规划如表 12.1.2 所示。

表 12.1.2　文字样式

文字样式	打印到图纸上的文字高度	图形文字高度（文字样式高度）	宽度因子	字体/大字体
图内文字	3.5	350	0.7	Tssdeng/gbcbig
图名	5	500		Tssdeng/gbcbig
尺寸文字	3.5	0		Tssdeng
轴号文字	5	500		Comples

① 选择“格式-文字样式”菜单命令，打开“文字样式”对话框，单击“新建”按钮将打开“新建文字样式”对话框，样式名定义为“图内文字”，如图 12.1.7 所示。

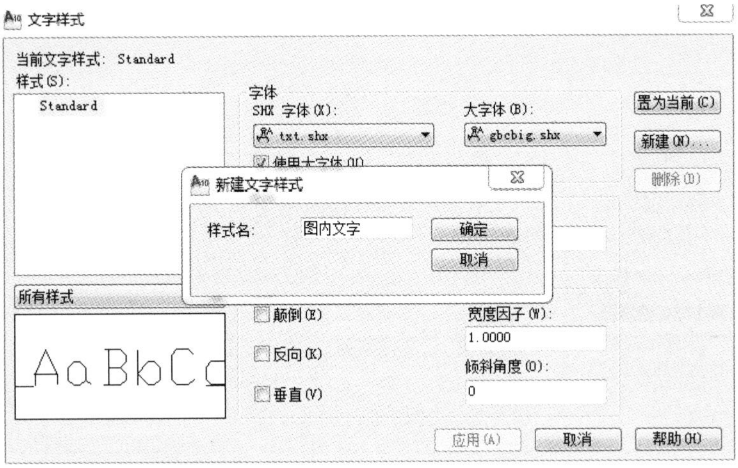

图 12.1.7　文字样式名称定义

② 在“字体”下拉列表框中选择字体“tssdeng.shx”，勾选“使用大字体”选择项，并在“大字体”下拉列表框中选择字体“gbcbig.shx”，在“高度”文本框中输入“350”，“宽度因子”文本框中输入“0.7”，单击“应用”按钮，从而完成该文字样式的设置，如图 12.1.8 所示。

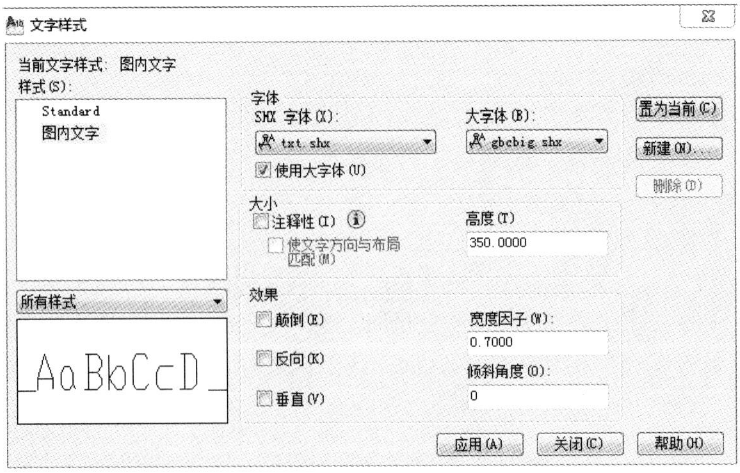

图 12.1.8　设置“图内文字”文字样式

③ 重复前面的步骤，建立如表 12.1.2 所示的其他各种文字样式，如图 12.1.9 所示。

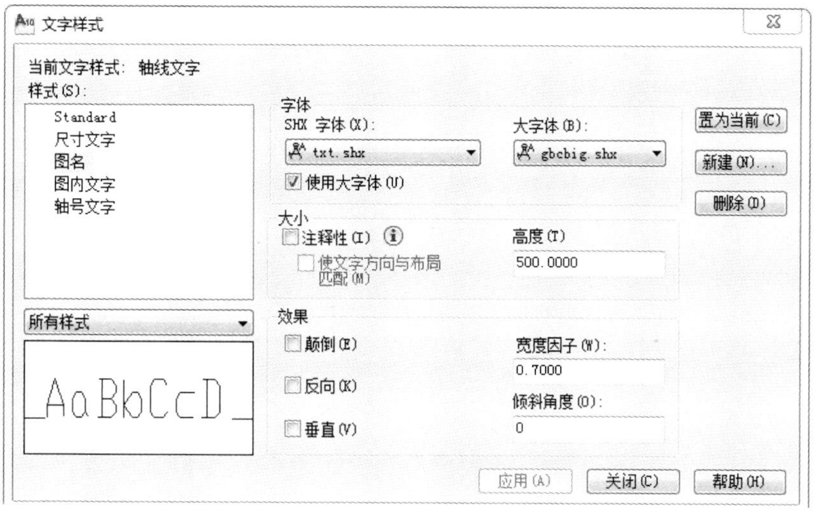

图 12.1.9　其他文字样式

④ 选择“格式-标准样式”菜单命令，打开“标注样式管理器”对话框，单击“新建”按钮，打开“创建新标注样式”对话框，新建样式名定义为“建筑平面-100”，如图 12.1.10 所示。

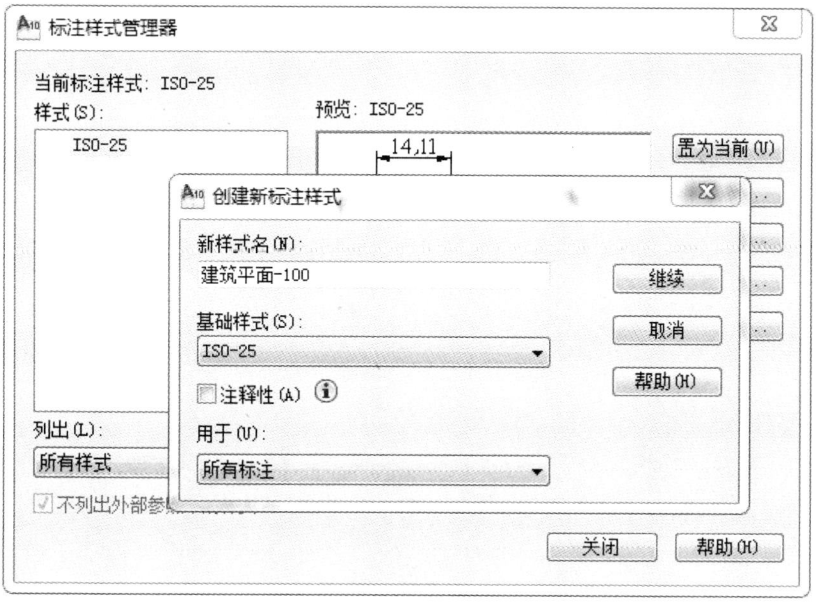

图 12.1.10　建筑样式名称定义

⑤ 单击“继续”按钮后，则进入“新建标注样式”对话框，然后分别在各选项卡中设置相应参数，其设置后的效果如表 12.1.3 所示。

表 12.1.3　“建筑平面-100”标注样式的参数设置

“线”选项卡	“符号和箭头”选项卡	“文字”选项卡	“调整”选项卡
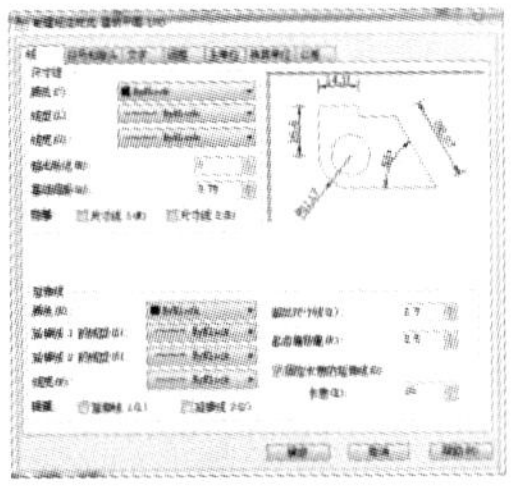	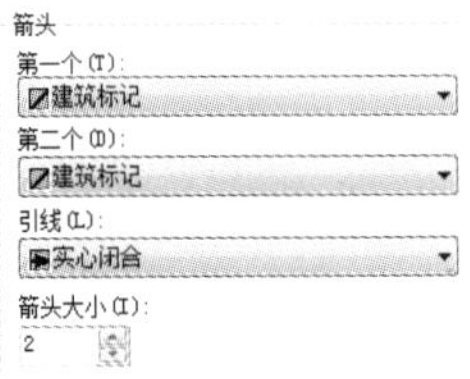	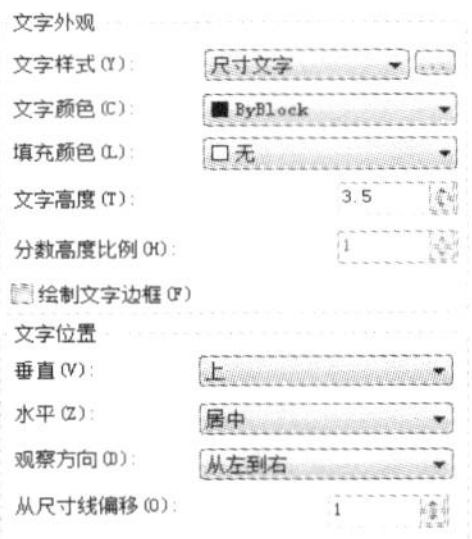	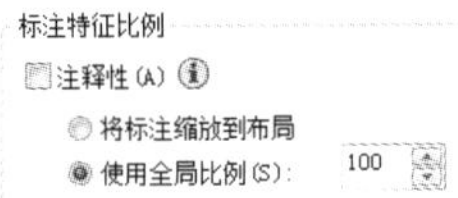

⑥ 选择“文件-另存为”菜单命令，打开“图形另存为”对话框，保存为“案例 12-建筑施工图样板.dwt”文件，如图 12.1.11 所示。

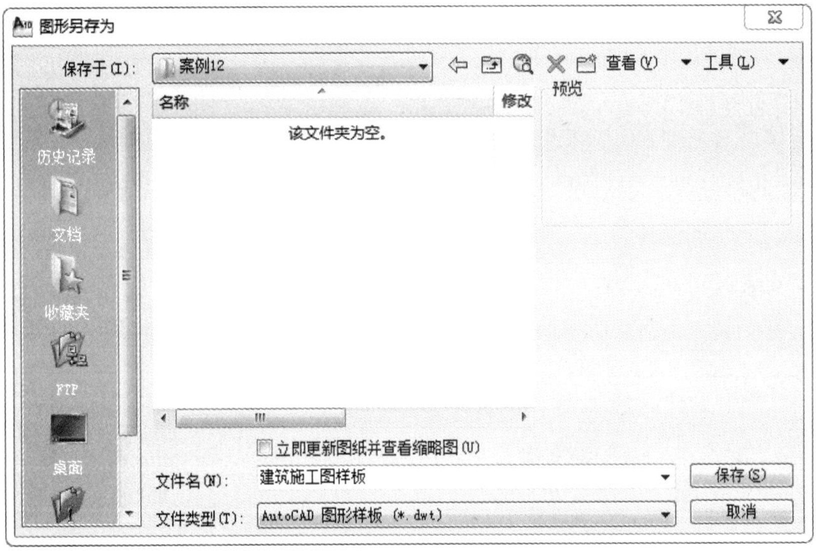

图 12.1.11　保存样板文件

（4）绘制定位轴线。

前面已经设置好了绘图比例、绘图环境，接下来应该进行轴网结构的绘制。

① 单击“图层”工具栏的“图层控制”下拉列表框，将“轴线”图层设置为当前图层。

② 按“F8”键切换到正交模式。执行“直线”命令（L），在图形窗口中指定一点作为起始点，绘制长度为 11 800 的水平轴线和 15 200 的垂直轴线，如图 12.1.12 所示。

③ 使用“偏移”命令（O），将水平轴线向上依次偏移 1 500、4 500、2 700、1 300、1 400、1 200、600，再将垂直轴线依次向右偏移 1 500、2 100、1 400、400、3 100 和 1 300，如图 12.1.13 所示。

④ 使用“修剪”命令（TR），修剪掉多余的线段，结果如图 12.1.14 所示。

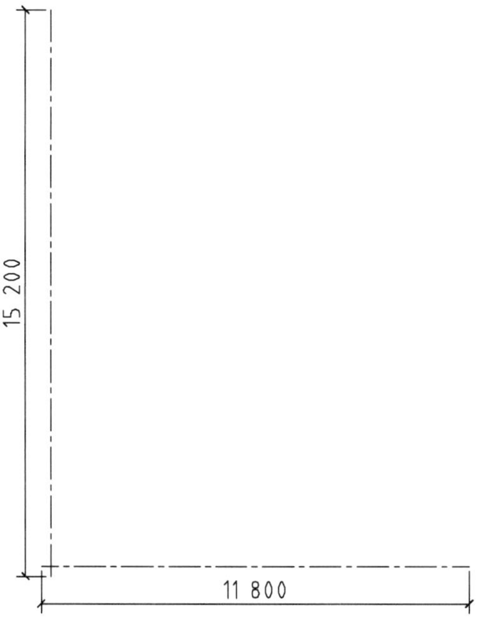

图 12.1.12　绘制水平与垂直轴线

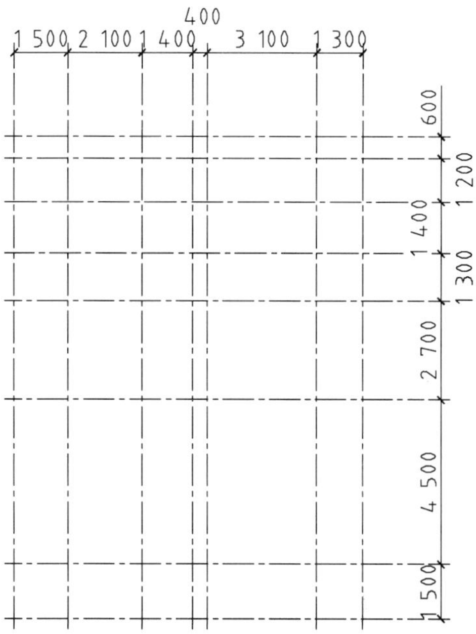

图 12.1.13　偏移轴线

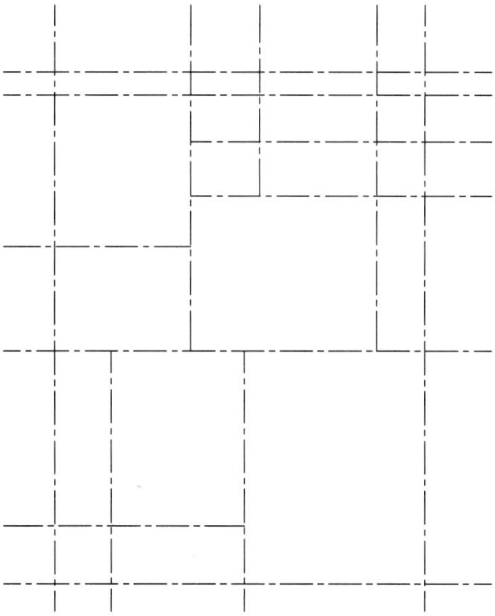

图 12.1.14　修剪多余的轴线

（5）绘制墙体和柱子。

由于该住宅楼采用的是混凝土结构，外墙厚度为 240，部分内墙、结构厚度为 120，为了能够快速地绘制墙体结构，应采用多线方式绘制墙体，再绘制墙柱。

① 单击“图层”工具栏的“图层控制”下拉列表框，选择“墙体”图层为当前图层。

② 选择“格式-多线样式”菜单命令，打开“多线样式”对话框，单击“新建”按钮，打开“创建新的多线样式”对话框，在名称栏输入多线名称“Q240”，单击“继续”按钮，打开

“新建多线样式”对话框，然后设置图元的偏移量分别为 120 和-120，再单击“确定”按钮，如图 12.1.15 所示。

图 12.1.15　新建“Q240”多线样式

③ 使用上面同样的方法，新建多线名称“Q120”，设置图元偏移量分别为 60 和-60。

④ 使用“多线”命令（ML），根据提示选择“样式（ST）”选项，在“输入多线样式名:”提示下输入“Q240”并按 Enter 键；再选择“对正（J）”选项，在“输入对正类型:”提示下选择“无（Z）”；再选择“比例（S）”选项，在“输入多线比例:”提示下输入 1，然后再“指定起点:”和“指定下一点:”提示下，分别捕捉相应的轴线交点来绘制多条线对象，如图 12.1.16 所示。

⑤ 使用“多线”命令（ML），选择多线样式“Q120”选项，对正为“无”；再选择“比例”为 1，绘制卫生间的墙体对象，如图 12.1.17 所示。

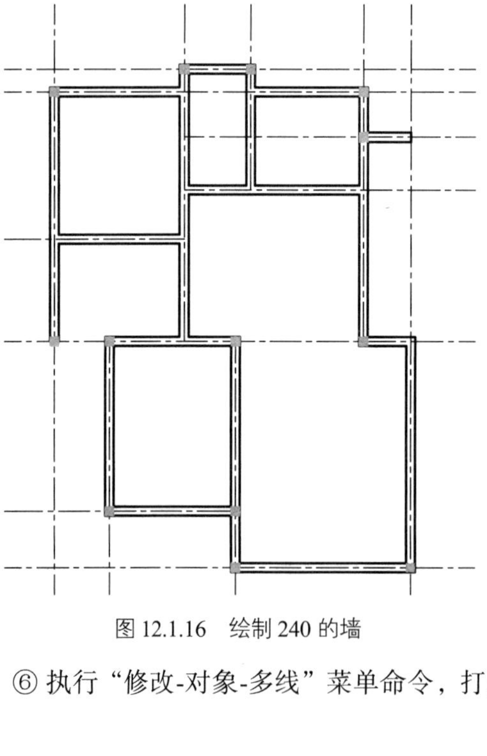

图 12.1.16　绘制 240 的墙

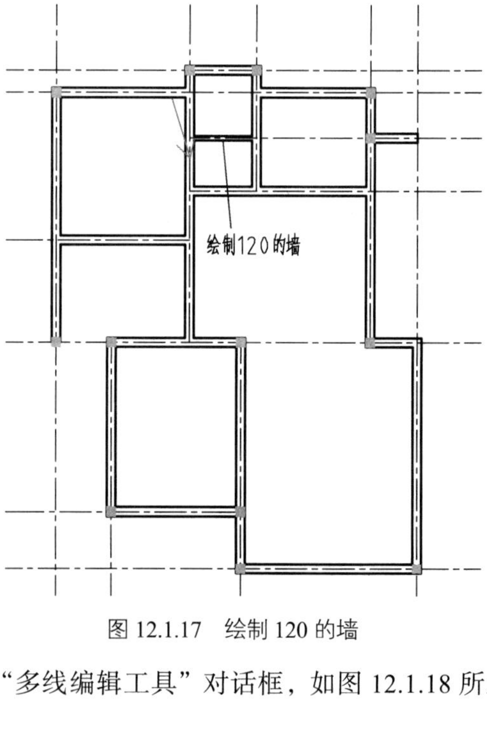

图 12.1.17　绘制 120 的墙

⑥ 执行“修改-对象-多线”菜单命令，打开“多线编辑工具”对话框，如图 12.1.18 所示；

单击“T 形合并”按钮对其指定的交点进行合并操作；再单击“角点结合”结合对其指定的拐角点进行角点结合操作，如图 12.1.19 所示。

图 12.1.18　“多线编辑工具”对话框

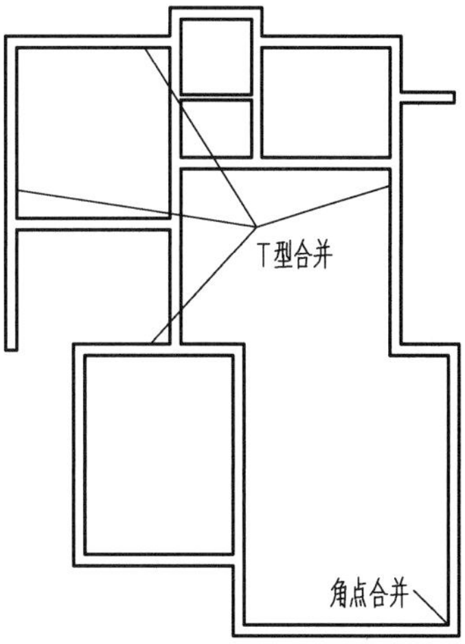

图 12.1.19　编辑后的墙体

⑦ 单击“图层”工具栏的“图层控制”下拉列表框，选择“墙柱”图层为当前层。

⑧ 执行“矩形”命令（REC），绘制 240 的正方形；再执行“图案填充”命令（H），将 240 正方形填充“SOLID”图案，如图 12.1.20 所示。

⑨ 执行“复制”命令（CO），将上一绘制填充的图案复制到相应位置，结果如图 12.1.21 所示。

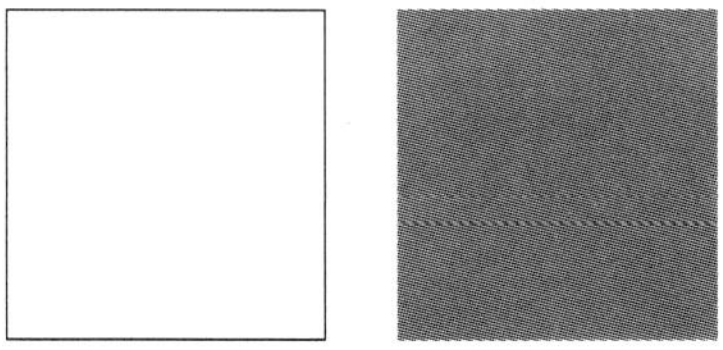

图 12.1.20　绘制矩形并填充

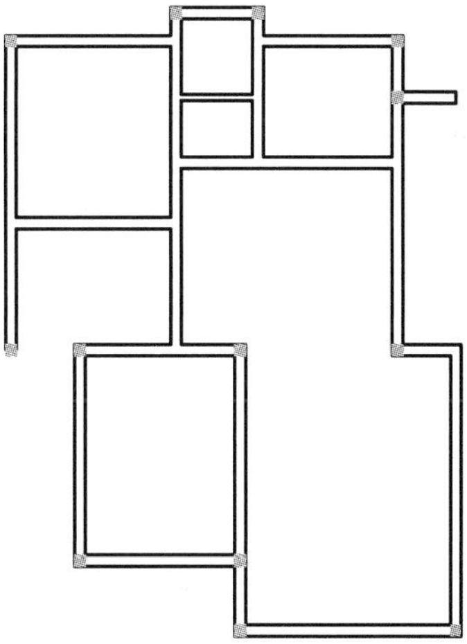

图 12.1.21　复制的柱子

（6）绘制门窗。

在绘制门窗的时候，首先要考虑开启门窗洞口，再根据需要绘制相应的门窗平面图块，然后将绘制好的门窗图块插在相应门窗洞口位置。

① 执行“偏移”命令（O），将左侧的轴线向右进行偏移操作，再执行“修剪”命令（TR），剪掉多余的线段，从而形成窗洞口，如图 12.1.22 所示。

② 使用上述同样方法，再对其他图形的中间部分线段进行修剪，从而形成门洞口，如图 12.1.23 所示。

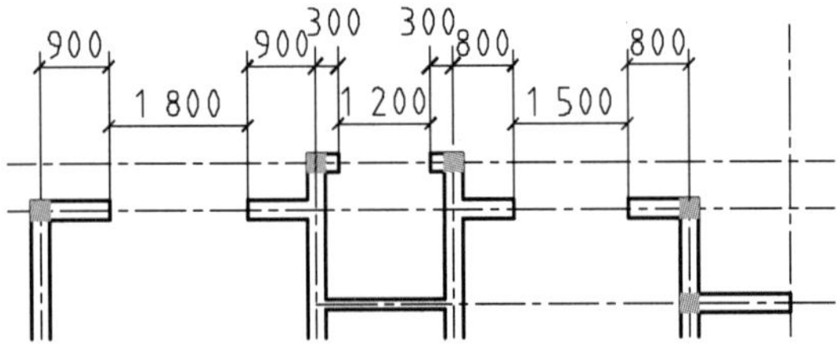

图 12.1.22　开启上侧的窗洞口

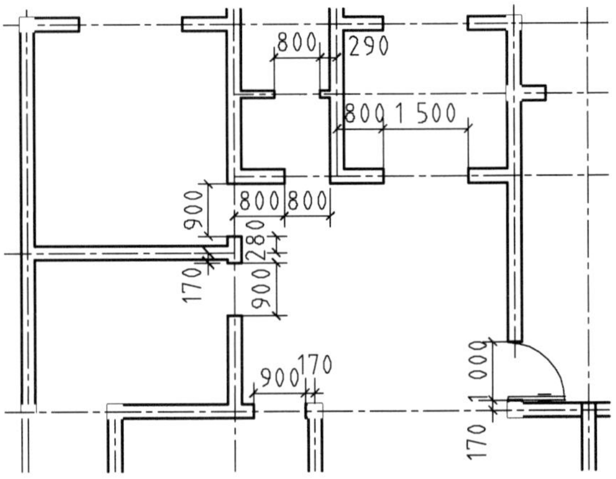

图 12.1.23　开启中间的门洞口

③ 使用上述同样的方法，再对其图形的下侧部分进行修剪线段，从而形成窗洞口，如图 12.1.24 所示。

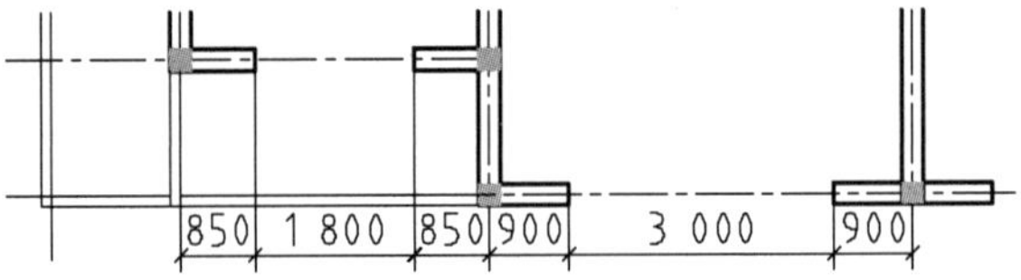

图 12.1.24　开启底侧窗洞口

需要注意的是，在开启门窗洞口时，修剪的线段全部转换为“墙体”图层。

④ 在“图层”工具栏的“图层控制”组合框中选择“门窗”图层，并设置为当前图层。

⑤ 使用“直线”“圆弧”“修剪”等命令，绘制一扇门的平面效果图，如图 12.1.25 所示。

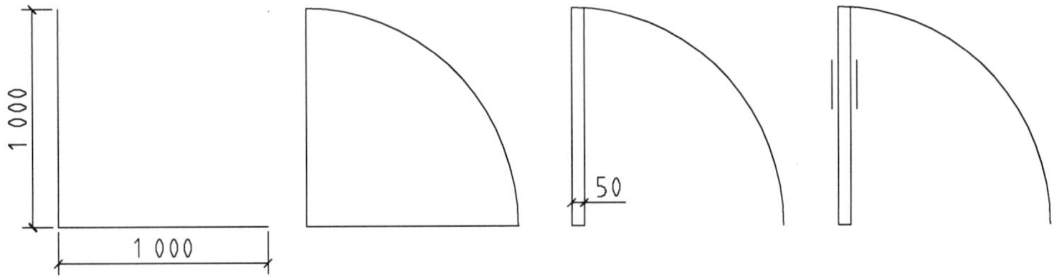

图 12.1.25　绘制门平面图

⑥ 执行“写块”命令（W），将弹出“写块”对话框，然后将绘制的平面门保存为“案例 12-平面门.dwg”图块，如图 12.1.26 所示。

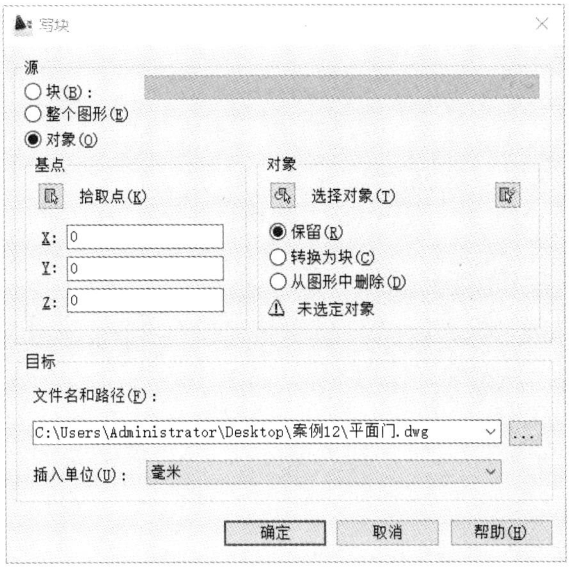

图 12.1.26　创建“平面门”图块

⑦ 执行“插入块”命令（I），比例为 0.9，将刚创建的图块（平面门）插入到相应的位置；再执行“镜像”（MI）、“旋转”（RO）等命令，对图块进行镜像旋转等操作，如图 12.1.27 所示。

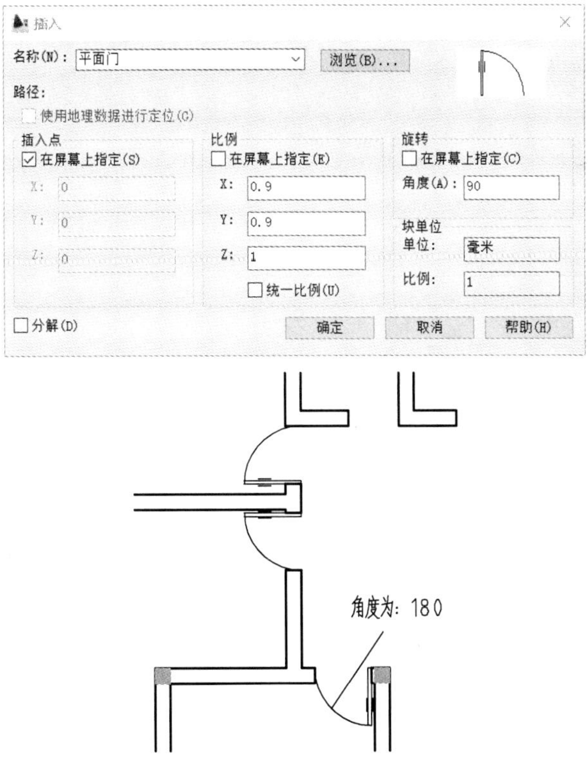

图 12.1.27　插入门块（M4）

⑧ 继续执行“插入块”命令（I），将前面创建的图块（平面门）插入到相应位置，并根据需要进行图块的缩放和旋转操作，如图 12.1.28 所示。

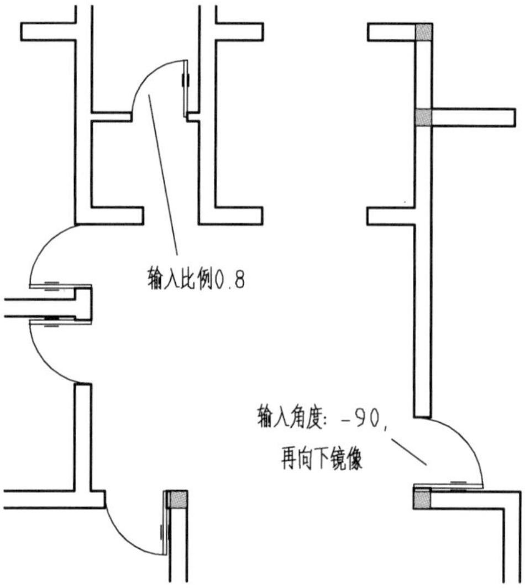

图 12.1.28　插入图块（M3、M5）

⑨ 使用“矩形”（REC）、“直线”（L）、“图案填充”（H）等命令，绘制推拉门，如图 12.1.29 所示。

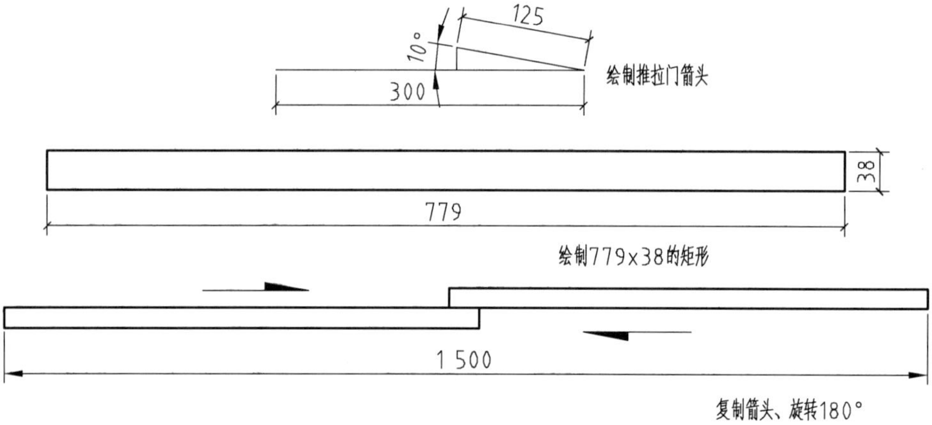

图 12.1.29　绘制推拉门

⑩ 使用“移动”（M）、“复制”（CO）、“拉伸”（S）等命令，将上一步绘制的推拉门移动到 M6 的位置；再复制一份，分别对左、右侧的矩形各拉伸 150，再移动到图形下侧 M7 位置，结果如图 12.1.30 所示。

⑪ 执行“格式-多线样式”菜单命令，新建“C”多线样式，并设置其图元的偏移量分别为 120、60、-60、-120，然后单击“确定”按钮，并设置为当前，如图 12.1.31 所示。

⑫ 执行“多线”命令（ML），比例为“1”，对正方式为“无”，在图形的相应位置绘制平面窗户，如图 12.1.32 所示。

⑬ 执行“格式-多线样式”菜单命令，新建“CC”多线样式，并设置其图元的偏移量分别为 120、40、0，如图 12.1.33 所示。

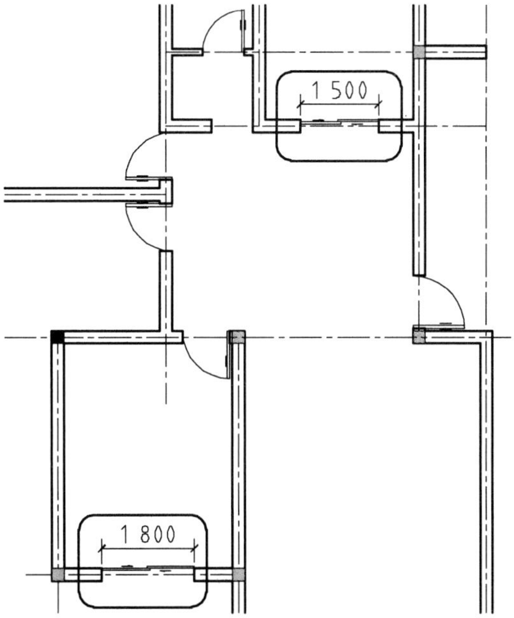

图 12.1.30　插入门图块和绘制推拉门

图 12.1.31　新建“C”多线样式

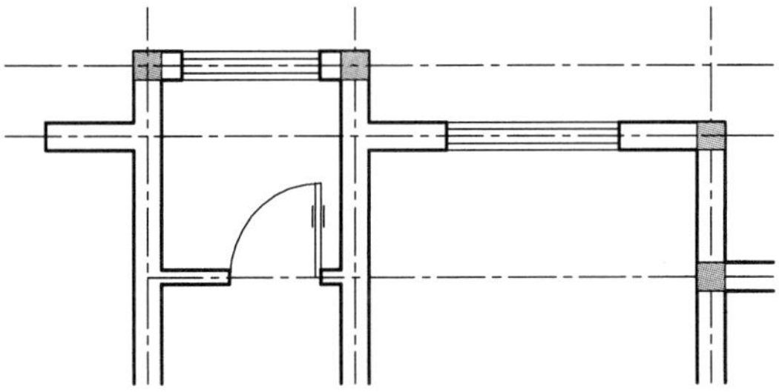

图 12.1.32　绘制平面窗

图 12.1.33　新建“CC”多线样式

⑭ 再执行“多线”命令（ML），设置其对正方式为“下”，在图形左上侧绘制多线对象，如图 12.1.34 所示。

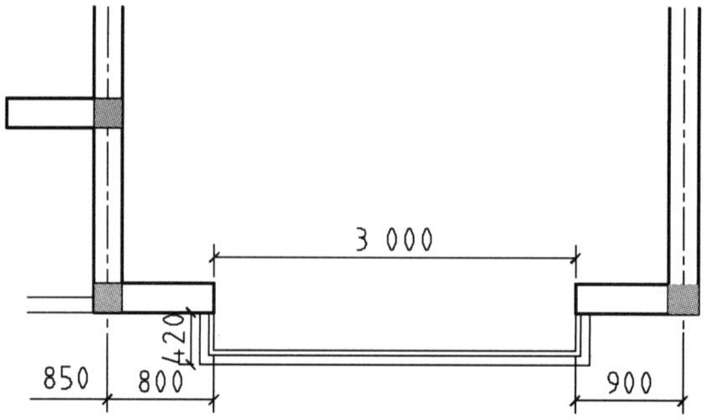

图 12.1.34　绘制凸窗

（7）水平镜像单元住宅。

前面已经绘制了墙体、柱子、门窗，已经将其中的一套住宅标准层平面图绘制完成。根据要求，整个住宅平面图由两个单元组成，将其左侧的住宅平面图向右进行水平镜像，即可完成一整套住宅标准层平面图绘制。

① 在“图层”工具栏的“图层控制”组合框中选择“其他”图层，并设置为当前图层。

② 执行“直线”（L）、“偏移”（O）、“修剪”（TR）等命令，在图形左下角处绘制及偏移线段，表示露台，如图 12.1.35 所示。

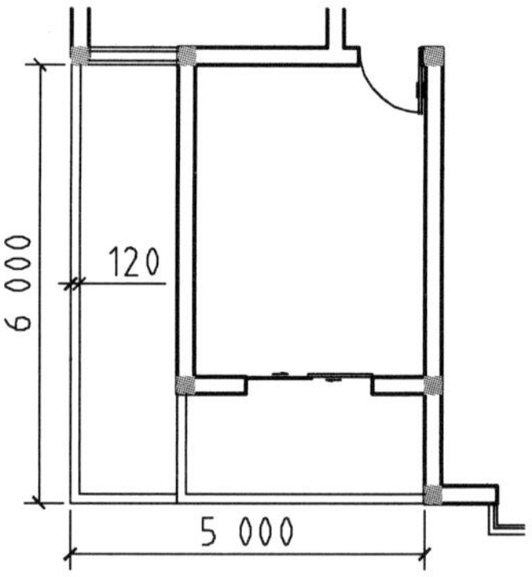

图 12.1.35　绘制露台

③ 执行“镜像”命令（MI），框选视图中所有的图形对象，选择最右侧的垂直轴线作为镜像轴线，从而向右侧进行住宅平面图的水平镜像，如图 12.1.36 所示。

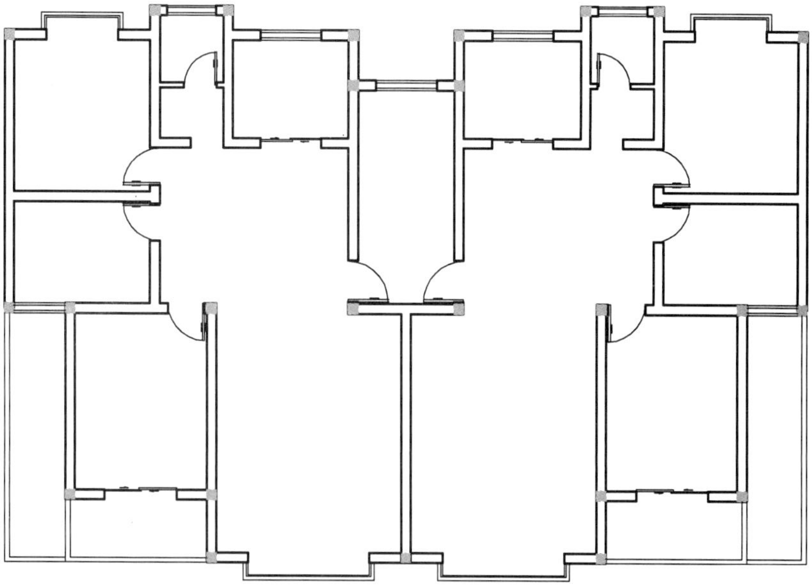

图 12.1.36　水平镜像住宅的最终效果

④ 使用“合并”（J）、“夹点编辑”、“删除”（E）等命令，将镜像后的重复墙体删除，再将所有相应的水平轴线合并为一条线，再使用夹点编辑图形中部分的墙体，如图 12.1.37 所示。

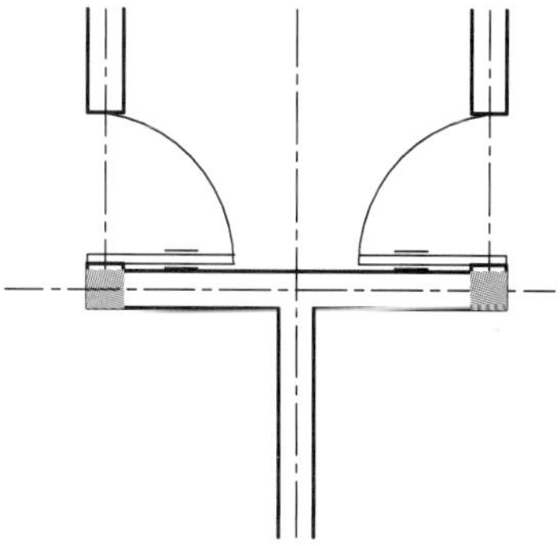

图 12.1.37　使用夹点编辑墙体线

（8）绘制楼梯。

接下来绘制单元式住宅标准层平面图的楼梯。

① 单击“图层”工具栏“图层控制”下拉列表框，将“楼梯”图层设置为当前图层。

② 使用“矩形”“直线”“偏移”和“修剪”等命令绘制楼梯轮廓；再使用“多段线”（PL）命令绘制方向箭头，其箭头起点宽度为 80，末端宽度为 0；然后使用“编组”（G）命令，在视图中选择绘制好的楼梯进行编组操作，如图 12.1.38 所示。

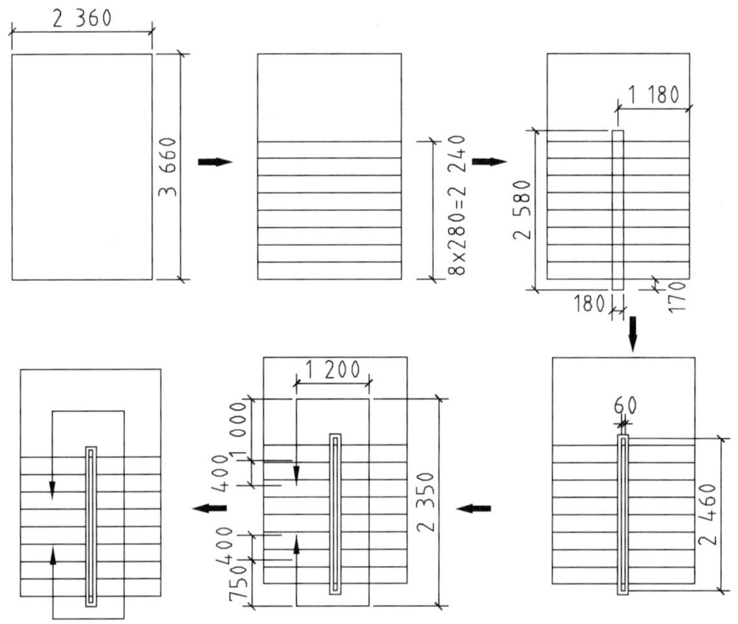

图 12.1.38　绘制楼梯

需要注意的是，对楼梯对象绘制完毕，可以使用“编组”命令（G），将需要组合在一起的楼梯对象组合成一个整体，从而方便移动操作。

③ 执行“移动”命令（M），将编组好的楼梯对象移动到相应位置，如图 12.1.39 所示。

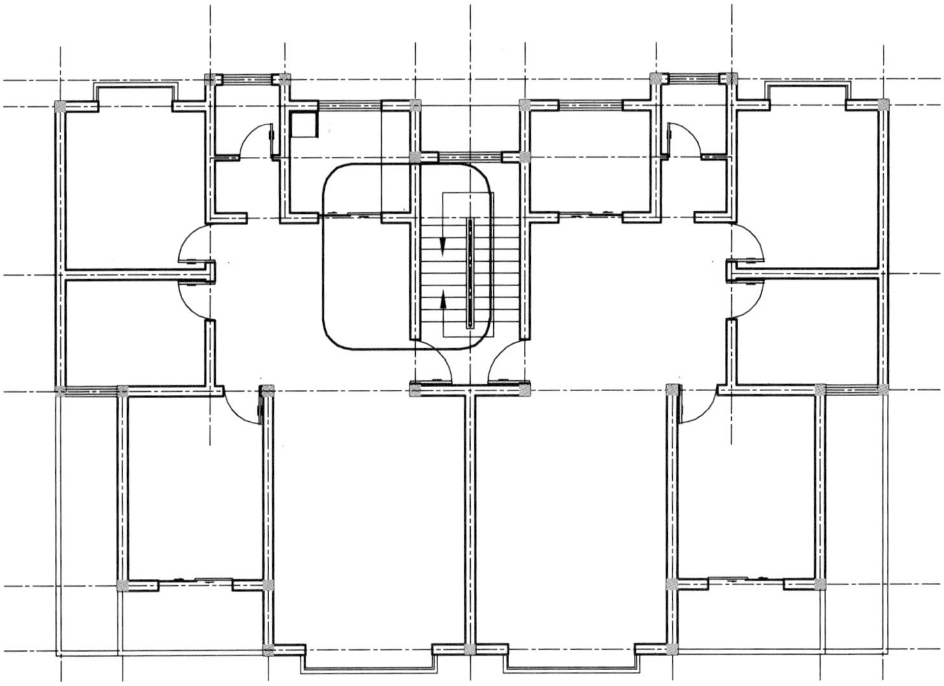

图 12.1.39　移动楼梯对象到图上

（9）绘制厨房和卫生间设施。

厨房、卫生间的主要设施有案台、燃气灶、洗碗槽、电冰箱、洗脸盆、马桶等，用户可以根据需要进行临时绘制，也可事先绘制好，用图块插入到相应位置即可。

① 单击“图层”工具栏的“图层控制”下拉列表框，将“设施”图层设为当前图层。

② 执行“直线”命令（L），在图形右侧厨房的位置绘制宽度为 680 的水平线段，高度为 2 360 的垂直线段，作为布置厨房案台的辅助线段；再进行“插入块”命令（I），将洗碗槽、燃气灶、电冰箱等图块插入到厨房相应位置，如图 12.1.40 所示。

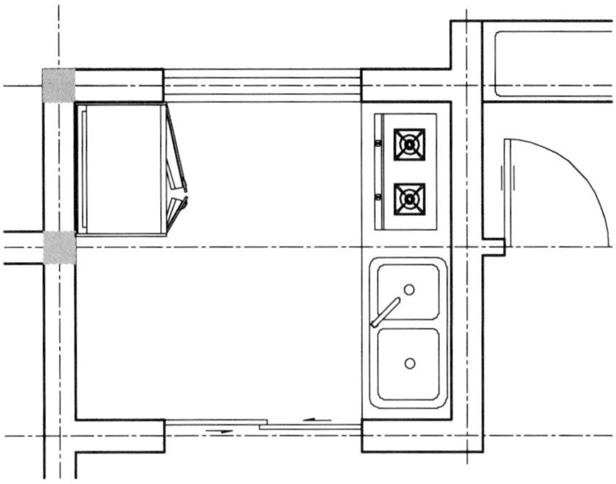

图 12.1.40　布置厨房

③ 继续刚刚的操作，把洗脸盆、马桶、浴缸等图块插入到相应位置，如图 12.1.41 所示。

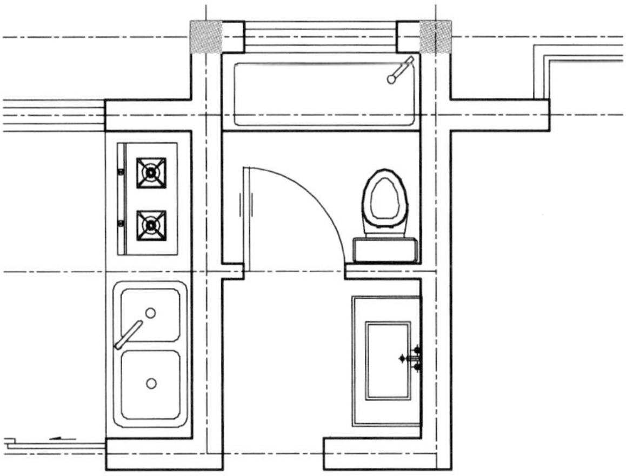

图 12.1.41　布置卫生间

④ 执行“镜像”命令（MI），将厨房、卫生间的设施，通过楼梯处的垂直轴线向左进行镜像操作，结果如图 12.1.42 所示。

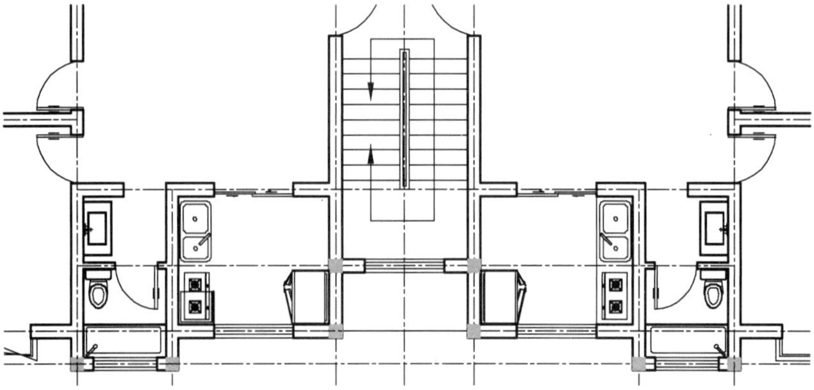

图 12.1.42　镜像操作

（10）绘制散水和剖切符号。

前面对平面图进行墙体、门窗、楼梯、设施的绘制后，接下来绘制散水、剖切符号。

① 单击“图层”工具栏“图层控制”下拉列表框，将“散水”图层设置为当前图层。

② 使用“多段线”命令（PL），围绕该住宅平面图的外墙绘制一条封闭的多段线，再执行“偏移”命令（O），将多段线向外偏移 600，再执行“删除”命令（E），将之前绘制的多段线删掉，如图 12.1.43 所示。

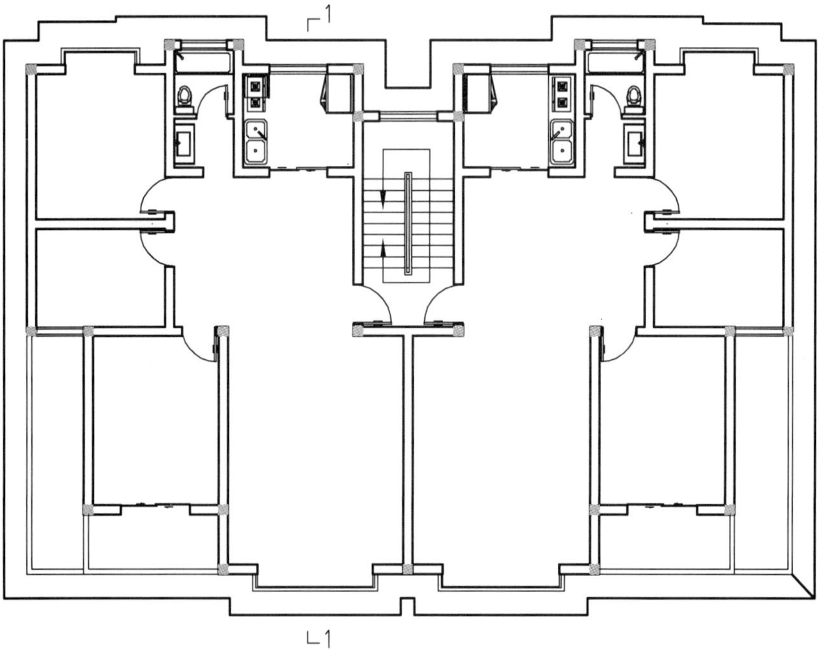

图 12.1.43　绘制及偏移散水

③ 使用“直线”命令（L），在多段线的转角处分别绘制相应的斜线段，从而完成散水的绘制，如图 12.1.44 所示。

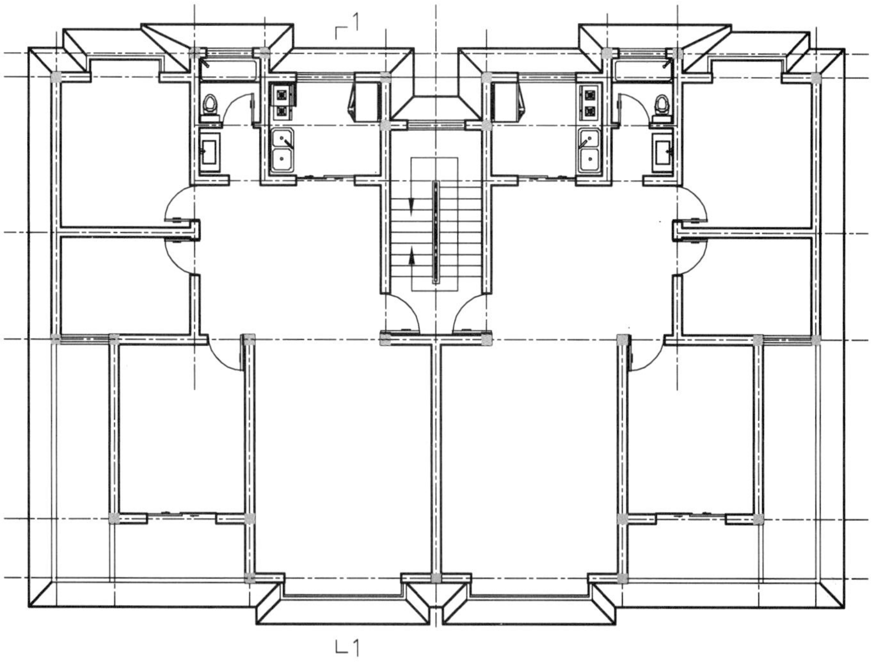

图 12.1.44　绘制好的散水

④ 单击“图层”工具栏“图层控制”下拉列表框，将“剖切符号”图层设置为当前图层。

⑤ 使用“多段线”命令（PL），在平面图楼梯处绘制一条转角宽度为 300 的多段线；再使用“打断”命令（BR）将该多段线打断，从而形成剖切符号；再执行“单行文字”（DT）命令，在剖切符号两端输入剖切编号文字“1”，如图 12.1.45 所示。

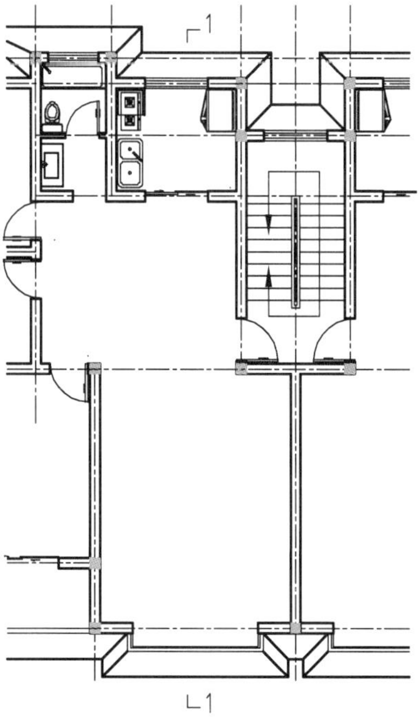

图 12.1.45　绘制剖切符号 1—1

（11）尺寸标注。

通过前面的绘制，已经将该住宅标准层平面图绘制完毕，接下来进行尺寸标注。

① 执行“拉伸”命令（S），分别将其水平、垂直轴线向外各拉伸 500，从而使该图形的主轴线“凸”显现出来，如图 12.1.46 所示。

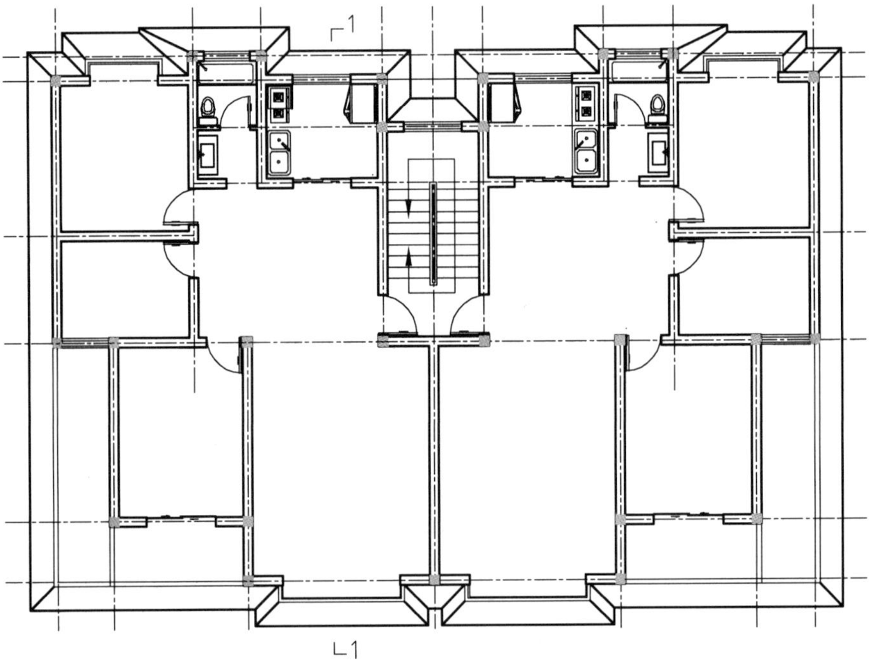

图 12.1.46　适当延伸轴线

② 单击“图层”工具栏的“图层控制”下拉列表框，将“尺寸标注”图层设置为当前图层。

③ 在“标注”工具栏中单击“线性标注”按钮和“连续标注”按钮，对图形底侧进行第一道尺寸线的标注，如图 12.1.47 所示。

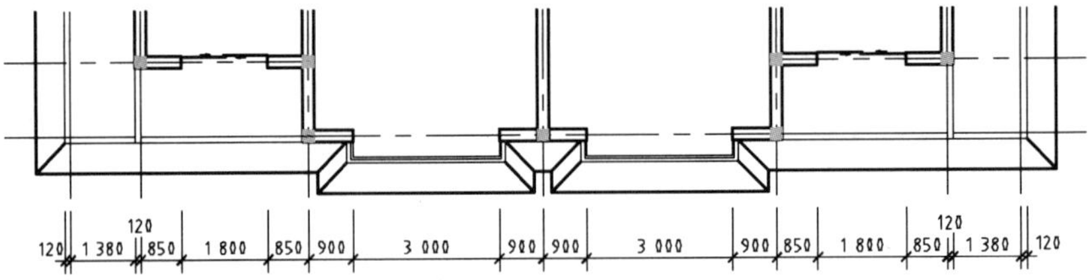

图 12.1.47　进行底侧第一道尺寸线的标注

④ 在“标注”工具栏中单击“线性标注”按钮和“连续标注”按钮，对图形底侧进行第二、三道尺寸线的标注，如图 12.1.48 所示。

⑤ 使用上面同样的方法，单击“标注”工具栏中“线性标注”按钮和“连续标注”按钮，对图形顶侧、左侧、右侧的按钮进行尺寸标注，如图 12.1.49 所示。

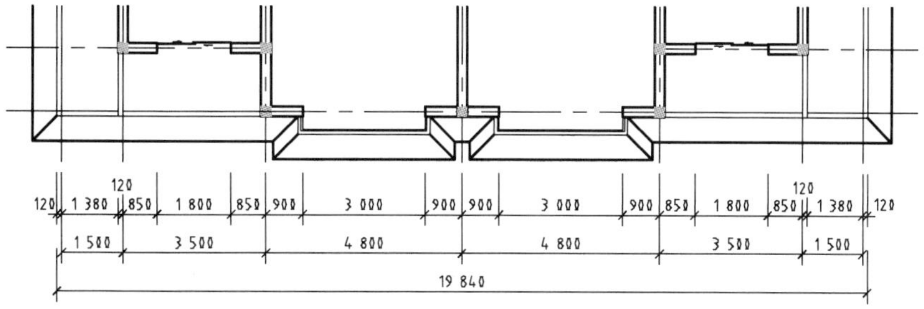

图 12.1.48　进行底侧第二、三道尺寸线的标注

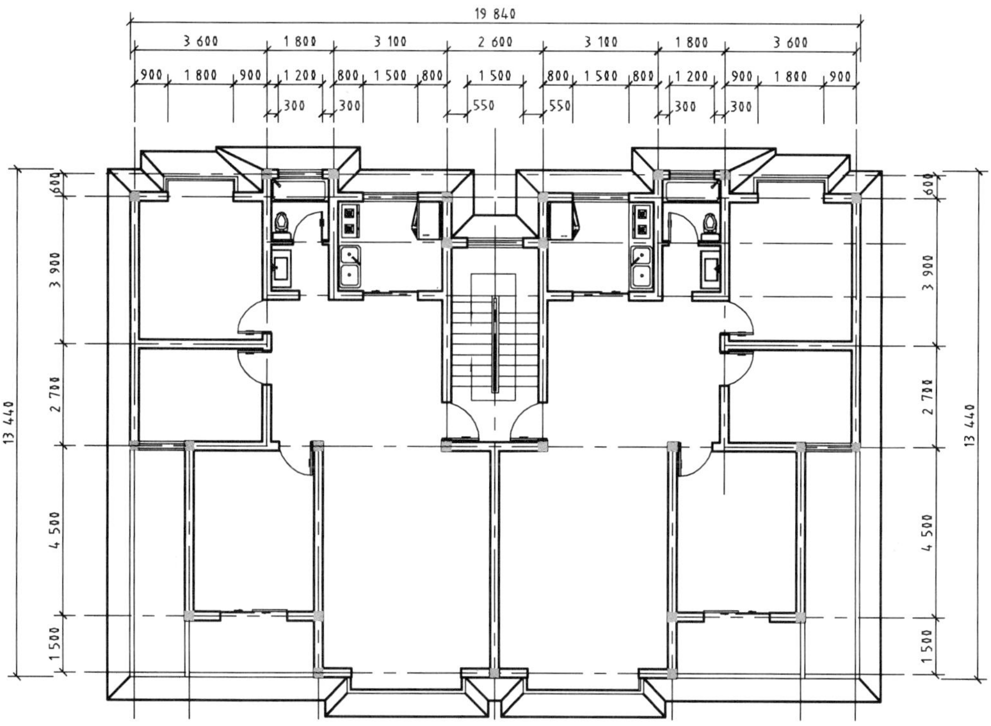

图 12.1.49　进行顶侧、左侧、右侧的尺寸标注

⑥ 同样，在“标注”工具栏中单击“线性标注”按钮和“连续标注”按钮，对图形内部进行尺寸标注，如图 12.1.50 所示。

（12）定位轴线标注。

对图形尺寸标注完毕之后，接下来进行定位轴线的标注。

① 单击“图层”工具栏的“图层控制器”下拉列表框，将“0”设置为当前图层。

② 执行“圆”（C）和“直线”（L）命令，绘制直径为 800 的圆，在圆的上侧象限点绘制高 1 700 的垂直线段，如图 12.1.51 所示。

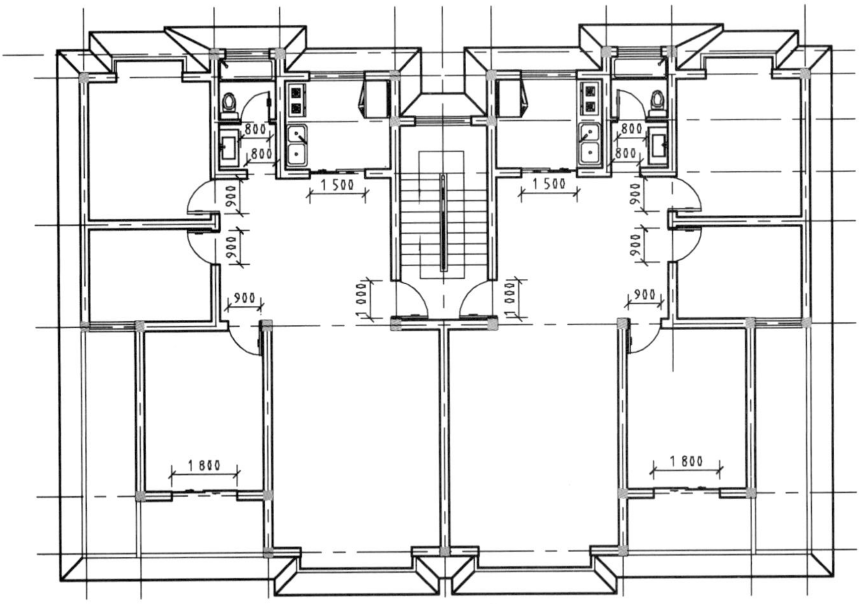

图 12.1.50　进行图形内部尺寸标注

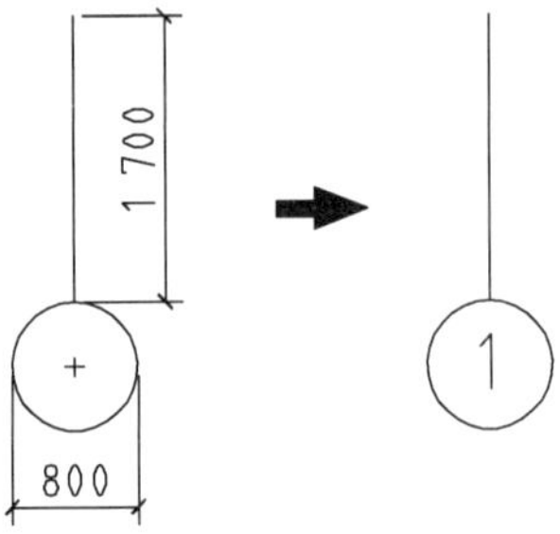

图 12.1.51　绘制轴线编号

③ 单击“图层”工具栏的“图层控制器”下拉列表框，将“轴线编号”图层设置为当前图层，将绘制好的轴线编号复制到图形底侧相应位置，并分别修改标号值，如图 12.1.52 所示。

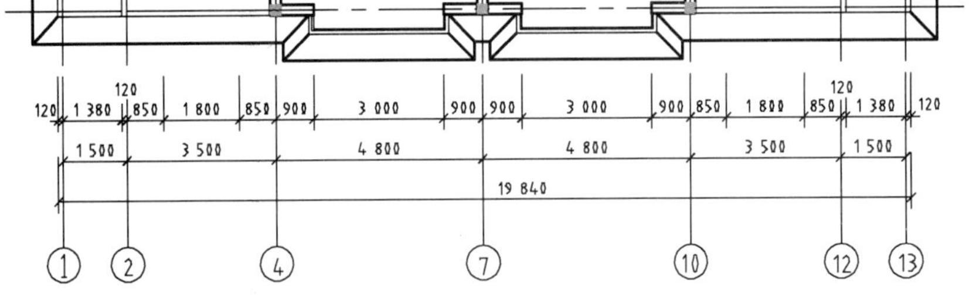

图 12.1.52　进行底侧定位轴线标注

④ 同上，执行“镜像”（MI）、“插入块”（I）、“复制”（CO）等命令，对图形左、右、顶侧分别进行轴线标注，标注结果如图 12.1.53 所示。

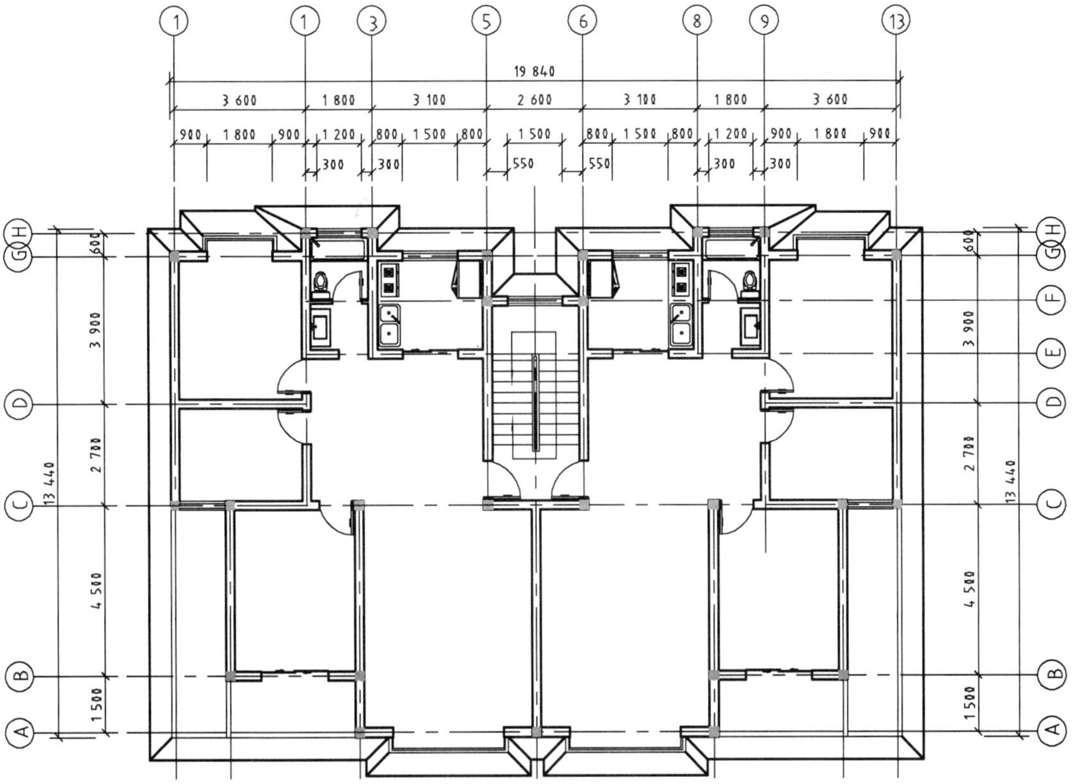

图 12.1.53　完成左、右、顶侧轴号标注

需要注意的是，轴线长短可根据需要自行调整，务必保持标注的内容清晰可见，便于识读。

（13）绘制标高和指北针。

① 单击“图层”工具栏的“图层控制”下拉列表框，将“0”图层设置为当前图层。

② 执行“直线”命令（L），绘制如图 12.1.54 所示的标高符号。

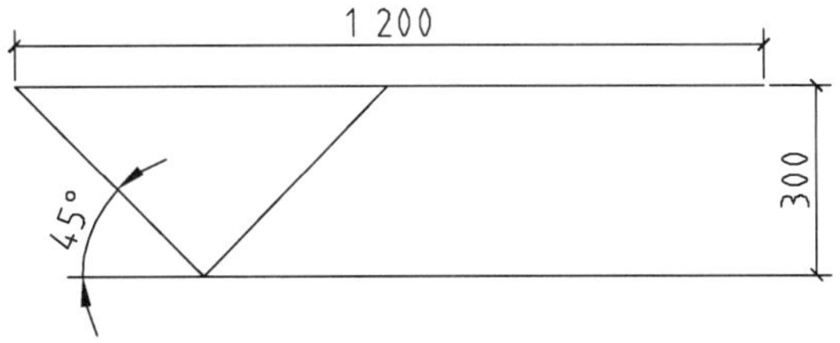

图 12.1.54　绘制标高符号

③ 单击“图层”工具栏的“图层控制”下拉列表框，选择“标高”图层作为当前图层。

④ 将刚才绘制好的标高符号复制到相应位置，如图 12.1.55 所示。

⑤ 单击“图层”工具栏的“图层控制”下拉列表框，将“0”图层设置为当前图层。

⑥ 执行“圆”命令（C），在相应位置绘制半径 2 400 的圆；再执行“多段线”（PL）命令，圆的上侧“象限点”作为起点至下侧“象限点”作为端点，多段线起始点宽度“0”，下侧宽度“300”；再执行“单行文字”命令（MT），圆上侧输入“N”，从而完成指北针的绘制。绘制过程如图 12.1.56 所示。

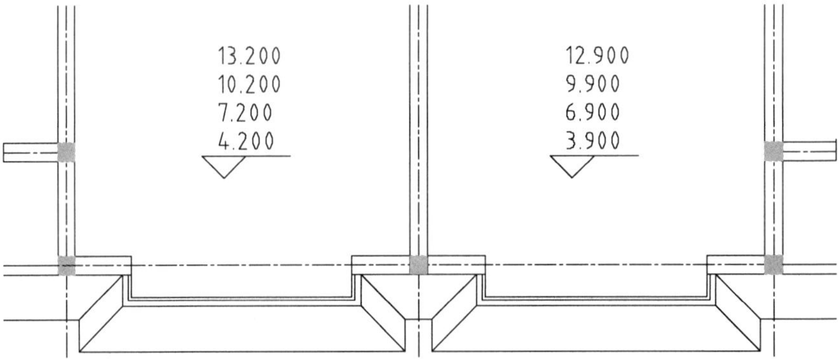

图 12.1.55　进行标高标注

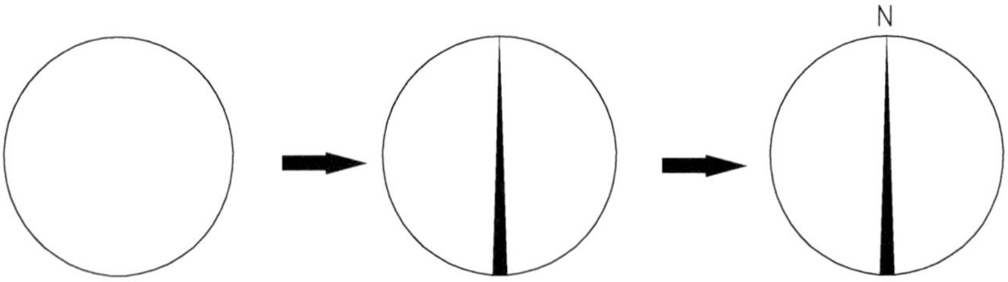

图 12.1.56　绘制指北针

（14）进行文字说明和图名标注。

通过前面的标注，已经将住宅标准层平面图标注完毕，接下来进行文字说明和图名标注。

① 单击“图层”工具栏的“图层控制”下拉列表框，将“文字标注”图层设置为当前图层。

② 执行“单行文字”命令（DT），选择“图内文字”文字样式，在相应位置输入门窗编号以及厨房、卫生间、餐厅、客厅、卧室等房间名称，如图 12.1.57 所示。

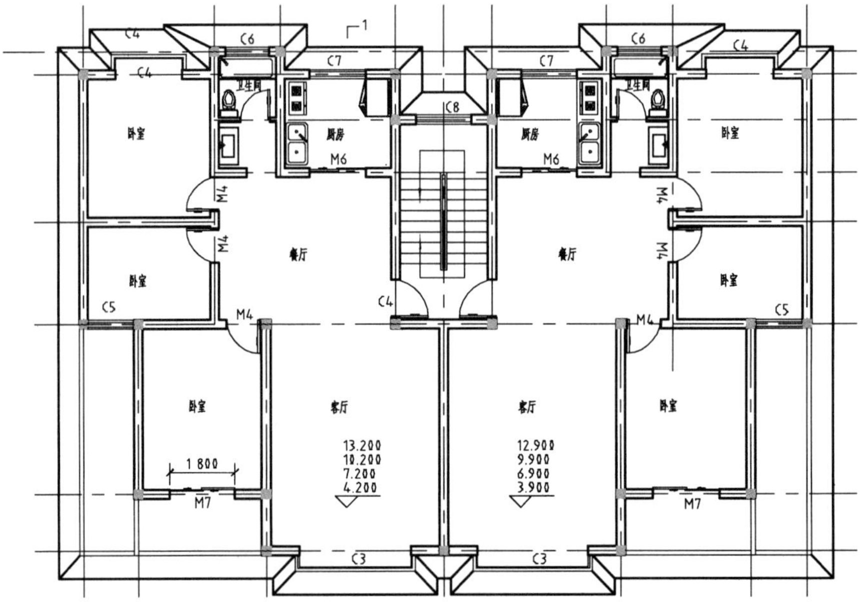

图 12.1.57　进行图内文字标注

③ 在“样式”工具栏中选择“图名”文字样式，单击工具栏中“单行文字”按钮，设置其对正方式为“居中”；然后在相应位置输入“单元式住宅标准层平面图”和比例“1∶100”；然后分别选择相应的文字对象，按“Ctrl+1”打开“特性”面板，并修改相应文字大小为“1 000”和“500”；然后使用“多段线”命令（PL），在图名的底侧绘制一条宽为 60 的水平多段线；再使用“直线”命令（L），绘制与多段线等长的水平线段，如图 12.1.58 所示。

图 12.1.58　进行图名标注

④ 至此，单元式住宅标准层平面图绘制完毕，最后对文件进行保存。

12.1.3　练　习

根据上述绘制方法和步骤绘制图 12.1.3 所示的建筑平面图。

12.2　建筑立面图的绘制

把意念深潜，何理不可得，把志气奋发，何事不可做。——吕坤

12.2.1　建筑立面图的概述

1. 建筑立面图的形成

建筑立面图是建筑物在与立面平行的投影上投影所得的正投影，主要用来表示建筑物的体形和外貌、外墙装饰、门窗的位置与形式，以及遮阳板、窗台、窗套、屋顶水箱、檐口、阳台、雨篷等构配件各部位的标高和必要尺寸，是建筑物在施工中进行高度控制的技术依据。在进行建筑立面图的设计和绘制过程中，首先应掌握建筑立面图的形成、内容与命名，再掌握通过 AutoCAD 进行建筑立面图绘制时的要求、方法和绘制过程。

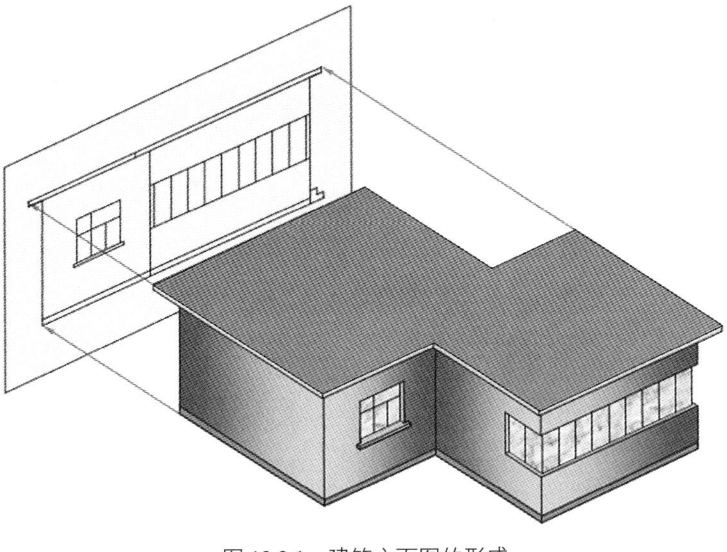

图 12.2.1　建筑立面图的形成

建筑立面图是建筑物各个方向的外墙面以及可见的构配件的正投影图，简称立面图。如图 12.2.1 所示就是一栋建筑物的立面图形成。

需要注意的是，某些形状曲折的建筑，可绘制展开立面图；圆形或多边形平面的建筑物，可分段展开绘制立面图，但均应在图名后加注“展开”二字。

2. 建筑立面图的内容

由于建筑物立面图是建筑施工中控制高度和外墙装饰效果的重要技术依据，因此在绘制前应清楚需绘制的内容。建筑立面图的主要内容如下：

（1）图名、比例。

（2）两端的定位轴线及其编号。

（3）立面门窗的形式、位置和开启方式。

（4）各种墙面、台阶、阳台等建筑物构造与构件的具体位置、大小、形状、做法。

（5）立面上墙面的建筑装饰、材料和墙面划分线等。

（6）立面高程及局部需要说明的尺寸。

（7）详图的索引符号及施工说明。

3. 建筑立面图的命名

建筑立面图的命名方式较多，常用有以下 3 种：

（1）按房屋的朝向命名：建筑物朝向比较明显的，也可按房屋的朝向来命名立面图。规定：建筑物立面朝南面的立面图称为南立面图，同理还有北立面图、西立面图和东立面图。

（2）按立面的主次命名：通常规定，房屋主要入口或反映建筑物外貌主要特征所在的面称为正面，当观察者面向房屋的正面站立时，从前向后所得的正投影图是正立面图，从后向前的则是背立面图，从左向右的称为左侧立面图，而从右向左的则称为右侧立面图。

（3）按轴线编号命名：根据建筑物平面图两端的轴线编号命名。如①～⑨、Ⓐ～Ⓕ轴立面图。

以上 3 种命名方式，目前首选按轴线编号命名。无定位轴线的建筑物可按平面图各面的朝向确定名称。

12.2.2 建筑立面图的绘制

1. 建筑立面图的绘制步骤

在绘制建筑立面图的时候，我们按以下步骤进行绘制：

（1）设置绘图环境，或者选用符合要求的图形样板。

（2）绘制轴线、地平线及建筑物外围轮廓线。

（3）绘制阳台、门窗。

（4）绘制外墙立面的造型细节。

（5）标准立面图的文本注释。

（6）立面图的尺寸标注。

（7）立面图的符号标注，如高程符号、索引符号、轴线编号等。

2. 建筑立面图绘制实例

前面已经介绍了建筑平面图的绘制步骤，这里可以借用已建好的绘图环境。首先将“单元式住宅标准层平面图.dwg”打开，将其另存为“单元式住宅正立面图.dwg”，再借用上一节建筑平面图已经建好的绘图环境，包括图层、文字样式、标注样式等。根据左侧套房的墙体结构绘制立面墙体的引申线段；再根据需要绘制立面凸窗、推拉门和阳台，并将其安装在相应位置；再对其一层楼的立面图单元楼进行垂直镜像，完成两个单元楼的立面效果图；再绘制屋顶；最后对其进行尺寸、标高、轴线编号及图名的标注，最终效果如图 12.2.2 所示。

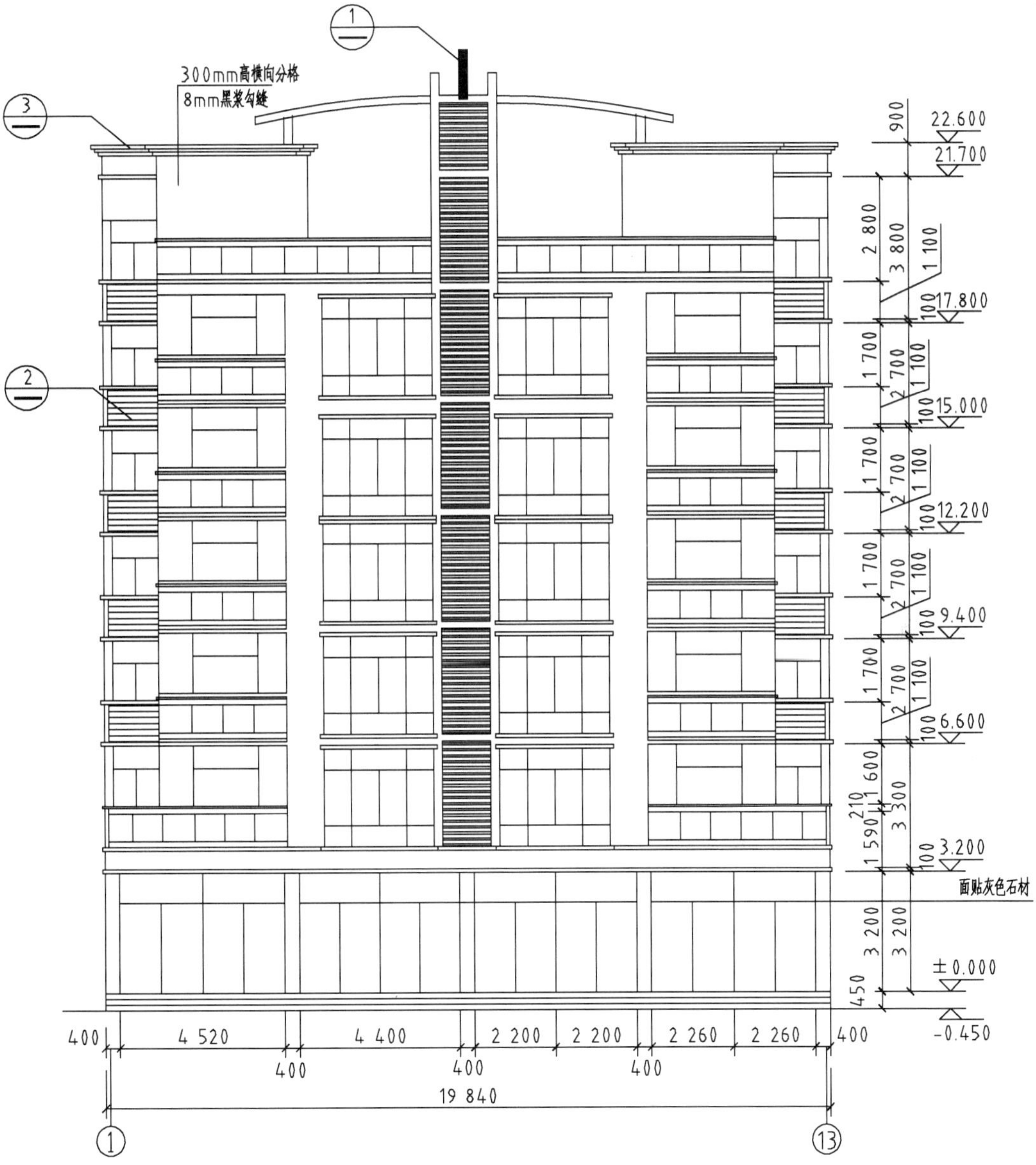

图 12.2.2 单元式住宅立面图

（1）调用平面图的绘图环境。

为了能够更快速地绘制建筑立面图对象，用户可以将绘制好的平面文件打开，将其另存为“立面图”文件，并适当地创建新的图层对象，从而调用其平面图的绘图环境。

① 启动 AutoCAD，选择“文件-打开”菜单命令，将“案例 12-单元式住宅标准层平面图 dwg”文件打开。

② 再选择“文件-另存为”菜单命令，将该文件另存为“案例 12-单元式住宅立面图 dwg”，从而调用该平面图的绘图环境。

③ 在“图层”工具栏的“图层控制”下拉列表框中，关闭“尺寸标注”“文字标注”“标高”“轴线编号”“散水”和“剖切符号”图层，如图 12.2.3 所示。

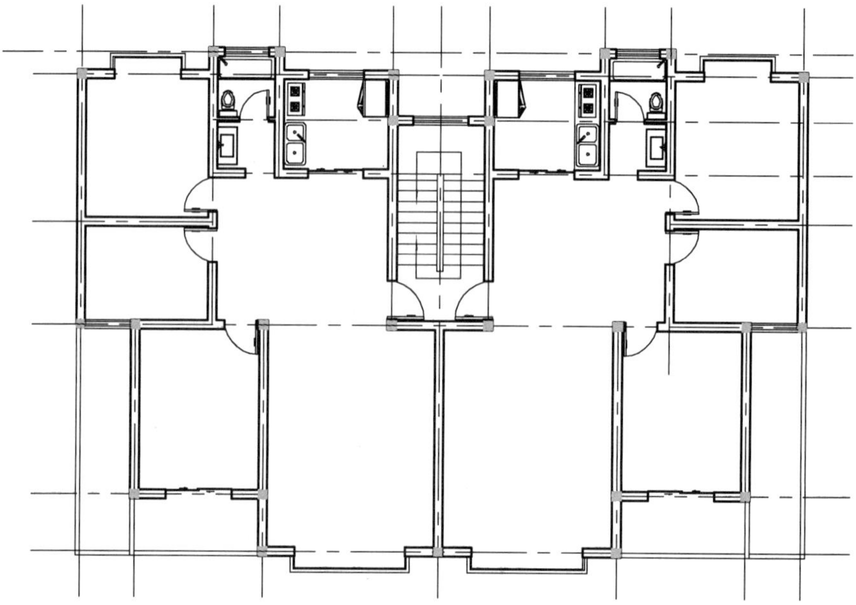

图 12.2.3 关闭图层后的效果

（2）绘制立墙体及地坪轮廓线。

在绘制立面图之前，首先根据其平面图的相应的墙体，绘制相应的引申线段，从而形成里面轮廓对象。

① 选择“格式-图层”菜单命令，在弹出的“图层特性管理器”面板中新建“地坪线”图层，设置其线宽为“0.70”，如图 12.2.4 所示。

图 12.2.4 新建地坪线图层

② 在“图层”工具栏的“图层控制”下拉列表框中，选择“墙体”图层作为当前图层。

③ 使用“直线”命令（L），分别过最右下侧套房的墙体对象向下绘制相应的垂直线段，如图 12.2.5 所示。

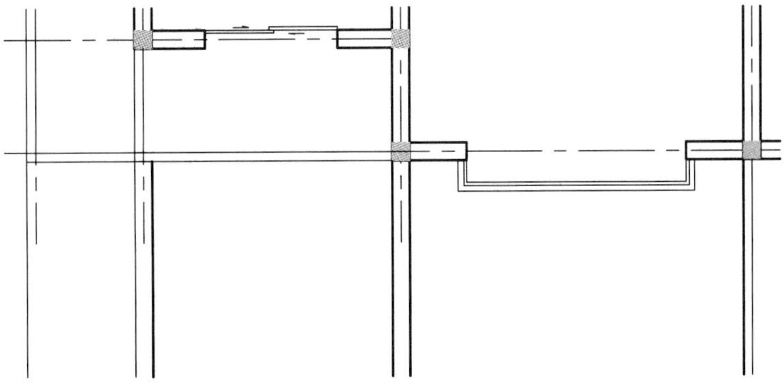

图 12.2.5　引申的墙体轮廓线

④ 使用“移动”命令（M），将绘制的墙体轮廓线水平向右进行移动；再使用“直线”命令（L），过其墙体轮廓线绘制一条水平的线段；然后使用“偏移”命令（O），将其水平线段向上偏移 3 650，如图 12.2.6 所示。

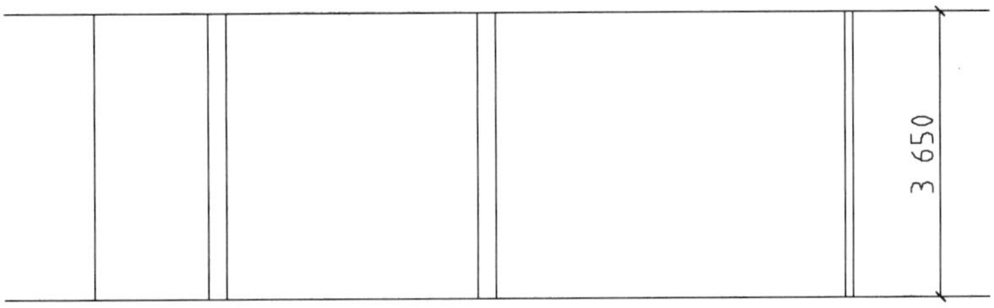

图 12.2.6　绘制水平线段

⑤ 单击“图层”工具栏中“图层控制”下拉列表框内“地坪线”图层，从而将底侧的水平线段设置为“地坪线”。

（3）绘制以及插入立面门窗。

在绘制立面图的立面窗和阳台时，首先根据要求绘制相应的立面凸窗、阳台和推拉窗，再确定立面窗和阳台的位置，然后将其绘制好的立面凸窗、阳台和推拉窗对象安装到相应位置即可。

① 单击“图层”工具栏“图层控制”下拉列表框，选择“门窗”图层为当前图层。

② 使用“矩形”（REC）、“直线”（L）命令，绘制如图 12.2.7 所示的立面窗。

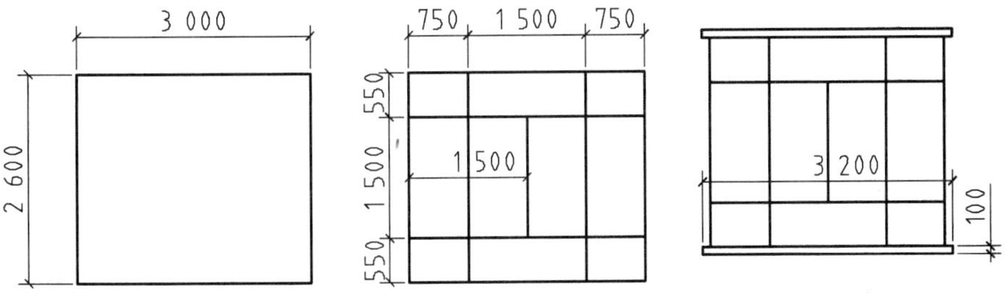

图 12.2.7　绘制立面窗

③ 执行“写块”命令（W），将弹出“写块”对话框，然后将绘制的立面窗保存为“案例 12-C3.dwg”图块，如图 12.2.8 所示。

图 12.2.8　创建“C3”图块

④ 使用“矩形”（REC）、“直线”（L）命令，绘制如图 12.2.9 所示立面窗。

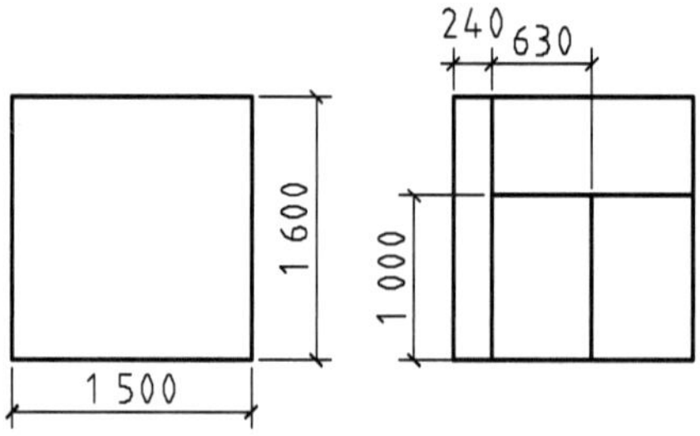

图 12.2.9　绘制立面窗

⑤使用“矩形”（REC）、“直线”（L）命令，绘制如图 12.2.10 所示立面栏杆。

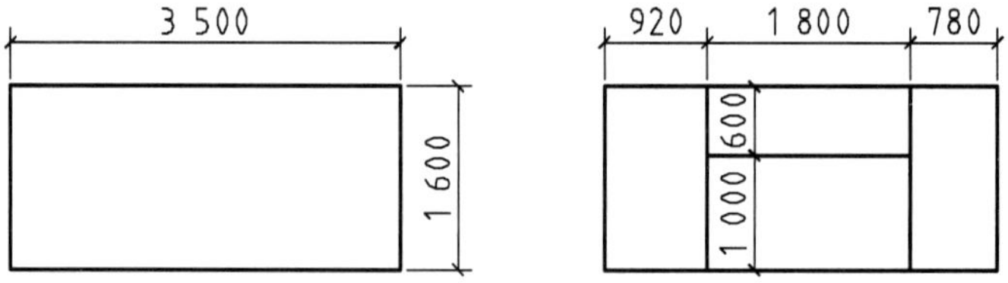

图 12.2.10　绘制立面栏杆

⑥ 使用“矩形”（REC）、“直线”（L）命令，绘制如图 12.2.11 所示推拉门。

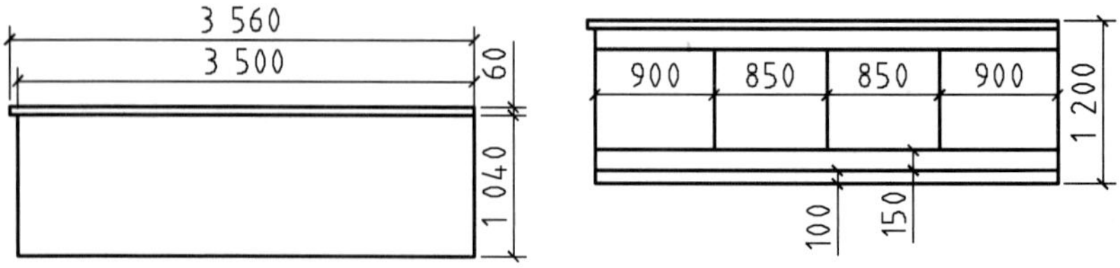

图 12.2.11　推拉门

⑦ 使用“矩形”（REC）、“直线”（L）命令，绘制如图 12.2.12 所示空调搁板，空调搁板的填充图案为 LINE。

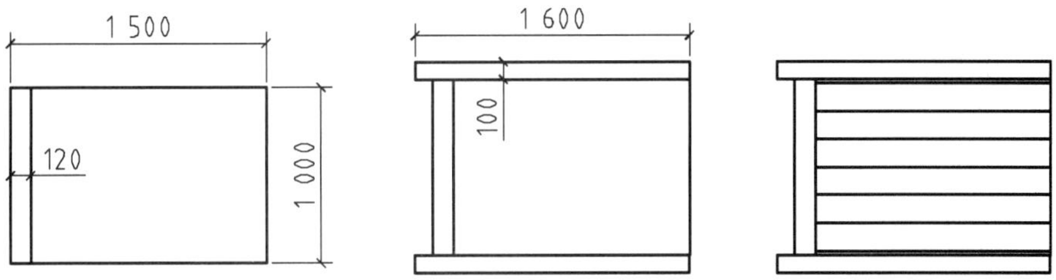

图 12.2.12　空调搁板

⑧ 执行“写块”命令（W），将弹出“写块”对话框，然后将前面绘制的立面窗、立面栏杆、推拉门、空调搁板保存为“案例 12”文件夹下“C5.dwg”“LG.dwg”“M7.dwg”“KTB.dwg”图块。

⑨ 执行“偏移”命令（O），将底侧的水平线段向上各偏移 150、150、150、2 400，再将左侧的垂直线段向右各偏移 400、4 个 1 130、400、4 个 1 100 和 200，如图 12.2.13 所示。

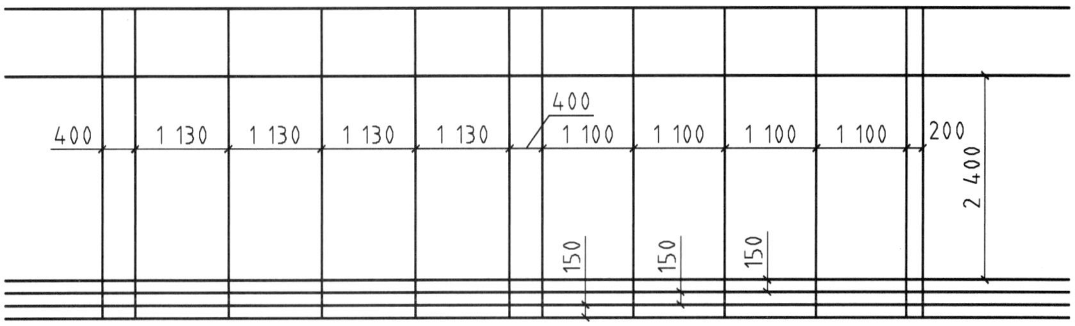

图 12.2.13　偏移线段

⑩ 使用“修剪”命令（TR），修剪掉多余线段，结果如图 12.2.14 所示。

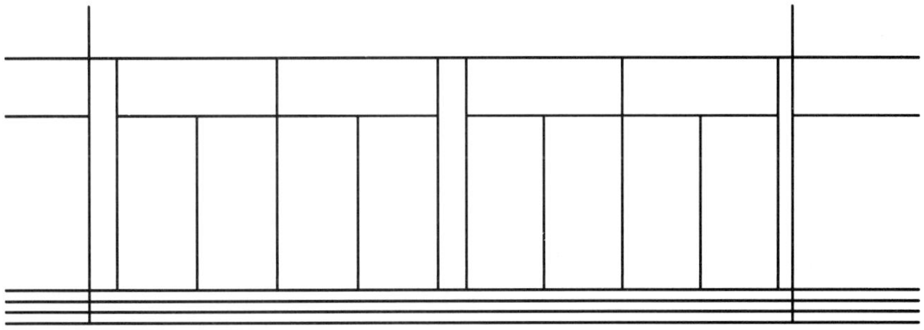

图 12.2.14　修剪后的效果

⑪ 使用“偏移”命令（O），将上一步图形的上侧水平线段向上各偏移 100、500、100 和 2 700，如图 12.2.15 所示。

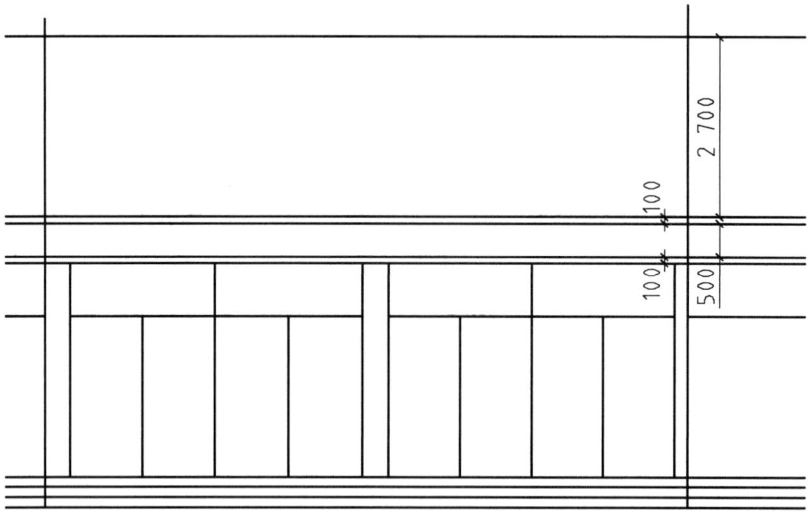

图 12.2.15　偏移水平线段

⑫ 使用“矩形”（REC）、“直线”命令（L），绘制如图 12.2.16 所示图形。

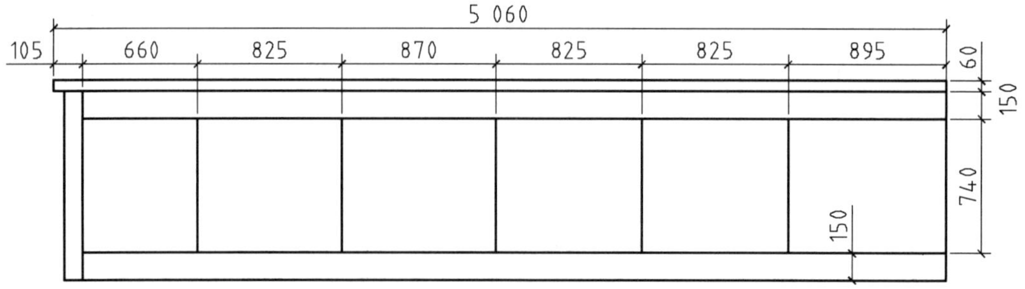

图 12.2.16　绘制的图形

⑬ 使用“移动”（命令）（M），将上一步绘制的图形移动到相应位置，如图 12.2.17 所示。

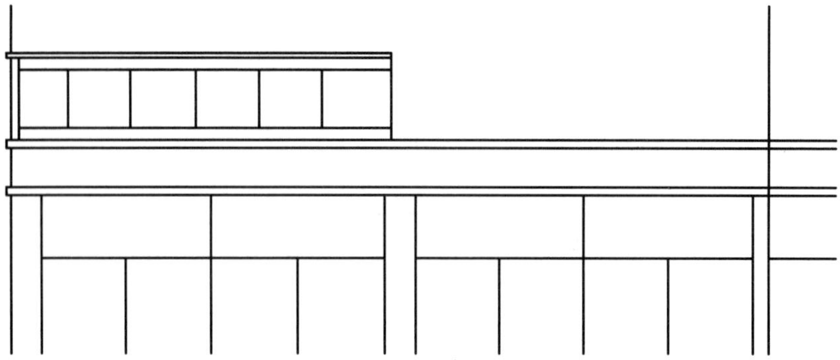

图 12.2.17　移动对象

⑭ 使用“偏移”命令（O），将左侧的垂直线段向右各偏移 1 500、3 500、920、3 200、140 和 660，如图 12.2.18 所示。

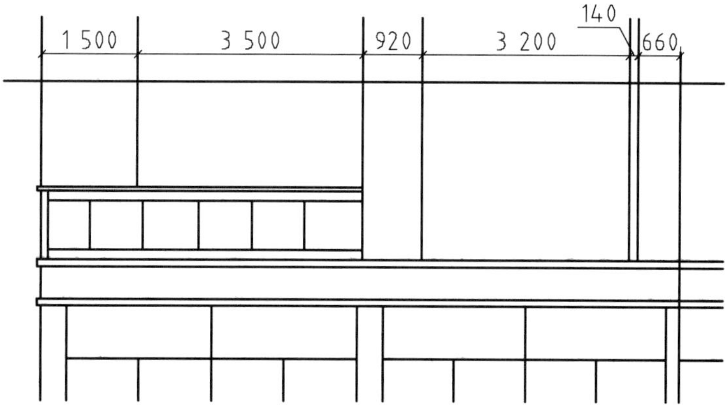

图 12.2.18　偏移垂线段

⑮ 使用“插入”命令（I），将“案例 12-C3.dwg”插入到相应的位置，如图 12.2.19 所示。

⑯ 继续使用“插入”命令（I），将 C5、M7、LG、KTB 等 4 个图块插入到相应位置，如图 12.2.20 所示。

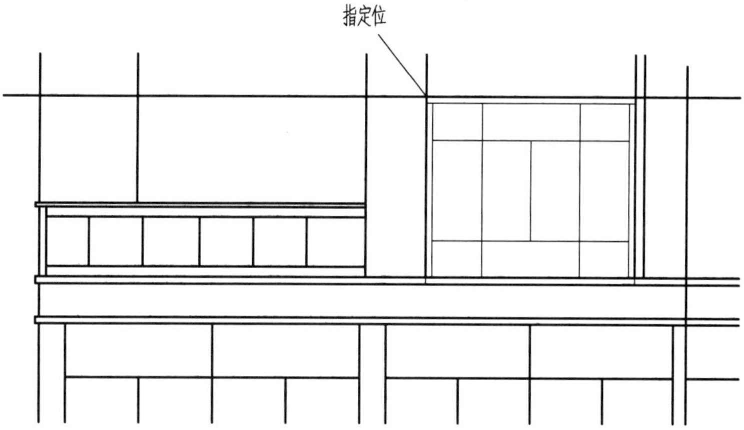

图 12.2.19　插入 C3 图块

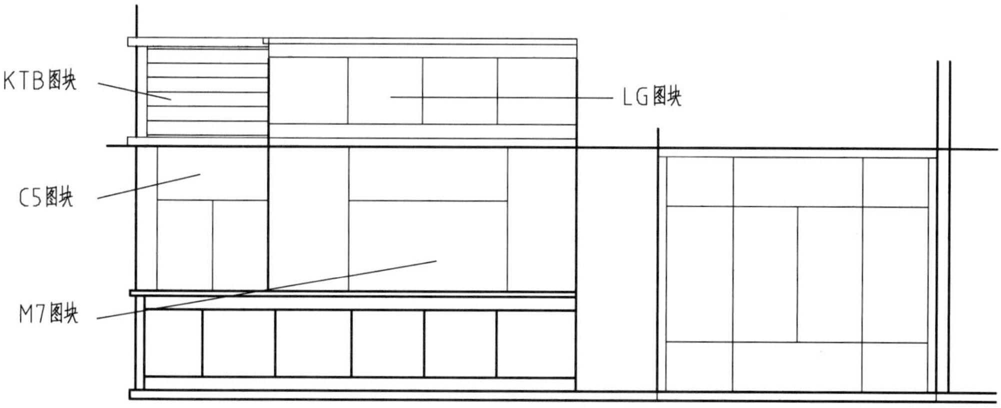

图 12.2.20　插入另外的图块

⑰ 使用“偏移”（O）、“修剪”（TR）、“删除”（E）等命令，将插入块下侧处的水平线段

向上偏移 2 800、200 和 2 800，再做相应的修剪操作，结果如图 12.2.21 所示。

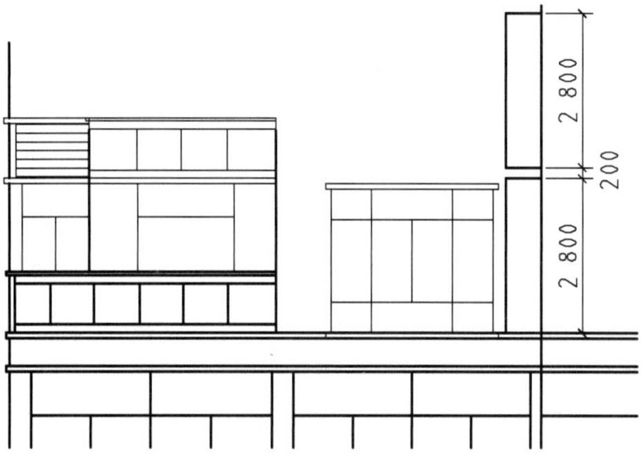

图 12.2.21　偏移、修剪、删除线段

⑱ 使用“复制”（CO）命令，将前面插入的 5 个图块向上分别进行一定距离的复制操作，如图 12.2.22 所示。

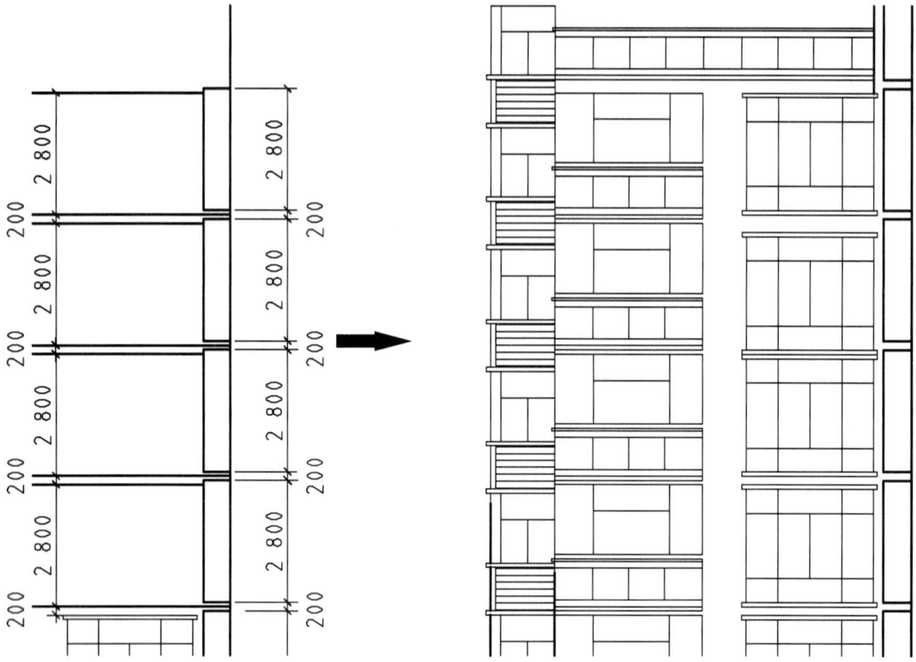

图 12.2.22　偏移线段及复制图块

（4）绘制屋顶立面图。

插入立面门窗后，接下来绘制屋顶处的线段。

① 执行“直线”（L）、“偏移”（O）、“修剪”（TR）等命令，在图形的右上角屋顶处绘制及偏移线段，如图 12.2.23 所示。

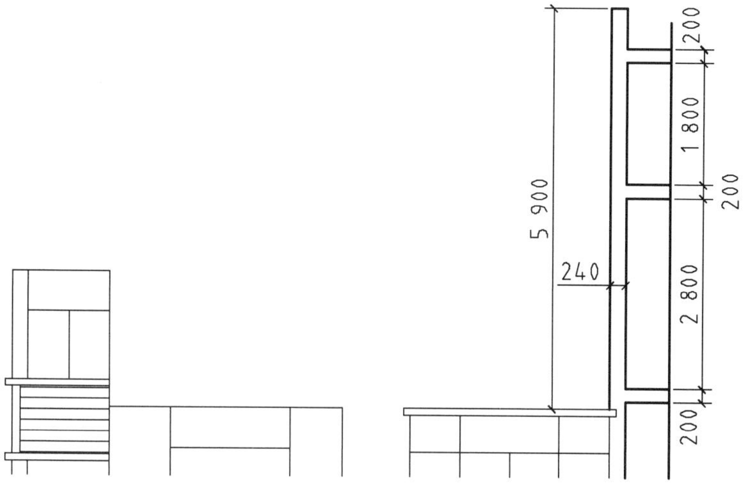

图 12.2.23　绘制及偏移线段

② 执行“插入”（I）、“分解”（X）、“镜像”（MI）、“直线”（L）、“修剪”（TR）等命令，在图形上侧相应位置插入 LG 图块；再进行左右镜像操作；然后将两个图块进行分解操作；最后进行编辑操作，结果如图 12.2.24 所示。

③ 执行“直线”（L）、“矩形”（REC）命令，在图形上侧绘制如图 12.2.25 所示图形。

④ 执行“圆弧”（A）、“直线”（L）、“修剪”（TR）、“矩形”（REC）等命令，绘制如图 12.2.26 所示的图形。

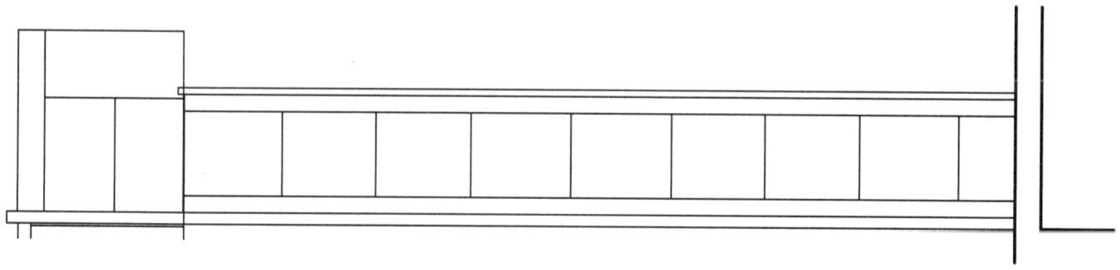

图 12.2.24　编辑线段

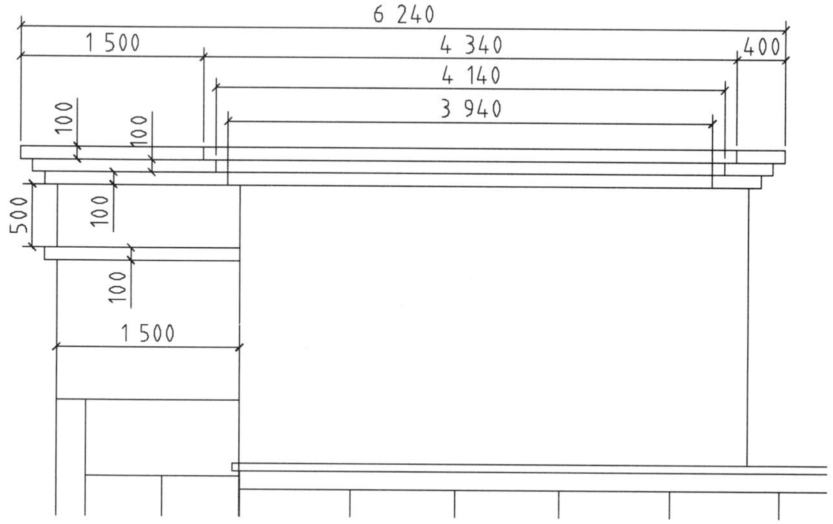

图 12.2.25　绘制图形

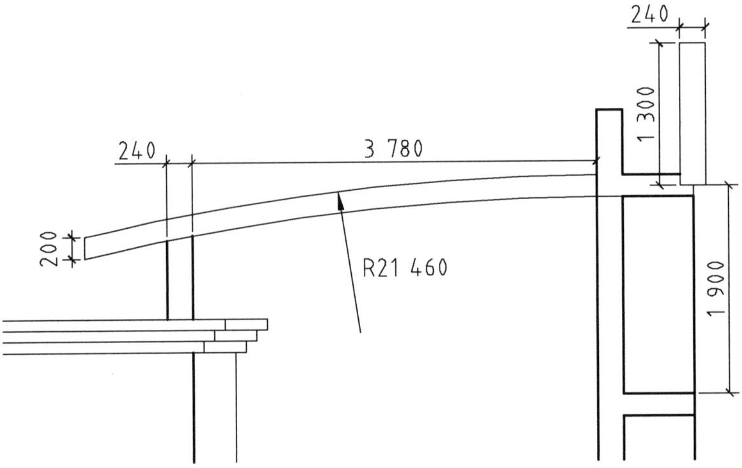

图 12.2.26　绘制的图形

（5）水平镜像单元住宅。

前面已经绘制了墙体、柱子、门窗、屋顶等立面图，已经将其中的一套住宅的立面图绘制完成。根据要求，整个住宅立面图由两个单位组成，因此可将左侧住宅的立面图向右进行水平镜像，从而完成一整套住宅立面图的绘制。

① 执行“镜像”命令（MI），框选视图中所有的图形对象，选择最右侧的垂直轴线作为镜像线，从而向右进行水平镜像，如图 12.2.27 所示。

图 12.2.27　水平镜像结果

② 使用“图案填充”（H）、“删除”（E）等命令，将镜像后的重复线段删除，再对立面楼梯处进行“STEEL”图例的填充操作，填充角度-45°，填充比例 50，如图 12.2.28 所示。

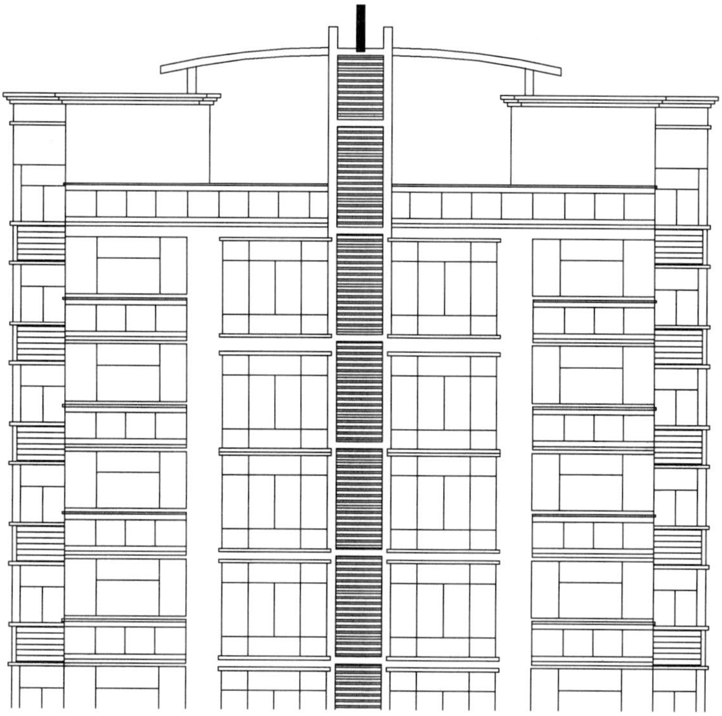

图 12.2.28　图案填充操作

（6）进行尺寸标高和轴号标注。

通过前面的绘制，已经将该单元住宅立面图绘制完毕，接下来进行相应的标注。

① 单击“图层”工具栏的“图层控制器”下拉表框，将“尺寸标注”图层设置为当前图层。

② 在“标注”工具栏中单击“线性标注”和“连续标注”，对图形右侧、底侧进行尺寸标注，如图 12.2.29 所示。

③ 单击“图层”工具栏的“图层控制”下拉列表，选择“标高”图层作为当前图层。

④ 执行“插入”命令（I），将“案例 12-标高.dwg”插入到图形右侧位置，并分别修改标高值，如图 12.2.30 所示。

⑤ 单击“图层”工具栏的“图层控制”下拉列表，选择“轴线编号”图层作为当前图层。

⑥ 执行“插入”命令（I），将“案例 12-轴线编号.dwg”插入到图形右侧位置，并分别修改编号值，如图 12.2.31 所示。

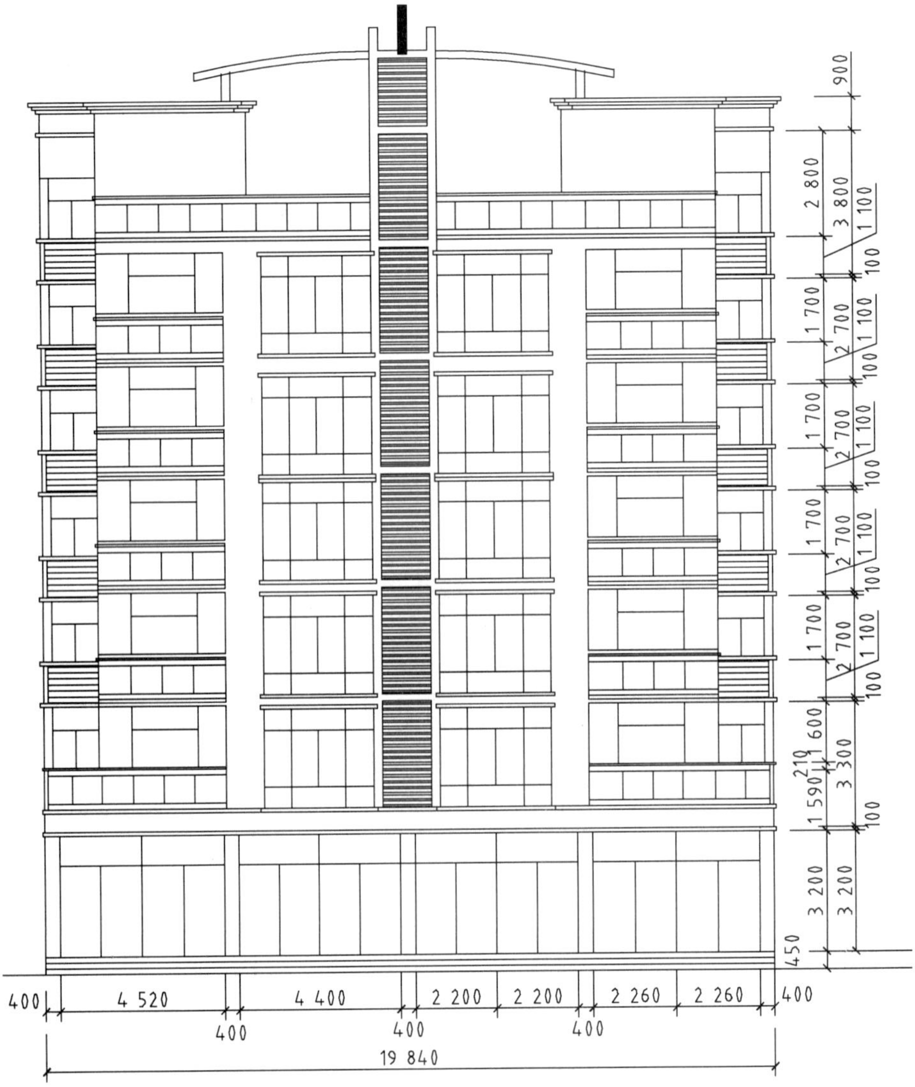

图 12.2.29　进行尺寸标注

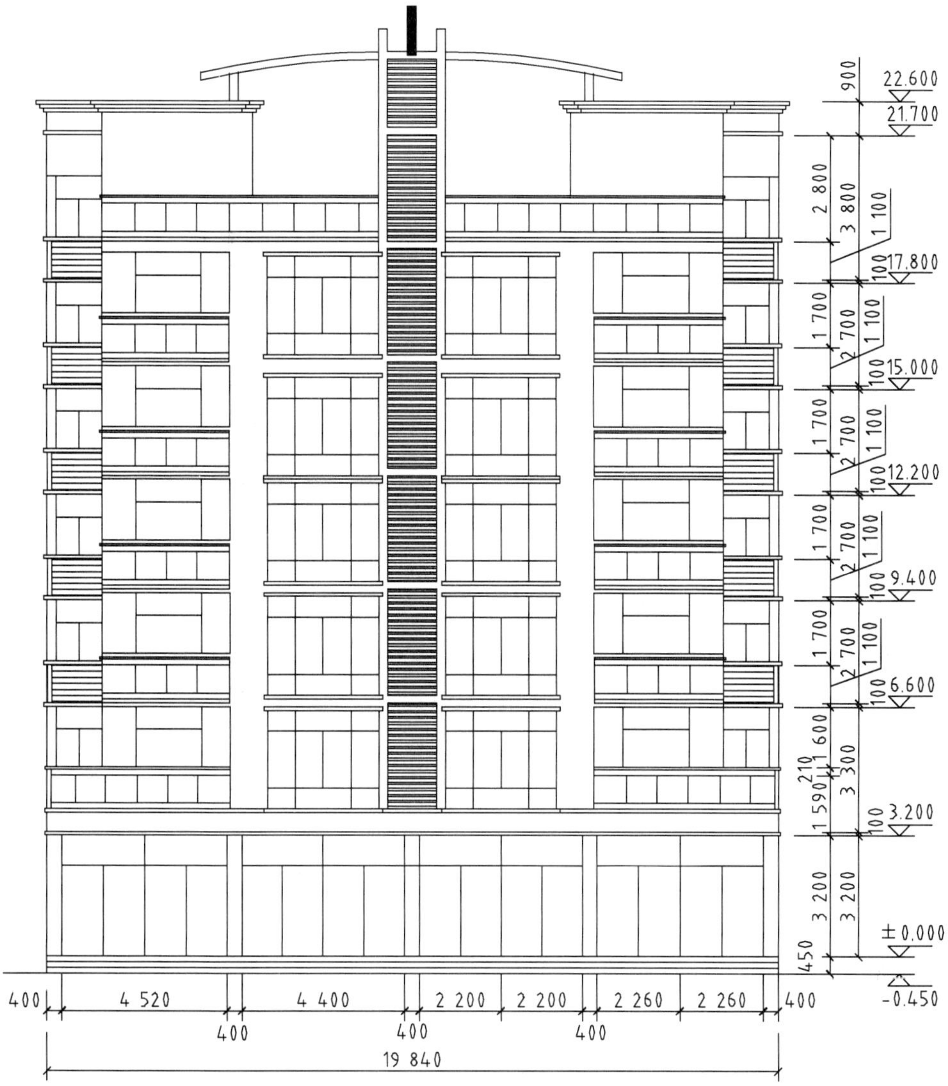

图 12.2.30　进行标高标注

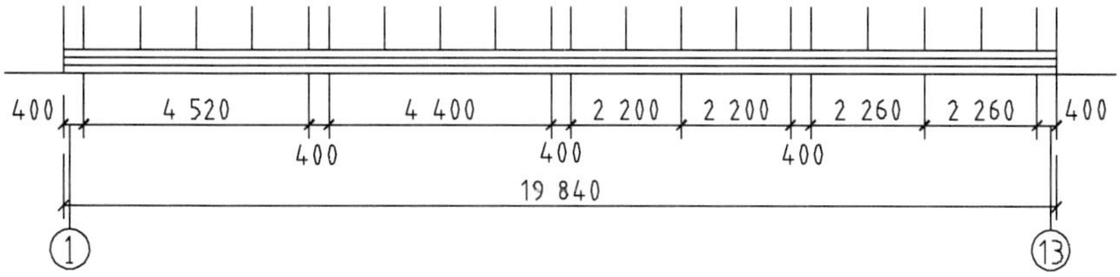

图 12.2.31　进行定位轴线标注

（7）绘制详图符号和文字标注。

对单元式住宅立面图进行标注后，接下来绘制详图符号和进行文字标注。

① 单击“图层”工具栏的“图层控制”下拉列表，选择“0”图层作为当前图层。

② 执行“引线标注”（LE）、“圆”（C）等命令，分别绘制半径为 600 的圆；再在每个圆中间绘制一条引线，从而表示详图符号，如图 12.2.32 所示。

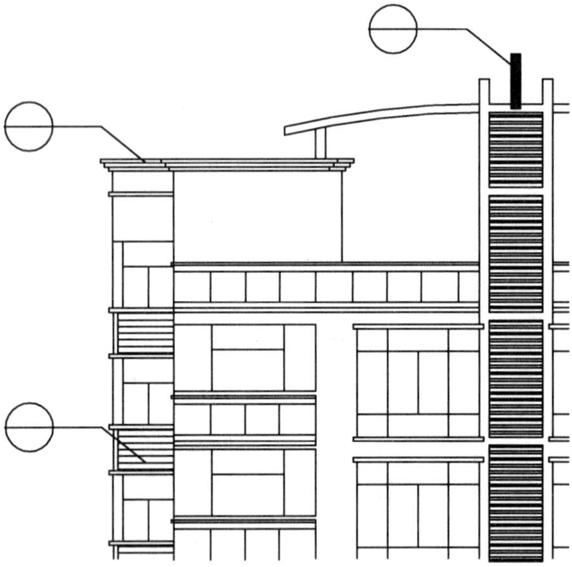

图 12.2.32　绘制引线和圆

③ 单击“图层”工具栏的“图层控制”下拉列表，选择“文字标注”图层作为当前图层。

④ 执行“单行文字”（DT）命令，选择“图内文字”样式，在圆内输入文字 1、2、3，其文字高度为 450；并在数字下面绘制一条宽度为 50 的多段线，如图 12.2.33 所示。

图 12.2.33　绘制详图符号

⑤ 执行“单行文字”（DT）命令，在图形顶侧、右下侧处分别输入文字说明，如图 12.2.34 所示。

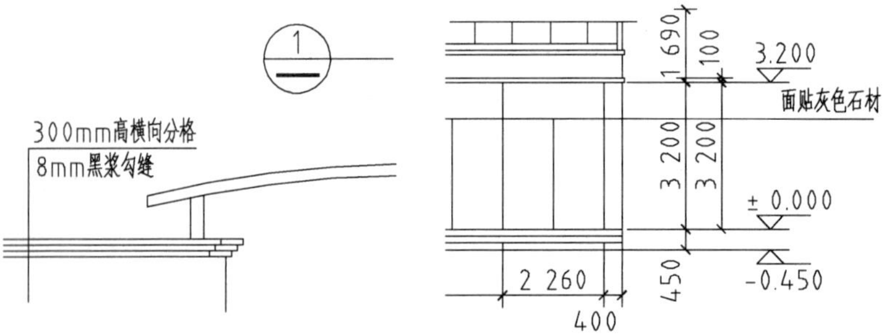

图 12.2.34　进行文字标注

⑥ 在“样式”工具栏中选择“图名”文字样式，单击工具栏中“单行文字”按钮，设置其对正方式为“居中”，然后在相应位置输入“单元式住宅正立面图”和比例“1∶100”，然后分别选择相应的文字对象，按“Ctrl+1”键打开“特性”面板，并修改相应文字大小为“1 000”和“500”；使用“多段线”命令（PL），在图名底侧绘制一条宽度为 60 的水平多段线；再使用“直线”命令（L），绘制与多段线等长的水平线段，效果如图 12.2.35 所示。

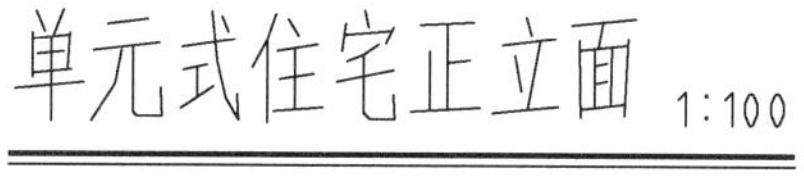

图 12.2.35　绘制图名比例

⑦ 至此，单元式住宅正立面图绘制完毕。使用 Delete 键删除不需要的平面图图形对象，然后按“Ctrl+S”组合键保存。

12.2.3　练　习

根据上述绘制方法和步骤绘制图 12.2.2 所示的建筑立面图。

12.3　建筑剖面图的绘制

青，取之于蓝而青于蓝；冰，水为之而寒于水。——荀子

12.3.1　建筑剖面图概述

1. 建筑剖面图的形成和作用

建筑剖面图，简称剖面图，它是假想用一个铅垂面将房屋进行垂直剖切后移去靠近观察者的部分，作出剩下部分的投影图，如图 12.3.1 所示。剖面图的剖切位置，应选在内部构造和结构比较复杂与典型的部位。建筑剖面图是用来表示建筑物内部垂直方向的结构形式、分层情况、内部构造及各部位高度的图样，例如屋顶的形式、屋顶的坡度、檐口形式、楼板的搁置方式、楼梯的形式等。它与平、立面图相互配合用于表达房屋的结构构造，进而计算工程量或指导施工，是不可缺少的重要图样之一。

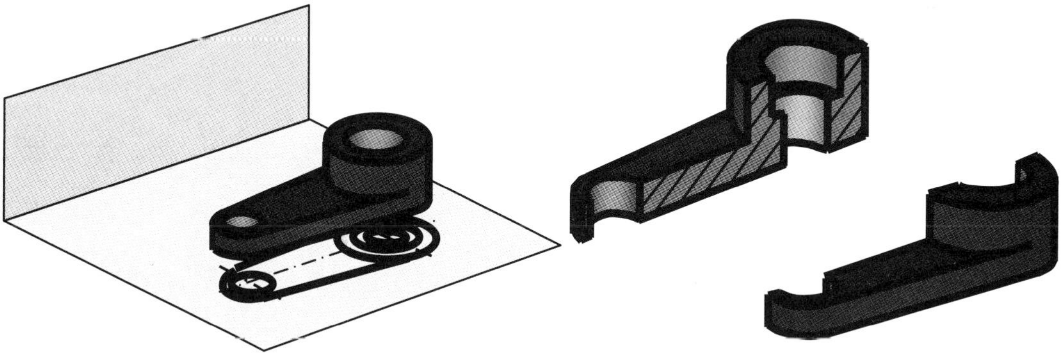

图 12.3.1　剖面图的形成

2. 建筑剖面图的命名

剖面图的数量根据房屋的复杂情况和施工实际需要决定的，剖面图的剖切部位，应根据图纸的用途或设计深度，在平面图上选择能反映全貌、构造特征以及有代表性的部位剖切。一般应通过门窗洞口、楼梯间及主要入口等位置。

剖面图的图名符号应与平面图上的图名符号相对应，如 1—1 剖面图，2—2 剖面图等。

3. 剖面图的内容

（1）剖面图的比例。

（2）剖切位置和剖视方向。

（3）被剖切到的房屋的各个部位，如各楼层地面、屋顶、楼梯、阳台等构造。

（4）内外尺寸标注以及标高。

（5）索引符号、图例、文字说明等。

12.3.2 建筑剖面图的绘制

1. 建筑剖面图的绘制步骤

在绘制建筑剖面图的时候，应遵循以下绘制步骤：

（1）设置绘图环境，或选用符合要求的样板图形。

（2）参照平面图，绘制竖向定位轴线。

（3）参照立面图，绘制水平定位轴线。

（4）绘制室内外地平线、外墙轮廓线、楼面线、屋面线。

（5）绘制细部如梁板等构件。

（6）绘制门窗。

（7）绘制剖面屋顶和檐口建筑构件。

（8）绘制剖面楼梯、踏步、阳台、雨篷、水箱等辅助构件。

（9）绘制尺寸标注、标高、编号、型号、索引符号和文字说明。

在绘制建筑剖面图时，首先应根据其建筑平面图、建筑立面图为依据，并根据平面图上的剖切符号，绘制相应的剖面图。以图 12.1.3“单元式住宅标准层平面图”和图 12.2.2“单元式住宅立面图”为依据，绘制 1—1 剖面图，如图 12.3.2 所示。

2. 建筑剖面图绘制实例

该单元式住宅 1—1 剖面图的绘制方法如下：

与住宅楼标准层平面图、立面图相同，在正式绘制住宅楼 1—1 剖面图之前，首先应设置与所给图形匹配的绘图环境。

（1）绘图区设置。

① 启动 AutoCAD，选择“文件-新建”菜单命令，打开“选择样板”对话框，选择“acadiso”作为新建的样板文件。

② 选择“文件-另存为”菜单命令，打开“图形另存为”对话框，将文件另存为“案例 12-单元式住宅 1—1 剖面图.dwg”图形文件。

③ 选择“格式-单位”菜单命令，打开“图形单位”对话框，将长度单位类型设置为“小数”，精度为“0.000”，角度单位类型设定为“十进制”，精确到“0.00”。

④ 选择“格式-图形界限”菜单命令，依照提示，设定图形界限的左下角为（0，0），右上角为（42 000,29 700）。

⑤ 在命令行输入“Z”→“空格”→“A”，使输入的图形界限区域全部显示在图形窗口内。

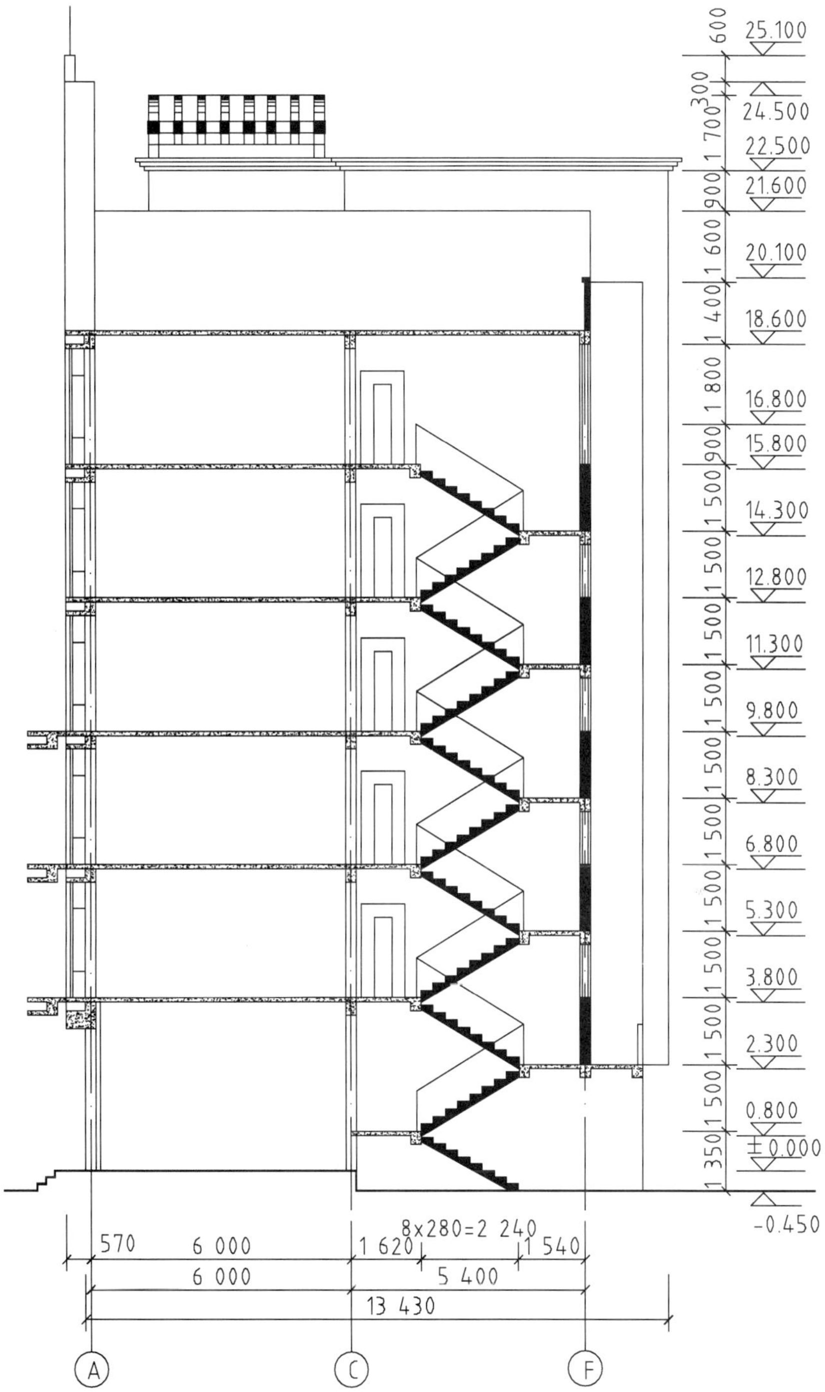

图 12.3.2　单元式住宅 1—1 剖面图

（2）规划图层。

由图 12.3.2 可知，该住宅楼 1—1 剖面图主要由轴线、门窗、墙体、楼梯、标高、文本标注、尺寸标注等元素组成，因此绘制剖面图时，需建立如表 12.3.1 所示的图层。

表 12.3.1　图层设置

序号	图层名	描述内容	线宽	线形	颜色	打印属性
1	轴线	定位轴线	默认	点画线 （ACAD_ISOO4W100）	红色	打印
2	轴线编号	轴线圆及文字	默认	实线（Continuous）	绿色	打印
3	填充	楼板、楼梯填充	默认	实线（Continuous）	83 色	不打印
4	墙体	墙体	0.30 mm	实线（Continuous）	黑色	打印
5	楼板	楼板对象	0.30 mm	实线（Continuous）	8 色	打印
6	楼梯	楼梯对象	默认	实线（Continuous）	洋红色	打印
7	门窗	门窗	默认	实线（Continuous）	绿色	打印
8	地坪线	室内及室外地坪	0.70 mm	实线（Continuous）	黑色	打印
9	标高	标高符号及文字	默认	实线（Continuous）	红色	打印
10	尺寸标注	尺寸线	默认	实线（Continuous）	蓝色	打印
11	文字标注	图名比例	默认	实线（Continuous）	黑色	打印
12	其他	附属构件	默认	实线（Continuous）	黑色	打印

① 选择“格式-图层”菜单命令，将打开“图层特性管理器”面板，根据表 12.3.1 设置图层的名称、线宽、线型和颜色等，如图 12.3.3 所示。

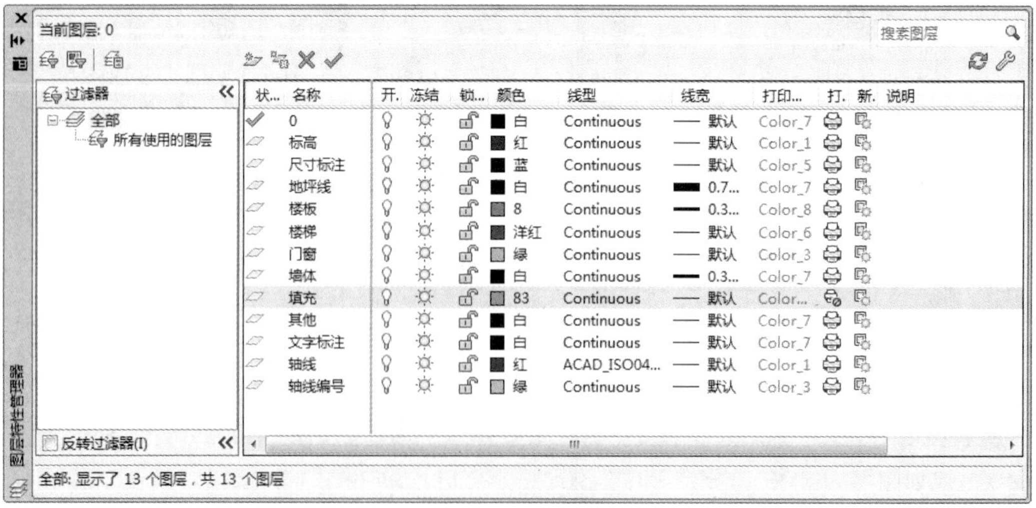

图 12.3.3　规划图层

② 选择“格式-图层”菜单命令，打开“线型管理器”对话框，单击“显示细节”按钮，

打开“细节”选项组，输入“全局比例因子”为 100，然后单击“确定”按钮，如图 12.3.4 所示。

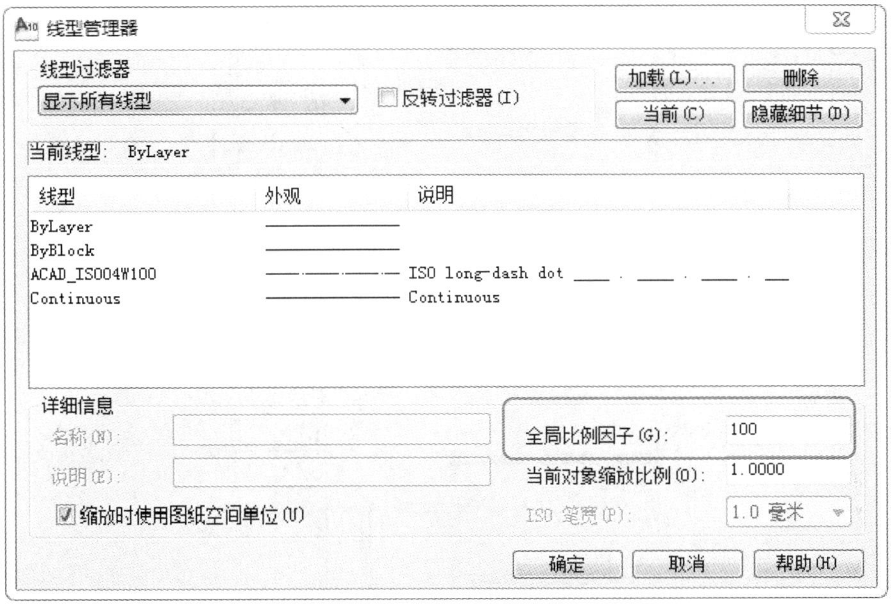

图 12.3.4　设置线型比例

（3）绘制各层的剖面墙线。

此单元式住宅楼房由底层、标准层和一个屋顶组成，其标准层的墙体结构是相同的。所以用户可先绘制一层、标准层楼的剖面墙线，再绘制屋顶层的剖面墙线。在绘制剖面图时，首先要绘制剖切部分的辅助线，并且要做到与其平面图一一对应，故用户应打开其相应的标准层平面图图形对象，再按照剖切位置的墙体对象作相应的辅助轴线。

① 执行“文件-打开”菜单命令，将“案例 12-单元式住宅标准层平面图.dwg”文件打开，框选所有图形对象，在键盘上按下“Ctrl+C”组合键，将选中的图形对象复制到“内存”中。

② 再单击“窗口”菜单下的“单元式住宅 1—1 剖面图.dwg”文件，使之成为当前图形文件；然后在键盘上按下“Ctrl+V”组合键，将上一步复制的对象粘贴到当前空白文件。

③ 执行“旋转”命令（RO），将平面图对象旋转-90°；再单击“图层控制”下拉列表，将“尺寸标注”“文字标注”“轴线编号”“设施”“门窗”“散水”等图层关闭，其效果如图 12.3.5 所示。

④ 单击“图层”工具栏“图层控制”下拉列表框，将“墙体”图层设置为当前图层。

⑤ 执行“直线”命令（L），在旋转后图形的底侧绘制垂直线段，将每两根“墙体”线中间的垂直线段转换为“轴线”，如图 12.3.6 所示。

⑥ 使用“移动”命令（M），将绘制的垂直线段向右移动；再执行“构造线”命令（XL），绘制一条水平构造线段，如图 12.3.7 所示。

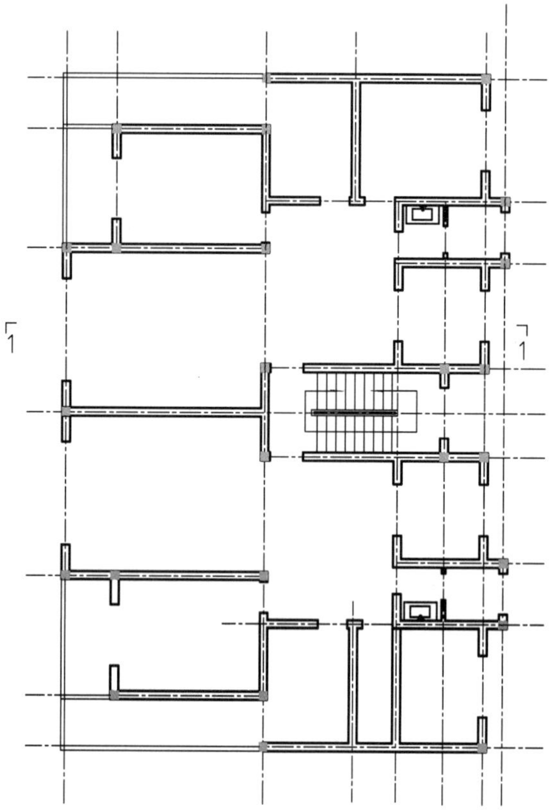

图 12.3.5　关闭图层

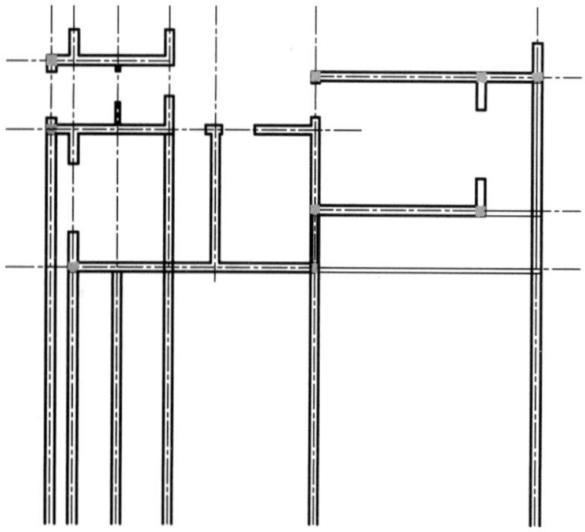

图 12.3.6　绘制垂直线段

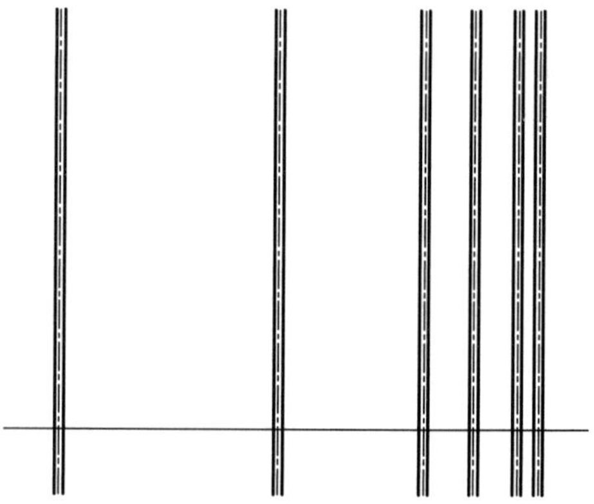

图 12.3.7　移动并绘制水平构造线

⑦ 执行“偏移”命令（O），将水平构造线向上各偏移 450、900、10 个 1 500、3 000，如图 12.3.8 所示。

⑧ 使用“修剪”命令（TR），修剪掉多余线段；并将最底侧的水平线段转换为“地坪线”图层，且合并为一条宽度为 50 的多段线；再将其他的水平线段转换为“楼板”图层，如图 12.3.9 所示。

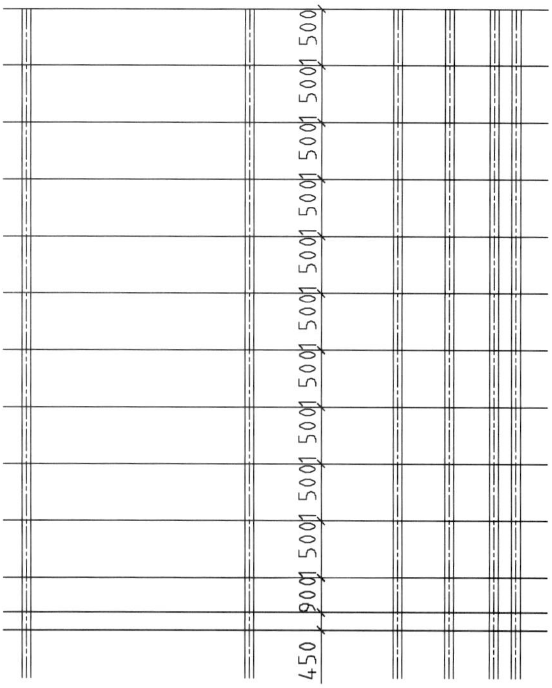

图 12.3.8　偏移水平构造线

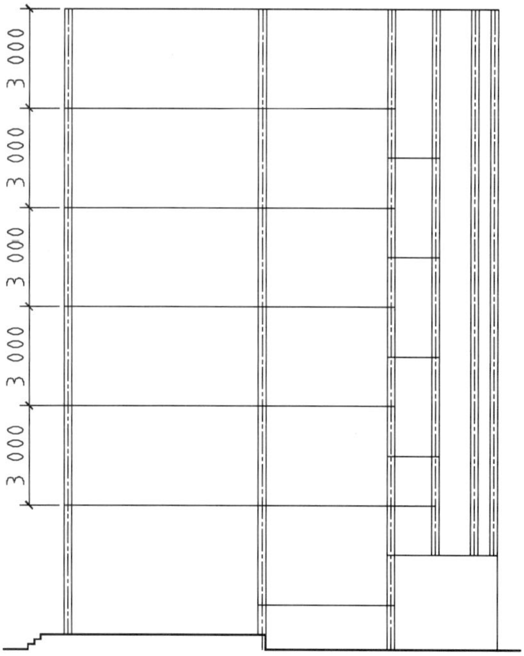

图 12.3.9　修剪多余线段

⑨ 执行“偏移”命令（O），将楼板水平线段向下各偏移 100、400、700；使用“修剪”（TR），剪掉多余线段，如图 12.3.10 所示。

⑩ 执行“偏移”命令（O），将左侧最外的墙体垂直线段向左各偏移 290、60 和 100；使用“延伸”命令（EX），将绘制的楼板水平线段偏移得到的线段进行延伸操作，如图 12.3.11 所示。

⑪ 执行“偏移”命令（O），将每层上面的楼板水平线段向下各偏移 1 000 和 1 400；使用“修剪”（TR），剪掉多余线段，如图 12.3.12 所示。

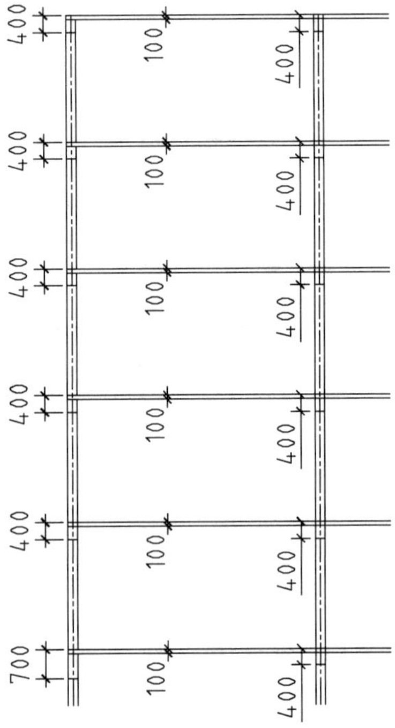

图 12.3.10　偏移及修剪线段

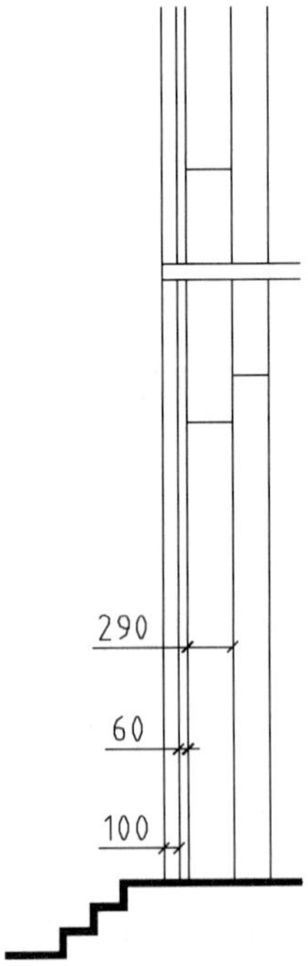

图 12.3.11　偏移及延伸线段

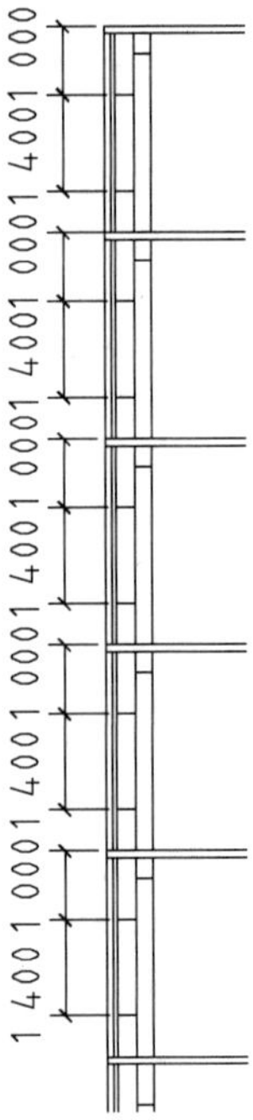

图 12.3.12　偏移及修剪线段

⑫ 使用“修剪”（TR），剪掉左侧多余线段，如图 12.3.13 所示。

⑬ 执行“多段线”命令（PL），绘制多段线对象，使用“复制”命令（CO）复制到相应位置，如图 12.3.14 所示。

图 12.3.13　修剪左侧多余线段

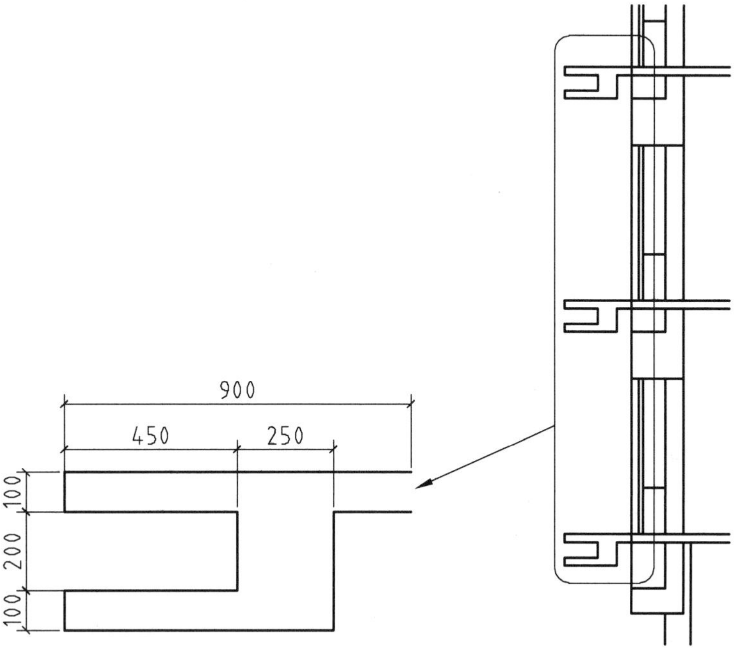

图 12.3.14　绘制多段线和复制操作

⑭ 执行“偏移”（O）、“延伸”（EX）、“修剪”（TR）等命令，将相应位置的墙线向右各偏移 1 260 和 240，再进行延伸和修剪操作，如图 12.3.15 所示。

⑮ 执行“偏移”（O）、“直线”（L）、“修剪”（TR）等命令，对图形右侧的楼板进行编辑操作，如图 12.3.16 所示。

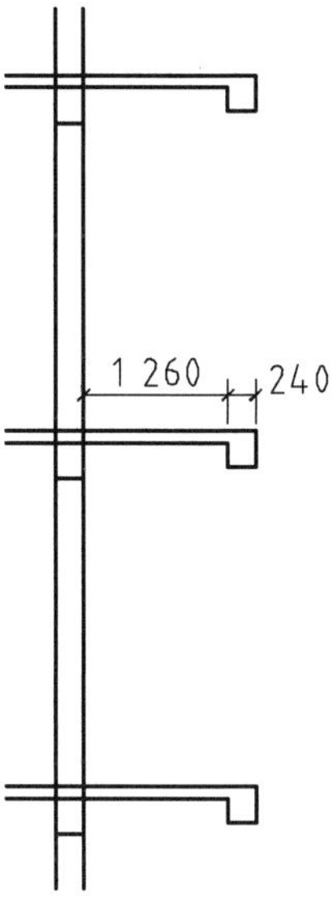

图 12.3.15　偏移并修剪线段（1）

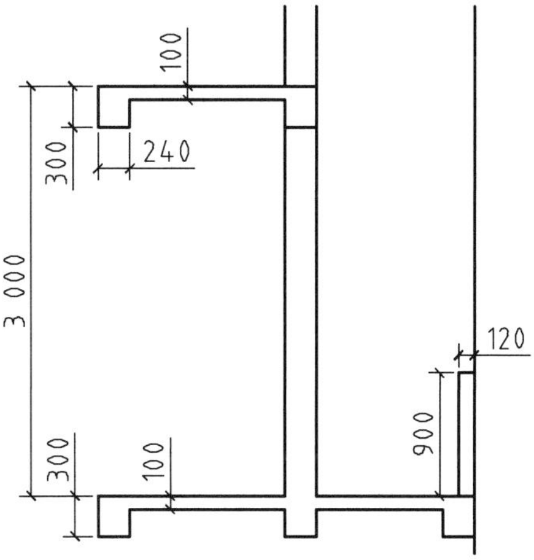

图 12.3.16　偏移并修剪线段（2）

（4）绘制并安装门窗。

① 单击“图层”工具栏的“图层控制”下拉列表框，选择“门窗”图层为当前图层。

② 选择“矩形”（REC）、“偏移”（O）命令，绘制如图 12.3.17 所示的立面门。

③ 执行“写块”命令（W），将绘制的立面门保存为“案例 12-M3.dwg”图块，如图 12.3.18 所示。

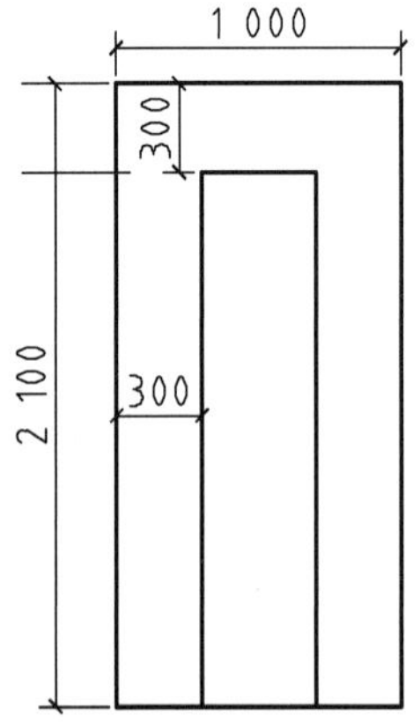

图 12.3.17　绘制立面门

图 12.3.18　创建“M3”图块

④ 使用“插入”命令（I），将“M3”图块插入右侧相应位置，如图 12.3.19 所示。

⑤ 使用上述同样方法，对其他楼板处插入立面门图块，如图 12.3.20 所示。

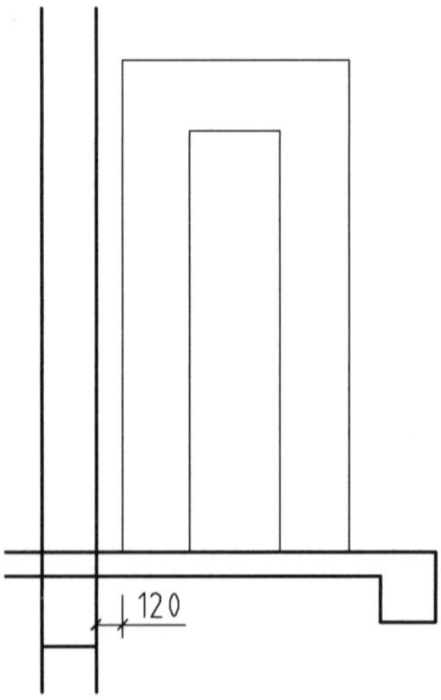

图 12.3.19　插入“M3”图块

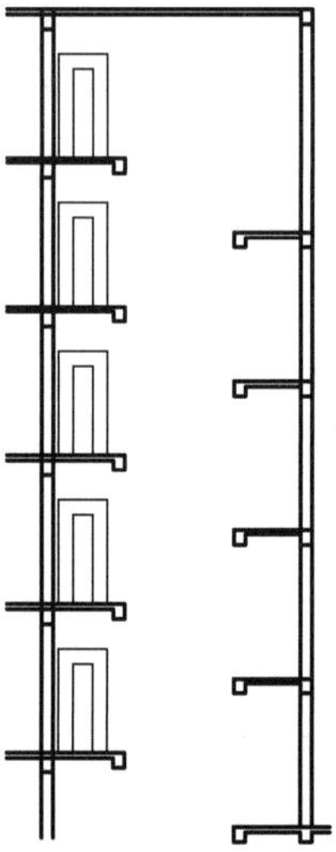

图 12.3.20　插入立面门到相应位置

⑥ 执行“偏移”命令（O），将楼板水平线段向上偏移，从而形成窗洞口，如图 12.3.21 所示。

⑦ 执行“格式-多线”菜单命令，将“C”多线样式设置为当前；再执行“多线”命令（ML），其对正方式为“无”，在窗洞口位置绘制窗，如图 12.3.22 所示。该“C”多线样式是调用的“单元式住宅平面图.dwg”中的“C”多线样式。

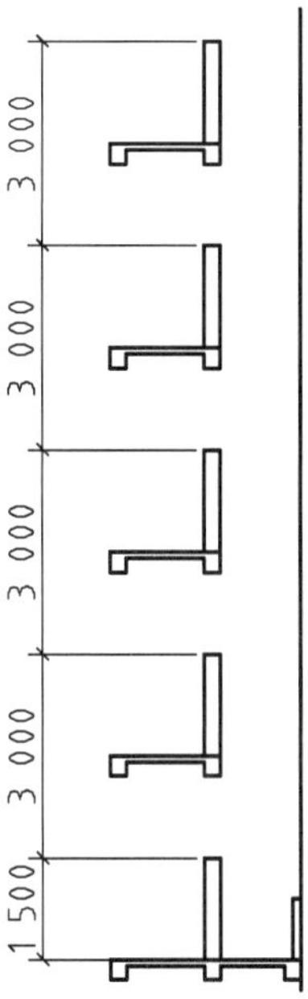

图 12.3.21　绘制窗洞口

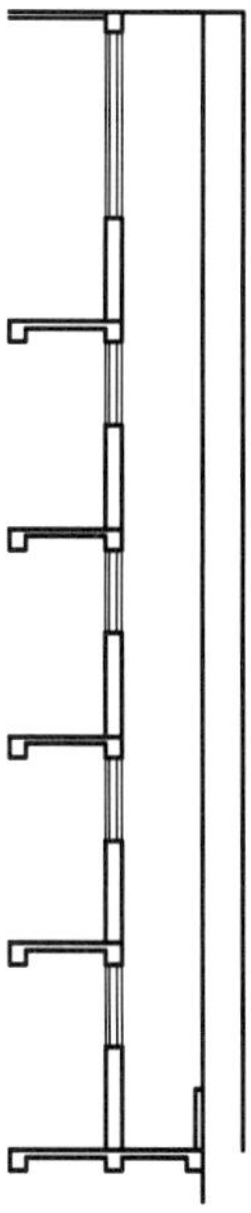

图 12.3.22　用多线绘制窗洞

（5）绘制楼梯对象。

在绘制楼梯对象时，其楼梯踏步宽度为 280 mm，高度为 150 mm、167 mm，休息平台宽度为 1 420 mm，栏杆扶手高度为 900 mm。

① 单击“图层”工具栏的“图层控制”下拉列表框，将“楼梯”图层设置为当前图层。

② 执行“多段线”命令（PL）、“复制”命令（CO），在图形的地坪线位置绘制宽度 280 mm、高度 150 mm 的直角踏步；再将绘制的踏步复制 7 次，如图 12.3.23 所示。

③ 使用同样方法，在上侧绘制高度为 167 的楼梯踏步，如图 12.3.24 所示。

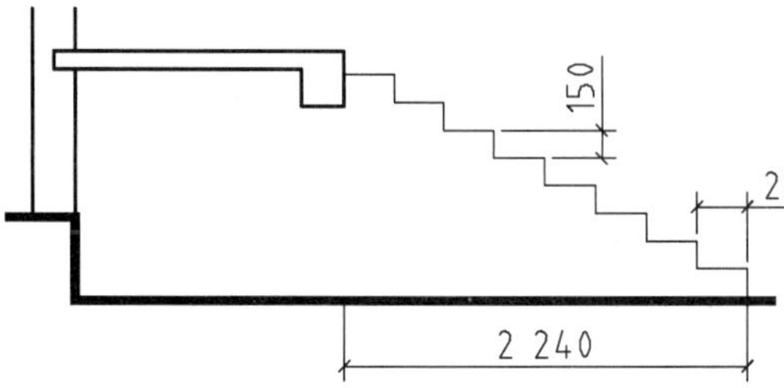

图 12.3.23　绘制楼梯踏步

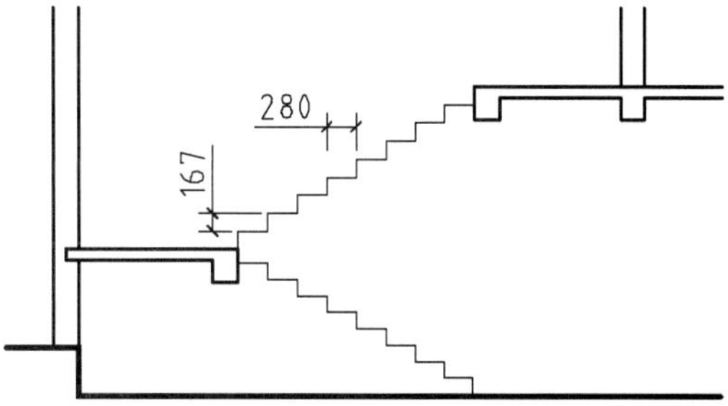

图 12.3.24　绘制上侧的楼梯踏步

④ 执行“直线”命令（L），经过楼梯踏步的拐角点绘制两条斜线段；再执行“偏移”命令（O），将绘制的斜线段向外偏移 100 mm；再将多余的斜线段删除，并进行修剪、延伸操作，如图 12.3.25 所示。

⑤ 使用“镜像”命令（MI）、“移动”命令（M），将第二次绘制的楼梯踏步向上镜像操作；然后进行相应的移动编辑操作，如图 12.3.26 所示。

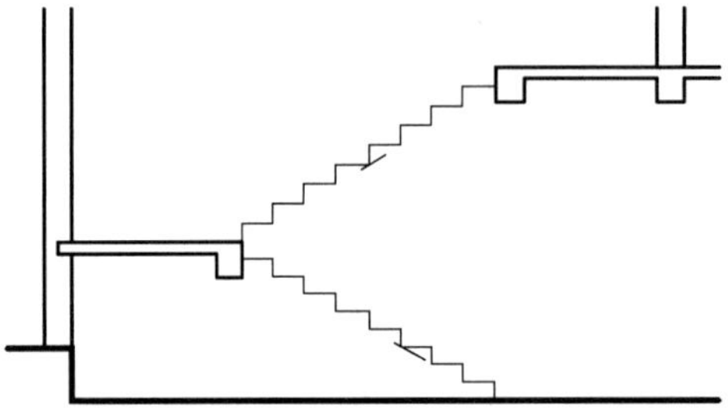

图 12.3.25　绘制及偏移线段

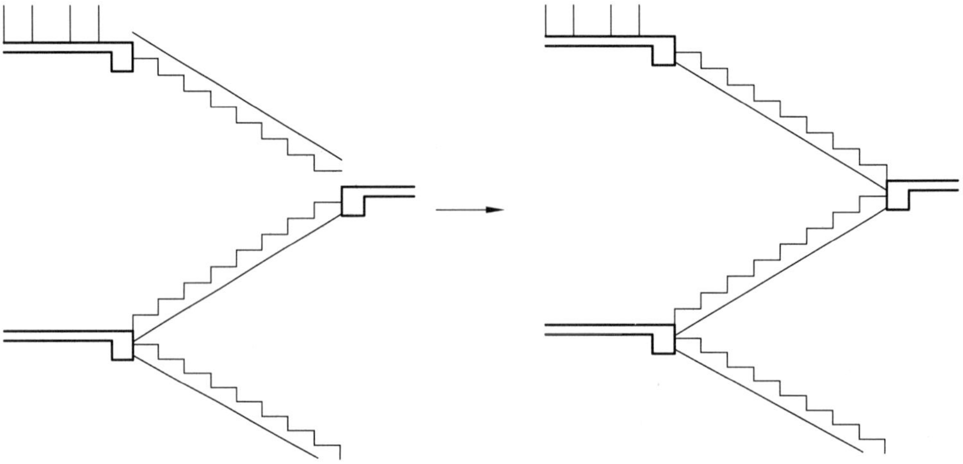

图 12.3.26　镜像操作绘制上一层楼梯

⑥ 使用“直线”命令（L），在踏步相应位置绘制高 900 的栏杆扶手，如图 12.3.27 所示。

⑦ 使用“复制”命令（CO），将前面绘制的扶手和高度为 167 mm 的楼梯踏步对象，以右侧休息平台为基点，向上复制 4 次，结果如图 12.3.28 所示。

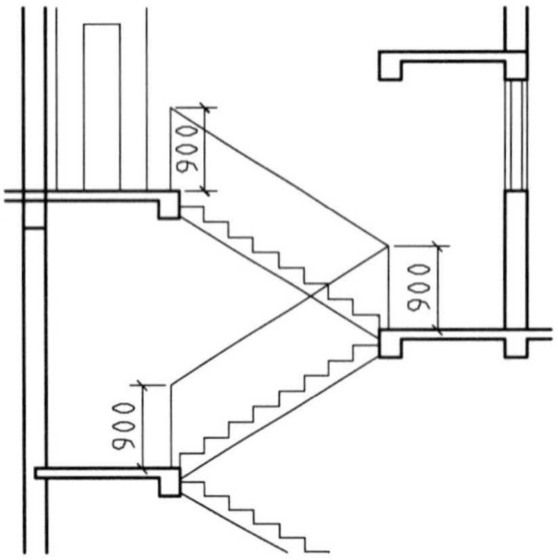

图 12.3.27　绘制扶手

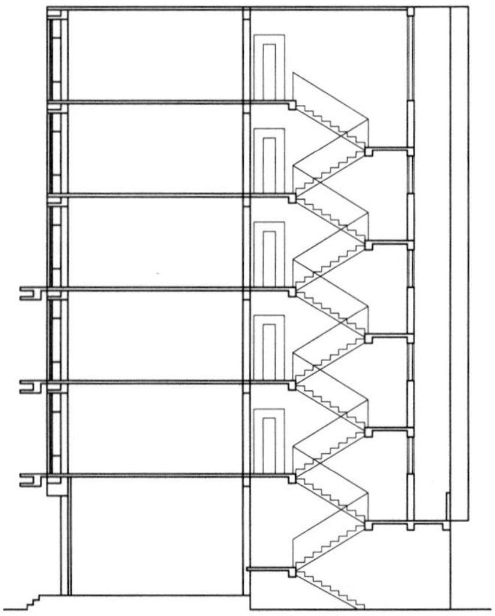

图 12.3.28　复制楼梯和扶手

（6）填充剖面楼板、楼梯、门窗洞口。

根据要求，该单元式住宅楼的楼板剖面对象应填充钢筋混凝土材料。

① 单击“图层”工具栏“图层控制”下拉列表，将“填充”图层设置为当前图层。

② 执行“图案填充”命令（H），对其剖面楼板进行图案填充，选择样例“AR-CONC”，对坡面楼梯进行“SOLID”样例填充，结果如图 12.3.29 所示。

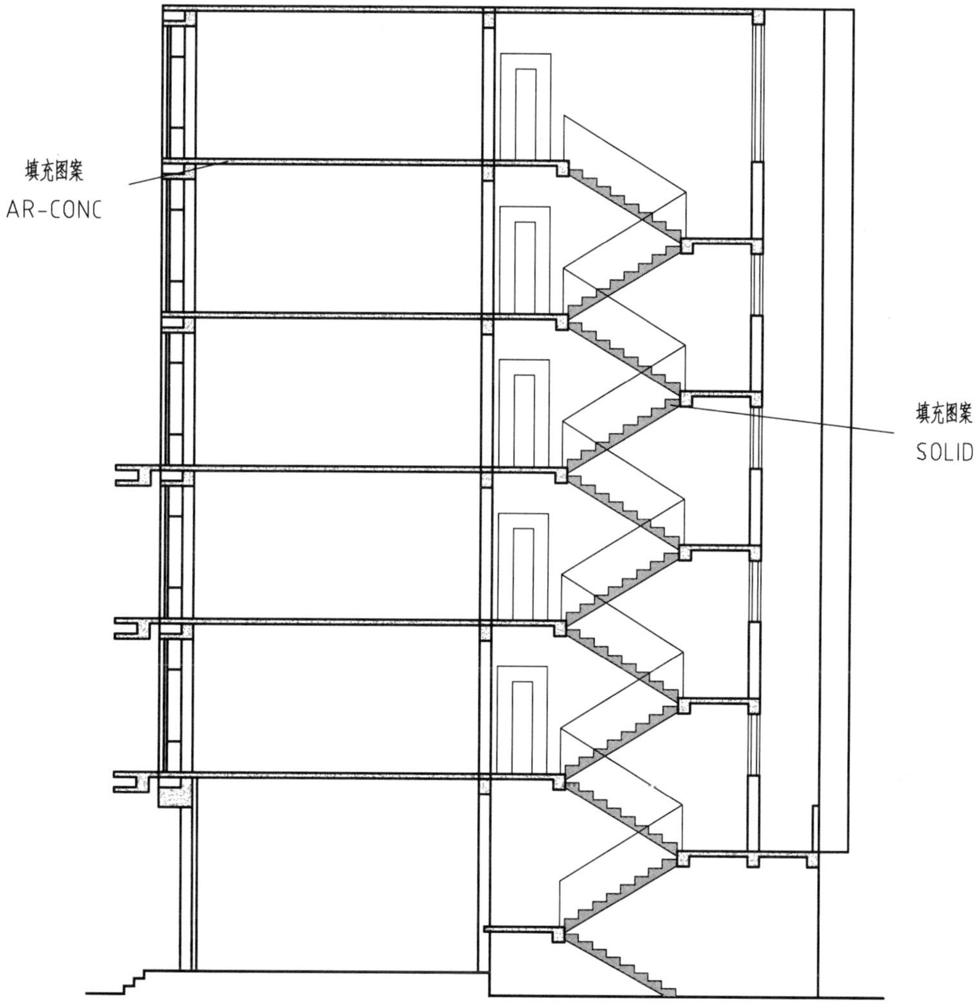

图 12.3.29　图案填充

（7）绘制屋顶剖面图。

通过前面的绘制，已经将该单元式住宅剖面图绘制完成，接下来绘制屋顶剖面图。

① 单击“图层”工具栏“图层控制”下拉列表，将“其他”图层设置为当前图层。

② 执行“直线”（L）、“偏移”（O）、“修剪”（TR）等命令，在剖面图顶侧绘制如图 12.3.30 所示的线段。

③ 执行“直线”（L）、“偏移”（O）、“修剪”（TR）等命令，在剖面图顶侧绘制如图 12.3.31 所示的线段。

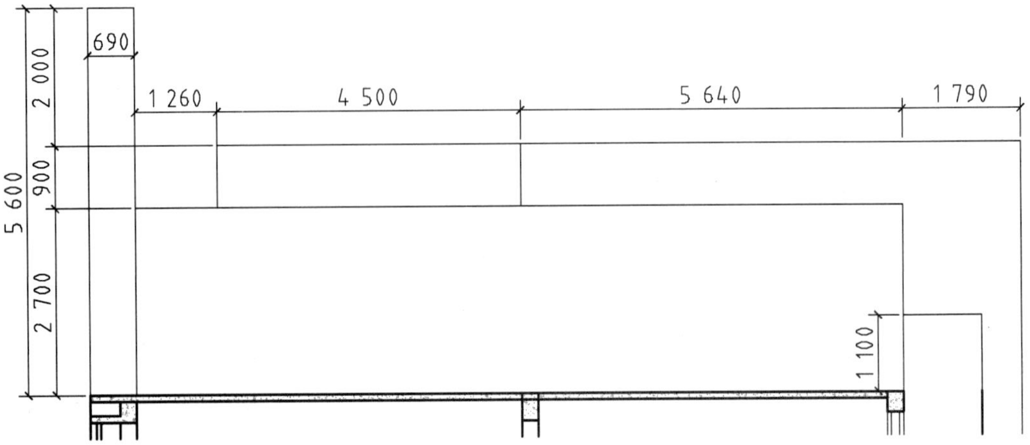

图 12.3.30　绘制、偏移、修剪线段

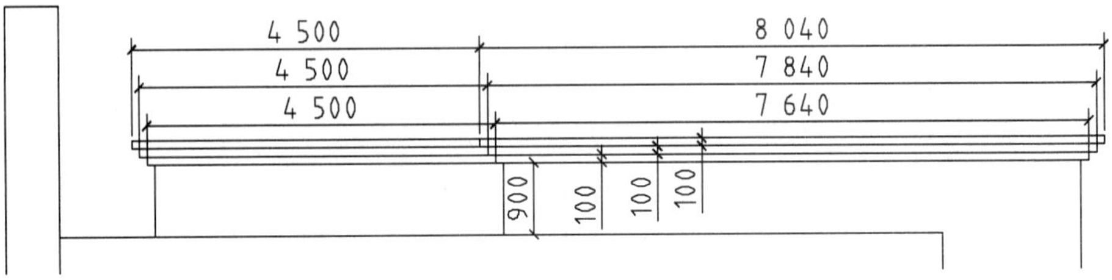

图 12.3.31　绘制、偏移、修剪线段

④ 执行“直线”（L）、“偏移”（O）、“修剪”（TR）等命令，在剖面图顶侧绘制如图 12.3.32 所示的线段。

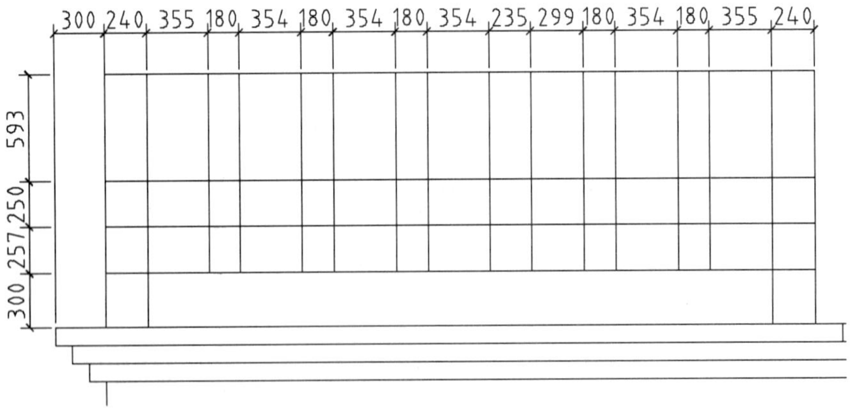

图 12.3.32　绘制、偏移、修剪线段

⑤ 执行“矩形”（REC）命令，捕捉交点，分别绘制线宽为 50 mm 的矩形，如图 12.3.33 所示。

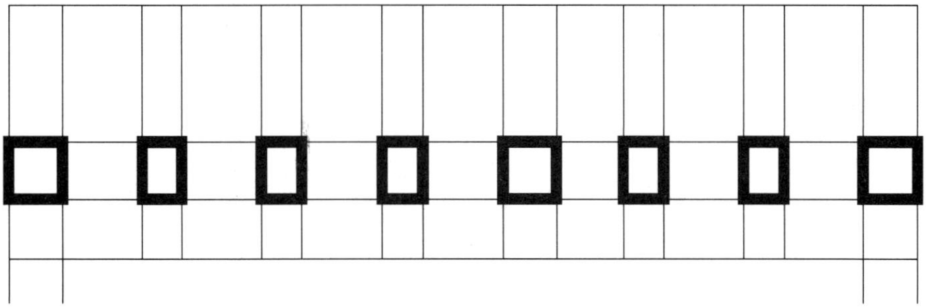

图 12.3.33　绘制线宽矩形

⑥ 执行“图案填充”（H）命令，在上一步绘制的矩形内填充“SOLID”样例，如图 12.3.34 所示。

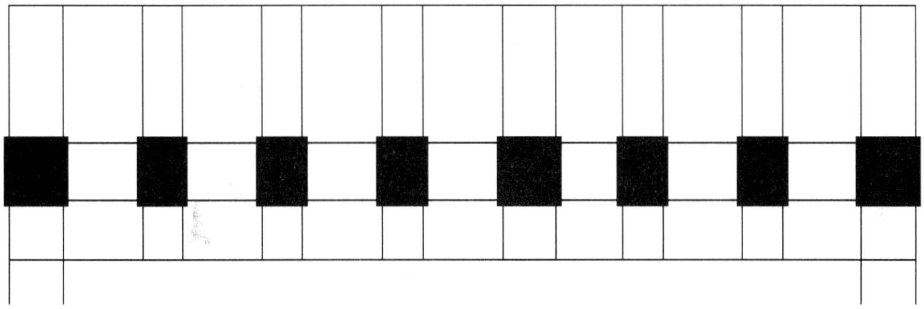

图 12.3.34　填充矩形

⑦ 执行“偏移”（O）命令，将上侧水平线段向下各偏移 5、6、9、17、26、40、57、84 和 136，如图 12.3.35 所示。

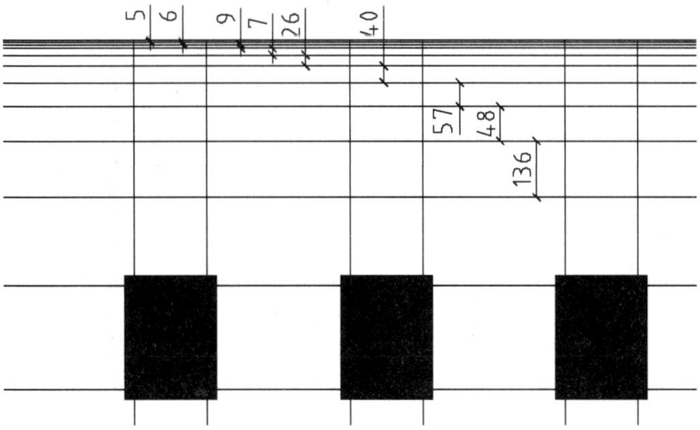

图 12.3.35　偏移水平线段

⑧ 执行“修剪”（TR）命令，修剪掉多余的线段，结果如图 12.3.36 所示。

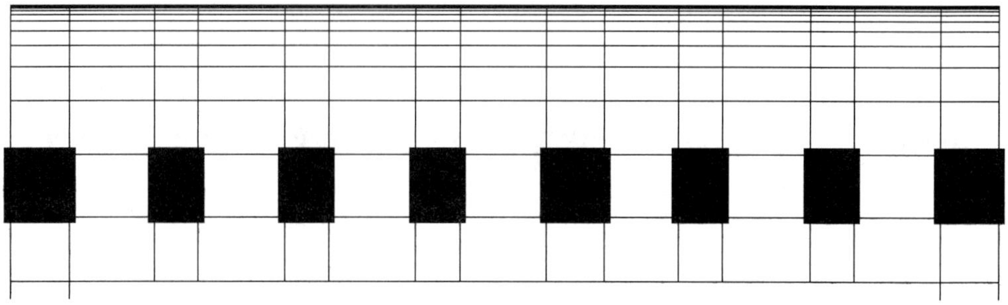

图 12.3.36　修剪多余线段

⑨ 执行“直线”（L）、“矩形”（REC）命令，在屋顶最上面绘制表示避雷针的对象，如图 12.3.37 所示。

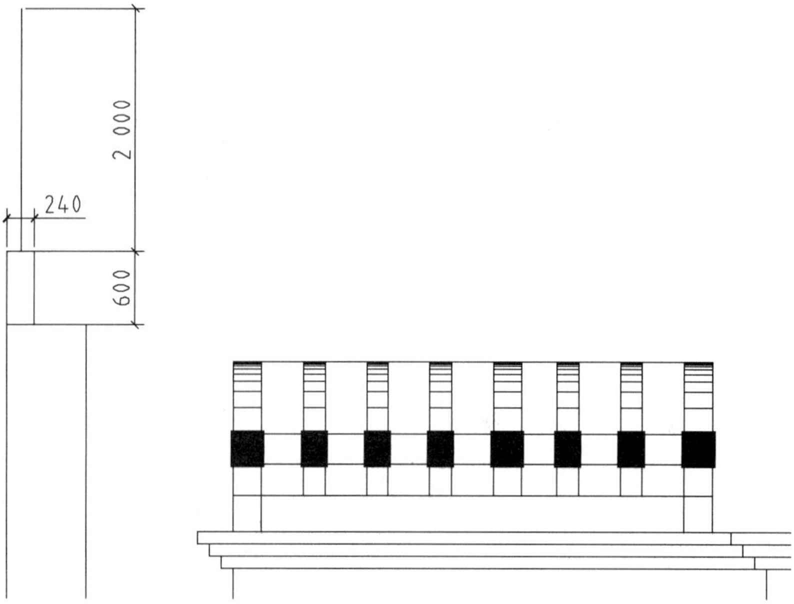

图 12.3.37　绘制避雷针

（8）进行剖面图的标注。

通过前面的绘制，已经将该单元式住宅剖面图绘制完毕，接下来进行相应的标注。

① 单击“图层”工具栏“图层控制”下拉列表，将“尺寸标注”图层设置为当前图层。

② 在“标注”工具栏中单击“线性标注”和“连续标注”，对图形底侧进行尺寸标注，如图 12.3.38 所示。

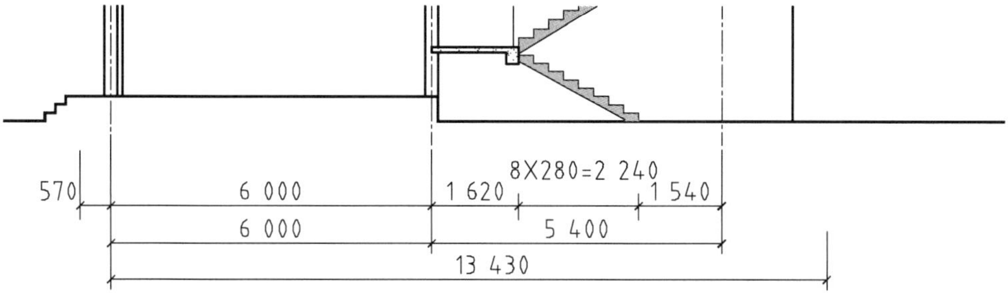

图 12.3.38　进行底侧尺寸标注

③ 在“标注”工具栏中单击“线性标注”和“连续标注”，对图形右侧进行尺寸标注，如图 12.3.39 所示。

④ 单击“图层”工具栏“图层控制”下拉列表，将“标高”图层设置为当前图层。

⑤ 执行“插入”命令（I），将“案例 12-标高.dwg”插到相应位置，并分别修改标高值，如图 12.3.40 所示。

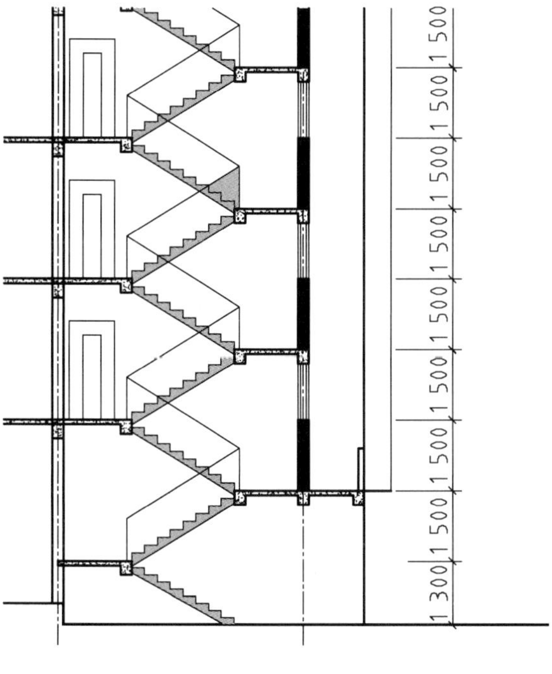

图 12.3.39　进行右侧尺寸标注

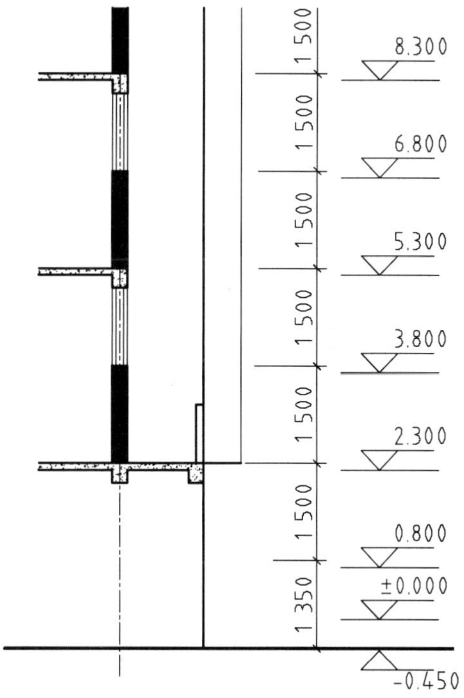

图 12.3.40　进行标高标注

⑥ 单击“图层”工具栏“图层控制”下拉列表，将“轴线编号”图层设置为当前图层。

⑦ 执行“插入”命令（I），将“案例 12-轴线编号.dwg”插到相应位置，并分别修改标高值，如图 12.3.41 所示。

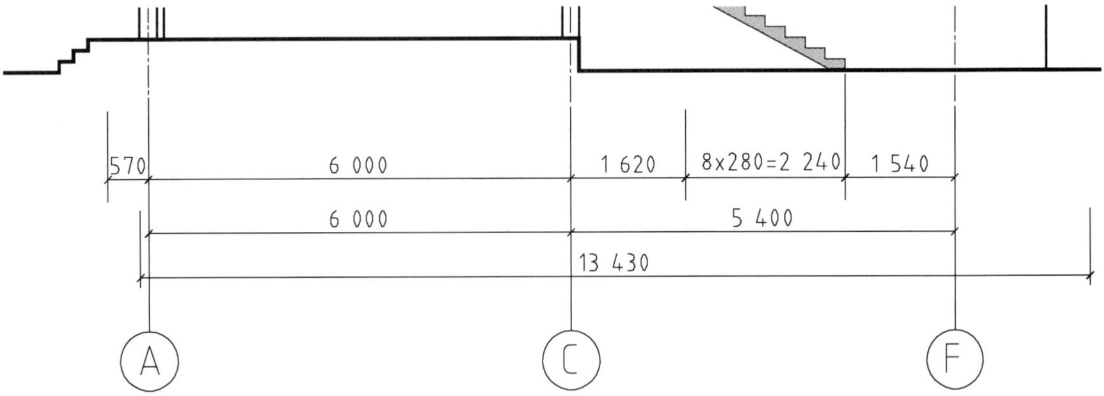

图 12.3.41　进行定位轴线标注

⑧ 单击“图层”工具栏“图层控制”下拉列表，将“文字标注”图层设置为当前图层。

⑨ 在“样式”工具栏中选择“图名”样式，再单击工具栏中“单行文字”按钮，设置其正对方式为“居中”，然后在相应的位置输入“单元式住宅 1—1 剖面图”和比例“1∶100”，按下“Ctrl+1”组合键打开“特性”面板，并修改相应文字大小为“1 000”和“500”。

⑩ 使用“多段线”命令（PL），在图名的上侧绘制一条宽度为 60 的水平多段线；再使用“直线”（L），绘制与多段线等长的水平线段，效果如图 12.3.42 所示。

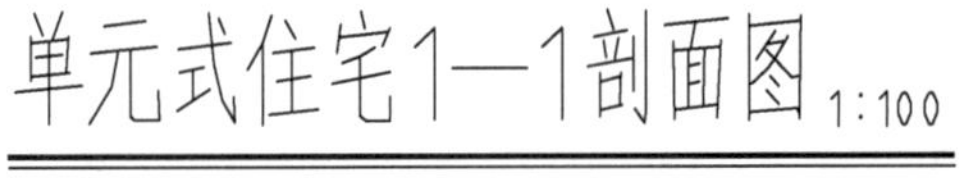

图 12.3.42　进行图名比例标注

⑪ 至此，单元式住宅 1—1 剖面图绘制完毕。清理图面并保存文件。

12.3.3　练　习

根据上述绘制方法和步骤绘制图 12.3.2 所示的建筑剖面图。

本章小结

本章介绍了建筑平面图、建筑立面图、建筑剖面的形成、作用等内容，以及如何使用 AutoCAD 2021 来绘制建筑工程图样，主要使用了 AutoCAD 的基本绘图命令、二维图形绘图命令、修改命令、图层、文字等功能来完成这些图件的绘制。需要注意的是，在实际工作中用 AutoCAD 绘制建筑工程图样，是将常用的绘图环境设置成图样，使用时只需单击即可调用。在绘图中只有合理充分地应用 AutoCAD 的相关功能，才能快速地绘制一张工程图样。绘制建筑工程图时，必须先对建筑工程图进行总图布局，然后再根据各种设计图的要求进行组织。

第 12 章教学视频

第 13 章　环境工程图件绘制

知识目标

1. 了解环境工程 CAD 的专业图件。
2. 掌握 AutoCAD 工程制图的基本格式。
3. 熟悉环境工程制图规范。
4. 熟悉环境工程制图常用比例。
5. 熟悉环境工程常用图例的绘制。
6. 熟悉环境工程平面布置图的绘制方法。
7. 熟悉环境工程高程布置图的绘制方法。
8. 熟悉环境工程单体图的绘制方法。

技能目标

1. 能够正确使用 AutoCAD 绘制工艺流程图。
2. 能够正确使用 AutoCAD 绘制环境工程平面布置图。
3. 能够正确使用 AutoCAD 绘制给排水系统图。
4. 能够正确使用 AutoCAD 绘制设备工艺图。
5. 能够正确使用 AutoCAD 绘制污水处理厂平面布置图。

素质目标

1. 培养良好的工作习惯。
2. 培养持之以恒的毅力。
3. 培养精益求精的工匠精神。

13.1　环境工程专业制图标准

应当随时学习，学习一切；应当集中全力，以求知道得更多，知道一切。——高尔基

13.1.1　环境工程制图概述

环境工程制图是以环境工程构筑物和设备为研究对象，以机械制图为基础，结合环境工程专业的特点，研究环境工程专业图样的表达和识读方法，以及规范制作图样的课程。主要在研究图示图解空间几何问题的基础上，重点学习绘制和阅读环境工程图样的理论和方法。

在环境工程设计和施工活动中，设计人员与施工人员都是通过环境工程图样进行交流，因此环境工程图样是表达设计思想、交流施工要点以及指导设备加工装配的重要技术文件。设计人员使用环境工程图样表达设计思想；施工人员利用环境工程图样建设构筑物并进行环境工程设备装配；生产人员依托环境工程图样进行环境工程设备制造加工；维护人员根据环境工程图样对各类工程设备和构筑物进行维修。学生通过该部分的学习，可以进一步了解水处理工程、大气污染控制工程、环境规划、环境工程设计相关图件的绘制。

环境工程还没有出台专门的制图标准，这是因为环境工程本身就是一门交叉学科，涉及方面很多。比如说一项污水治理工程主要涉及土建、管道等，在制图上一般参考建筑制图标准和给水排水制图标准，而一项大气污染控制工程则主要涉及设备、管道，在制图上参考机械制图标准更为合适。为了使图纸的表达方法和形式统一，有利于提高制图效率，以满足设计、施工、存档等要求，根据现行国家标准《房屋建筑制图统一标准》（GB/T 50001）、《给水排水制图标准》（GB/T 50106）、《机械工程　CAD 制图规则》（GB/T 14665）等，环境工程专业的制图应符合相关标准。

13.1.2　环境工程制图的基本格式要求

1. 图纸幅面

图纸幅面，应符合表 13.1.1 的规定及图 13.1.1 的格式。

表 13.1.1　幅面及图框尺寸　　单位：mm

尺寸代号	幅面代号				
	A0	A1	A2	A3	A4
$b \times l$	841×1 189	594×841	420×594	297×420	210×297
c	10			5	
a	25				

2. 标题栏与会签栏

图纸的标题栏、会签栏及装订边的位置，可参考图 13.1.2。

标题栏应按图 13.1.3 所示绘制，根据工程需要可以修改其尺寸及分区。标题栏中应标明工程名称、本张图纸的名称、专业类别及设计单位名称、图号，留有设计人、绘图人、审核人的签名栏和日期栏等。

会签栏应按图 13.1.4 的格式绘制。它是为各工种负责人签字用的表格，不需会签的图纸可不设会签栏。

3. 图　线

图线的宽度分为表 13.1.2 中的 6 组。一般 A0、A1 幅面采用第 3 组，A2、A3、A4 幅面采用第 4 组。

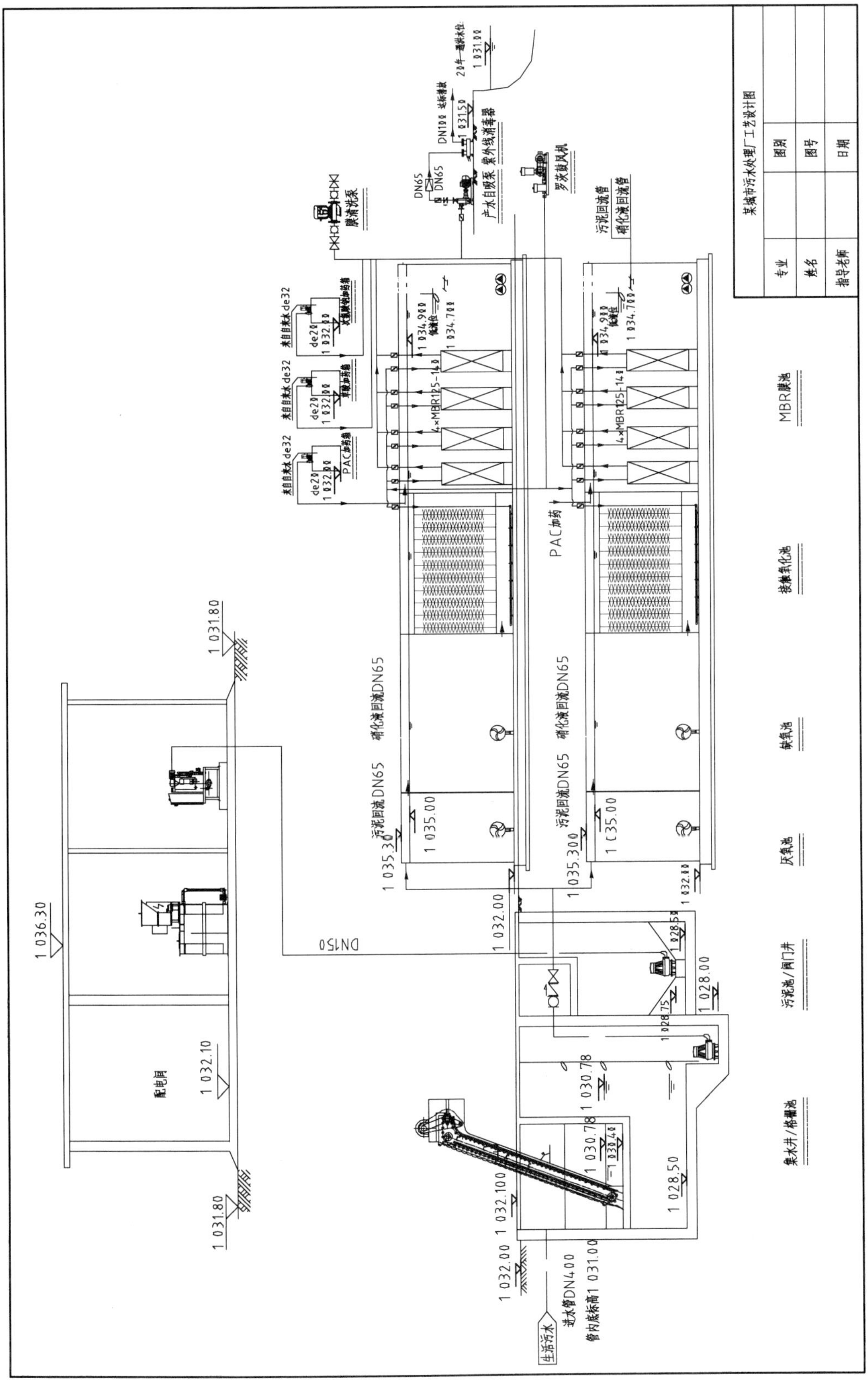

图 13.1.1　某城市污水处理厂工艺设计

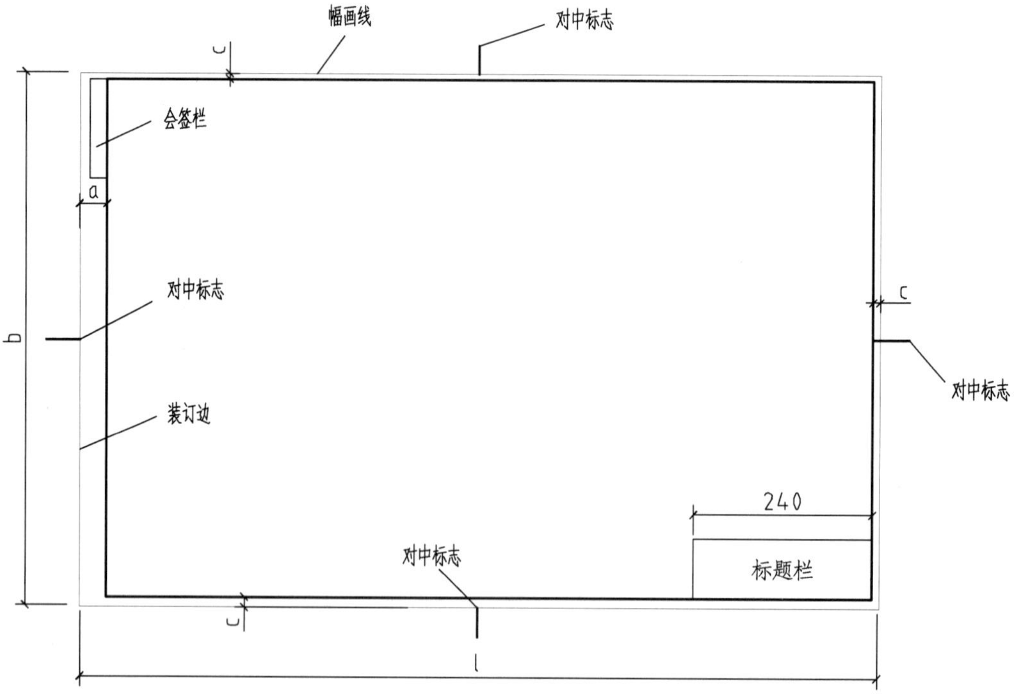

图 13.1.2　A0 ~ A3 横式幅面

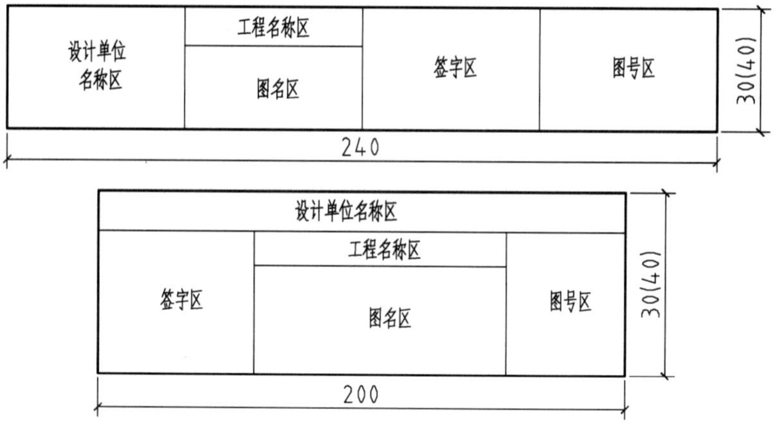

图 13.1.3　标题栏

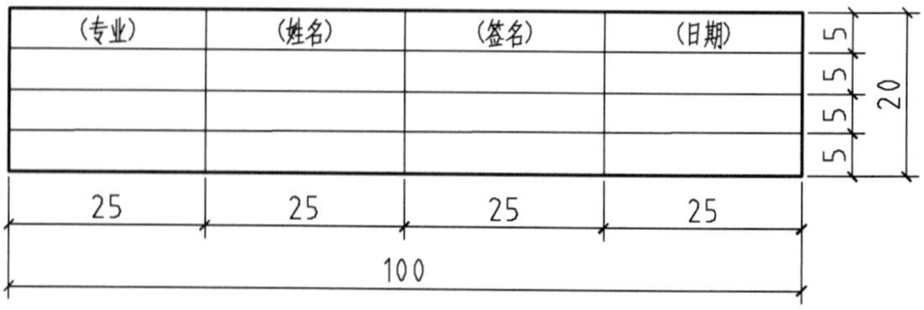

图 13.1.4　会签栏

表 13.1.2 线宽组 单位：mm

线宽比	线宽组					
b	2.0	1.4	1.0	0.7	0.5	0.35
0.5*b*	1.0	0.7	0.5	0.35	0.25	0.18
0.25*b*	0.5	0.35	0.25	0.18	—	—

注：① 需要微缩的图纸，不宜采用 0.18 mm 及更细的线宽。
② 同一张图纸内，各不同线宽中的细线，可统一采用较细的线宽组的细线。

图框和标题栏线，可采用表 13.1.3 的线宽。

表 13.1.3 图框线、标题栏线的宽度 单位：mm

幅面代号	图框线	标题栏外框线	标题栏分格线、会签栏线
A0、A1	1.4	0.7	0.35
A2、A3、A4	1.0	0.7	0.35

图线的线型按表 13.1.4 选用，管线可具体参考给水排水制图的线型，参考表 13.1.5 选用。

表 13.1.4 线型

名称		线型	线宽	一般用途
实线	粗		*b*	主要可见轮廓线
	中		0.5*b*	可见轮廓线
	细		0.25*b*	可见轮廓线、图例线
虚线	粗		*b*	见各有关专业制图标准
	中		0.5*b*	不可见轮廓线
	细		0.25*b*	不可见轮廓线、图例线
单点长划线	粗		*b*	见各有关专业制图标准
	中		0.5*b*	见各有关专业制图标准
	细		0.25*b*	中心线、对称线等
双点长划线	粗		*b*	见各有关专业制图标准
	中		0.5*b*	见各有关专业制图标准
	细		0.25*b*	假想轮廓线、成型前原始轮廓线
折断线			0.25*b*	断开界线
波浪线			0.25*b*	断开界线

表 13.1.5 给水排水制图采用的线型

名称	线型	线宽	用途
粗实线		b	新设计的各种排水和其他重力流管线
粗虚线		b	新设计的各种排水和其他重力流管线的不可见轮廓线
中粗实线		$0.75b$	新设计的各种给水和其他压力流管线；原有的各种排水和其他重力流管线
中粗虚线		$0.75b$	新设计的各种给水和其他压力流管线；原有的各种排水和其他重力流管线的不可见轮廓线
中实线		$0.5b$	给水排水设备、零（附）件的可见轮廓线；总图中新建的建筑物和构筑物的可见轮廓线；原有的各种给水和其他压力流管线
中虚线		$0.5b$	给水排水设备、零（附）件得不可见轮廓线；总图中新建的建筑物和构筑物的不可见轮廓线；原有的各种给水和其他压力流管线的不可见轮廓线
细实线		$0.25b$	建筑的可见轮廓线；总图中原有的建筑物和构筑物的可见轮廓线；制图中的各种标注线
细虚线		$0.25b$	建筑的不可见轮廓线；总图中原有的建筑物和构筑物的不可见轮廓线
单点长划线		$0.25b$	中心线、定位轴线
折断线		$0.25b$	断开界线
波浪线		$0.25b$	平面图中水面线、局部构造层次范围线、保温范围示意线等

4. 比　例

比例是图形与实物相对应的线性尺寸之比。比例的大小，是指其比值的大小，如 1∶50 大于 1∶100。比例的符号为“∶”。比例应以阿拉伯数字表示，如 1∶1、1∶2、1∶100 等。比例宜注写在图名的右侧，字的基准线应取平。比例的字高宜比图名的字高小一号或两号。

绘图所用的比例，应根据图样的用途与被绘对象的复杂程度，从表 13.1.6 中选用。

表 13.1.6　常用比例

常用比例	1∶1、1∶2、1∶5、1∶10、1∶20、1∶50、1∶100、1∶150、1∶200、1∶500、1∶1 000、1∶2 000、1∶5 000、1∶10 000、1∶20 000、1∶50 000、1∶100 000、1∶200 000
可用比例	1∶3、1∶4、1∶6、1∶15、1∶25、1∶30、1∶40、1∶60、1∶80、1∶250、1∶300、1∶400、1∶600

给水排水工程图纸的比例，可具体参考表 13.1.7。

表 13.1.7　给水排水制图常用比例

名称	比例	备注
区域规划图 区域位置图	1∶50 000、1∶25 000、1∶10 000 1∶5 000、1∶2 000	宜与总图专业一致
总平面图	1∶1 000、1∶500、1∶300	宜与总图专业一致
管道纵断面图	纵向：1∶200、1∶100、1∶50 横向：1∶1 000、1∶500、1∶300	
水处理厂（站）平面图	1∶500、1∶200、1∶100	
水处理构筑物、设备间、卫生间、泵房平剖面图	1∶100、1∶50、1∶40、1∶30	
建筑给排水平面图	1∶200、1∶150、1∶100	宜与建筑专业一致
建筑给排水轴测图	1∶150、1∶100、1∶50	宜与相应图纸一致
详图	1∶50、1∶30、1∶20、1∶10、1∶5、 1∶2、1∶1、2∶1	

一般情况下，一个图样应选用一种比例。根据需要，可选用两种。比如水处理高程图和管道纵断面图，可对纵向与横向采用不同的组合比例。水处理流程图可不按比例绘制。

5. 字　体

图纸上书写的文字、数字或符号等，均应字体端正、笔画清楚、排列整齐、间隔均匀。数字一般应以斜体字输出，其斜度应是从字的底线逆时针向上倾斜 75°。小数点进行输出时，应占一个字位，并位于中间靠下方。字母应以斜体字输出。汉字宜采用长仿宋体矢量字。汉字的书写，必须符合国务院公布的《汉字简化方案》和有关标准的规定。

标点符号应按其含义正确使用，除省略号和破折号为两个字位外，其余均为一个字位。字体高度与幅面之间的关系应从表 13.1.8 中选用。

表 13.1.8　字体高度与幅面的关系　　　　单位：mm

	A0	A1	A2	A3	A4
汉字	7	5	3.5	3.5	3.5
字母与数字	5	5	3.5	3.5	3.5

字体的最小字（词）距、行距、间隔线或基准线与书写字体之间的最小距离，也应符合相应标准的有关规定，此处不见详细列出。

6. 尺寸标注

尺寸，包括尺寸界线、尺寸线、尺寸起止符号和尺寸数字（图 13.1.5）。

除标高与总平面图上的尺寸以米为单位外，其余一律以毫米为单位。为使图面清晰，尺寸数字后面一般不注写单位。

尺寸界线一般应与被注长度垂直。在图形外面用细实线绘出，其一端应离开轮廓线不小于 2 mm，另一端宜超出尺寸线 2 ~ 3 mm，见图 13.1.6。在图形里面则以轮廓线或中线代替。

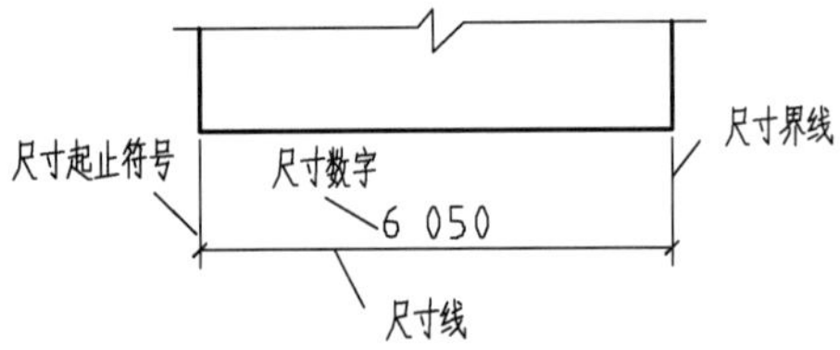

图 13.1.5　尺寸的组成

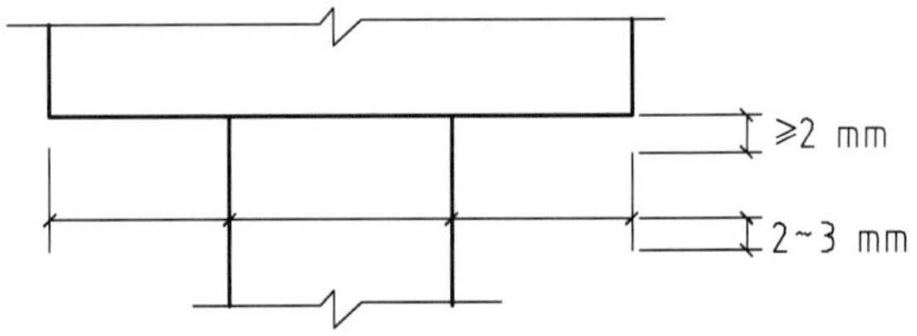

图 13.1.6　尺寸界线

尺寸线应与被注长度平行，且必须以细实线绘出，图样本身的任何图线均不得用作尺寸线，与尺寸界线相交处应适当延长。

尺寸起止符号包括斜线、实心箭头等。建筑制图多用斜线形式，机械制图则多用箭头形式，见图 13.1.7 左侧。斜线是用 45°中粗线绘制，长度宜为 2 ~ 3 mm，见图 13.1.7 右侧。半径、直径、角度与弧长的尺寸起止符号，宜用箭头表示。

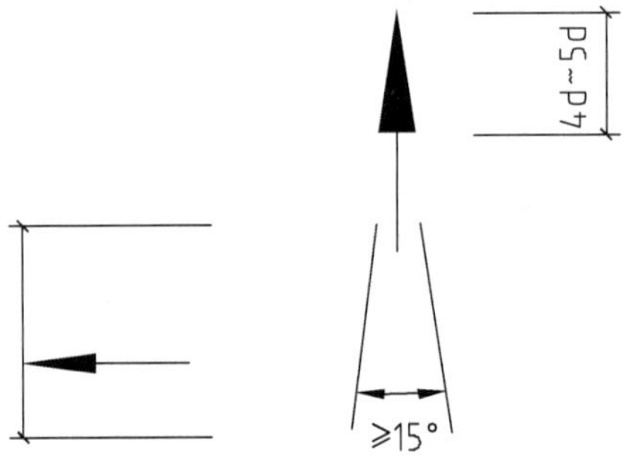

图 13.1.7　尺寸起止符

13.2　工艺流程图的绘制

今日所做之事勿候明天，自我所做之事勿候他人。——歌德

13.2.1　工艺流程图概述

1. 工艺流程图的概念

工艺流程图是指用于示意反应过程或化学加工的示意图，在分析产品、人员的运动中，工艺流程图对一步步的顺序提供了有价值的图解。

工艺流程图主要利用图形符号的表达方式，能够十分清晰明了地表达工艺流程中各部分元件的结构以及工艺的运行过程，如图 13.2.1 所示。

典型的流程图中包括的资料有数量、移动距离、所做工作的类别以及所用的设备，也可以包括工时。为了便于列出工艺流程图，一般均采用国际通用的记录图形符号来代表生产实际中的各种活动和动作，用图形符号表明工艺流程所使用的机械设备及其相互联系的系统图。

随着计算机技术的不断发展，计算机辅助设计在化工设计过程中得到了广泛的应用。在化工设计过程中，化工工艺流程图绘制是一个重要环节。

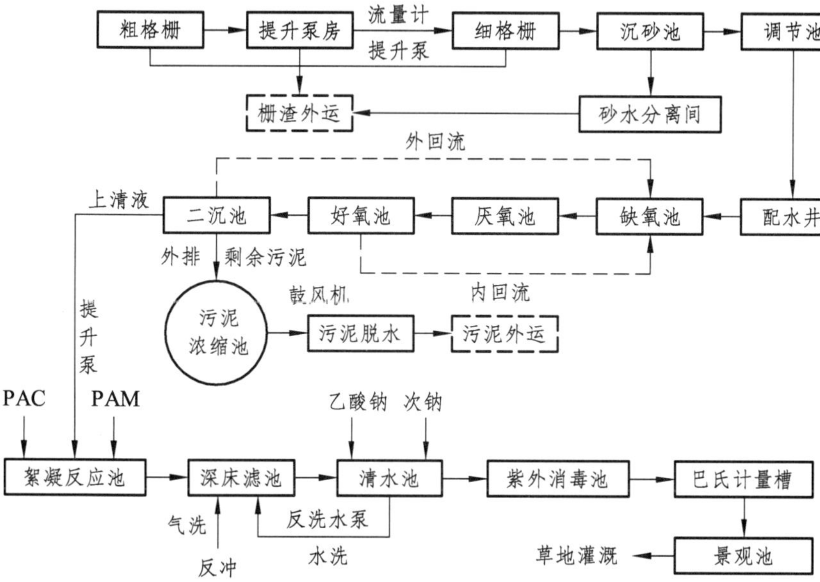

图 13.2.1　某污水处理厂工艺流程图

工艺流程图一般有如下几种：

（1）全厂总工艺流程图或物料平衡图，在化工厂设计中，为总说明部分提供的全厂流程图样。对综合性化工厂则称全厂物料平衡图。图上各车间（工段）用细实线画成长方框来示意。流程线只画出主要物料，用粗实线表示。流程方向用箭头画在流程线上。图上还注明了车间名称，各车间原料、半成品和成品的名称，平衡数据和来源、去向等。

（2）物料流程图（Material Balance Diagram，MBD），是在全厂总工艺流程图基础上，分别表达各车间内部工艺物料流程的图样。在流程上标注出各物料的组分、流量以及设备特性数据等。

（3）工艺管道及仪表流程图（Piping and Instrument Diagram，PID），是以物料流程图为依据，内容较为详细的一种工艺流程图。在管线和设备上画出配置的某些阀门、管件、自控仪表等的有关符号。

绘制工艺流程图，有一套基于工业标准的专用图形与符号，包括参与制造与生产过程的泵、离心机、过滤器、电动机等各种设备，流量计、温度控制器等仪表，管道与连接线以及阀门等。运用这些符号，能够将冗长复杂的工艺流程简单化、易懂化。

2. 工艺流程图基本格式要求

（1）视图。

绘制出标准的工艺流程图样，第一步需要选定视图，视图的目的就是反映实际物体的结构、大小、安装尺寸，能够非常明了地读懂实际物体大致构造的尺寸。大多数化工机械设备均具有回转体特征，因此在选择主视图时，将回转体主轴所在的平面默认为主视图。

选定主视图之后，第二步选择一个基本视图，其主要起辅助的作用。同时，有两项默认规定：

① 当设备为立式设备时，选择俯视图作为这套设备的基本视图；

② 当设备为卧式设备时，通常采用左视图作为这套设备的基本视图，当有特殊情况出现时，也可进行调整。

确定了设备的主视图和一个基本视图之后，再根据设备的复杂程度和实际的制图需要，零部件以及过于复杂零部件的制图主要是通过辅助视图来完成的。

（2）图名。

一般以具体工艺流程图作为图名，如煤气处理工艺流程图、石灰石-石膏法处理硫酸尾气工艺流程图、某城市污水处理流程图等。

（3）图纸。

应采用 1 号、2 号或 3 号图，如果采用 2 号或 3 号图，需要延长时，其长度尽量不要超过 1 号图的长度。

（4）内容。

应简明地表示出装置的生产方法、物料平衡和主要工艺数据。具体内容如下：

① 主要设备；

② 主要工艺管道及介质流向；

③ 主要参数控制方法；

④ 主要工艺操作条件；

⑤ 物料的流率及主要物料的组成和主要物性数据；

⑥ 加热及冷却设备的热负荷。

3. 工艺流程图的绘制步骤

工艺流程图绘制步骤为：

（1）选择图纸图幅、标题栏等；

（2）绘制主要设备；

（3）绘制管线；
（4）添加阀门、仪表、管件等，添加标注信息；
（5）核查图纸正确性。

13.2.2　绘制工艺流程图

【例 13.1】绘制污水处理工艺流程图（图 13.2.2）。

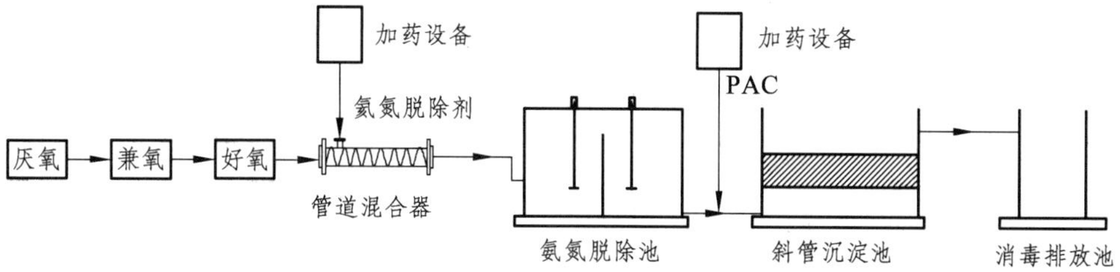

图 13.2.2　污水处理工艺流程图

1. 新建图形文件

在桌面上鼠标左键双击 AutoCAD 2021 快捷方式图标 A，启动 AutoCAD 2021 程序。

启动 AutoCAD 2021 程序后，首先应保存并命名新建的图形文件。单击快速访问工具栏中的“保存”按钮，在弹出的“图形另存为”对话框中指定图形文件的存放路径，并将其文件名命名为“污水处理工艺流程图.dwg”，单击“保存”按钮。

注意：在后续的绘图过程中，应随时对文件进行保存，以避免因断电、死机等原因导致已绘制的图件丢失。

2. 创建图层

新建图层：使用命令“LA”，打开“图层特性管理器”对话框，在该对话框内通过单击“新建图层”按钮新建图层。“实线”层，白色，线型为“Continuous”；“处理”层，蓝色，线型为“Continuous”；“脱除”层，红色，线型为“Continuous”；“设备”层，白色，线型为“Continuous”。

3. 定义文字样式

绘图过程中需要使用的文字有：中文。中文采用长仿宋体形体字“gbcbig.shx”。

4. 绘制设备

流程中只画与生产流程有关的主要设备，不画辅助设备及备用设备。对作用相同的并联或串联的同类设备，一般只表示其中的一台（或一组），而不必将全部设备同时画出。

流程图应自左至右按生产过程的顺序绘制，进出装置或进出另一张图（由多张图构成的流程图）的管道一般画在流程的始末端（必要时可画在图的上下端），用箭头（进出装置）或箭头（进出另一张图纸）明显表示，并注明物料的名称及其来源或去向。

（1）绘制矩形。

使用“RECTANG”命令绘制矩形，并阵列复制为 3 个矩形。依次单击“默认”选项卡→“修改”面板→“矩形阵列” 。选择要排列的对象（矩形），按 Enter 键，将显示默认的矩形阵列。在阵列预览中，拖动夹点调整间距以及行数和列数（1 行 3 列）。也可以在“阵列”上下文功能区中修改值。

```
命令: rectang
指定第一个角点或 [倒角(C)/标高(E)/圆角(F)/厚度(T)/宽度(W)]:
指定另一个角点或 [面积(A)/尺寸(D)/旋转(R)]: d
指定矩形的长度 <30.0000>:
指定矩形的宽度 <20.0000>: 15
命令: arrayrect
选择对象: 找到 1 个
选择对象:
类型 = 矩形  关联 = 是
选择夹点以编辑阵列或 [关联(AS)/基点(B)/计数(COU)/间距(S)/列数(COL)/行数
(R)/层数(L)/退出(X)] <退出>: r
输入行数数或 [表达式(E)] <3>: 1
指定 行数 之间的距离或 [总计(T)/表达式(E)] <22.5>: 20
指定 行数 之间的标高增量或 [表达式(E)] <0>:
选择夹点以编辑阵列或 [关联(AS)/基点(B)/计数(COU)/间距(S)/列数(COL)/行数
(R)/层数(L)/退出(X)] <退出>
```

（2）绘制流程路线（图 13.2.3）。

使用“多段线”命令绘制箭头。多段线是作为单个对象创建的相互连接的序列直线段。可以创建直线段、圆弧段或两者的组合线段。依次单击“默认”选项卡→“绘图”面板→“多段线”，执行多段线命令。

```
命令: PLINE
指定起点:
当前线宽为 0.0000
指定下一个点或 [圆弧(A)/半宽(H)/长度(L)/放弃(U)/宽度(W)]:
指定下一点或 [圆弧(A)/闭合(C)/半宽(H)/长度(L)/放弃(U)/宽度(W)]: w
指定起点宽度 <0.0000>: 2
指定端点宽度 <2.0000>: 0
```

可以根据实际需要调整起点宽度决定箭头大小。

图 13.2.3　箭头放大图

（3）绘制管道混合器（图 13.2.4）。

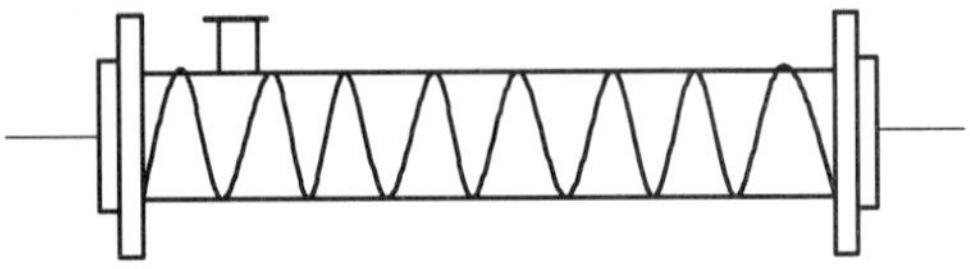

图 13.2.4　管道混合器示意图

分别在两侧绘制一个大矩形和一个小矩形，中间用直线连接。用样条曲线拟合绘制中间曲线部分。

```
命令：SPLINE
当前设置：方式=拟合    节点=弦
指定第一个点或 [方式(M)/节点(K)/对象(O)]: M
输入样条曲线创建方式 [拟合(F)/控制点(CV)] <拟合>: FIT
当前设置： 方式=拟合    节点=弦
指定第一个点或 [方式(M)/节点(K)/对象(O)]:
输入下一个点或 [起点切向(T)/公差(L)]:
输入下一个点或 [端点相切(T)/公差(L)/放弃(U)]:
输入下一个点或 [端点相切(T)/公差(L)/放弃(U)/闭合(C)]:
```

使用“多段线”命令绘制加药阀门。

（4）绘制氨氮脱除池（图 13.2.5）。

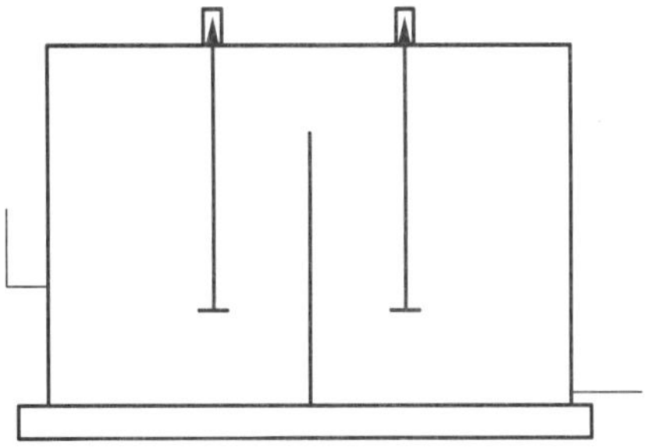

图 13.2.5　氨氮脱除池示意图

对于对称图形，用矩形和直线绘制好左边后，可以用镜像绘制右边。可以绕指定轴翻转对象创建对称的镜像图像。绕轴（镜像线）翻转对象创建镜像图像时，要指定临时镜像线，输入两点，可以选择是删除原对象还是保留原对象（该图要保留原对象）。

依次单击“默认”选项卡→“修改”面板→“镜像” ，选择要镜像的对象，指定镜像直线的第一点，指定第二点。注意指定镜像线时用 F8 将正交打开。按 Enter 键保留原始对象。

```
命令：mirror
窗交(C) 套索  按空格键可循环浏览选项找到 2 个
选择对象：
命令：  <正交 开>
指定镜像线的第一点：
指定镜像线的第二点：
要删除源对象吗？[是(Y)/否(N)] <否>: n
```

（5）绘制斜管沉淀池（图 13.2.6）。

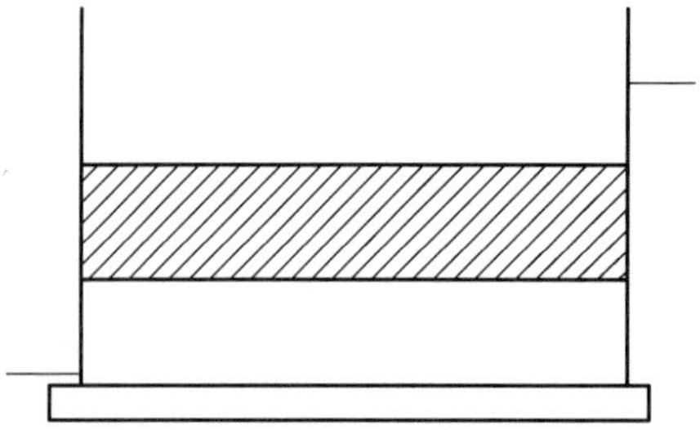

图 13.2.6　斜管沉淀池示意图

用矩形和直线绘制好轮廓后进行填充。以拾取内部点的方式选择图形任意一个内部点，在图案库中选择填充图案“ANSI31”，根据图形尺寸调整图案缩放比例，调整后图案的填充密度会发生改变，如图 13.2.7 所示分别为填充比例 1、0.5、0.25。

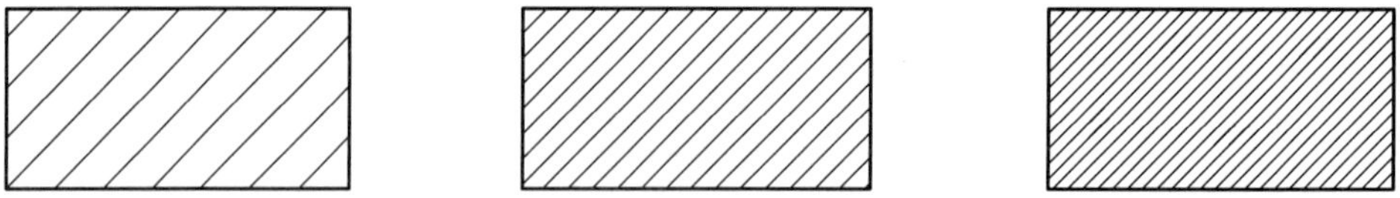

（a）填充比例 1　　（b）填充比例 0.5　　（c）填充比例 0.25

图 13.2.7　不同比例填充图案示意图

```
命令: hatch
拾取内部点或 [选择对象(S)/放弃(U)/设置(T)]: 正在选择所有对象...
正在选择所有可见对象...
正在分析所选数据...
正在分析内部孤岛...
命令: -HATCHEDIT
选择图案填充对象:找到 1 个
选择图案填充对象:
输入图案填充选项 [解除关联(DI)/样式(S)/特性(P)/绘图次序(DR)/添加边界(AD)/删除边界(R)/重新创建边界(B)/关联(AS)/独立的图案填充(H)/原点(O)/注释性(AN)/图案填充颜色(CO)/图层(LA)/透明度(T)] <特性>: p
输入图案名称或 [?/实体(S)/用户定义(U)/渐变色(G)] <ANGLE>: ANSI31
指定图案缩放比例 <1.0000>: 0.25
指定图案角度 <0>:0
```

5. 文字标注

使用“STYLE”命令打开“文字样式”对话框，新建文字样式“工艺流程图”，字体为仿宋，宽度比例 0.85，其余采用默认值，如图 13.2.8 所示。用“多行文字”命令，在图示相应位置输入汉字、字母。

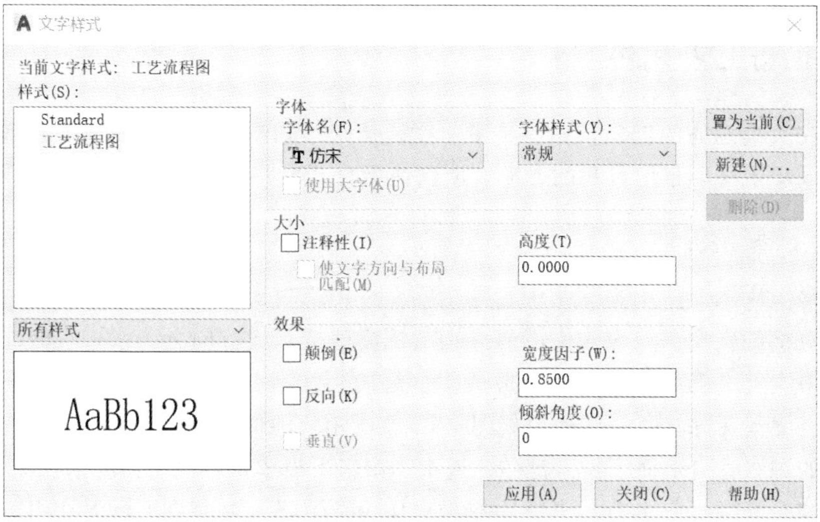

图 13.2.8　设置文字样式

```
命令：MTEXT
当前文字样式："工艺流程图"　文字高度：　2.5　注释性：　否
指定第一角点：
指定对角点或 [高度(H)/对正(J)/行距(L)/旋转(R)/样式(S)/宽度(W)/栏(C)]:
```

6. 打印出图

按照 10.1 节所述的打印出图步骤导出图片。

13.2.3　练　习

按图 13.2.9 绘制工艺流程图。

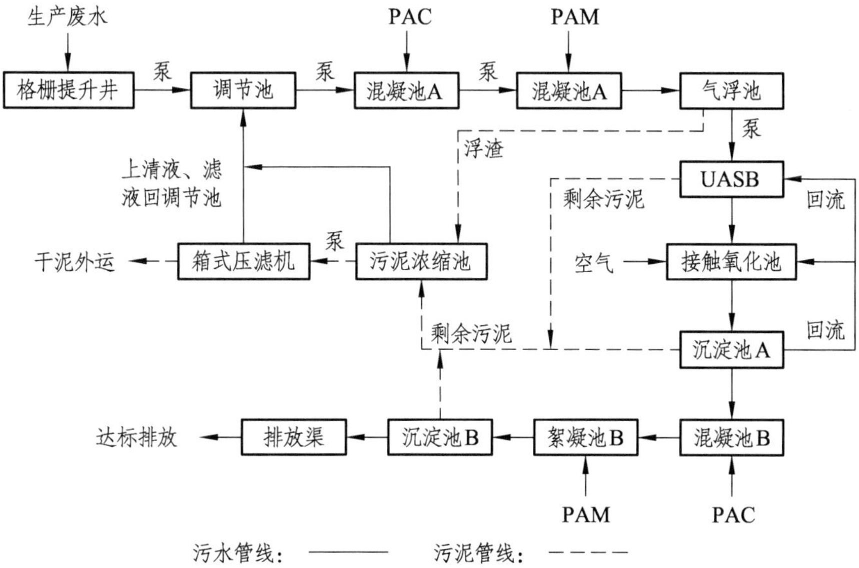

图 13.2.9　工艺流程图

13.3 设备工艺图的绘制

多数人在人潮汹涌的世间，白白挤了一生，从来不知道哪里才是他所想要到达的地方，而有目标的人却始终不忘记自我的方向，所以他能打开出路，走向成功。——罗兰

13.3.1 了解沉淀池

沉淀池是应用沉淀作用去除水中悬浮物的一种构筑物，净化水质的设备。利用水的自然沉淀或混凝沉淀的作用来除去水中的悬浮物。沉淀池按水流方向分为水平沉淀池和垂直沉淀池。沉淀效果决定于沉淀池中水的流速和水在池中的停留时间。

竖流式沉淀池又称立式沉淀池，如图 13.3.1 所示。池体平面为圆形或方形。废水由设在沉淀池中心的进水管自上而下排入池中，进水的出口下设伞形挡板，使废水在池中均匀分布，然后沿池的整个断面缓慢上升。悬浮物在重力作用下沉降入池底锥形污泥斗中，澄清水从池上端周围的溢流堰中排出。

13.3.2 绘制竖流式沉淀池

【例 13.2】绘制竖流式沉淀池平面图、剖面图（图 13.3.1）。

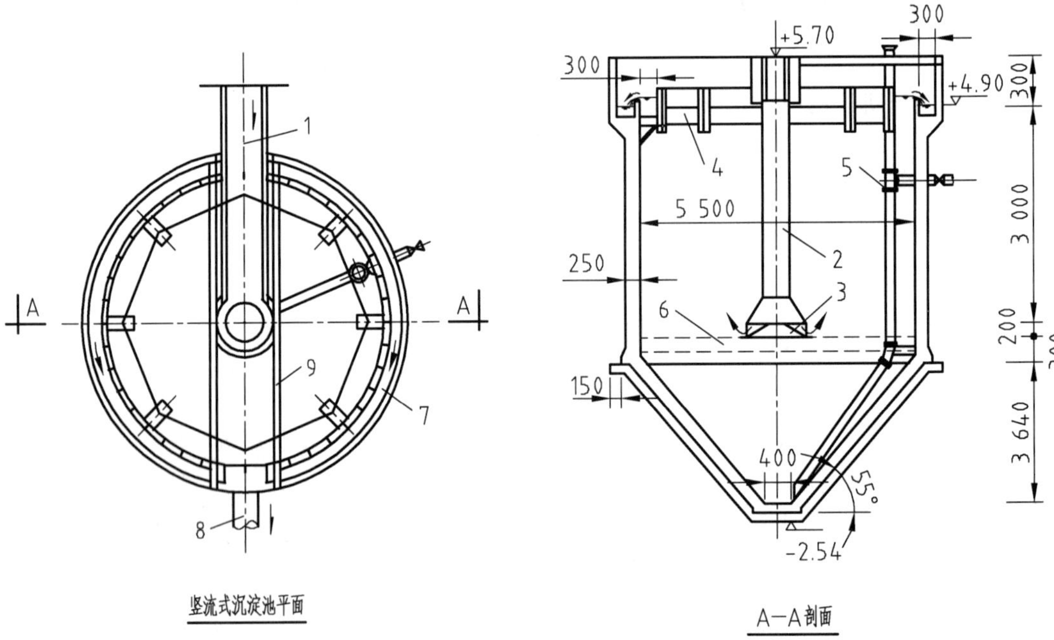

1—进水槽；2—中心管；3—反射板；4—挡板；5—排泥管；
6—缓冲层；7—集水槽；8—出水管；9—过桥。

图 13.3.1 竖流式沉淀池

1. 新建图形文件

在 AutoCAD 中新建图形文件，并将文件名命名为“竖流式沉淀池.dwg”。

2. 绘图准备

新建图层：使用命令“LA”，打开“图层特性管理器”对话框，在该对话框内通过单击“新建图层”按钮新建图层。设置绘图界限、绘制图框及标题栏。

3. 定义文字样式

绘图过程中需要使用的文字有：中文、字母及数字。其中，中文采用长仿宋体形体字“gbcbig.shx”，字母和数字采用西文正体的形体字“gbenor.shx”。

设置过程：在“格式”菜单中选择“文字样式”，打开“文字样式”对话框。在该对话框中，设置“SHX 字体”为“gbenor.shx”，“大字体”为“gbcbig.shx”。

4. 绘制竖流式沉淀池平面图（图 13.3.2）

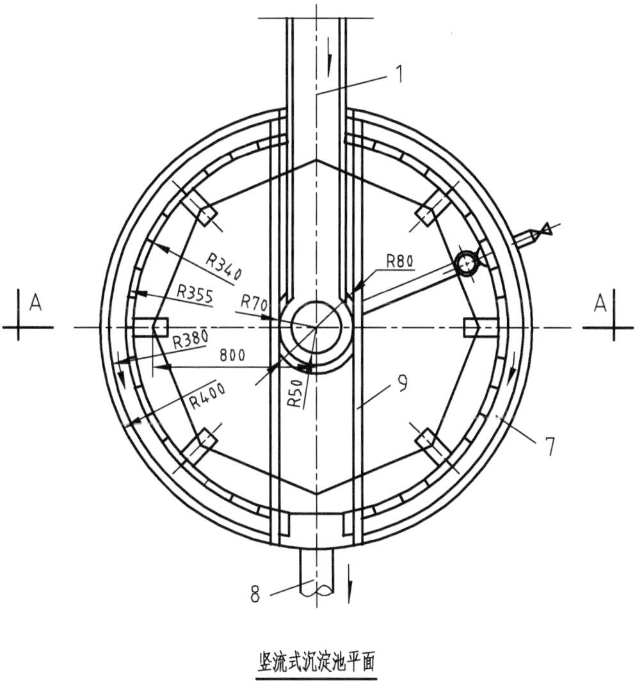

图 13.3.2　竖流式沉淀池平面图

（1）启用对象捕捉，打开圆心（图 13.3.3）。

图 13.3.3　启用对象捕捉

（2）绘制圆和多边形（也可以用圆环绘制）（图 13.3.4）。

用圆心半径的方式，绘制 3 个圆，圆心在同一点上，半径分别为 50、70、80。

```
命令：  C
CIRCLE
指定圆的圆心或 [三点(3P)/两点(2P)/切点、切点、半径(T)]:
指定圆的半径或 [直径(D)] <125.0000>: 50
命令：  <捕捉 开>
命令：  C
CIRCLE
指定圆的圆心或 [三点(3P)/两点(2P)/切点、切点、半径(T)]:
指定圆的半径或 [直径(D)] <50.0000>: 70
命令：  C
CIRCLE
指定圆的圆心或 [三点(3P)/两点(2P)/切点、切点、半径(T)]:
指定圆的半径或 [直径(D)] <70.0000>: 80
```

绘制八边形，选择内接于圆，半径为 300。

```
命令：  polygon 输入侧面数 <8>: 8
指定正多边形的中心点或 [边(E)]:
输入选项 [内接于圆(I)/外切于圆(C)] <I>: i
指定圆的半径：  300
```

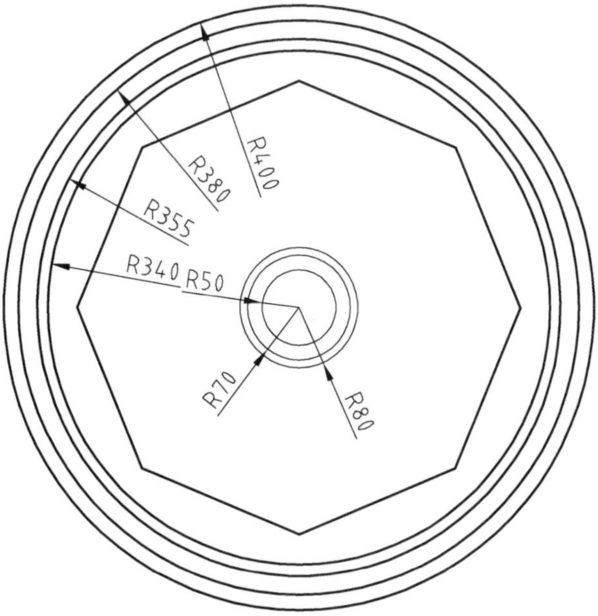

图 13.3.4 圆环、多边形放大图

（3）绘制直线（图 13.3.5）。

按 F8 打开正交，对象捕捉打开“切点”，绘制直线切割图形，用“TRIM”修剪掉不需要的部分。

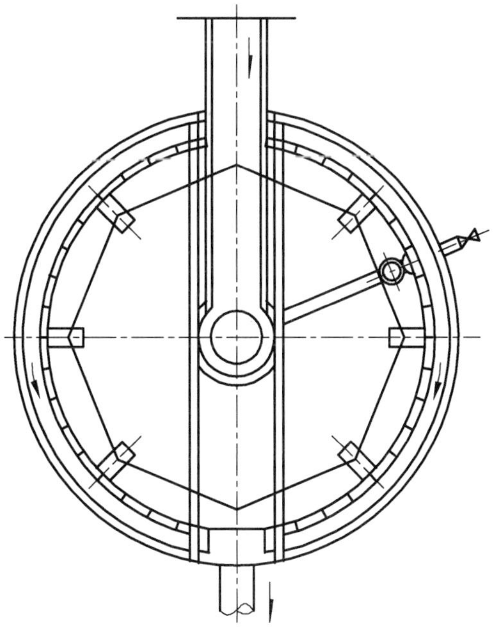

图 13.3.5 部件放大图

（4）标注。

创建新标注样式，如图 13.3.6、图 13.3.7 所示。

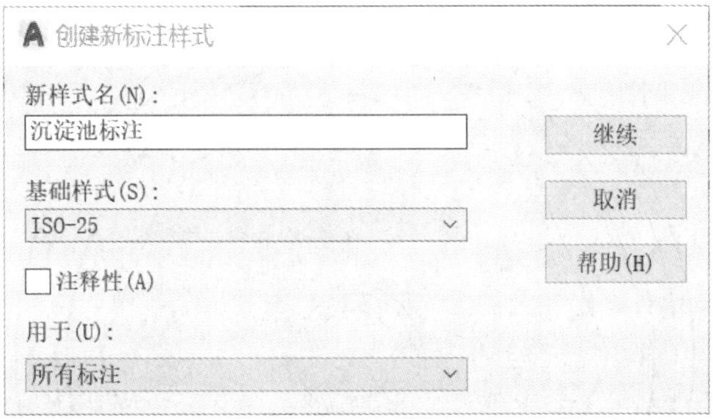

图 13.3.6　创建标注样式

设置箭头大小为 5，文字高度为 10，其他为默认，将该样式置为当前。

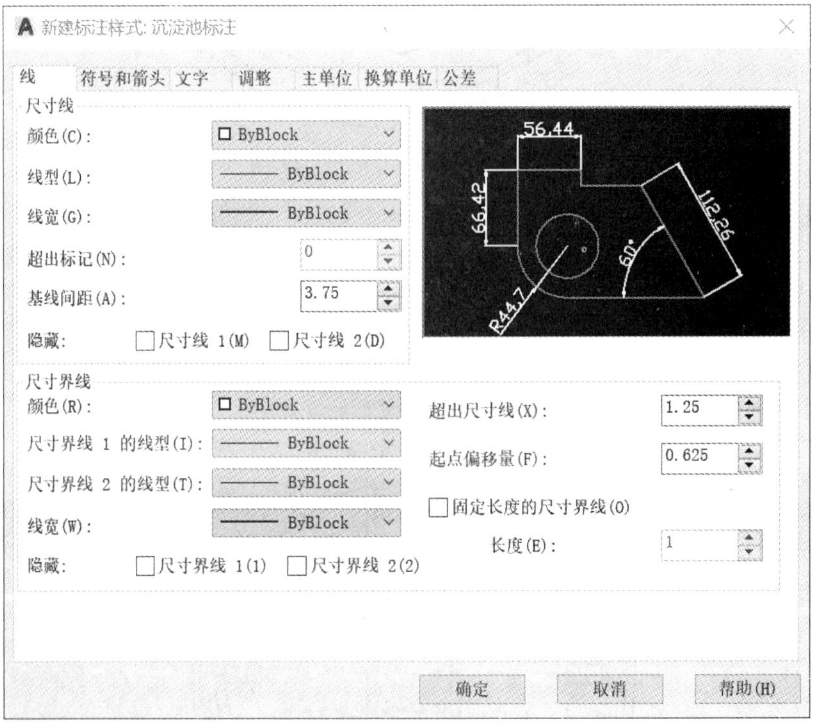

图 13.3.7　新建标注样式

按图上尺寸进行标注，完成绘制。

5. 绘制 A—A 剖面图（图 13.3.8）

（1）绘制直线、矩形、多边形等方法同前。

（2）使用“块”绘制标高，如图 13.3.9 所示。

块是通常用于符号、零件、局部视图和标题栏的复合对象。块是一个或多个组合的对象，用于创建单个对象。图 13.3.10 是一些插入到图形中的块的示例。

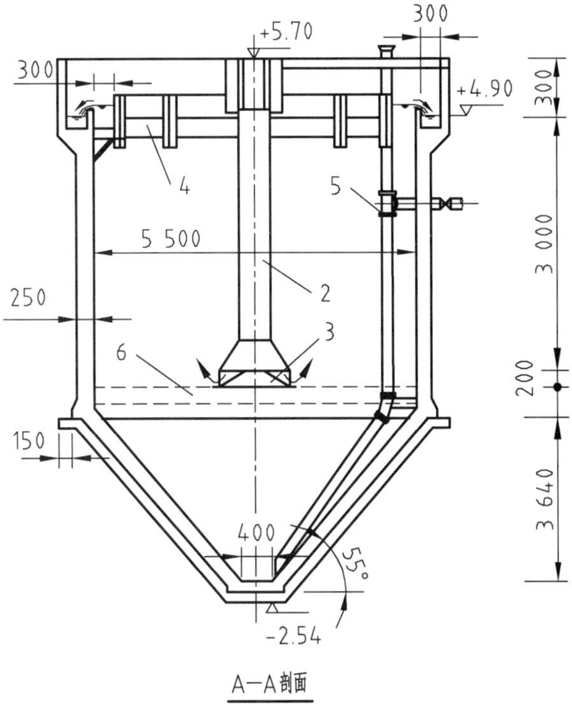

图 13.3.8　剖面图 A—A

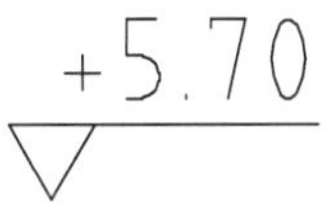

图 13.3.9　标高放大图

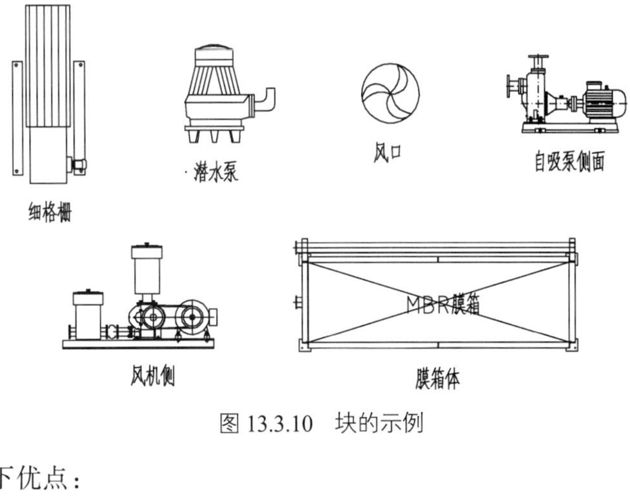

图 13.3.10　块的示例

使用块具有以下优点：

可以确保图形中家具、设备、零件、符号和标题栏等的相同副本之间的一致性。相较于对选定各个几何对象进行操作，可以更快地插入、旋转、缩放、移动和复制块。对于此次的标高，还可以每次输入新的高程值。

如果编辑或重新定义块，该图形中的所有相应块参照都将自动更新。首先用直线绘制图 13.3.11 所示图形。

图 13.3.11　直线绘制标高图示

用“ATTDEF”命令定义属性。

按照图 13.3.12 进行属性定义，“标记”为“高程值”，“提示”为“请输入高程值”（这一行字在下一次插入块的时候会提示用户输入），文字高度为“1.5”，其他使用默认即可。

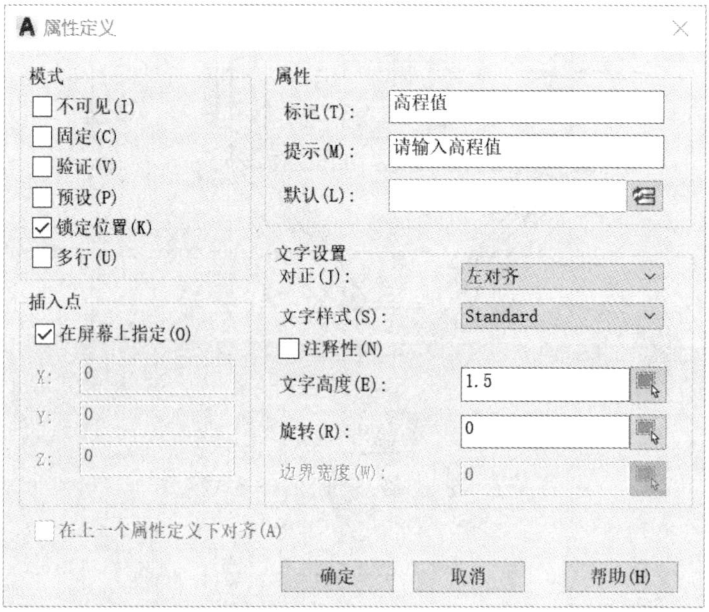

图 13.3.12　属性定义

将“高程值”放在图形上方适当位置后，用“BLOCK”命令创建块。创建完成后，可以使用“INSERT”命令插入块，输入高程值，即可在屏幕上快速绘制出高程标注。

（3）尺寸标注。使用连续标注（图 13.3.13）对剖面图右侧进行标注，用角度标注在相应位置进行标注。

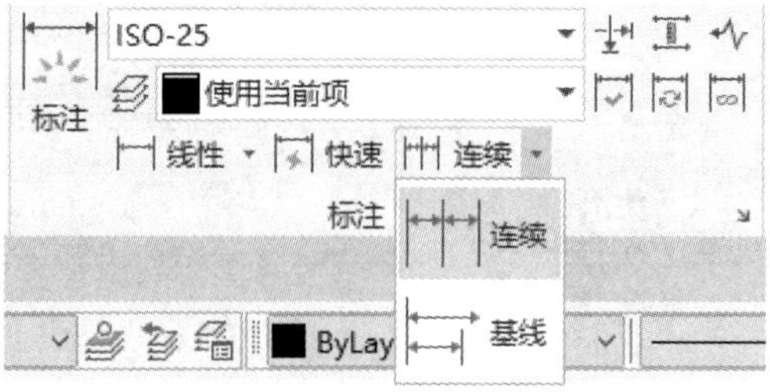

图 13.3.13　连续标注

6. 打印出图

按照 10.1 节所述的打印出图步骤导出图片。

13.3.3　练　习

绘制图 13.3.14 所示集水坑配筋图。

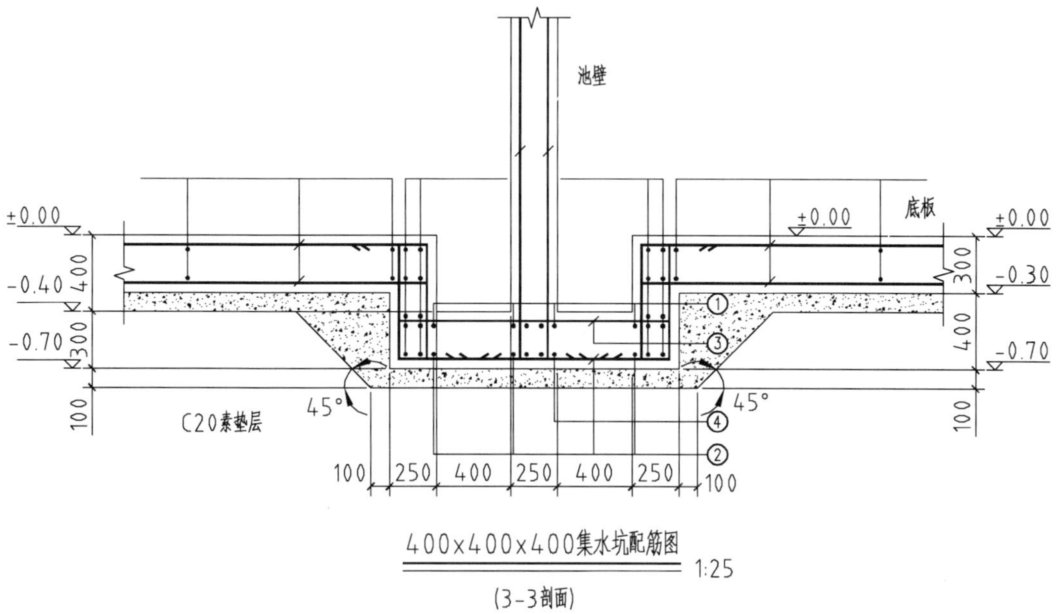

图 13.3.14　集水坑配筋图

13.4　给排水系统图的绘制

为人第一谦虚好，学问茫茫无尽期。——冯梦龙

13.4.1　给排水系统图的绘制

给水、排水平面图主要表达给水、排水管线和设备的平面布置情况。根据建筑规划，在设计图纸中，用水设备的种类、数量、位置，均要做出给水和排水平面布置；各种功能管道、管道附件、卫生器具、用水设备，如消火栓箱、喷头等，均应用各种图例表示；各种横干管、立管、支管的管径、坡度等，均应标出。平面图上管道都用单线绘出，沿墙敷设时不标注管道距墙面的距离。

建筑给排水施工图一般由图纸目录、主要设备材料表、设计说明、图例、平面图、系统图（轴测图）、施工详图等组成。

室内给水系统的给水方式必须根据用户对水质、水压和水量的要求，室外管网所能提供的水质、水量和水压情况，卫生器具及消防设备等用水点在建筑物内的分布以及用户对供水安全要求等条件来确定。

室外小区给排水工程，根据工程内容还应包括管道断面图、给排水节点图等。

13.4.2　绘制热水系统运行原理图

【例 13.3】绘制热水系统运行原理图（图 13.4.1）。

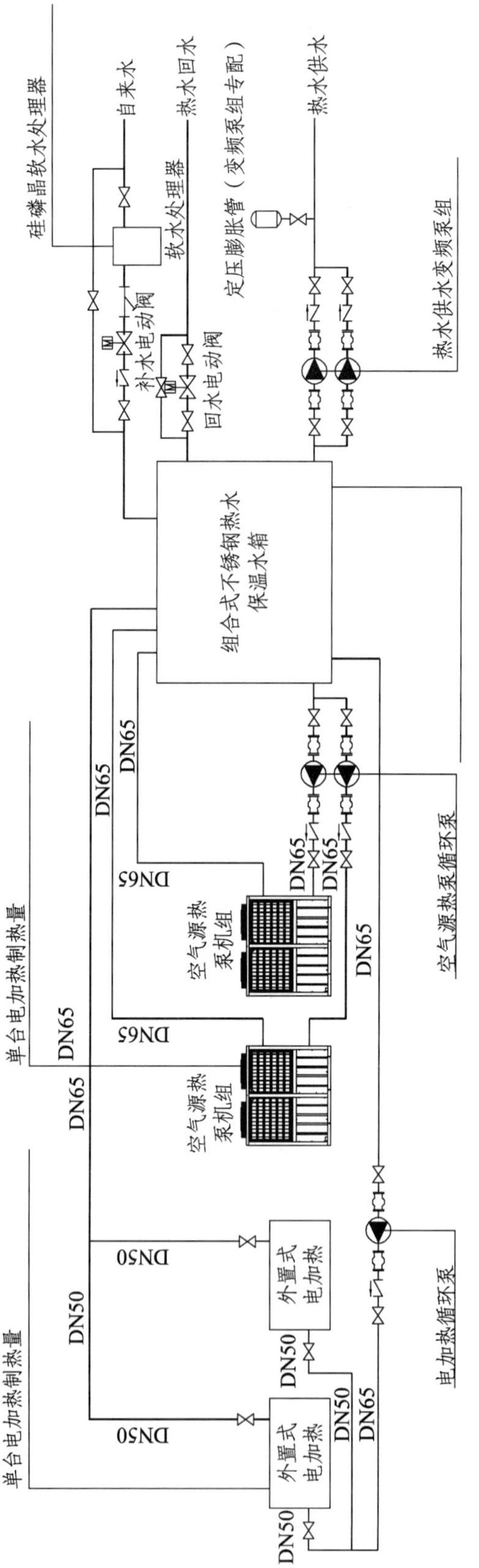

图 13.4.1　热水系统运行原理图

1. 新建图形文件

在 AutoCAD 中新建图形文件，并将文件名命名为“热水系统运行原理.dwg”。

2. 绘图准备

新建图层：使用命令“LA”，打开“图层特性管理器”对话框，在该对话框内通过单击“新建图层”按钮新建图层（图 13.4.2），用不同的颜色表示不同的热水管线。设置绘图界限、绘制图框及标题栏。

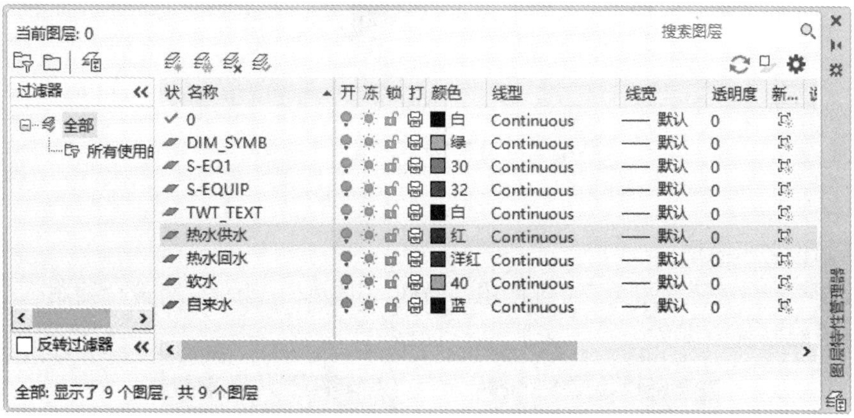

图 13.4.2　图层设置

3. 定义文字样式

绘图过程中需要使用的文字有：中文、字母及数字。其中，中文采用长仿宋体形体字“gbcbig.shx”，字母和数字采用西文正体的形体字“gbenor.shx”。

设置过程：在“格式”菜单中选择“文字样式”，打开“文字样式”对话框。在该对话框中，设置“SHX 字体”为“gbenor.shx”，“大字体”为“gbcbig.shx”。

4. 绘制热水系统运行原理图

（1）绘制阀门。

根据图 13.4.3 所示放大图，用“块”“直线”“填充”“单行文字”等命令绘制各种阀门（注意箭头方向）。

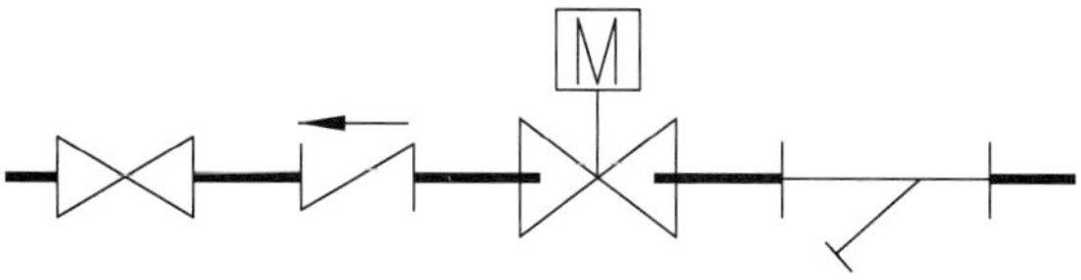

补水电动阀

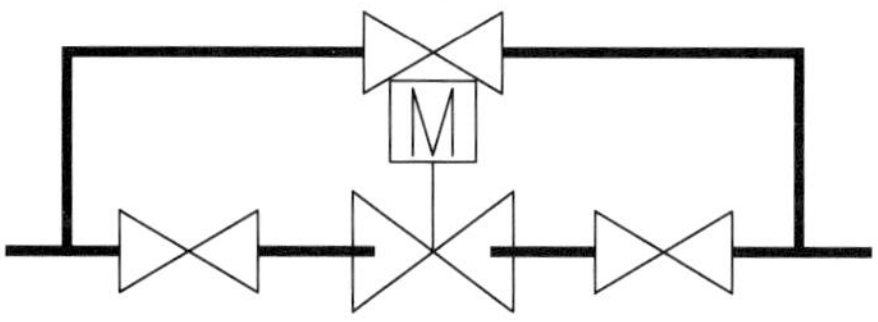

回水电动阀

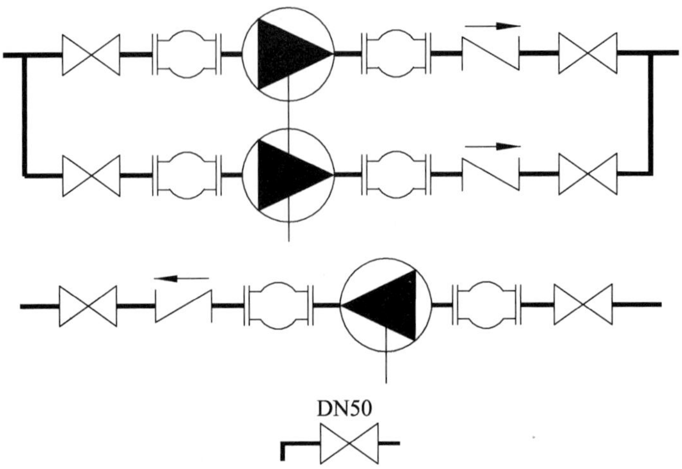

图 13.4.3　阀门放大图

（2）绘制设备示意图。

用块绘制“空气源热泵机组”（可使用“偏移”“阵列”“镜像”等命令绘制），如图 13.4.4 所示。用矩形绘制其他设备。

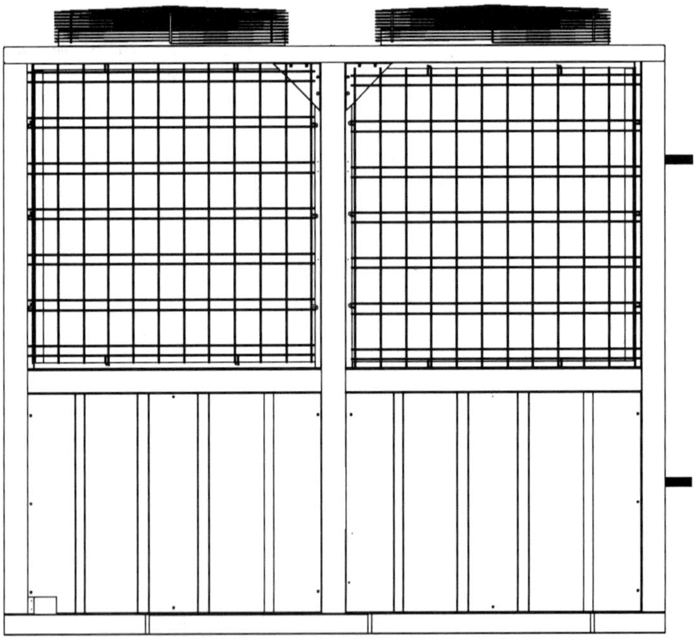

图 13.4.4　空气源热泵机组放大图

（3）绘制管线。

用指定颜色绘制管线连接设备，并进行标注，如图 13.4.5 所示。

在给排水工程图中，管径一般以毫米为单位。水煤气输送钢管（镀锌或非镀锌）、铸铁管等管材，管径宜以公称直径 *DN* 表示（如 *DN*15、*DN*50）；无缝钢管、螺旋、铜管、不锈钢管等管材，管径宜以外径 *D*×壁厚表示（如 *D*108×4、*D*159×4.5 等）；钢筋混凝土（或混凝土）管、陶土管、耐酸陶瓷管、缸瓦管等管材，管径宜以内径 *d* 表示（如 *d*230、*d*380 等）；塑料管材，管径宜按产品标准的方法表示。当设计均用公称直径 *DN* 表示管径时，应使用公称直径 *DN* 与相应产品规格对照表。

该图有两种管径尺寸，注意区分标注。

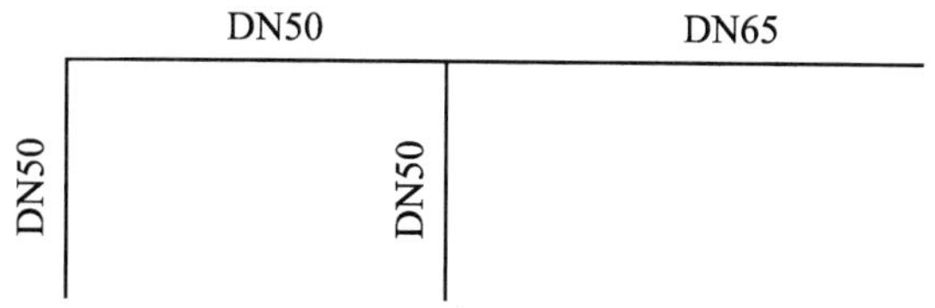

图 13.4.5　管线标注放大图

13.4.3　绘制自动喷淋系统运行原理图

【例 13.4】绘制自动喷淋系统运行原理图（图 13.4.6）。

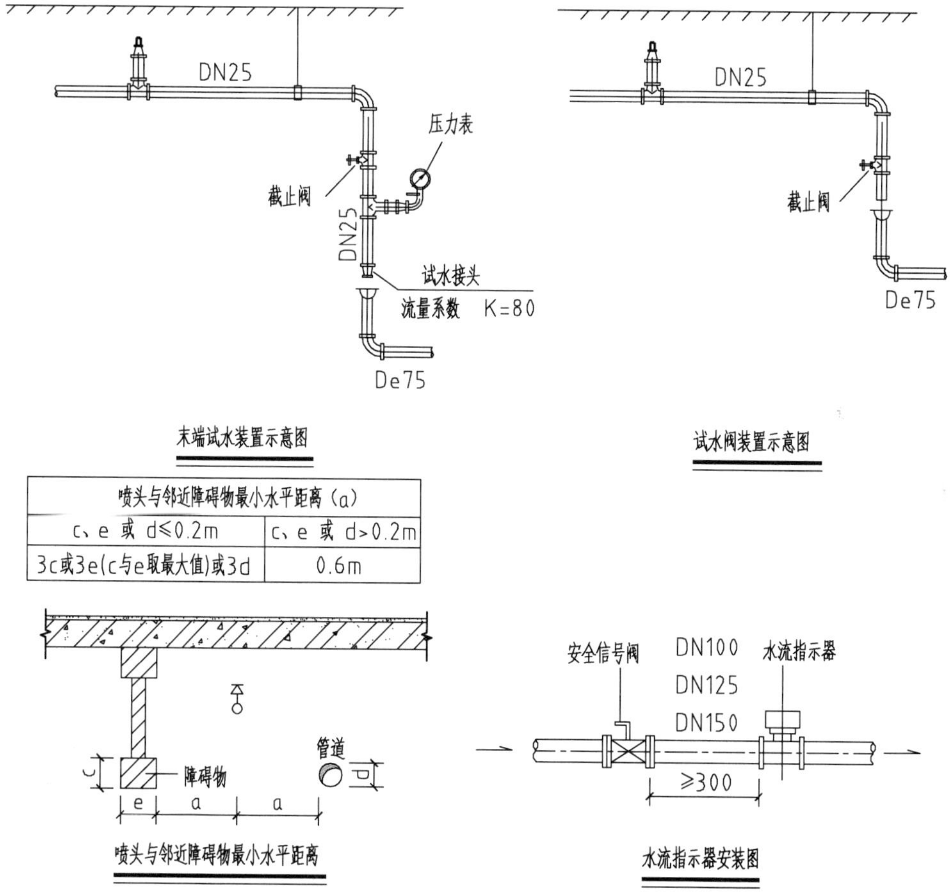

图 13.4.6　自动喷淋系统原理图

1. 绘制末端试水装置示意图（图 13.4.7）

用“多线”命令绘制管道（也可以使用“偏移”命令绘制）。

多线由多条平行线组成，这些平行线称为元素。绘制多行时，可以使用包含两个元素的“STANDARD”样式，也可以指定一个以前创建的样式。开始绘制之前，可以更改多行的对正和比例。多行对正确定将在光标的哪一侧绘制多行，或者是否位于光标的中心上。多行比例用来控制多行的全局宽度（使用当前单位）。多行比例不影响线型比例。如果要更改多行比例，可能需要对线型比例做相应的更改，以防点或虚线的尺寸不正确。

先创建多线样式，可以创建多线的命名样式，以控制元素的数量和每个元素的特性。多线的特性包括：元素的总数和每个元素的位置、每个元素与多线中间的偏移距离、每个元素的颜色和线型、每个顶点出现的称为“joints”的直线的可见性、使用的端点封口类型、多线的背景填充颜色。带有正偏移的元素出现在多线段中间的一条线的一侧，带有负偏移的元素出现在这条线的另一侧。

在命令提示下，输入“MLSTYLE”。在“多线样式”对话框中，单击“新建”，如图 13.4.8 所示。

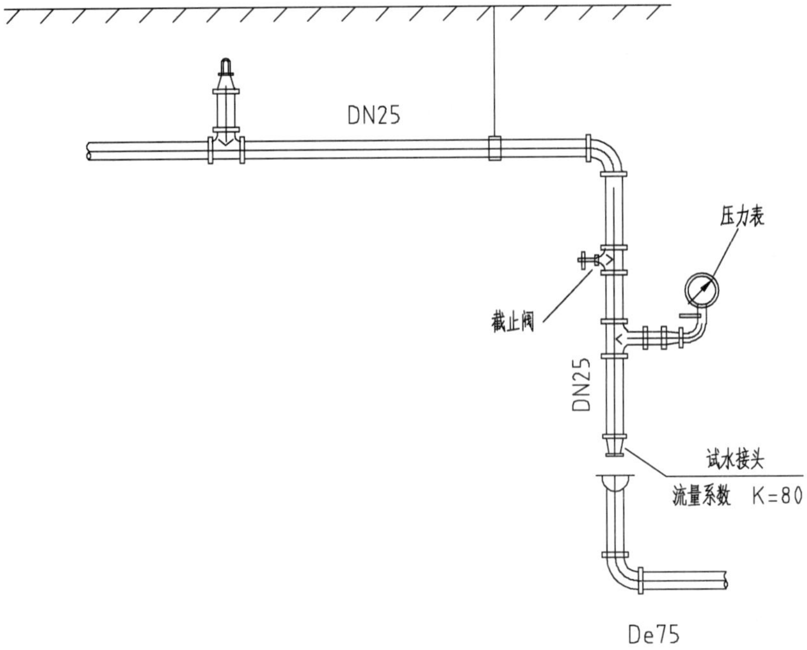

图 13.4.7 末端试水装置示意图

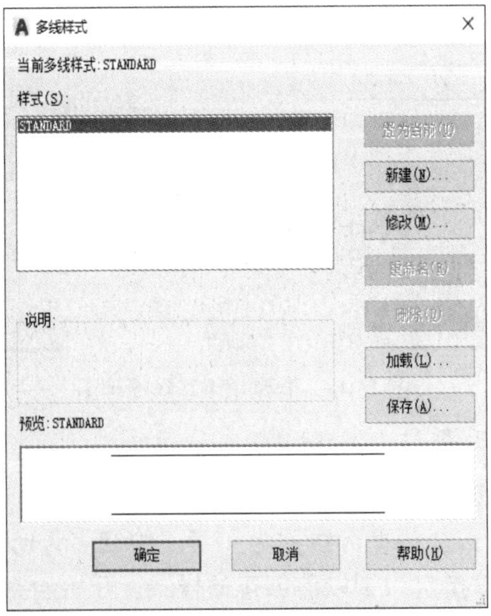

图 13.4.8 多线样式

在“创建新的多线样式”对话框中（图 13.4.9），输入多线样式的名称并选择开始绘制的多线样式。单击“继续”。

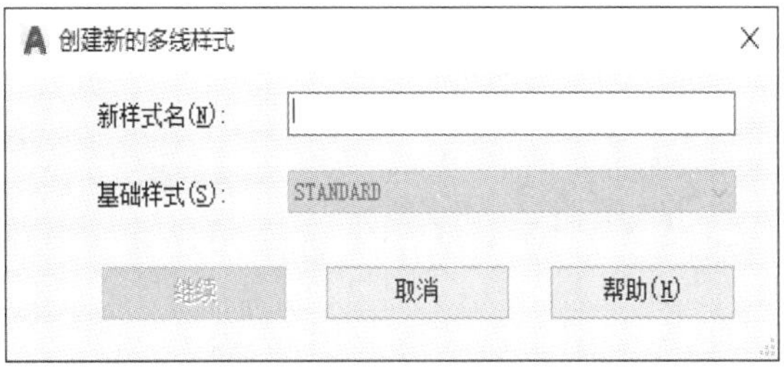

图 13.4.9　创建新的多线样式

在“新建多线样式”对话框中，选择多线样式的参数并单击“确定”。

“说明”栏是可选的，最多可以输入 255 个字符，包括空格。根据需要设置多线中每一条线的颜色和线型，可以点击“添加”增加一条线，如图 13.4.10 所示。

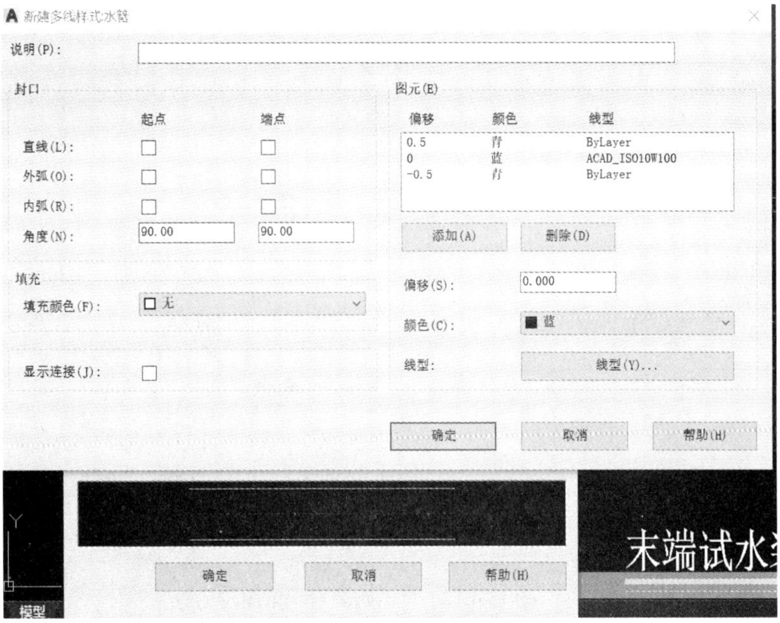

图 13.4.10　新建新的多线样式

创建完成后，用“多线”命令绘制管道。

在命令提示下，输入“MLINE”。在命令提示下，输入“st”，选择刚才设置好的样式名称。

要列出可用样式，请输入样式名称或输入“?”。

要对正多线，请输入“j”并选择上对正、无对正或下对正。

要更改多线的比例，请输入“s”并输入新的比例。

开始绘制多线。

指定起点。

指定第二个点。

指定其他点或按 Enter 键。

如果指定了 3 个或 3 个以上的点，可以输入“c”闭合多线。

2. 绘制水流指示安装图（图 13.4.11）

参考上图的方法，使用“多线”命令绘制管道，用“多行文字”命令输入中英文、数字，用样条曲线、矩形和直线绘制其他部分。

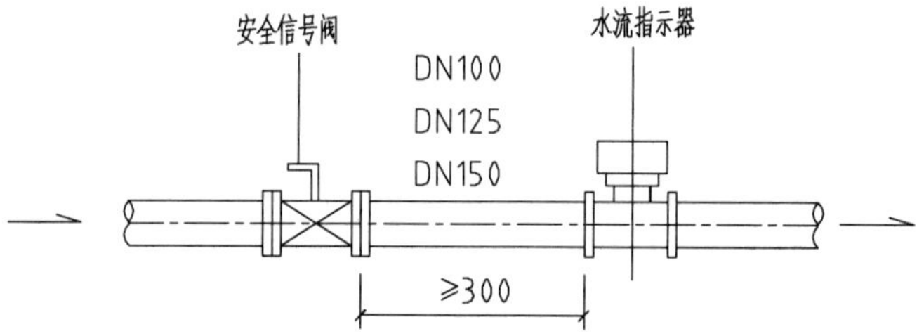

图 13.4.11　水流指示安装图

3. 试水阀装置示意图（图 13.4.12）

参考上图的方法，使用“多线”命令绘制管道，用矩形、圆形和直线绘制其他部分。

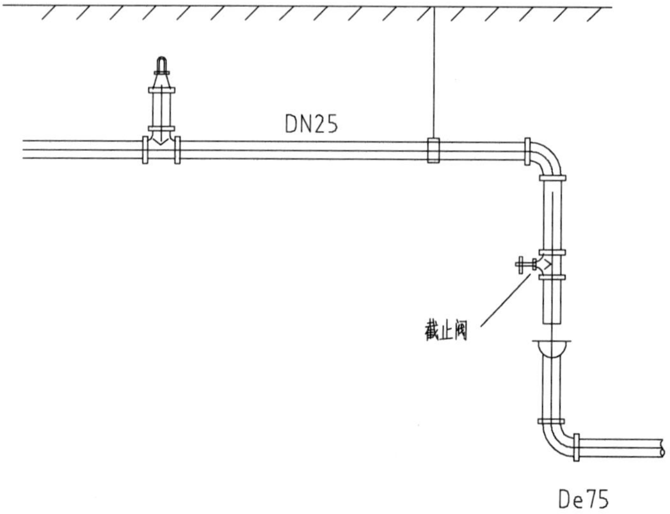

图 13.4.12　试水阀装置示意图

4. 绘制喷头与邻近障碍物最小水平距离（图 13.4.13）

使用“表格”命令绘制图 13.4.13 中的表格。许多图形包含各种明细表、明细栏、BOM 表和价格清单，它们需要使用表格。虽然通过复制和偏移线来创建表格并不难，但使用“TABLE”命令可以节省大量时间。借助此方法，可以使用“TABLE”命令指定行数和列数，还可以对列、行或整个表格进行拉伸和大小调整。如果针对注释使用布局选项卡，则直接在布局选项卡上创建表格。会自动进行缩放。如果针对注释使用模型空间，则需要缩放表格。表格不支持注释性缩放。

喷头与邻近障碍物最小水平距离（a）	
c、e 或 d≤0.2m	c、e 或 d>0.2m
3c或3e(c与e取最大值)或3d	0.6m

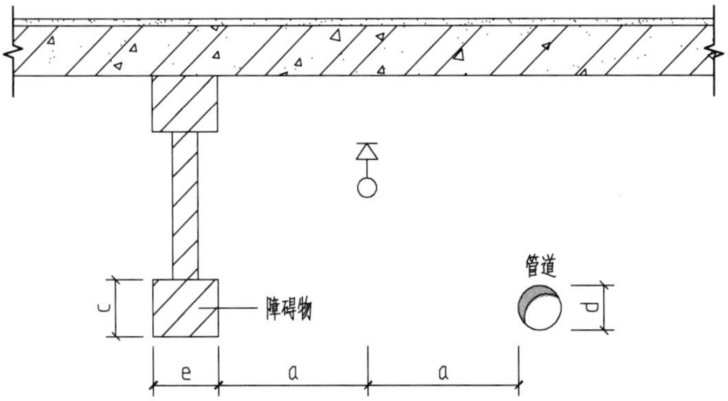

图 13.4.13　喷头与邻近障碍物最小水平距离

在命令提示下输入“TABLE”。在“插入表格”对话框中（图 13.4.14），输入“2”作为列数，并输入“3”作为数据行数。列宽和行高根据制图的尺寸决定，指定表格的位置。

双击已经插入的表格，可以修改表格特性（图 13.4.15）。

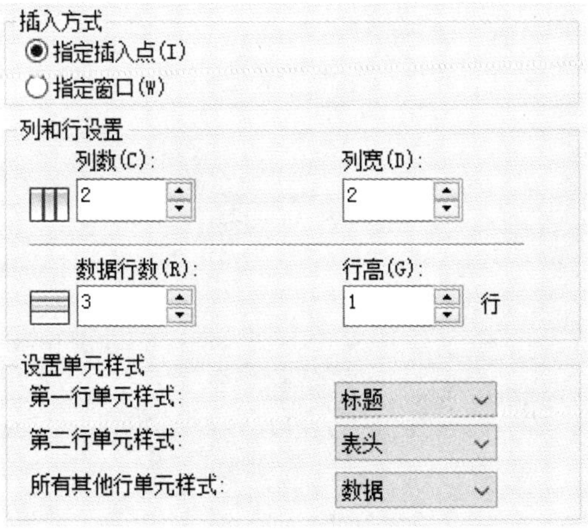

图 13.4.14　插入表格

图 13.4.15　修改表格特性

默认情况下，使用标准表格样式时，会出现 3 种单元样式（图 13.4.16）。

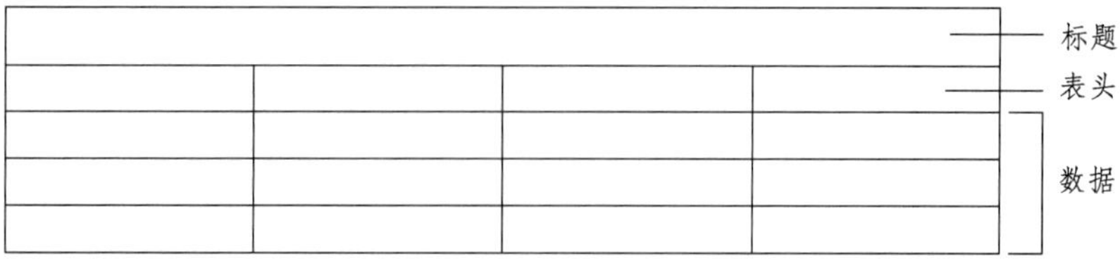

图 13.4.16　表格单元样式

在表格外部单击，然后在一条边上选择该表格以显示其夹点（图 13.4.17）。

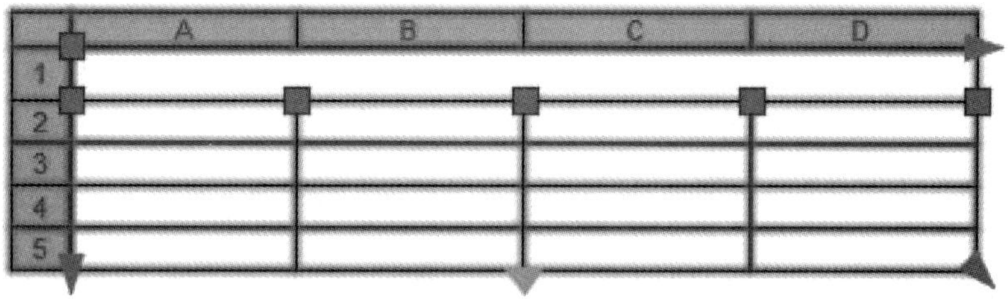

图 13.4.17　显示表格夹点

要更改表格的大小和形状，可以单击深蓝色三角形夹点；可以单击方形夹点来调整列宽；也可以使用对象捕捉追踪，将夹点与现有几何图形对齐。

注意如果要调整列宽，通常最好是先禁用对象捕捉（F3）。

向表格添加信息，单击每个单元，然后输入所示文字。

紧接着，单击并拖动以选中所有数据单元，然后单击鼠标右键，在功能区的“对齐”列表中选择“正中”（图 13.4.18）。

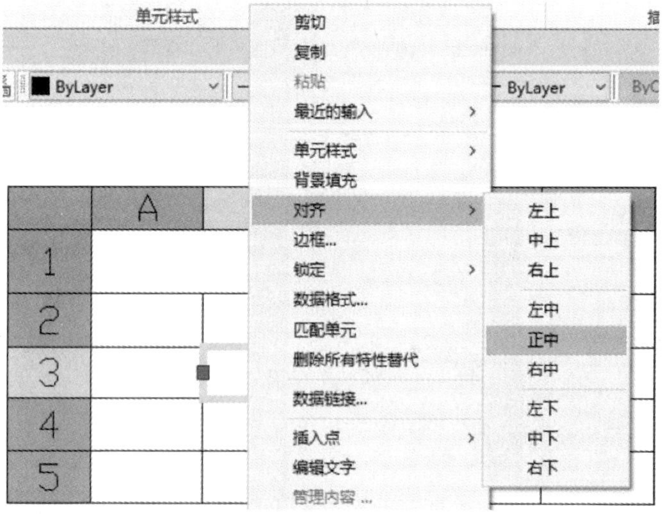

图 13.4.18　修改对齐方式

用矩形、圆、直线、填充等命令绘制图形，并进行标注。

5. 打印出图

按照 10.1 节所述的打印出图步骤导出图片。

13.4.4　练　习

绘制 SBR 反应池平面图（图 13.4.19）、SBR 反应池 *A*—*A* 剖面图（图 13.4.20）、SBR 反应池 *B*—*B* 剖面图（图 13.4.21）。

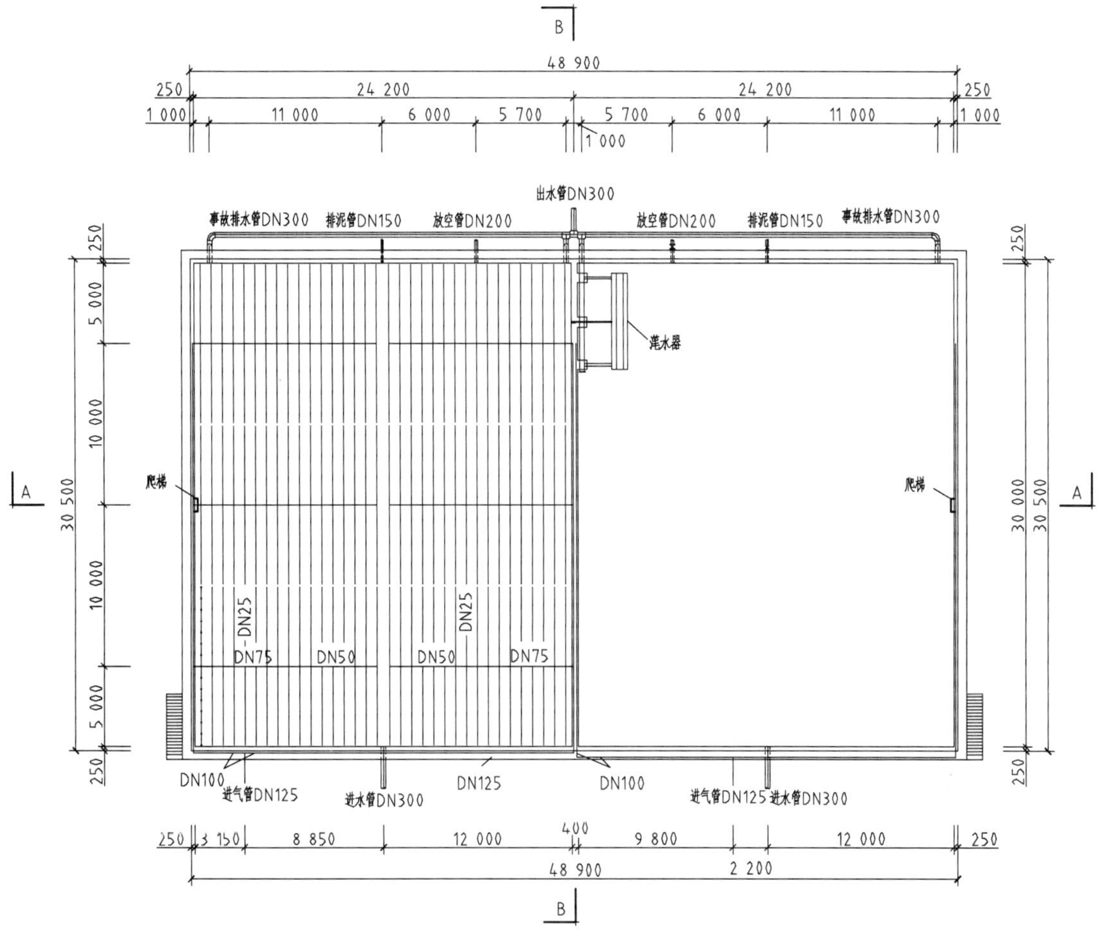

图 13.4.19　SBR 反应池平面图

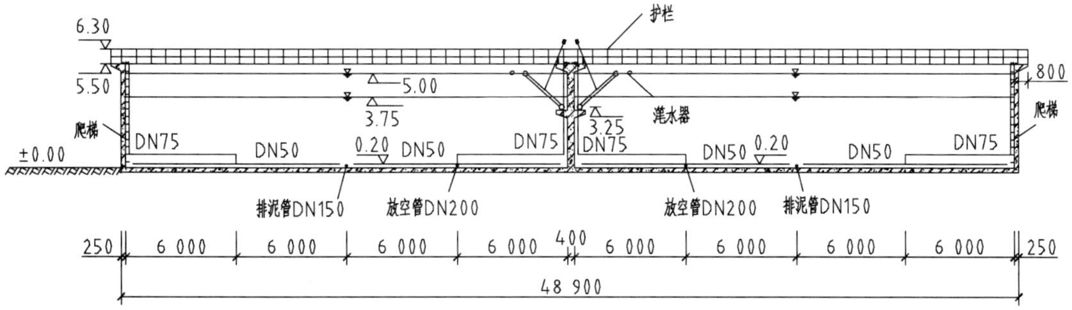

图 13.4.20　SBR 反应池 *A*—*A* 剖面图

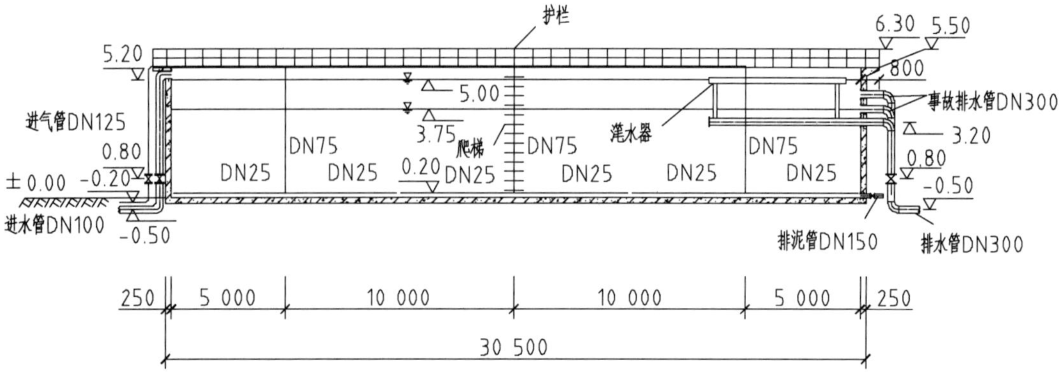

图 13.4.21　SBR 反应池 *B*—*B* 剖面图

13.5　污水处理厂平面布置图的绘制

三万六千日，夜夜当秉烛。白日何短短，百年若易海。——李白

13.5.1　了解污水处理厂平面布置图

污水处理厂厂区内有各处理单元构筑物、连通各处理构筑物之间的管、渠及其他管线、辅助性建筑物、道路以及绿地等。

处理构筑物是污水处理厂的主体建筑物，在作平面布置时，应根据各构筑物的功能要求和水力要求，结合地形和地质条件，确定它们在厂区内平面的布置。

除了在各处理构筑物之间设有贯通连接的管、渠，还应该设置能够使各处理构筑物独立运行的超越管线，当某一处理构筑物出现故障时，其后的构筑物仍然能够保持正常运行。同时还应设置事故排放管（超越管），它可超越全部处理构筑物，直接排放水体。厂区内还应设有给水管、生活污水管、雨水管、输配电线路等。对它们的安排，既要便于施工和维护管理，但也要紧凑，少占用地，也可以考虑采用架空的方式铺设。在污水处理厂区内，应有完善的排雨水管道系统，必要时应考虑设防洪沟渠。

污水处理厂内的辅助建筑物有：泵房、鼓风机房、办公室、集中控制室、水质分析化验室、变电所、机修间、仓库、食堂等。附属构筑物的布置应根据方便、安全等原则确定。

13.5.2　绘制污水处理厂工艺高程图

【例 13.5】绘制污水处理厂工艺高程图（图 13.5.1）。

1. 新建图形文件

在 AutoCAD 中新建图形文件，并将文件名命名为“污水处理厂工艺高程图.dwg”。

2. 绘图准备

新建图层：使用命令“LA”，打开“图层特性管理器”对话框，在该对话框内通过单击“新建图层”按钮新建图层（图 13.5.2）。设置绘图界限、绘制图框及标题栏。

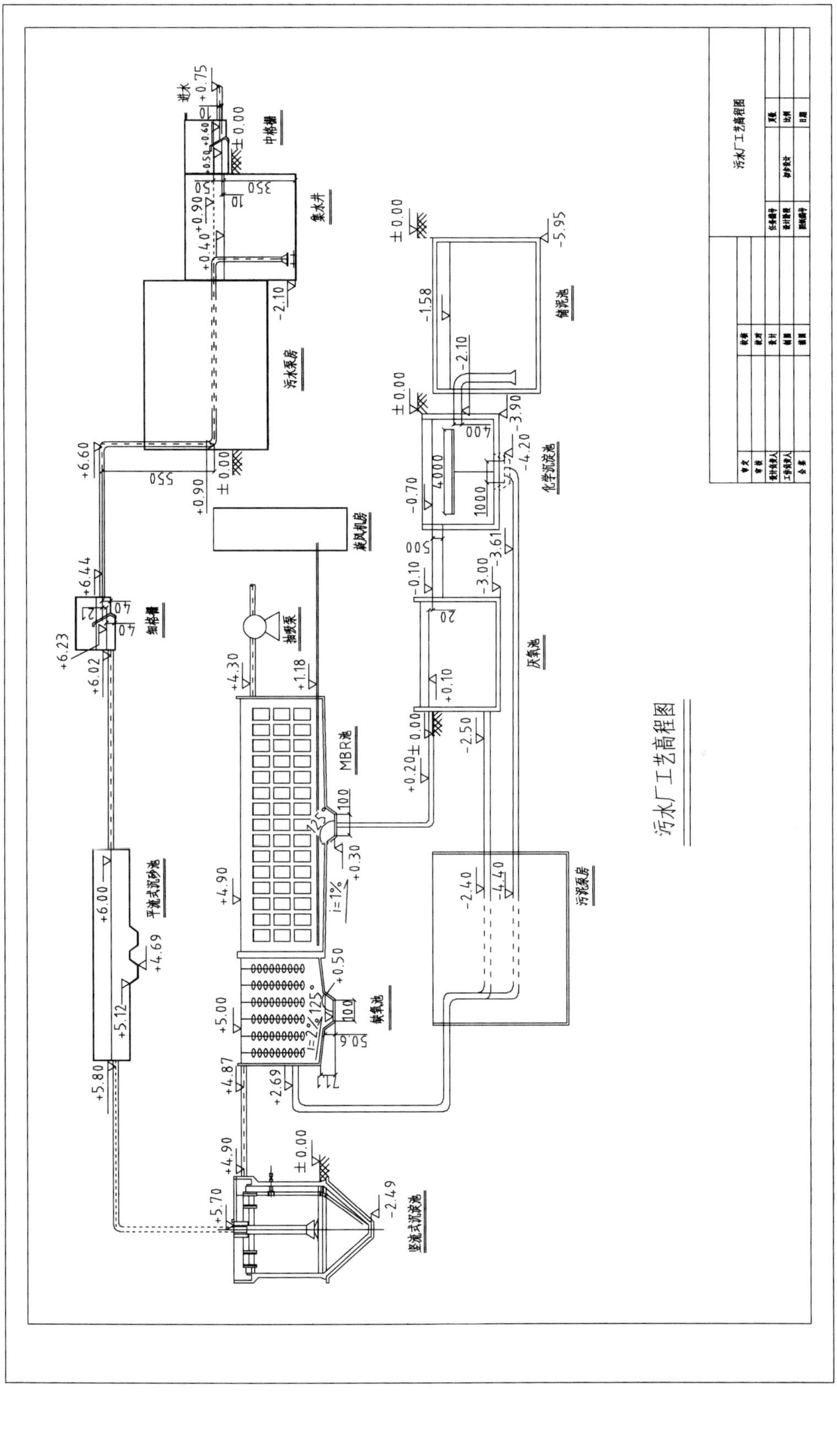

图 13.5.1　污水处理厂工艺高程图

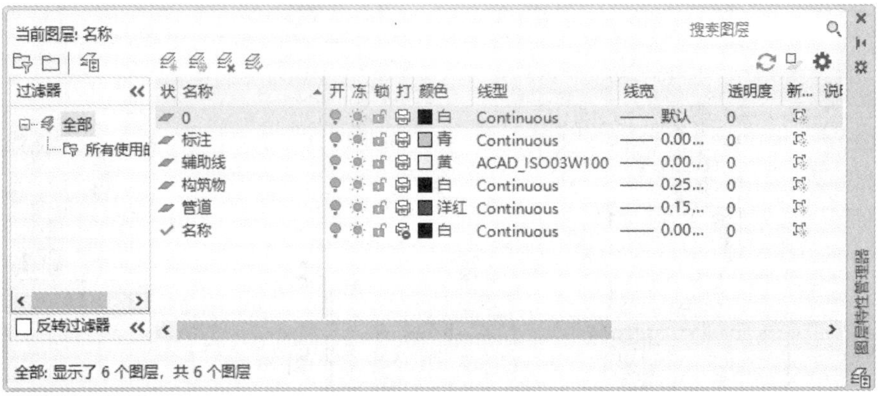

图 13.5.2 图层设置

3. 定义文字样式

绘图过程中需要使用的文字有：中文、字母及数字。其中，中文采用长仿宋体形体字“gbcbig.shx”，字母和数字采用西文正体的形体字“gbenor.shx”。

设置过程：在“格式”菜单中选择“文字样式”，打开“文字样式”对话框。在该对话框中，设置“SHX 字体”为“gbenor.shx”，“大字体”为“gbcbig.shx”。

4. 绘制污水处理厂工艺高程图

（1）绘制竖流式沉淀池。

按以下放大图，用“直线”“矩形”“偏移”等命令绘制竖流式沉淀池（图 13.5.3）。高程标注可使用“块”进行标注，方法参考前述练习。

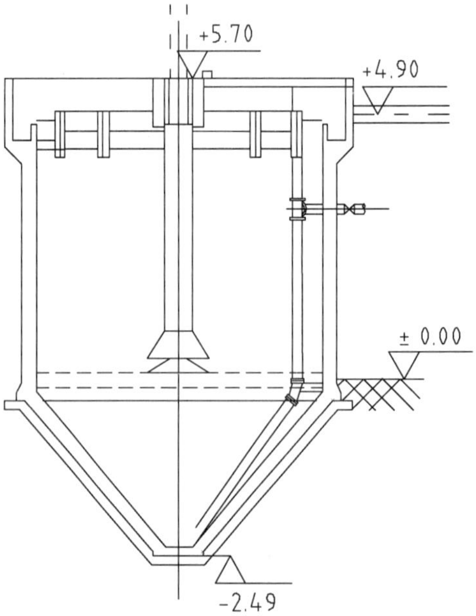

图 13.5.3 竖流式沉淀池放大图

（2）绘制缺氧池、MBR 池、抽吸泵、鼓风机房（图 13.5.4）。

绘制缺氧池，用“椭圆”命令（ELLIPSE）绘制一个椭圆；用“阵列复制”命令（ARRAYRECT）做矩形阵列，设置为 9 行、6 列；用“直线”命令绘制外轮廓。

```
命令: ellipse                                          //输入绘制椭圆命令，按空格键
指定椭圆的轴端点或 [圆弧(A)/中心点(C)]: c
                                                //鼠标移至椭圆的轴端点，单击鼠标左键
指定椭圆的中心点:                                  //鼠标移至椭圆的中心点，单击鼠标左键
指定轴的端点:                                      //鼠标移至椭圆的轴端点，单击鼠标左键
指定另一条半轴长度或 [旋转(R)]:
命令: arrayrect                                         //输入阵列命令，按空格键
选择对象: 找到 1 个                            //鼠标移至椭圆上任意一点，单击鼠标左键
选择对象:                                                            //选中回车
类型 = 矩形  关联 = 是
选择夹点以编辑阵列或 [关联(AS)/基点(B)/计数(COU)/间距(S)/列数(COL)/行数(R)/层数(L)/退出(X)] <退出>: r
输入行数数或 [表达式(E)] <3>: 9
指定 行数 之间的距离或 [总计(T)/表达式(E)] < >:
指定 行数 之间的标高增量或 [表达式(E)] <0>:
选择夹点以编辑阵列或 [关联(AS)/基点(B)/计数(COU)/间距(S)/列数(COL)/行数(R)/层数(L)/退出(X)] <退出>: col
输入列数数或 [表达式(E)] <4>: 6
指定 列数 之间的距离或 [总计(T)/表达式(E)] < >:
选择夹点以编辑阵列或 [关联(AS)/基点(B)/计数(COU)/间距(S)/列数(COL)/行数(R)/层数(L)/退出(X)] <退出>: x
```

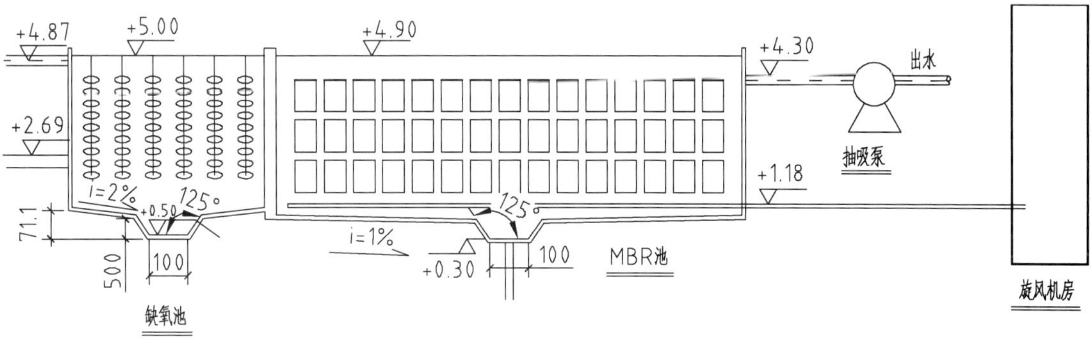

图 13.5.4　MBR 池放大图

绘制 MBR 池，用“矩形”命令绘制一个矩形，同样用阵列复制，设置为 3 行、15 列，用“直线”命令绘制外轮廓；用“矩形”“圆形”“直线”等命令绘制抽吸泵和鼓风机房；用“多线”命令绘制管道。

（3）绘制平流式沉砂池、细格栅、污水泵房、集水井等，并用管道进行连接。各设备放大图见图 13.5.5 ~ 13.5.8。

5. 打印出图

按照 10.1 节所述的打印出图步骤导出图片。

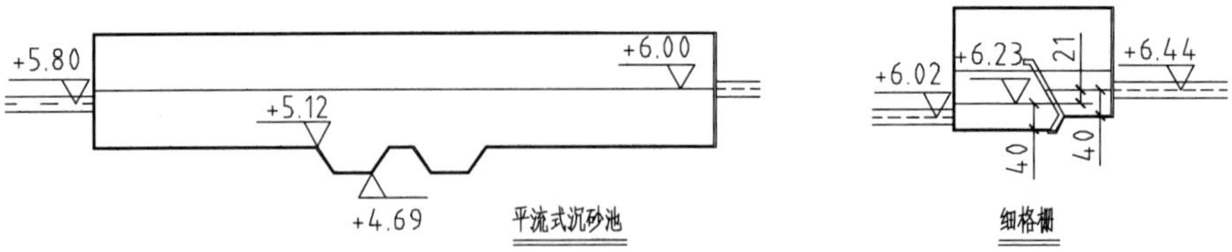

图 13.5.5　平流式沉砂池、细格栅放大图

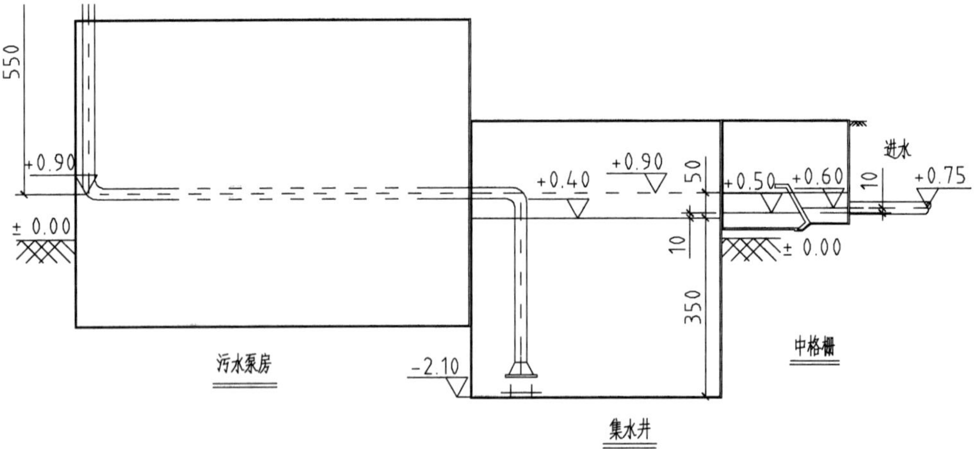

图 13.5.6　污水泵房、集水井放大图

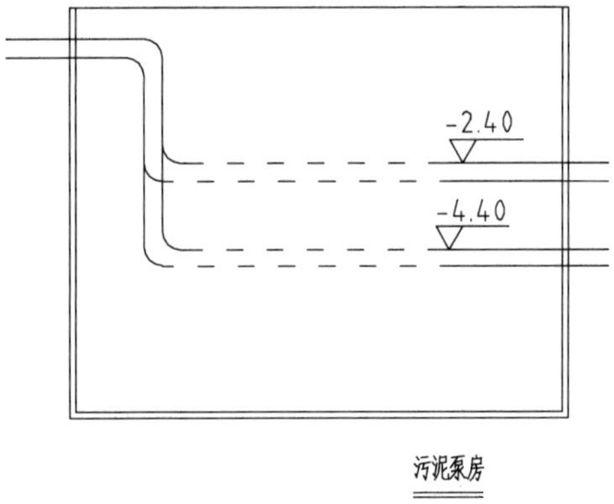

图 13.5.7　污泥泵房放大图

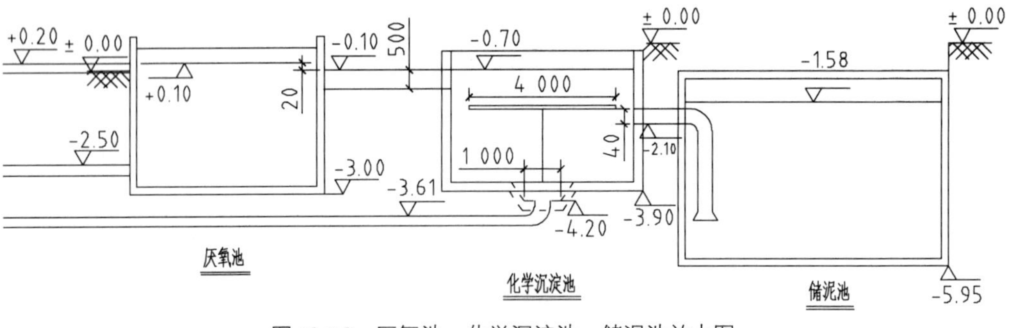

图 13.5.8　厌氧池、化学沉淀池、储泥池放大图

13.5.3　练　习

绘制图 13.5.9 所示的污水处理厂工艺管线总图。

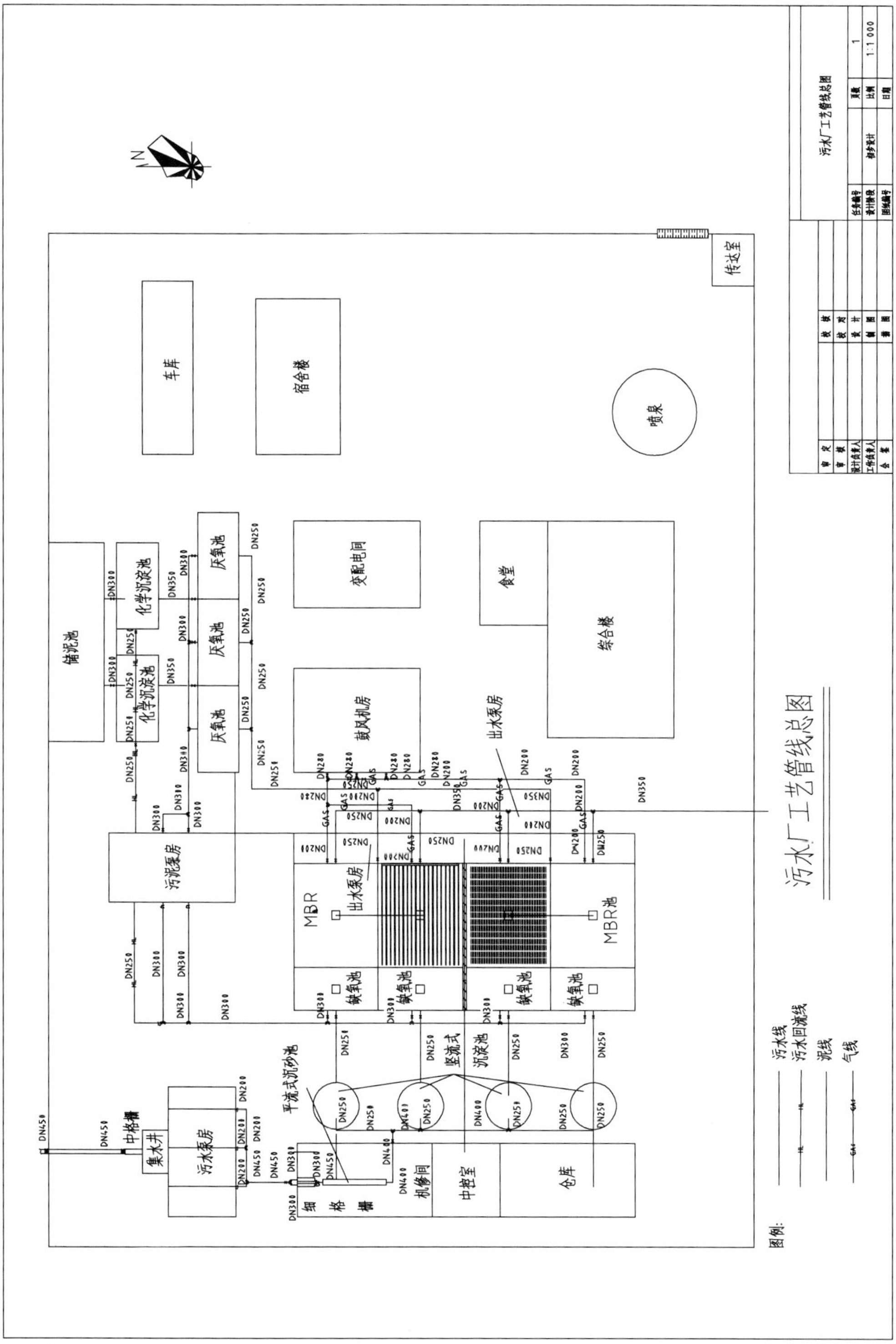

图 13.5.9　污水处理厂工艺管线总图

各部件放大图见图 13.5.10 ~ 13.5.17。

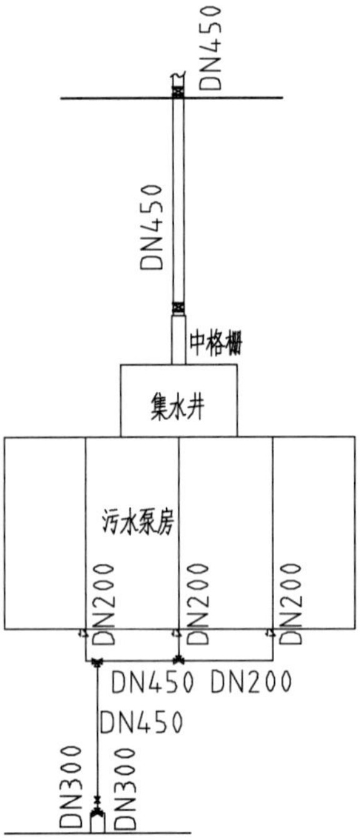

图 13.5.10　污水处理厂工艺管线总图部件 1 放大图

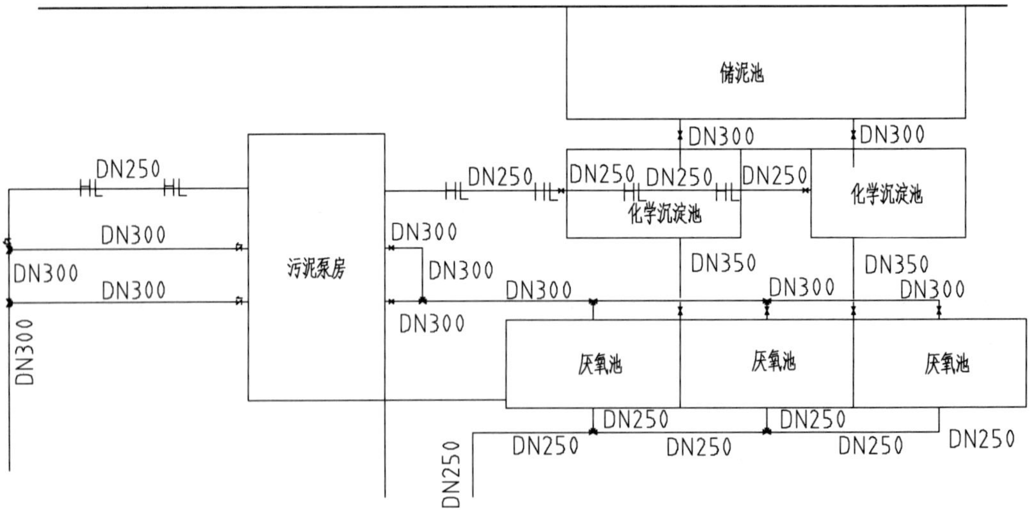

图 13.5.11　污水处理厂工艺管线总图部件 2 放大图

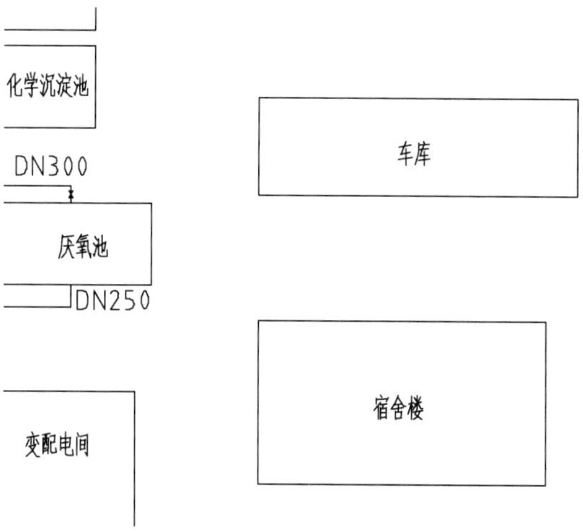

图 13.5.12　污水处理厂工艺管线总图部件 3 放大图

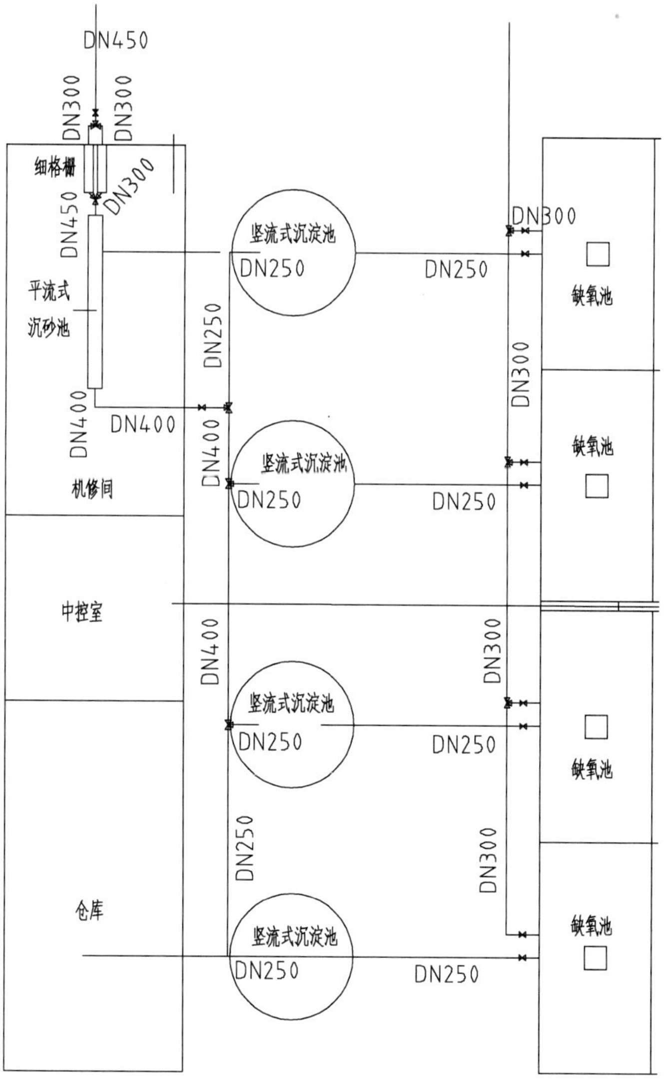

图 13.5.13　污水处理厂工艺管线总图部件 4 放大图

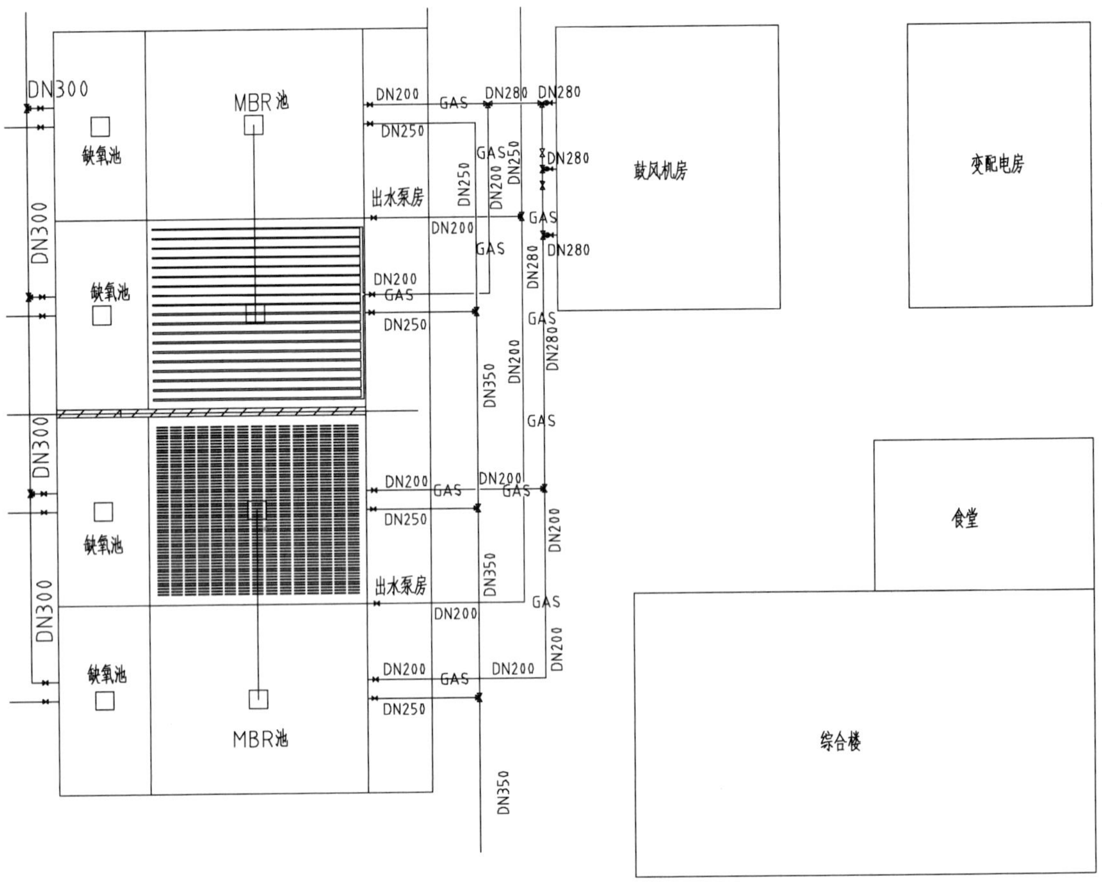

图 13.5.14　污水处理厂工艺管线总图部件 5 放大图

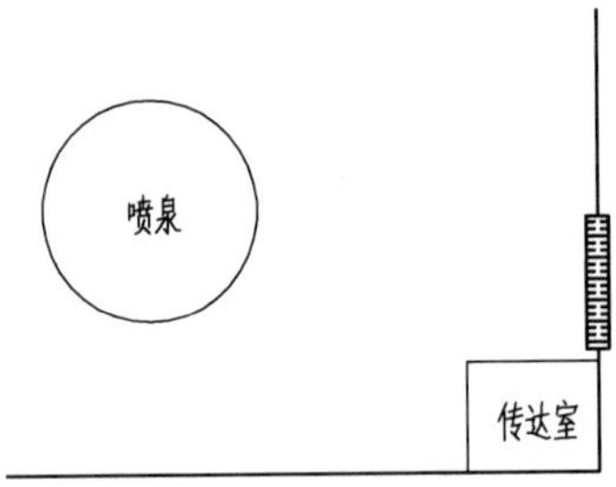

图 13.5.15　污水处理厂工艺管线总图部件 6 放大图

				污水厂工艺管线总图			
审 定		校 核					
审 核		校 对					
设计负责人		设 计		任务编号		页 数	1
工作负责人		制 图		设计阶段	初步设计	比 例	1:1 000
会 签		描 图		图纸编号		日 期	

图 13.5.16　污水处理厂工艺管线总图责任表

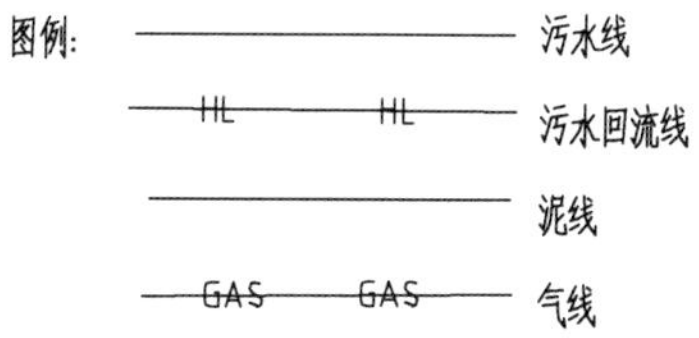

图 13.5.17　污水处理厂工艺管线总图图例

本章小结

本章介绍了 AutoCAD 2021 绘制工艺流程图、环境工程平面布置图、给排水系统图、设备工艺图、污水处理厂平面布置图的绘制方法，主要使用了 CAD 的基本绘图操作、二维图形绘图命令、修改命令、图层、文字、图形输出等功能来完成这些图件的绘制。

第 13 章教学视频

参考文献

[1] 高军伟. AutoCAD 基础教程（2012 中文版）[M]. 2 版. 北京：北京航空航天大学出版社，2018.
[2] 曾令宜，张圣敏，王娟玲. AutoCAD 2014 工程绘图技能训练教程（土建类）[M]. 北京：高等教育出版社，2017.
[3] 刘建平，黑宇峰. CAD 地质制图[M]. 徐州：中国矿业大学出版社，2014.
[4] 方斌，周训，沈晔. AutoCAD 在水工环中的应用[M]. 北京：地震出版社，2021.
[5] 李丹，王琦. 土木工程 CAD 实例教程[M]. 北京：冶金工业出版社，2013.
[6] 林元茂，李红. 测绘 CAD[M]. 北京：机械工业出版社，2021.
[7] 张赵管，李月霞. 网络工程 CAD（微课版）[M]. 北京：清华大学出版社，2019.
[8] 中国建筑标准设计研究院有限公司. 房屋建筑制图统一标准：GB/T 50001—2017[S]. 北京：中国建筑工业出版社，2018.
[9] 中国建筑标准设计研所. 给水排水制图标准：GB/T 50106—2001[S]. 北京：中国计划出版社，2002.
[10] 国家标准化管理委员会. 机械工程 CAD 制图规则：GB/T 14665—2012[S]. 北京：中国标准出版社，2014.
[11] 中国建筑标准设计研所. 建筑制图标准：GB/T 50104—2001[S]. 北京：中国计划出版社，2002.
[12] 中国建筑标准设计研所. 建筑结构制图标准：GB/T 50105—2001[S]. 北京：中国计划出版社，2002.
[13] 张晶，潘立卫，王嘉斌. 环境工程制图与 CAD[M]. 2 版. 北京：化学工业出版社，2022.
[14] 李慧颖. 环境工程识图与 CAD[M]. 北京：化学工业出版社，2019.
[15] 潘理黎. 环境工程 CAD 应用技术[M]. 2 版. 北京：化学工业出版社，2012.
[16] 国家质量监督检验检疫总局. 机械制图 尺寸注法：GB/T 4458.4—2003[S]. 北京：中国标准出版社，2014.
[17] 国家市场监督管理总局，国家标准化管理委员会. 地籍调查规程：GB/T 42547—2023[S]. 北京：中国标准出版社，2023.